星载合成孔径雷达电离层传播效应

Ionospheric Propagation Effects on Spaceborne Synthetic Aperture Radar

计一飞　董　臻　张永胜　易天柱　著

国防工业出版社

·北京·

内 容 简 介

本书从星载合成孔径雷达电离层传播效应建模与仿真入手，按照电离层分布特性的不同，分析了确定性背景电离层相位超前、群延迟、色散、法拉第旋转等效应和随机性电离层不规则体幅相闪烁效应对雷达成像性能的影响，并探讨了基于合成孔径雷达信号处理的电离层传播误差估计与补偿方法。本书主要面向低波段星载合成孔径雷达、高分辨率星载合成孔径雷达以及中高轨星载合成孔径雷达等系统需求，提供了这些系统设计研制、方案论证及成像处理所需要的电离层传播方面的理论依据和技术支撑。

本书既可以作为从事雷达技术研究、设计和应用的科技工作者的参考用书，也可以作为高等院校相关专业研究生的教学参考用书。

图书在版编目(CIP)数据

星载合成孔径雷达电离层传播效应/计一飞等著.
—北京:国防工业出版社,2024.6
ISBN 978-7-118-13152-9

Ⅰ.①星… Ⅱ.①计… Ⅲ.①卫星载雷达-合成孔径雷达-电离层传播-研究 Ⅳ.①TN959.74

中国国家版本馆 CIP 数据核字(2024)第 097031 号

※

国防工業出版社出版发行
(北京市海淀区紫竹院南路 23 号 邮政编码 100048)
雅迪云印(天津)科技有限公司印刷
新华书店经售

*

开本 710×1000 1/16 **插页** 10 **印张** 13½ **字数** 240 千字
2024 年 6 月第 1 版第 1 次印刷 **印数** 1—1400 册 **定价** 139.00 元

(本书如有印装错误,我社负责调换)

国防书店:(010)88540777 书店传真:(010)88540776
发行业务:(010)88540717 发行传真:(010)88540762

前　言

从广义上讲，电离层是指距离地表约60km至磁顶层空间的地球高层大气，是地球空间环境的重要组成部分；从狭义上讲，电离层是指距离地表60～1000km的高层大气，而将1000km以上至磁顶层空间的区域定义为等离子层。电离层中的一部分中性气体受到太阳电磁辐射（紫外线和X射线为主）以及宇宙高能粒子碰撞，发生部分或完全电离，从而产生大量的自由电子和正离子。按照1969年的美国电气与电子工程师协会标准，“电离层中存在的电子、离子的数量多到足以影响电磁波的传播”。从整体上看，电离层呈现电中性的等离子体状态，即在给定区域内正负带电粒子的数量相同，但是带电粒子的存在明显改变了这部分大气的介电性质，使得穿行其中的无线电波不可避免地受到影响。

星载合成孔径雷达（Synthetic Aperture Radar, SAR）是一种主动式微波遥感系统。通过对具有一定带宽的脉冲信号进行脉冲压缩来获取距离向高分辨能力，利用相干脉冲等效合成孔径的原理来获取方位向高分辨能力，从而实现二维高分辨对地观测。星载SAR系统在环境监测、灾害监测、海洋监测、资源勘探、农业估产、城市规划、测绘和军事侦察等方面具有独特的优势，集全天时、全天候、多波段、多极化等特点于一身，发挥其他遥感系统难以发挥的作用。因此，世界各国以及国际组织对星载SAR系统的研制和发展给予极大的重视，针对星载SAR及其应用技术开展大量的研究工作。目前，星载SAR的应用已渗透到人类社会的各个行业，为人类生产生活提供极大的便利，在社会经济发展、生态环境保护等方面做出了巨大的贡献。

目前，已有星载SAR系统（包括航天飞机平台）运行于距离地表200km以上的轨道。相对于电离层分布高度，这些星载SAR的电磁波信号在发射和接收过程中会穿过电离层，必然会受到电离层的影响。当工作频率下降、系统带宽增加、合成孔径时间增加以及电离层活动加剧时，电离层传播效应更加显著。因此，对于低波段星载SAR系统、（超）高分辨率星载SAR系统以及地球同步轨道SAR系统，必须在其系统研制与应用中考虑电离层传播效应，并采取相应的规避或补偿措施。

本书介绍星载SAR电离层传播效应，主要包括星载SAR电离层传播效应建模与仿真（第2章）、背景电离层传播效应影响及校正（第3章和第4章）、电离层不规则体传播效应影响及校正（第5章和第6章）等内容。本书共6章，计一飞负责第2章至第6章的撰写，易天柱负责第1章的撰写，董臻、张永胜负责统稿并审阅。

感谢国家自然科学基金委青年基金项目（62101568、61501477）和面上项目（62271495、61171123、61771478）、国防科技大学科研计划项目（ZK21－06）、“十三五”军队重点院校和重点学科专业建设项目（“双重”项目）的支持，感谢课题组余安喜教授、何峰研究员、何志华副研究员、金光虎副教授、张启雷副研究员、李德鑫副教授和孙造宇讲师提供的建议和帮助，感谢中国电子科技集团公司第三十八研究所姚柏栋研究员、中国电子科技集团公司第二十二研究所许正文研究员和丁宗华研究员、中国空间技术研究院钱学森空间技术实验室王成高级工程师提供的SAR和电离层实测数据。

作者

2023年4月

目　录

第1章　绪　论

电离层是地球高层大气中被电离的部分，其中的带电粒子足以影响电磁波的传播，导致电磁波相位超前、群延迟、色散、法拉第旋转以及闪烁等效应，从而对星载合成孔径雷达（Synthetic Aperture Radar，SAR）高精度成像及后续应用产生不利影响。随着工作频率下降、带宽增大以及合成孔径时间增加，对于低波段（包括L波段和P波段）星载SAR、高分辨率星载SAR以及地球同步轨道SAR等系统来说，电离层传播效应造成的成像精度下降尤为显著。鉴于上述三类系统分别在生物量反演、军事侦察以及快速重访等方面具有的独特优势，目前国内外对这些SAR系统的应用需求日趋强烈，而电离层传播效应是阻碍其发展的主要瓶颈之一，因此受到了广泛关注，并成为星载SAR领域内的热点问题。针对这一问题，本书深入分析电离层对星载SAR成像的影响，并探索电离层色散、法拉第旋转（Faraday Rotation，FR）以及闪烁等传播效应的校正方法。本书的研究工作能够为星载SAR系统的研制、发展以及应用提供理论依据和技术支撑。

1.1　概　述

随着人类社会迈入信息化时代，卫星导航、通信、遥感等以无线电波为载体的空间技术已广泛渗透到民用和军事的各个方面，电离层与无线电波设备的相互作用如图1.1所示。除了一些地基设备利用电离层以外（如天波高频通信、超视距雷达利用它进行信号的传播），电离层导致的信号时延、相位超前、色散、衰减、折射、极化方向偏转、闪烁等效应主要表现为消极的一面，如导航定位精度下降、通信误码概率增加、遥感数据质量恶化等。因此，随着对电离层的认知逐渐加深，人类正在不断加强包括电离层在内的空间环境监测以及空间信息系统的技术保障[1]。

现有的星载SAR系统大多运行于距离地表200～1000km的轨道，可统称为低轨SAR（Low－Earth－Orbit SAR，LEO SAR）系统[2,3]。此外，还有一些正在研究中的高轨SAR系统，例如，运行于约36000km高度的地球同步轨道SAR（Geo-synchronous－Earth－Orbit SAR，GEO SAR）。相比于电离层的分布高度（60km以上），这些星载SAR的电磁波信号在发射和接收过程中会穿过电离层，必然受

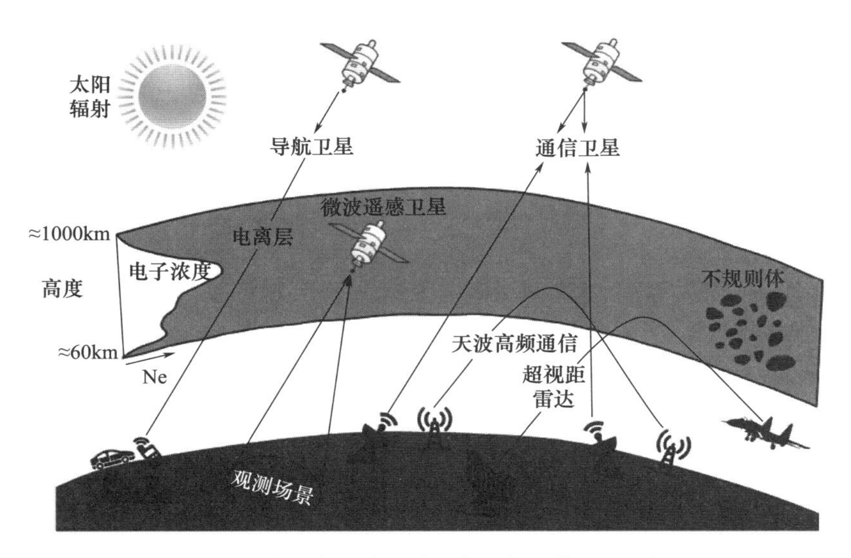

图 1.1　电离层与无线电波设备的相互作用(见彩图)

到电离层的影响,导致电磁波相位超前、群延迟、色散、折射、衰减、FR 以及闪烁等效应,从而对星载 SAR 图像及其应用造成一定程度的影响[4]。按照电离层的分布特性,通常可以将其分为确定性、时空缓变、大尺度分布的背景电离层,以及随机性、中小尺度分布的电离层不规则体(又称为电离层湍流[4])。背景电离层主要引起相位超前、群延迟、色散以及 FR 等效应,而电离层不规则体主要引起电波幅度和相位的闪烁效应。

背景电离层引起的相位超前虽然不会影响星载 SAR 图像聚焦性能,但是会影响星载干涉 SAR(Interferometric SAR,InSAR)高程测量性能以及差分干涉 SAR(Differential InSAR,D - InSAR)形变测量性能。如图 1.2 所示,对于现有星载 L 波段 SAR 系统——ALOS - 2 PALSAR - 2 的干涉应用来说,电离层相位超前引起的干涉相位误差将不可忽略[5],必须对其进行补偿处理,否则会导致严重的高程测量误差。群延迟会导致星载 SAR 距离向图像偏移,从而对星载 SAR 图像地理定位、编码以及 InSAR 配准造成一定程度的影响。色散效应则会引入距离向二次相位误差,从而导致距离向图像分辨性能下降。尽管对于现有的星载 L 波段 SAR 系统,色散效应可忽略不计,但对于研究中的 P 波段(超)宽带系统,色散效应会造成显著的距离向散焦。图 1.3 所示为仿真的星载 P 波段 SAR 图像(设计载频为 435MHz,带宽为 85MHz),可见背景电离层群延迟导致了明显的距离向图像偏移,而色散效应造成了显著的距离向散焦[2]。FR 效应主要引入极化测量误差,从而影响极化 SAR(Polarimetric SAR,Pol-

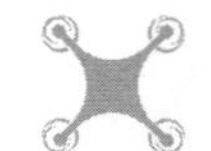

SAR)、极化干涉 SAR(Polarimetric InSAR, Pol - InSAR)的极化测量性能。图 1.4所示为基于 NASA/JPL AirSAR 全极化数据的 FR 效应仿真,当法拉第旋转角(FR Angle, FRA)超过 10°时,FR 效应可导致 PolSAR 地物分类应用的失效[6]。

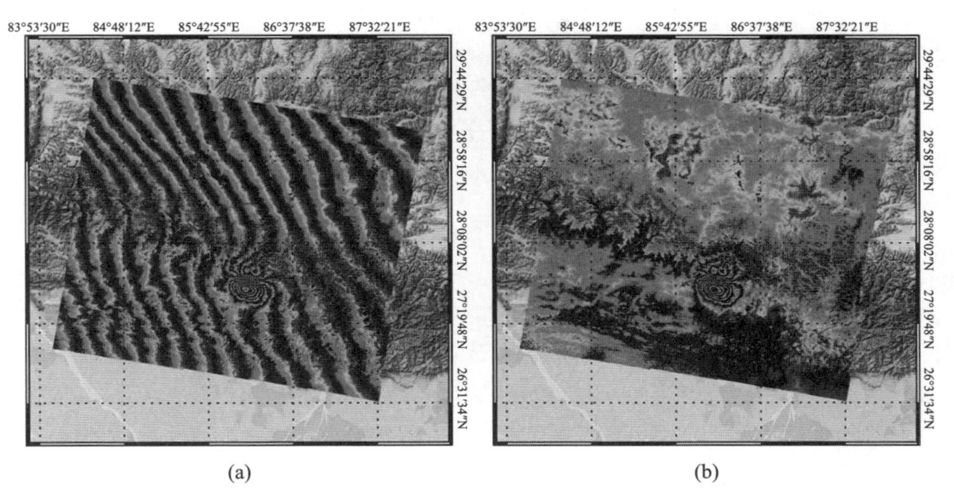

图 1.2　背景电离层相位超前对 ALOS - 2 PALSAR - 2 干涉测量的影响[5](见彩图)
(a)原始干涉相位;(b)电离层补偿后。

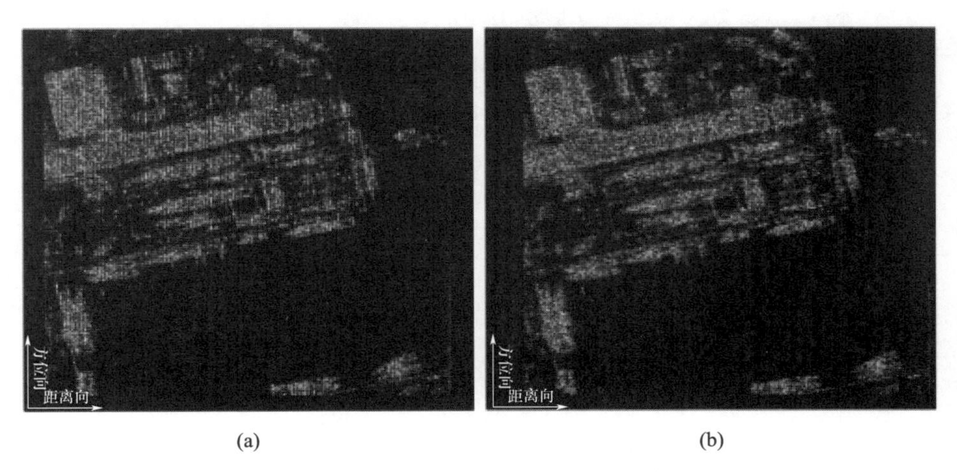

图 1.3　背景电离层群延迟、色散效应对星载 P 波段 SAR 图像的影响[2]
(a)无电离层影响;(b) 受到背景电离层影响。

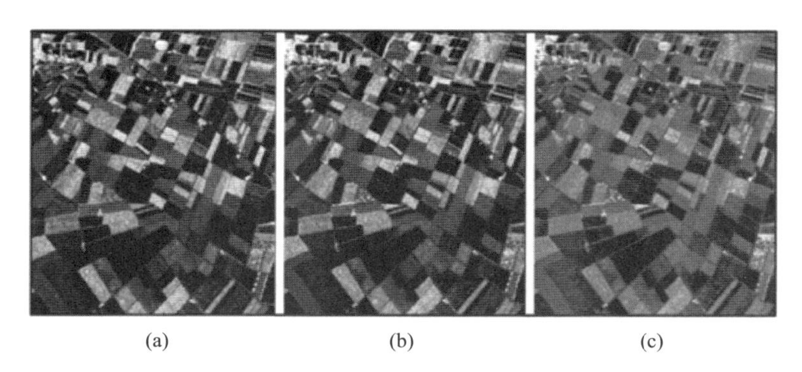

图 1.4　背景电离层 FR 效应对 PolSAR 极化测量(Pauli 分解伪彩色图)的影响[6](见彩图)
(a)FRA 为 0°;(b)FRA 为 10°;(c)FRA 为 20°。

电离层不规则体引起的幅度闪烁可能会导致星载 SAR 图像中出现幅度闪烁条纹现象,如图 1.5 所示,该现象频繁呈现于赤道附近获取的 PALSAR/PALSAR－2 图像中,会对图像解译造成干扰[7]。另外,电离层不规则体引起的相位闪烁将会导致孔径内严重的去相干效应,从而导致星载 SAR 方位向图像散焦。图 1.6 所示为 PALSAR－2 实测数据中观测到的方位向图像散焦。在闪烁高发的赤道地区,除了幅度闪烁条纹以外,电离层闪烁效应也可能以方位向散焦的形式表现在星载 SAR 图像中[8],而这两种现象的形成机理值得深入探讨。

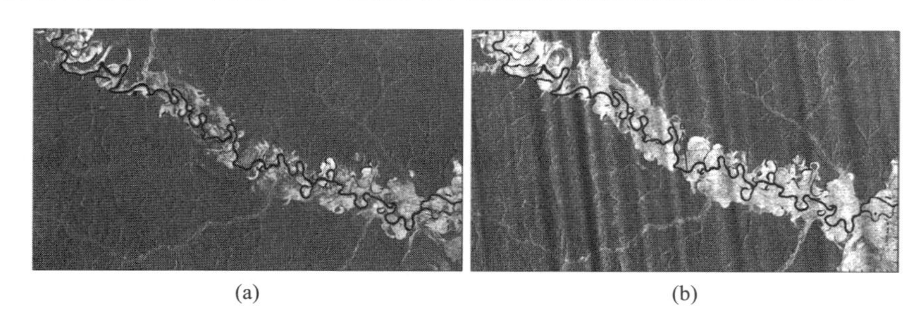

图 1.5　星载 SAR 图像中出现的幅度闪烁条纹现象[7]
(a)无条纹;(b)受到条纹影响。

当星载 SAR 的工作频率下降、带宽增加、合成孔径时间增加以及电离层活动加剧时,上述电离层传播效应将会愈加明显,特别是对低波段(包括 L 波段以及 P 波段)星载 SAR 系统的影响尤为明显。在已发射的 L 波段星载 SAR 所获取的图像及其后续应用中,已发现了背景电离层以及电离层不规则体的影响,可以预测电离层对在研的星载 P 波段 SAR 系统的影响将更为明显。随着越来越多的星载 SAR 拥有高分辨率或超高分辨模式,需要对背景电离层色散效应予以更多的关注。另外,对于 GEO SAR 系统,超长合成孔径时间内电离层的时变效

应对方位聚焦的影响也需要额外考虑。因此,对于低波段星载 SAR 系统、高分辨率或超高分辨率星载 SAR 模式以及 GEO SAR 系统的研制、发展和应用,必须考虑电离层传播效应的影响,并采取相应的规避或补偿策略。

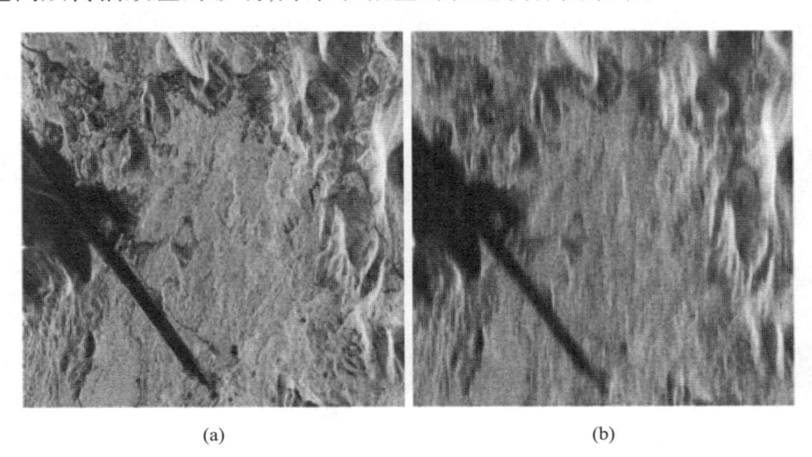

(a) (b)

图 1.6 电离层闪烁效应造成的 PALSAR - 2 方位向图像散焦现象[8]
(a)无闪烁;(b)中等闪烁。

综上所述,针对星载 SAR 开展电离层传播效应影响分析与校正方法的相关研究,可以为星载 SAR 的系统研制、工程应用以及科学发展提供可靠的理论和技术支撑,从而让星载 SAR 技术在环境监测、灾害监测、海洋监测、资源勘探、农业估产、城市规划、测绘和军事侦察等领域发挥更大的作用。

1.2 星载 SAR 发展现状

图 1.7 所示为星载 SAR 的发展历程(截至 2020 年 1 月 1 日),包括已发射和部分在研的星载 SAR 系统。表 1.1 列举了世界各国主要星载 SAR 的典型参数。下面简要介绍国内外星载 SAR 系统发展现状。

1954 年美国工程师 Carl A. Wiley 提出利用合成孔径原理改善雷达方位分辨能力[9],自此开启了利用 SAR 技术进行对地观测的新纪元。早期的合成孔径理论验证和技术发展主要依赖于飞机平台,直到 1978 年美国国家航空航天局(National Aeronautics and Space Administration, NASA)发射人类首颗 SAR 卫星——海洋星(Seasat),其短短 110 天寿命中收集的海洋信息量超过了前一百年船舶测绘所得的总信息量,突显了星载 SAR 在海洋测绘领域的优势,同时也验证了星载 SAR 对地观测的可行性。之后数十年,美国陆续发射了 SIR - A、SIR - B、SIR - C/X 等航天飞机 SAR,成功观测到了被覆盖在撒哈拉东部沙漠地下的第三纪中

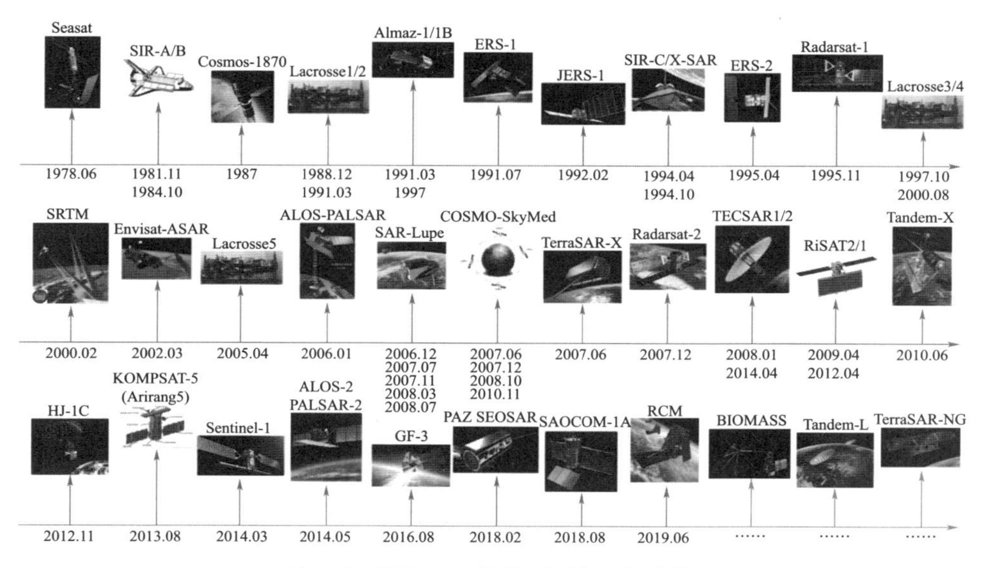

图 1.7　星载 SAR 的发展历程(见彩图)

期河道[10]。在此期间,苏联相继发射了 Cosmos－1870 以及 Almaz 系列星载 SAR,这也是当时美苏军备竞赛的一个缩影,但其后续发展随着苏联解体而停滞。2000 年,美国联合德国和意大利的航天机构实施了著名的 SRTM 计划,仅用不到 10 天时间,就成功获取了全球 80% 陆地的高分辨率数字高程模型(Digital Elevation Model,DEM)数据,该数据在地形测绘、地壳形变及军事战场等领域具有十分重要的应用,加速了美国数字地球和数字化战场的建设,奠定了其在军事领域的信息化优势地位。此外,美国在 1988—2005 年期间发射了 5 颗“长曲棍球(Lacrosse)”间谍卫星,根据相关报道,Lacrosse－5 的分辨率达 0.3m[11,12],该系列卫星为美国打赢海湾战争、伊拉克战争等局部战争发挥了巨大作用。目前美国空军和国家侦察局(National Reconnaissance Office,NRO)正在研制下一代超宽带、超高分辨率成像侦察卫星“太空雷达”,将在战场战术应用、舰船监视以及反导等方面发挥重要作用,据报道其分辨率可达 0.1m[13],这意味着系统带宽可达 3GHz,即使对于 X 波段的载频,电离层色散效应也将十分显著,因此在系统设计、信号处理等方面必须要考虑电离层的影响。

表 1.1　世界各国主要星载 SAR 的典型参数

星载 SAR	国家或机构	轨高/km	波段	分辨率③/m	极化方式④
Seasat	美国 NASA	775 ~ 799	L	26.3 × 30	HH
SIR－A①	美国 NASA	222 ~ 231	L	40 × 40	HH

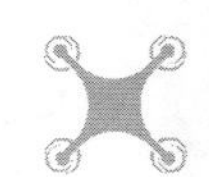

续表

星载 SAR	国家或机构	轨高/km	波段	分辨率③/m	极化方式④
SIR-B①	美国 NASA	225/272/352	L	16×20	HH
SIR-C/X①	美国 NASA/德国 DLR/意大利 ASI	225	L	13×30	quad
			C	13×30	quad
			X	10×25	VV
SRTM①	美国 NASA/美国 NGA/德国 DLR/意大利 ASI	233	C	30×30	quad
			X		VV
Lacrosse-5	美国 NRO	712~718	X	0.3	不详
Almaz-1	苏联	270~380	S	15	HH
ERS-1/2	欧空局	785/780	C	26.3×30	VV
Envisat	欧空局	764~824	C	28×28	dual
Sentinel-1	欧空局	693	C	5×5	dual
Biomass②	欧空局	634~666	P	50×50	quad
JERS-1	日本 JAXA	568	L	18×18	HH
PalSAR-1/2	日本 JAXA	692/636	L	7/1	quad
Radarsat-1/2	加拿大 CSA	798	C	10/3	HH/quad
RCM (3)	加拿大	592.7	C	1.3	quad/CP
SAR-Lupe (5)	德国	≈500	X	0.5×0.5	quad
TSX/TDX	德国 DLR	515	X	0.8×0.25	quad
TSL/TDL②	德国 DLR	745	L	1	quad
TerraSAR-NG②	德国 DLR	514.8	X	0.8×0.25	quad
Cosmo (4)	意大利 ASI	619.6	X	1	quad
PAZ	西班牙	514	X	1	quad
TecSAR-1	以色列	450~580	X	1	quad
Risat-1/2	印度	536/548	C/X	1×0.67/1	quad/CP
Saocom-1A	阿根廷	619.6	L	10×10	quad
Arirang-5	韩国	550	X	1	quad
HJ-1C	中国	500	S	5	VV
GF-3	中国	755	C	1	quad

注：①航天飞机平台；②在研星载 SAR 系统；③最优分辨率（地距×方位）；④极化方式，其中 dual 表示双极化，quad 表示全极化，CP 表示简缩极化，HH 表示水平极化，VV 表示垂直极化

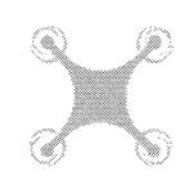

随着星载 SAR 技术不断地成熟，20 世纪 90 年代以后其他各国或机构相继拥有了自己的星载 SAR 系统。例如，欧洲航天局(ESA)陆续推出了 C 波段系列星载 SAR 系统，包括 ERS-1/2、Envisat、Sentinel-1，持续为全球海岸线、极地冰川、森林覆盖、土壤湿度和大气循环等方面的观测提供丰富的影像数据服务，相关研究表明即使对于 C 波段星载 SAR，其干涉应用也需要考虑电离层影响[14]。加拿大航天局(Canadian Space Agency，CSA)于 1995 年发射 C 波段 SAR 卫星 Radarsat-1，成功将星载 SAR 数据服务推向市场，之后又发射 Radarsat-2 卫星以及 RCM 星座，后者分辨率达 1.3m，很好延续了该系列星载 SAR 系统的商业应用价值。日本宇航研究开发机构(Japan Aerospace Exploration Agency，JAXA)推出了 L 波段系列星载 SAR，包括 JERS-1、ALOS-PALSAR、ALOS-2 PALSAR-2，随着分辨率的提高，星载 L 波段 SAR 系统易受电离层影响的特点逐渐受到了广泛重视。德国宇航局(German Aerospace Center，DLR)的 X 波段 TSX 凝视聚束模式下方位分辨率达 0.25m，促进了城区层析成像技术的产生和发展，TSX/TDX 星座可提供全球陆地高精度 DEM 数据，其下一代卫星 TerraSAR-NG 和 HRWS 两维分辨率均达到 0.25m。为了掌握未来信息化战争的主动权、话语权，并打破美国对军事侦察卫星的垄断地位，德国和意大利相继发展了本国间谍卫星，分别为 SAR-Lupe 星座(含 5 颗卫星)以及 COSMO-Skymed 星座(含 4 颗卫星)。此外，西班牙、以色列、印度、韩国、阿根廷等国家都相继发射了本国第一颗星载 SAR 系统，迎来了星载 SAR 蓬勃发展的新局面。

我国幅员辽阔、海疆广阔，地域差异显著、地势起伏大，陆地边境线和海岸线分别长达 2.28×10^4km 和 1.8×10^4km，周边局势错综复杂，发展星载 SAR 能够满足我国在地形测绘、资源勘探、灾害预防、海洋监测、城市规划、国土防御等方面的迫切需求，为这些应用领域提供数据服务和技术支撑。目前我国已发展了环境系列卫星 HT-1C 以及高分三号(GF-3)等 SAR 系统，其中 GF-3 为中国首颗分辨率达到 1m 的 C 波段多极化民用 SAR 卫星。另外，当前我国正抓紧研制适合国情需要的不同波段、多模式、多极化、高时空分辨率、宽测绘带的星载 SAR 系统，以更好满足日益增长的军民应用需求，因此电离层研究的必要性日益突显。

近年来全球气候变暖、生态环境恶化、自然灾害频发等问题日益困扰人类，利用低波段星载 SAR 系统监测全球植被覆盖量、生物量、碳/水循环等受到了全世界科研机构的重视[15-17]。如图 1.8 所示，相比于已有的星载 L 波段 SAR 系统，P 波段雷达(机载试验)后向投影与生物量关系更密切，特别针对生物量大于 100t/ha① 的情况，L 波段后向投影与生物量的敏感性极低，因此 P 波段 SAR 系

① t/ha 为吨/公顷。

统在生物量反演方面具有明显的优势。如图 1.9 所示，利用 L 波段、P 波段机载雷达 Pol - InSAR 技术测量树木高度，可以看到，由于 L 波段系统严重的时间去相干，所测得的树高误差远大于 P 波段系统。在全球生物量监测、植被高度测量等方面巨大需求的牵引下，欧洲航天局首颗 P 波段卫星——BIOMASS 任务应运而生，计划将于 2025 年发射，其系统设计充分考虑了电离层传播效应的影响，主要体现如下：系统带宽设计 6MHz，分辨率仅为 50m，能够很好地规避电离层色散效应；采用晨昏轨道，能够很大程度地避免闪烁效应；仍需要考虑 FR 效应的影响，但可以在后端数据处理中补偿 FR 造成的极化测量误差。

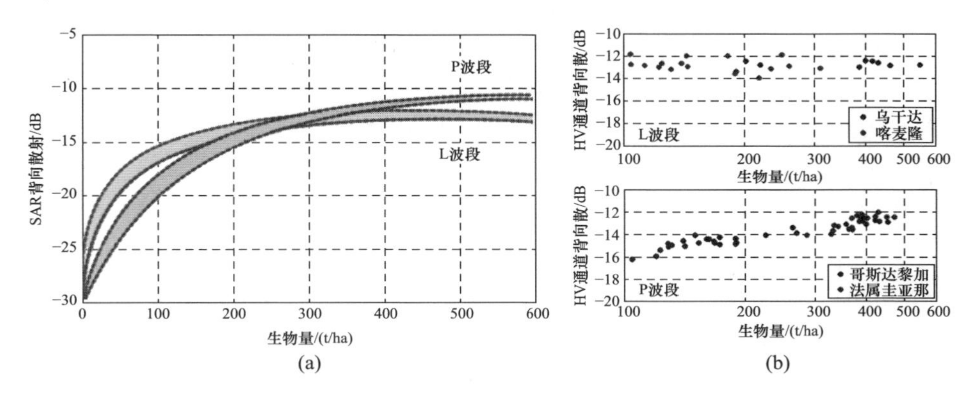

图 1.8　L 波段与 P 波段雷达后向投影与生物量的关系对比[18]

(a)模型仿真；(b)实测散点图

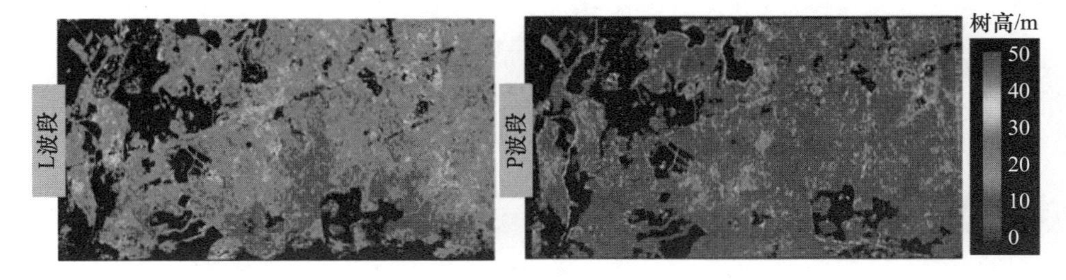

图 1.9　L 波段与 P 波段机载 SAR 树高测量精度对比[18]（见彩图）

此外，P 波段具有更强的穿透能力，能够穿透叶簇、冰雪、浅层地表以及伪装覆盖物等，如图 1.10 所示，在 P 波段机载图像中可清晰观察到 X 波段图像中难以发现的河流，这充分体现了 P 波段穿透遮蔽物对目标成像的巨大潜力。针对目标探测需求，设计空间分辨率必须优于 5m，这类系统的电离层影响相比于 BIOMASS 将更加严重，目前仍处于论证阶段。

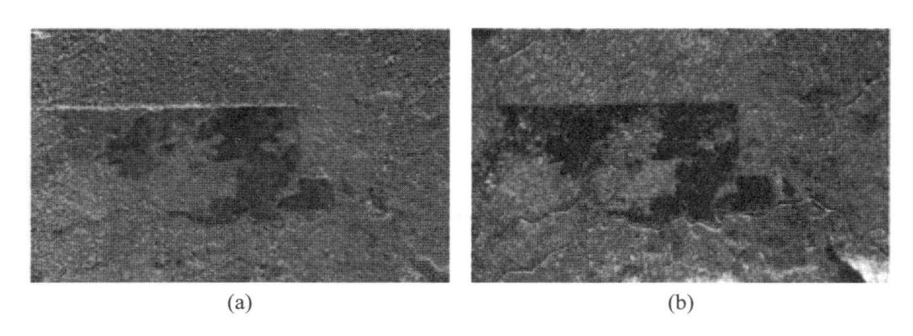

图 1.10　X 波段与 P 波段机载 SAR 图像对比[2]
(a) X 波段；(b) P 波段。

目前，在轨的星载 SAR 轨道高度均低于 1000km，称为 LEO SAR，一次观测可覆盖几十至上百千米的区域，单颗 SAR 卫星的重访周期为几天至二十几天不等，驻留时间仅数分钟[19]。相比之下，若将 SAR 卫星置于地球同步轨道，其测绘带可达上千千米，重访周期仅 1d，在局部区域的驻留时间可超过 10h，因此随着对特定区域、敏感区域实现持续观测的需求不断增加，GEO SAR 因为其测绘带宽、可覆盖区域广、重访周期短、驻留时间长等优势受到了广泛的关注[19-21]。但是，GEO SAR 卫星平台速度慢、合成孔径时间长以及距离历程弯曲复杂等特点，对系统设计、成像技术、误差抑制以及后续应用等方面提出了挑战，目前国内外学者已经在这些方面取得了阶段性研究成果。图 1.11 所示为两种典型 GEO SAR 系统的轨道设计，分别为具有一定倾角的地球同步轨道[19-21]以及意大利米兰理工科研团队提出的近似零倾角地球同步轨道[22]。前者卫星星下点轨迹为 8 字形，观测区域可覆盖 1/3 的地球表面；后者卫星通过设置较大的离心率来保证平台与地面的相对运动，可对局部区域作长时间的连续观测。目前，GEO SAR 系统设计多数采用 L 波段的载频，因此如同 L 波段低轨系统，电离层延迟、色散、

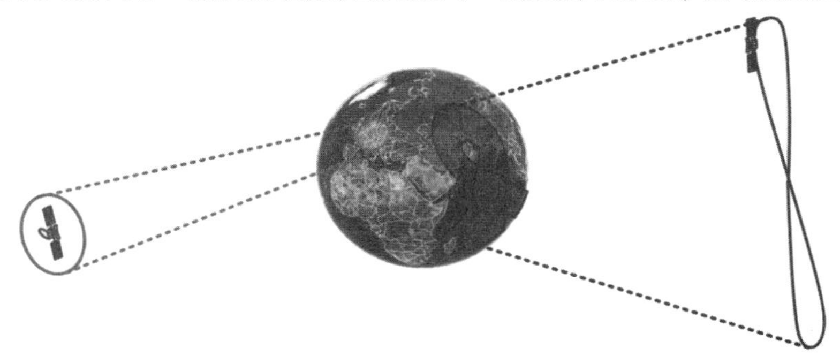

图 1.11　两种典型 GEO SAR 系统的轨道设计[20]

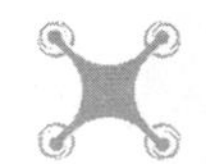

FR、闪烁等效应同样困扰着 L 波段 GEO SAR。另外，由于超长的合成孔径时间，电离层时变效应对 GEO SAR 造成的方位去相关效应变得显著，方位向成像指标设计以及后端数据处理必须考虑该影响[23]。

综上所述，随着星载 SAR 的发展，特别是低波段星载 SAR、高分辨率或超高分辨率星载 SAR 以及 GEO SAR 等系统的研制和发展不断深入，星载 SAR 电离层传播效应研究的必要性越来越突出。因此，针对星载 SAR 电离层传播效应的影响分析与校正方法，国内外学者展开了广泛的研究。

1.3 星载 SAR 电离层传播效应研究现状

如 1.1 节所述，通常可以将电离层分为大尺度、确定性分布的背景电离层和中小尺度、随机分布的电离层不规则体。背景电离层将主要引起信号相位超前、群延迟、色散以及 FR 等效应，其中：相位超前会导致 InSAR 高程测量误差以及 D - InSAR 形变测量误差；群延迟会导致距离向图像偏移、几何畸变；色散效应会导致距离向散焦；FR 效应引起的极化测量误差会导致 PolSAR/Pol - InSAR 性能恶化。电离层不规则体将引起信号相位、幅度、极化闪烁效应，主要会导致方位向去相关和方位向图像恶化。可见，背景电离层和电离层不规则体对星载 SAR 的影响机理具有显著差异，因此在本节关于研究现状的论述以及后续章节中都会将两者区分开来，并且从影响分析以及校正方法两个方面分别进行讨论。

1.3.1 星载 SAR 电离层传播效应影响分析研究现状

1.3.1.1 背景电离层对星载 SAR 影响分析研究现状

早在 20 世纪 70 年代，就有学者研究了带限脉冲信号在色散介质中的传播问题[24-27]，推导了电离层色散效应导致的信号衰减、脉冲展宽以及调频误差等公式，实际上建立了星载 SAR 单个距离脉冲在色散的电离层介质中的传播模型，并引入电子总量(Total Electron Content，TEC)即电子浓度在传播路径上的积分值来衡量电离层状况。20 世纪 90 年代后，电离层色散效应对甚高频(Very High Frequency，VHF)雷达距离向分辨率的影响受到了国外学者的广泛关注[28-30]，其中：Fitzgerald 通过计算表明[29]，对于中心频率 250MHz、带宽 100MHz、设计距离向分辨率为 1.5m 的 VHF 波段超宽带 SAR，10 TECU(TEC Unit，1 TECU = 10^{16} e/m^2)的电子总量就能使其距离向分辨率恶化至 100m；华盛顿大学 Ishimaru[31] 首次将背景电离层的影响纳入广义模糊函数(Generalized Ambiguity Function，GAF)中，数值结果表明对于星载 P 波段 SAR，背景电离层会引起显著的距离图像偏移，但是背景电离层导致的脉冲包络展宽可被忽略。针对背景电离层传播效应，中国电子科技集团公司第二十二研究所的许正文率先开展了全面的归纳总结研究[4,32]，为后来的研究奠定了基础。中国科学院电子学研究所的李廉林[33]、国防科技大学的李力[2]、西安电子科技大学的王成[34]等基于泰勒展开模型，进一步明确了 SAR 距离向成像随 TEC 的恶化情况。国防科技大学的李力[2]考虑了合成孔径内传播路径变化引起的斜距 TEC(Slant TEC, STEC)变化，分析了 STEC 对星载 P 波段 SAR 方位向成像产生的影响，并针对低轨条件下的直线轨迹给出了详细的推导和数值分析，结果表明分辨率在亚米级以上的星载 P 波段 SAR 系统可以忽略这种影响。另外，王成[35]认为采用泰勒展开得到的各阶电离层色散相位误差不具有正交性，如图 1. 12(a)所示，泰勒展开式中的三次相位误差中包含明显的线性成分，这种非正交性可导致分析误差随着载频下降、带宽增大而增加，故传统的泰勒展开模型并不适用于星载 P 波段超宽带 SAR 系统。针对该缺陷，他提出了一种基于勒让德正交多项式的分析方法，通过将其与泰勒展开模型相对比，如图 1. 12(b)和(c)所示，勒让德正交多项式能够更精确描述电离层色散效应对星载 P 波段超宽带 SAR 系统的影响。

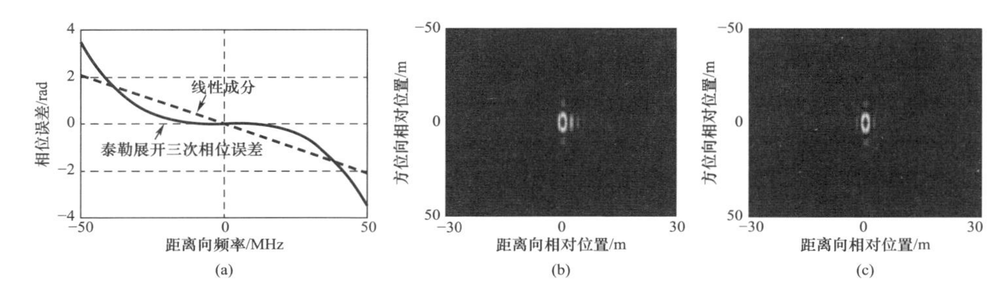

图 1. 12　泰勒展开模型与勒让德正交多项式模型对比[35]

(a)三次相位误差;(b) 基于泰勒模型校正后;(c) 基于勒让德模型校正后。

随着近年来针对 GEO SAR 的研究不断深入，其超长合成孔径时间内背景电离层的时变效应受到了广泛关注。2014 年，中国科学院电子学研究所的李亮[36]通过引入 TEC 关于方位时间的一阶、二阶、三阶导数，初步考虑了时变背景电离层对 GEO SAR 方位成像的影响。同年，中国科学院电子学研究所的李雨龙[37]结合 Ishimaru 建立的 GAF 数值模型，利用国际参考电离层(International Reference Ionosphere, IRI)研究了背景电离层时空变效应对 GEO SAR 的影响。北京理工大学的田野[38]、胡程[39]和董锡超[40,41]深入考虑了时变背景电离层对 GEO SAR 方位成像的影响，推导了时变 TEC 导致的方位相位压缩误差、距离单位迁徙误差以及二次距离压缩误差[39]，并计算了背景电离层时变参数对 GEO SAR 方位聚焦影响的阈值曲线，同时利用全球定位系统(Global Position System, GPS)[40,41]、北斗[39]等导航卫星接收机实测得到的电离层 TEC 数据进行了信号级、图像级的仿真(图 1. 13)，从而验证了理论推导的有效性。

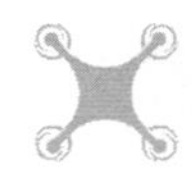

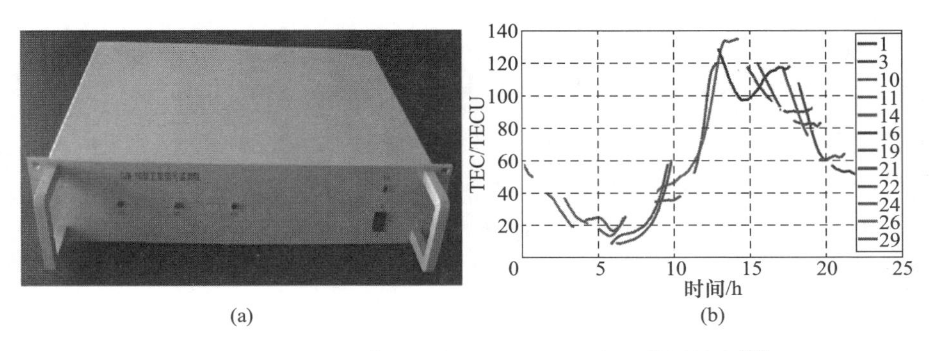

图 1.13　利用 GPS 信号研究 GEO SAR 电离层传播效应[41]

(a)GPS 接收机;(b)TEC 实测数据。

上述研究主要关注背景电离层的色散、时变等效应对星载 SAR 成像的影响,随着 SAR 极化信息的应用日益频繁,FR 效应对星载 PolSAR 以及 Pol - InSAR性能的影响日益突显。早在 1965 年,Bickel 和 Bates[42]就建立了 FR 效应影响下的极化散射矩阵模型,为后面的研究奠定了理论基础。Gail[43]建立了极化测量矩阵模型,完整地包含了 FR 效应、通道幅相不平衡、串扰以及噪声等因素,分析结果表明对于绝大多数系统均可以忽略合成孔径内 FR 扰动对 PolSAR 方位成像的影响。Rignot[44]利用 SIR - C 以及 JERS - 1 的 L 波段多航过全极化 SAR 数据进行仿真研究,发现 FR 效应会导致干涉相位相干性的减弱,这种去相干效应实际上是源于 FR 效应导致的各极化通道数据混叠。Wright[6]认为当单程的法拉第旋转角度(Faraday Rotation Angle,FRA)不超过 5°,则可忽略 FR 导致的极化测量误差,针对星载 L 波段 SAR 预测了太阳活动极小值、极大值年份 FRA 全球分布图(图 1.14),在太阳活跃期 FRA 可达到 30°,而在太阳活动极小值年份的绝大部分区域 FRA 小于 5°。美国喷气推进实验室(Jet Propulsion Laboratory,JPL)的 Freeman 和 Saatchi[45]建立了单/双/全极化后向投影测量的 FR

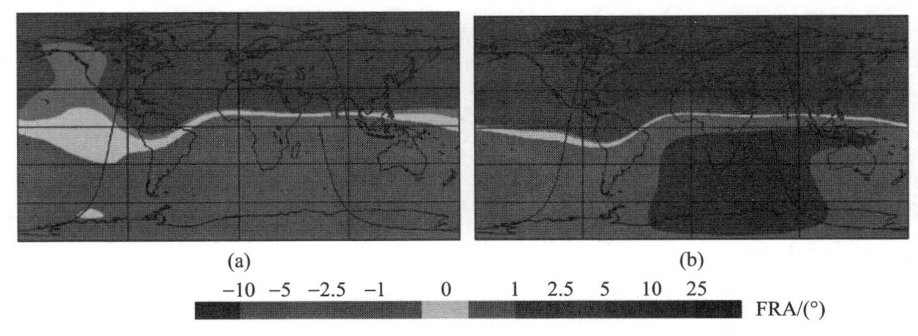

图 1.14　太阳活动极小值、极大值年份的 FRA 全球分布图[6](见彩图)

(a)极小值;(b)极大值。

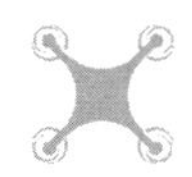

影响模型,利用多种地物的 L 波段机载极化 SAR 后向投影数据,深入剖析了 FR 效应对各极化通道后向投影以及通道之间相关系数的影响。复旦大学的戚任远和金亚秋[46]认为 FR 效应会导致 P 波段全极化 SAR 地物分类失效。李力[2,47]研究了 FR 色散效应,研究表明对于大带宽星载 P 波段线极化、圆极化 SAR,色散的 FRA 会导致距离向成像恶化。

重轨星载 SAR 干涉测量容易受到主辅图像之间电离层相位误差之差的影响,造成像素偏移、干涉去相干以及相位误差,进而导致重轨 InSAR 高程测量精度下降[48]。孔径内的电离层梯度变化导致在 C 波段 Sentinel - 1、L 波段 PALSAR 以及 PALSAR - 2 重轨干涉主辅图像的偏移场中出现明显的方位向偏移,进而在相干系数图中引入沿方位向分布的失相干条带[48-52]。北京理工大学胡程团队分析了时空变背景电离层对 GEO InSAR/D - InSAR 的影响[53]。DLR 的 Krieger 认为空间扰动的电离层会对星载单航过 InSAR 系统造成显著影响,这对于德国未来星载双基地 SAR 系统——TDL 来说具有指导性意义[54,55]。中国科学院空天信息创新研究院的林昊宇分析了电离层对我国陆探一号单航过 SAR 卫星系统的影响[56]。

由上述现状分析可见,目前关于背景电离层对星载 SAR 的影响已有一个成熟的认知框架,但仍然存在一些问题需要深入探究。

(1)在建立背景电离层对星载 SAR 方位向成像影响的信号模型时,仅考虑了时变的背景电离层垂向 TEC,但由于星载 SAR 的斜距几何,最终需要考虑 STEC,而合成孔径时间内 STEC 的变化与方位时间、背景电离层穿刺点的位置都有关系,这表明了 STEC 变化主要源于时空变耦合的背景电离层以及传播路径的变化。

(2)针对 FR 色散效应,仅分析了它对星载 PolSAR 距离向成像的影响。事实上,带宽内随频率变化的 FRA 会引起额外的极化测量误差,因此需要建立统一的模型,以进一步解释 FR 色散效应对 PolSAR 成像以及极化测量的影响。

1.3.1.2 电离层不规则体对星载 SAR 影响分析研究现状

由于电波闪烁理论是星载 SAR 电离层闪烁效应影响分析研究的基础,因此首先对相关的电波闪烁理论概况作简要的论述。1946 年,Hey[57]通过射电望远镜观测到了来自天鹅座射频信号强度的不规则短周期波动,这是最早观测到的电波闪烁现象之一。随着卫星技术的不断成熟,电离层与人造设备收发电磁波的相互作用日益频繁,电波闪烁理论体系不断发展和完善。Shkarofsky[58]建立电离层湍流(电离层不规则体)的时空自相关函数以及波数—频率功率谱的数学模型,该模型同时考虑了湍流的三维空间分布以及随时间变化的特征,特别是针对电离层湍流漂移和衰减进行了数学建模。Lee[59]研究了球面波的薄相位屏闪烁理论。Rino[60-63]根据相位屏理论解释了电波的强弱闪烁现象,建立了一维、二维空间自相关函数和谱函数来描述闪烁相位的随机特性(后面统称 Rino

谱),同时认为电离层不稳定的本质主要源于外尺度而非内尺度[60],故相比于共同依赖内尺度和外尺度的 Shkarofsky 谱,Rino 谱只依赖外尺度。此外,Rino 对电离层不规则体的各向异性特征进行了建模,使其谱函数适用于不同卫星系统[63,64]。Yeh 和 Liu[65]系统地归纳和总结了电波闪烁理论,基于 Rytov 解描述了弱散射情况,利用抛物线方程描述了强散射情况。Knepp[66,68]提出多相位屏理论用于解释强闪烁现象,致力于利用相位屏技术来逼真模拟电离层传播效应。Fremouw 和 Secan 等[69,70]以相位屏理论为基础,建立了电离层闪烁宽带模型(Wideband Mode,WBMOD),考虑了不规则体的各向异性特征,能够描述高纬地区的“片状”不规则体以及赤道附近的“柱状”不规则体;根据输入的经纬度位置坐标、当地时间、观测几何以及传感器工作频率,该模型能够提供典型地区闪烁强度的概率密度函数[71]。

基于不断完善的电离层电波闪烁理论,星载 SAR 闪烁效应影响分析的研究工作得以逐步展开。早期的学者[72-74]主要研究了由平台抖动、大气湍流(包括了对流层和电离层湍流)导致的随机起伏相位误差对 SAR 方位向分辨性能的影响。1986 年,Quegan 和 Lamont[75]首次引入电离层谱函数(双参谱)以及相关函数的理论模型,描述了闪烁效应造成的方位向相位去相关,可以得到给定电离层状态下的归一化相关函数曲线,并通过与星载 SAR 有效合成孔径尺寸相比较,判定该星载 SAR 系统是否受到影响以及衡量受影响的程度。

1999 年,Ishimaru[31]建立了同时考虑背景电离层色散效应和电离层不规则体闪烁效应的 GAF 模型,对于不同电离层状况以及不同波段(100MHz ~ 2GHz)计算了电离层归一化相关强度、相关长度和方位分辨率的变化趋势,计算结果表明:波段越低、电离层起伏越剧烈,电离层导致的去相关效应越严重,方位分辨率则越差;GAF 模型结构紧凑,针对性强,并且其统计性特征对随机性的闪烁现象具有很强的解释能力,因此已成为星载 SAR 电离层闪烁效应影响分析的重要工具。基于 GAF 模型,众多学者[76-84]做了深入研究,使之能够解释更多电离层现象,并能够适用于更多的星载 SAR 系统。Liu[76,77]通过引入 Chapman 电子浓度分层模型,进一步研究了射线弯曲问题,数值计算的结果表明,电离层的垂向非均匀分布可导致额外的分辨率恶化。李廉林[79]建立了双频双点互相关函数(Two - Frequency and Two - Point Coherent Function,TFTPCF),计算得到了 TFTPCF 关于频率间隔以及空间间隔的曲线,并额外考虑了电离层不规则体对距离成像的影响。许正文[80]认为高斯近似无法适用于强闪烁情况,利用四阶矩函数解释了电离层不规则体的色散、多向散射特征对距离分辨率的影响。郑虎[81]研究了电离层不规则体外尺度、不同谱模型以及天线实孔径尺寸等因素对方位分辨率的影响。李力[82]基于 GAF 和 TFTPCF 模型分析了闪烁效应对星载 P 波段 SAR 分辨率的影响。王成[83,84]研究了电离层不规则体引入的三阶相位误差,并

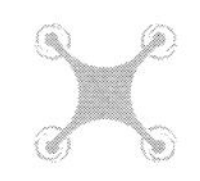

初步考虑了各向异性的不规则体。

上述星载SAR电离层闪烁效应研究成果主要依赖于数值模型及数值计算，随着波段星载SAR的研制和发展，信号级、图像级仿真及实测数据验证等方面的研究得以开展。美国波士顿学院的Carrano[7]发明了一种SAR电离层闪烁效应仿真器(SAR Scintillation Simulator,SAR-SS)，包含二维相位屏、电离层传输函数以及SAR回波数据的生成，其中采用逆距离多普勒(Range Doppler,RD)算法生成回波数据，近似认为场景内所有目标经历的电离层误差是一致的，即忽略了电离层的空变特征；将仿真生成的含有幅度闪烁条纹的SAR图像与实际受条纹影响的PALSAR图像进行对比，一定程度上验证了该仿真器的有效性。DLR的Gomba[85,86]提出了一种新颖的电离层闪烁效应仿真方法，将SAR回波数据投影至电离层高度，实现了空变的电离层误差与多普勒频率之间的解耦合。李力[87]基于多相位屏技术研究了闪烁效应的仿真，致力于为研究星载SAR电离层闪烁效应提供更加逼真的数据。阿拉斯加费尔班克斯大学的Meyer[88]基于SAR-SS，研究了赤道地区“柱状”不规则体导致的幅度条纹、方位向散焦以及InSAR去相干的产生机理，并与Carrano[7]一致认为幅度条纹方向就是当地水平磁场方向；他统计了2010年10月南美局部区域PALSAR图像中出现幅度条纹的概率，利用WBMOD预测了PALSAR/PALSAR-2、L波段NISAR(美国NASA与印度合作研制的L/S波段星载SAR，将于2022—2023年发射)受幅度闪烁条纹影响的概率分布图，如图1.15所示。

针对电离层闪烁效应，英国伯明翰大学的Belcher做了一系列理论研究[89-92]：结合WBMOD分析了典型的星载SAR系统电离层闪烁效应的影响情况[89]；基于一维相位屏理论，仿真分析了点目标成像随闪烁强度的变化情况[90]，建立了点扩展函数(Point Spread Function,PSF)，并基于此推导了闪烁效应影响下的方位向积分旁瓣比(Integrated Side-Lobe Ratio,ISLR)数学表达式，但是仅适用于弱闪烁情况，即单程闪烁相位的均方差小于0.5rad的情况；研究了电离层闪烁效应对星载SAR杂波统计特性的影响[91]；建立了电离层幅度闪烁的统计模型[92]，Belcher认为电离层不规则体的各向异性将会影响SAR图像中幅度闪烁条纹的可见程度，且幅度条纹的存在会导致雷达截面积(Radar Cross Section,RCS)的增强。Rogers[93]利用WBMOD预测得到了BIOMASS系统受闪烁影响的全球概率分布图，由于采用晨昏轨道设计，除太阳活跃期的北美高纬地区以外，其他森林区域均可忽略闪烁效应。北京理工大学研究团队评估了电离层闪烁效应对L波段GEO SAR方位向成像性能的影响[94-96]，图1.16所示为不同闪烁指数对应的L波段GEO SAR点目标仿真结果[96]；基于PSF理论，胡程推导了方位向ISLR与闪烁指数S_4的数学表达式[96]，并且认为闪烁效应只会导致ISLR恶化，而方位分辨率和峰值旁瓣比(Peak-to-Side-Lobe Ratio,PSLR)恶化可以忽略不

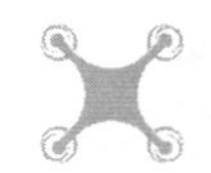

计，但这个结论同样是基于弱闪烁情况得出的，因此其有效性值得深究。中国电子科技集团公司第二十二研究所的冯健[97]研究了星载 P 波段 SAR 方位向成像性能随 S_4 的变化情况。Mohanty 利用 PALSAR－2 数据研究了极区电离层不规则体各向异性特征[98]，并且评估了电离层幅度闪烁条纹对地物分类的影响[99]。

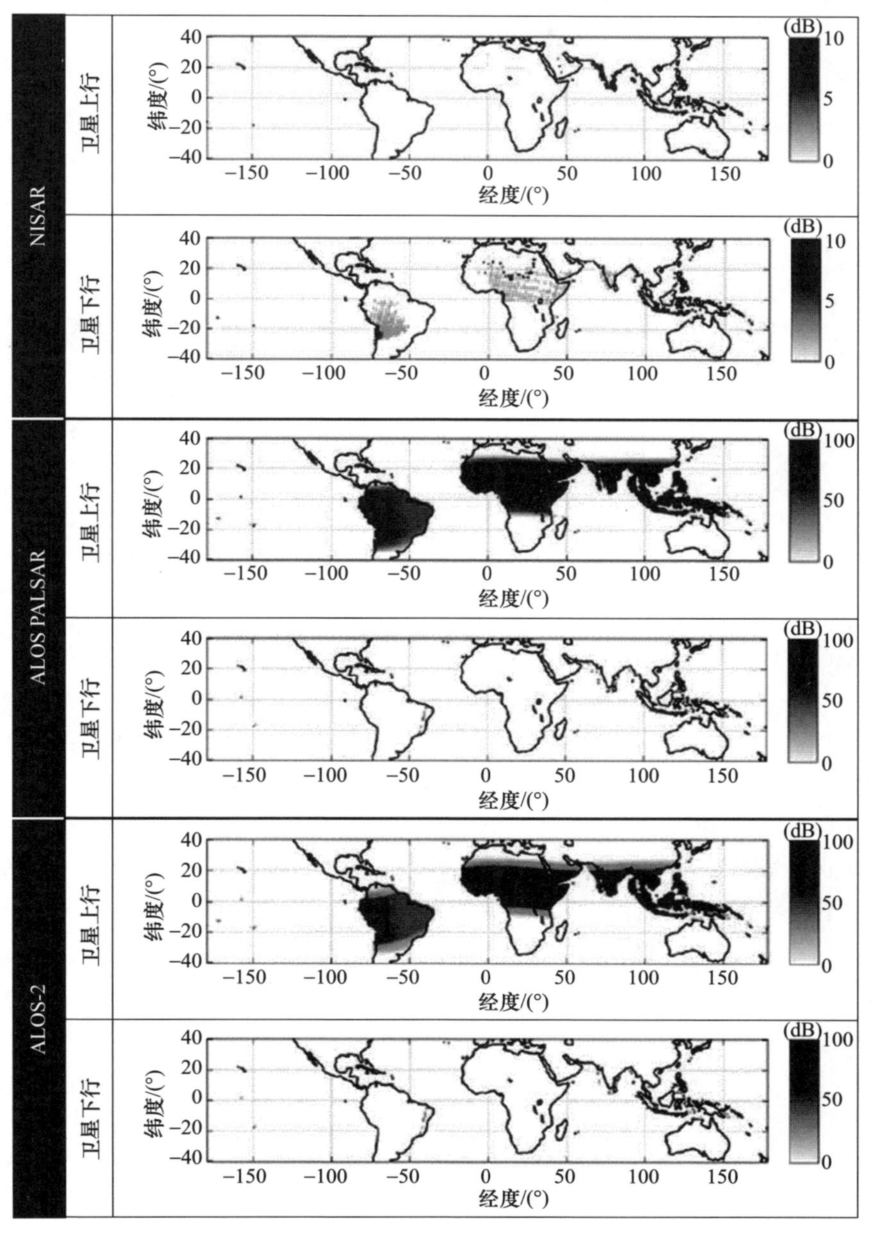

图 1.15　3 种星载 L 波段 SAR 图像出现幅度闪烁条纹的概率[88]

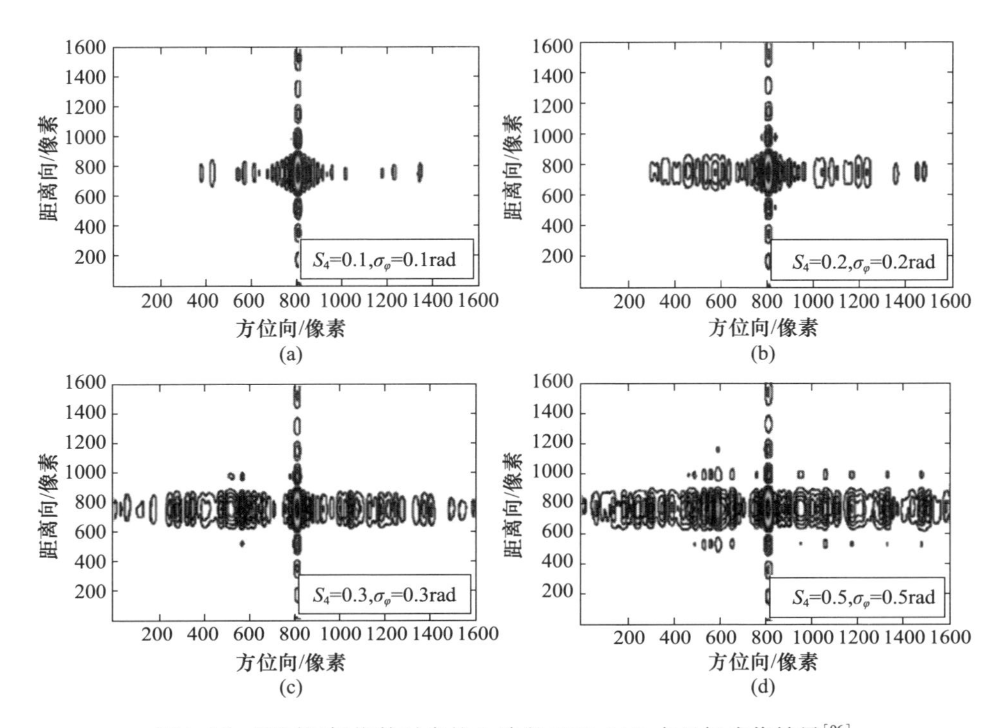

图 1.16　不同闪烁指数对应的 L 波段 GEO SAR 点目标成像结果[96]

由上述现状分析可见,目前关于星载 SAR 电离层闪烁效应的研究已经取得了可观的成果。然而由于电离层不规则体本身呈现随机性、场向、各向异性、漂移等复杂特性,再加上星载 SAR 系统在波段、轨道设计、分辨率、工作模式等方面呈现出多样性,因此还有许多问题有待进一步研究,主要体现在以下几个方面。

(1)基于 GAF 数值模型计算得到的分辨率,称为模糊分辨率。它与 SAR 名义上的分辨率(称为名义分辨率)有本质的不同,前者具有统计含义。但是,现有文献中通常将两者混谈,没有对两者的区别深入剖析。另外,现有的 GAF 模型没有针对孔径内闪烁幅度误差引起的方位去相关进行相应的建模。

(2)关于电离层不规则体场向的、各向异性的特征,相关学者仅做了一些初步的研究,但是针对不规则体与 SAR 的几何关系,现有文献中并没有给出详细且明确的解释。实际上,除了闪烁强度、谱指数以及外尺度之外,各向异性轴尺度、磁偏角、磁倾角、地理航向、第三旋转角等参数也会显著影响星载 SAR 图像聚焦性能。因此,无论是从数值分析还是信号级仿真的角度,都应该考虑这些因素。

(3)对于 LEO SAR,由于合成孔径内电离层穿刺点(Ionospheric Penetration

Point,IPP)速度远大于电离层不规则体漂移速度,因此电离层不规则体的漂移效应可被忽略。但是对于GEO SAR来说,IPP扫描速度与不规则体的漂移速度在同一量级,因此必须考虑不规则体的漂移效应对GEO SAR成像的影响,但现有文献很少提及这方面内容。

(4)由于场景内不同目标的闪烁相位和幅度误差历程不同,因此闪烁效应具有空变性。同时,电离层闪烁效应还会造成星载SAR图像之间的严重去相干,引入复杂的干涉相位误差。但是,现有文献很少考虑这两个方面问题。

(5)除了方位向主瓣展宽、旁瓣抬升、峰值能量损失以外,闪烁效应还会导致方位向峰值位置随机偏移,但目前研究很少提及这方面问题。

(6)PALSAR/PALSAR-2图像中出现的幅度条纹,具有与当地水平磁场相同的指向,但这个结论的正确性并没有经过理论和实测数据的验证,因此有待进一步研究。

(7)关于电离层闪烁效应影响下的星载SAR回波数据仿真,目前的仿真方法无法兼顾仿真精度和处理效率,因此有待进一步研究。

1.3.2 星载SAR电离层传播效应校正技术研究现状

1.3.2.1 星载SAR背景电离层传播效应校正技术研究现状

针对背景电离层色散、时延等效应对星载SAR成像造成的影响,其校正关键在于准确获得SAR信号传播路径上的电离层TEC。目前主要有两种估计思路。一种是基于外部设备测得的TEC数据对星载SAR背景电离层效应进行补偿。例如,Halpin[100]提出使用波形预畸变技术使电波信号免受电离层色散效应的影响;也有一些学者[101,102]提出使用全球电离层地图(Global Ionospheric Map,GIM)来粗略估计SAR图像所在区域的TEC值,但是其精度比较有限。另一种思路是利用包含丰富电离层信息的SAR数据本身进行TEC估计,相比于外部测量方法,该方法能够真实反映信号传播路径上的TEC信息,但同时也对信号处理能力提出了更高的要求。Belcher[89]认为,基于最大对比度、多视以及相位梯度等准则的自聚焦算法均可应用在电离层色散效应的校正中,并初步分析了最大对比度自聚焦补偿色散效应的性能,结果表明,距离向带宽越大,自聚焦效果越好。DLR的Jehle[103]基于电离层时延的频率依赖性,分别提出了利用自适应匹配滤波和上下变频延迟差来估计TEC,前者性能强烈依赖于场景内的角反射器,适用范围有限,而后者的有效性最终被后来的研究者从理论上推翻[104]。中国电子科技集团公司第三十八研究所的赵宁[105]提出了一种基于步进频回波相位提取TEC的方法,如图1.17所示,用P波段逆合成孔径雷达(Inverse SAR,ISAR)国际空间站实测图像进行了验证。李亮[106,107]提出利用场景内的有源定标器来估计星载SAR信号所经历的TEC,具有较高的TEC测量精度,但仅适用

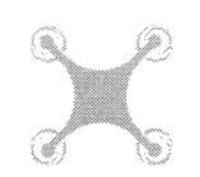

于定标情况且实现难度较大。Shi[108]借鉴了光学图像处理中的随机并行梯度下降算法来校正电离层色散效应。胡程[39]提出利用相位梯度自聚焦(Phase Gradient Autofocus,PGA)算法来校正时变的背景电离层对 GEO SAR 方位向成像的影响,并开展了图像级的仿真研究和验证。美国北卡罗来纳州立大学的 Tsynkov 团队构想了一种双频 SAR 成像系统[109-111],其双频特征有利于实时估计和校正电离层 TEC,并提出了一种类似于图像配准的 TEC 估计方法[111]。

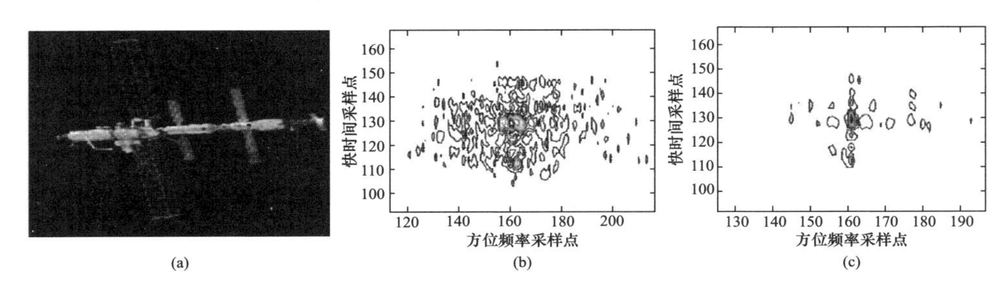

图 1.17　ISAR 图像电离层传播效应校正实验[105]
(a)光学图像;(b)原始 ISAR 图像;(c) 电离层校正后的 ISAR 图像。

针对星载 InSAR 主辅图像之间存在的电离层相位差,目前主要有方位偏移追踪法[48,52]、子孔径干涉法[115-117]、频谱分割法[118-122]、群延迟法[123]等成熟的估计和校正方法,并已经在 C 波段 Sentinel-1 以及 L 波段 PALSAR/PALSAR-2 等实测数据中广泛验证和应用。随着 InSAR 频谱分割技术的提出[118-122],有众多学者提出将该技术应用至单视复图像中,包括双频法[2,124,126]、三频法[34,127,128],其本质是将 SAR 距离向图像分成两个或多个子带图像,并通过估计子图像之间的相对偏移量,间接推导背景电离层 TEC。由于现有 L 波段 PALSAR/PALSAR-2 带宽内二阶以上电离层相位误差变化较小,因此从理论上讲,针对 PALSAR/PALSAR-2 单视复图像应用频谱分割法的效果并不会令人满意[123],但是对于星载 P 波段 SAR 来说,频谱分割技术具有巨大的应用潜力。另外,国内一些学者[128-130]提出利用星载 SAR 对电离层进行层析成像,其本质是通过子孔径成像实现多角度观测,从而解算得到电离层电子密度的高度维分布,但受限于目前星载 SAR 的波段和分辨率,这方面研究目前仍处于仿真论证阶段。

针对背景电离层 FR 效应的校正,早在 1965 年 Bickel 和 Bates 就建立了基于极化测量矩阵估计 FRA 的数学模型[42],即著名的 B&B 估计器。2004 年,Freeman[131]提出了串扰和通道不平衡的定标方法,该方法在 FRA 存在的情况具有稳健性;基于散射互易性提出了一种 FR 估计器,即 Freeman 估计器,并对比该估计器与 B&B 估计器性能,结果表明,只有在相位不平衡的影响下,Freeman 估计器表现比 B&B 估计器更优;此外,他还注意到估计得到的 FRA 存在 $\pm\pi/2$ 模

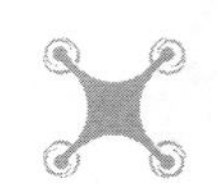

糊,并且提出了基于定标目标、特定地物以及约束 FRA 等的解模糊方法。戚任远和金亚秋重新推导了 Mueller 矩阵[46],基于此发明了一种新型 FR 估计器,即 Qi&Jin 估计器,并提出了一种类似于 InSAR 相位解缠绕的 FRA 估计值解模糊方法。Meyer 和 Nicoll[132]提出利用 GIM 模型预测了星载 SAR 图像中的 FRA,预测结果表明,PALSAR 数据库中仅有一小部分全极化图像的 FRA 大于 3°,这主要是因为太阳活动处于低谷以及绝大多数 PALSAR 图像在当地时间 22 点左右获取;另外,他还分析了 B&B 估计器关于通道噪声、串扰及幅相不平衡的性能,首次利用星载 SAR 实测数据(PALSAR)验证了 FR 估计与校正的有效性。DLR 的 Jehle[133]验证了原始回波数据、距离压缩图像以及方位压缩图像具有不同的 FR 估计性能。Sandberg[134]在 PALSAR 场景内布设了角反射器,针对 PALSAR 数据做了 FR 估计实验;结果表明,由 B&B 估计得到的 FRA 与利用角反射器估计得到的 FRA 具有一致性,与 GIM 估计得到的 TEC 数据具有较好的线性关系,从而验证了 FR 估计的有效性。北京航空航天大学的陈杰[135]推导了极化协方差矩阵(Polarimetric Covariance Matrix,PCM),并提出了 6 种 FR 估计器,即 Chen1 ~6 估计器,经验证其中 Chen3 和 Chen6 估计器具有较好性能;他还研究了利用特殊定标器解决简缩极化 SAR 中的 FR 估计问题[136]。李力[137]基于反射对称性的假设从 PCM 中推导得到了两个 FR 估计器,即 Li1 和 Li2 估计器;经验证,相比于其他估计器,这两种估计器在相位不平衡影响下的性能表现更优。王成[138]基于圆极化基底对应的 PCM 推导得到了一个 FR 估计器,即 Wang 估计器;还提出了一种基于多孔径 FR 估计的电子密度层析技术[139]。谢菲尔德大学的 Rogers[140]详细分析和对比了 B&B、Freeman、Qi&Jin、Chen3 等 4 种 FR 估计器在通道噪声、串扰、幅度和相位不平衡影响下的性能。除此之外,一些学者将 FR 估计应用于 InSAR 主辅图像偏移量校正和干涉相位误差校正中[145,146],在 PALSAR 全极化数据中得到了广泛的实验验证,该方法有望进一步应用于未来 BIOMASS 数据中。

上述研究成果为基于星载 SAR 图像的 TEC/FR 估计与校正提供了丰富的理论依据和实现思路,但仍存在一些待解决的问题,主要包括:

(1)基于最大对比度或最小熵准则的距离向自聚焦算法,现有的文献中提及了相关基础理论,却没有深入研究其最优化过程的实现方式。

(2)基于 SAR 单视复图像估计背景电离层 TEC 的方法众多,但这些方法之间的对比分析却很少。

(3)现有文献中提及的 FR 估计器种类繁多,但针对这些估计器全面的性能对比研究却较少。同时,在实测数据 FR 校正处理中,缺乏一种有效衡量 FR 校正效果的定量化方法。

(4)对于 PolSAR,FR 色散效应不仅会引入额外的成像恶化和极化测量误差，还会对 FR 估计与校正造成影响，这在现有的文献中还没有具体考虑过。

1.3.2.2 星载 SAR 电离层不规则体传播效应校正技术研究现状

随着对星载 SAR 中电离层不规则体闪烁效应的理解越来越深入，一些学者开始研究如何利用低波段星载 SAR 数据中蕴含的电离层信息来估计不规则体参数。Belcher[92]提出利用幅度闪烁条纹导致 RCS 及图像对比度增强的特性测量闪烁指数 S_4，Mohanty 进一步验证了 Belcher 所提方法[147,148]。DLR 的 Kim 利用南美地区 PALSAR 各子孔径图像幅度条纹变化[149]和 FRA 变化[150]，估计了电离层不规则体高度和漂移速度，实测结果与地基雷达测量结果基本吻合，从而验证了所提方法的有效性。Mannix[8]和 Belcher[151]基于 PSF 统计理论模型，分别利用星载 SAR 图像的杂波特性和角反射器测量了电离层不规则体的闪烁强度和谱指数，将这两种方法应用至阿森松岛 PALSAR-2 聚束模式高分辨图像中。如图 1.18 所示，角反射器、杂波测量结果与当地 GPS 接收机测量结果基本吻合[151]，但是无论从理论模型还是实验策略方面，这两种方法都存在着巨大的问题。首先，PSF 模型是基于弱闪烁假设的，却测量得到了中等闪烁、强闪烁情况下的参数，因此 PSF 模型在中等闪烁、强闪烁情况下的适用性有待进一步验证；其次，使用电离层高度的经验值，与当地电离层不规则体的实际高度并不相符，这会导致闪烁强度和谱指数测量误差；最后，将 ALOS-2 测量结果与 GPS 接收机测量结果进行对比，但是 GPS 卫星与 ALOS-2 卫星在电离层高度上的投影轨迹历程不同，因此对比研究的可行性值得深究。

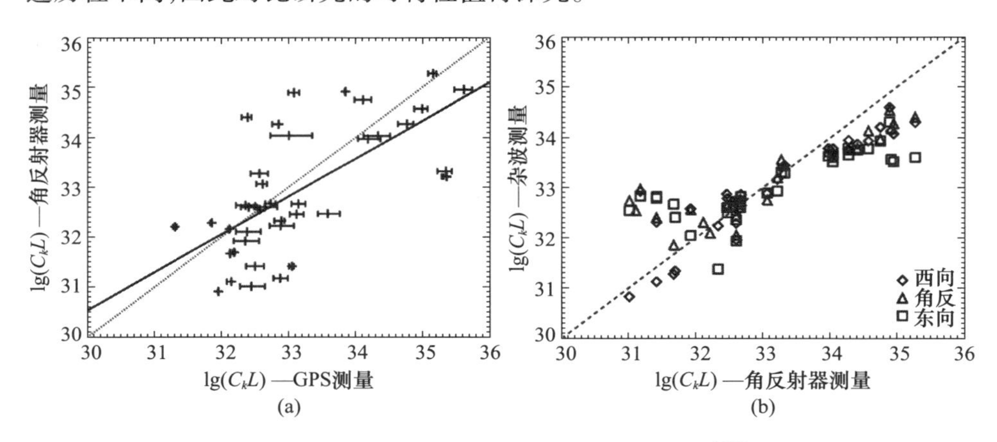

图 1.18 电离层闪烁测量结果对比验证试验[151]

(a)角反射器测量与当地 GPS 接收机测量结果对比；(b)杂波测量与角反射器测量结果对比。

针对星载 SAR 电离层闪烁相位误差估计与校正方法的研究也逐步展开，现有的研究成果大体可以分成两类。一类成果是基于 FR 估计的闪烁相位误差(Scintillation Phase Error，SPE)估计与校正技术。Kim[152]利用相位屏投影方法，

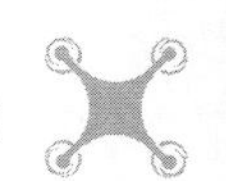

将SAR图像部分聚焦至电离层高度，从而解决了空变SPE与方位多普勒耦合的问题；从部分聚焦的SAR图像中估计得到了FRA，间接推导得到了SPE，从而进一步完成闪烁效应的校正。但是，该方法仅仅适用于中高纬地区以及全极化工作模式，且其性能强烈依赖于电离层高度的估计精度、工作波段、地理位置以及电离层本身的状态等因素[152]。基于Kim的工作，Gracheva[153]又提出了一种联合FR估计与图像偏移(Map Drift，MD)自聚焦的闪烁效应校正方法，仿真结果表明，该联合方法性能优于两种单独方法。另一类成果是基于相位梯度、最小熵、最大对比度等准则的自聚焦算法。早在20世纪80年代末，美国圣地亚国家实验室的一些学者[154,155]就提出利用PGA算法补偿星载SAR孔径内的电离层相位误差，并实施了相关仿真研究。Quegan[156]进一步论证了利用PGA校正星载P波段SAR图像中电离层闪烁效应的可行性。北京航空航天大学的李卓[157]针对BIOMASS系统分析了PGA校正闪烁效应的性能，得到了校正前后的点目标方位分辨率、PSLR、ISLR随闪烁强度以及信杂比(Signal - to - Clutter Ratio，SCR)的变化曲线；结果表明，只有对于高SCR以及闪烁强度小于10^{33}的情况，PGA才能有效地校正电离层闪烁效应，反之则其稳健性很差[157]。针对PGA强烈依赖于图像内强点提取的缺陷，北京理工大学的王锐[158]提出利用最小熵自聚焦算法估计GEO SAR图像中的电离层闪烁幅度和相位误差，如图1.19所示，通过图像级仿真验证了该方法的有效性，但是该方法假设场景内的闪烁误差具有空不变性，且未考虑其各向异性的特征，因此对于空变的、各向异性的闪烁幅度与相位误差，该方法的适用性和有效性还有待进一步研究。国防科技大学研究团队[159]还提出了基于粒子群的最小熵自聚焦方法，该方法能够摆脱局部最优解实现全局最优化处理，相比于传统的牛顿法、最速下降法等迭代方法，更具稳健性。

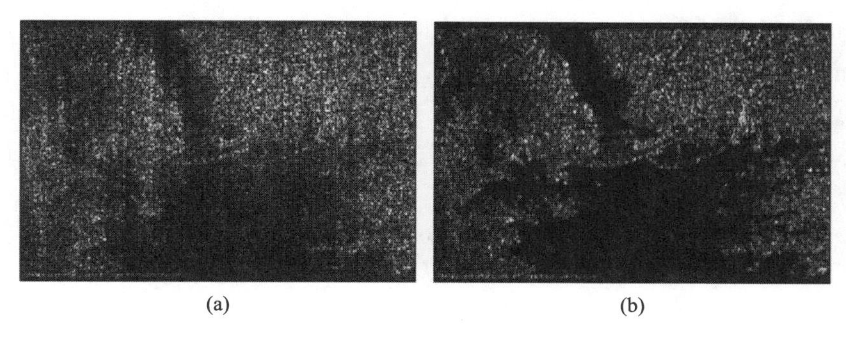

(a) (b)

图1.19 GEO SAR闪烁效应校正最小熵自聚焦仿真处理结果[158]
(a)受到闪烁效应的影响；(b)闪烁效应校正后。

针对星载SAR幅度闪烁条纹，Roth[160]提出在二维频域实现条纹能量与地物能量的分离，该方法在PALSAR/PALSAR-2数据中广泛应用[160,161]。在此基

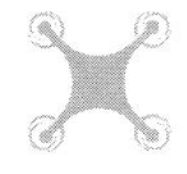

础上，Mohanty[162]针对全极化图像提出一种频域和小波域结合的条纹校正方法，如图 1.20 所示，该方法校正后的地物分类精度比传统的频域方法提升了 3%。

图 1.20 幅度闪烁条纹校正前后极化 SAR 图像地物分类结果[162]（见彩图）
（a）参考数据分类结果；（b）含条纹数据的分类结果；（c）传统傅里叶方法校正后；（d）结合小波方法校正。

由上述现状分析可知，目前对于星载 SAR 闪烁效应校正方法的研究还处于仿真论证阶段，仿真方式过于理想化的问题导致了相关学者并没有意识到闪烁效应校正的特殊性和难点，主要体现如下。

（1）关于自聚焦方法补偿闪烁效应的现有文献中，都没有提到电离层误差对于场景内不同目标具有空变性，特别是 SPE 沿着图像方位向和距离向都存在明显的空变性特征，这将会严重影响自聚焦方法的性能，甚至会导致校正后的 SAR 图像分辨性能更加恶化。

（2）现有的研究只是将传统自聚焦方法应用至闪烁效应校正，因此没有考虑电离层不规则体的各向异性特征，即电离层 SPE 沿着特定方向具有强相关性，而垂直于该方向则具有弱相关性。

（3）现有闪烁效应校正方法的验证主要基于仿真图像，却很少能应用于星载 SAR 实测数据。这些方法并没有考虑到实测数据中闪烁误差的复杂特征。

参考文献

[1] 熊年禄，唐存琛，李行健．电离层物理概论[M]．武汉：武汉大学出版社，1999.
[2] 李力．星载 P 波段合成孔径雷达中的电离层传播效应研究[D]．长沙：国防科技大学，2014.
[3] Cumming I G，Wong F H. 合成孔径雷达成像——算法与实现[M]．洪文，胡东辉，译．北京：电子工业出版社，2005.
[4] Xu Z，Wu J，Wu Z. A survey of ionospheric effects on space – based radar[J]. Waves in Ran-

dom Media,2004,14(2):189 - 273.

[5] Gomba G,Gonzalez F R,Zano F D. Ionospheric phase screen compensation for the Sentinel - 1 TOPS and ALOS - 2 ScanSAR modes[J]. IEEE Transactions on Geoscience and Remote Sensing,2017,55(1):223 - 235.

[6] Wright P A,Quegan S,Wheadon N S,et al. Faraday rotation effects on L - Band spaceborne SAR data[J]. IEEE Transactions on Geoscience and Remote Sensing,2003,41(12):2735 - 2744.

[7] Carrano C S,Groves K M,Caton R G. Simulating the impacts of ionospheric scintillation on L band SAR image formation[J]. Radio Science,2012,47(RS0L20):1 - 14.

[8] Mannix C R,Belcher D P,Cannon P S. Measurement of ionospheric scintillation parameters from SAR images using corner reflectors[J]. IEEE Transactions on Geoscience and Remote Sensing,2017,55(12):6695 - 6702.

[9] Wiley C A. Pulsed Doppler radar methods and apparatus:US449559A[P]. 1954.

[10] Mccauley J F,Breed C S,Schaber G G,et al. Paleodrainages of the Eastern Sahara - The radar rivers revisited (SIR - A/B implications for a mid - tertiary trans - African drainage System)[J]. IEEE Transactions on Geoscience and Remote Sensing,1986,GE - 24 (4): 624 - 648.

[11] 陈建光,梁晓莉,王聪,等. 2018 年美军天基信息支援装备技术综述[J]. 中国航天, 2019,5:1 - 3.

[12] 李春升,王伟杰,王鹏波,等. 星载 SAR 技术的现状与发展趋势[J]. 电子与信息学报, 2016,38(1):229 - 240.

[13] 李春升,杨威,王鹏波. 星载 SAR 成像处理算法综述[J]. 雷达学报,2013,2(1): 111 - 122.

[14] Gomba G,Gonzalez F R,Zano F D. Ionospheric phase screen compensation for the Sentinel - 1 TOPS and ALOS - 2 ScanSAR modes[J]. IEEE Transactions on Geoscience and Remote Sensing,2017,55(1):223 - 235.

[15] Toan T L,Beaudoin A,Riom J,et al. Relating forest biomass to SAR data[J]. IEEE Transactions on Geoscience and Remote Sensing,1992,30(2):403 - 411.

[16] Moghaddam M,Saatchi S,Cuenca R H. Estimating subcanopy soil moisture with radar[J]. Journal of Geophysical Research,2000,105(D11):14899 - 14911.

[17] Carreiras J M B,Quegan S,Toan T L,et al. Coverage of high biomass forests by the ESA BIOMASS mission under defense restrictions[J]. Remote Sensing of Environment,2017,196: 154 - 162.

[18] Toan T L. Assessment of tropical forest biomass:A challenging objective for the Biomass mission[C]. In 1st Biomass Science Workshop,PowerPoint Presentation. 2015:27 - 30.

[19] Tomiyasu K,Pacelli J L. Synthetic aperture radar imaging from an inclined geosynchronous orbit[J]. IEEE Transactions on Geoscience and Remote Sensing,1983,21(3):324 - 328.

[20] Long T,Hu C,Ding Z,et al. Geosynchronous SAR: System and signal processing[M]. Springer Nature Singapore Pte Ltd,2018.

[21] 李德鑫. 地球同步轨道合成孔径雷达信号处理与仿真技术研究[D]. 长沙:国防科技大学,2017.

[22] Hobbs S E,Guarnieri A M,Broquetas A,et al. G – CLASS:geosynchronousradar for water cycle science – orbit selection and system design[J]. The Journal of Engineering,2019,2019(21):7534 – 7537.

[23] 计一飞. 电离层对地球同步轨道 SAR 成像的影响分析研究[D]. 长沙:国防科技大学,2016.

[24] Millman G H,Bell C. Ionospheric dispersion of an FM electromagnetic pulse[J]. IEEE Transactions on Antennas and Propagation,1971,19(1):152 – 155.

[25] Brookner E. Ionospheric dispersion of electromagnetic pulses[J]. IEEE Transactions on Antennas and Propagation,1973,21(3):402 – 405.

[26] El – Khamy S E, McIntosh R E. Optimum transionospheric pulse transmission[J]. IEEE Transactions on Antennas and Propagation,1973,21(2):269 – 273.

[27] El – Khamy S E. On pulse compression in dispersive media[J]. IEEE Transactions on Antennas and Propagation,1979,27(3):420 – 422.

[28] Kretov N V,Ryshkina T Y,Fedorova L V. Dispersive distortions of transionospheric broadband VHF signals[J]. Radio Science,1992,27 (4):491 – 495.

[29] Fitzgerald T J. Ionospheric effects on synthetic aperture radar at VHF[C]. Proceedings of the 1997 IEEE National Radar Conference,1997:237 – 239.

[30] Shteinshleiger V. On a high – resolution space – borne VHF – band SAR for FOPEN and GPEN remote sensing of the Earth[C]. Proceedings of the 1999 IEEE Radar Conference, 1999:209 – 212.

[31] Ishimaru A,Kuga Y,Liu J,et al. Ionospheric effects on synthetic aperture radar at 100MHz to 2GHz[J]. Radio Science,1999,34 (1):257 – 268.

[32] 许正文. 电离层对卫星信号传播及其性能影响研究[D]. 西安:西安电子科技大学,2005.

[33] 李廉林. 星载 SAR 信号的电离层传播问题及基于星载 SAR 的电离层成像研究[D]. 北京:中国科学院电子学研究所,2006.

[34] 王成. 电离层对星载 SAR 成像质量影响和校正方法研究[D]. 西安:西安电子科技大学,2015.

[35] Wang C,Chen L,Liu L. A new analytical model to study the ionospheric effects on VHF/UHF wideband SAR imaging[J]. IEEE Transactions on Geoscience and Remote Sensing,2018,55(8):4545 – 4557.

[36] 李亮,洪峻,明峰,等. 电离层时空变化对中高轨 SAR 成像质量的影响分析[J]. 电子与信息学报,2014,36(4):915 – 922.

[37] 李雨龙,张弘毅,黄丽佳,等. 同步轨道 SAR 电离层影响分析与仿真研究[J]. 电子测量技术,2014,37(9):14 – 27.

[38] Tian Y,Hu C,Dong X,et al. Theoretical analysis and verification of time variation of back-

ground ionosphere on geosynchronous SAR imaging[J]. IEEE Geoscience and Remote Sensing Letters,2015,12 (4):721 –725.

[39] Hu C,Tian Y,Yang X,et al. Background ionosphere effects on geosynchronous SAR focusing: theoretical analysis and verification based on the BeiDou Navigation Satellite System (BDS)[J]. IEEE Journal of Selected Topics in Applied Earth Observation and Remote Sensing,2016,9(3): 1143 –1162.

[40] Dong X,Hu C,Tian Y,et al. Design of validation experiment for analysing impacts of background ionosphere on geosynchronous SAR using GPS signals[J]. Electronics Letters,2015, 51(20):1604 –1606.

[41] Dong X,Hu C,Tian Y,et al. Experimental study of ionospheric impacts on geosynchronous SAR using GPS signals[J]. IEEE Journal of Selected Topics in Applied Earth Observation and Remote Sensing,2016,9(6):2171 –2183.

[42] Bickel S H,Bates R. Effects of magneto – ionic propagation on the polarization scattering matrix[J]. Proceedings of the IEEE,1965,53(8):1089 –1091.

[43] Gail W B. Effect of Faraday rotation on polarimetric SAR[J]. IEEE Transactions on Aerospace and Electronic Systems,1998,34(1):301 –308.

[44] Rignot E J M. Effect of Faraday rotation on L – Band interferometric and polarimetric synthetic – aperture radar data[J]. IEEE Transactions on Geoscience and Remote Sensing, 2000,38(1):383 –390.

[45] Freeman A,Saatchi S S. On the detection of Faraday rotation in linearly polarized L – Band SAR backscatter signatures[J]. IEEE Transactions on Geoscience and Remote Sensing,2004, 42(8):1607 –1616.

[46] Qi R,Jin Y. Analysis of the effects of Faraday rotation on spaceborne polarimetric SAR observations at P – Band[J]. IEEE Transactions on Geoscience and Remote Sensing,2007,45(5): 1115 –1122.

[47] Li L,Zhang Y,Dong Z,et al. Ionospheric polarimetric dispersion effect on low – frequency spaceborne SAR imaging[J]. IEEE Geoscience and Remote Sensing Letters,2014,11(12):2163 – 2167.

[48] Kim J S. Development of ionosphere estimation techniques for the correction of SAR data[D/OL]. ETH Zurich,2013. [2023 –12 –10]. https://doi. org/10. 3929/ethza –010077304.

[49] Gray A L,Matter K E. Influence of ionospheric electron density fluctuations on satellite radar interferometry[J]. Geophysical Research Letters,2000,27(10):1451 –1454.

[50] Mattar K,Gray A. Reducing ionospheric electron density errors in satellite radar interferometry applications[J]. Canadian Journal of Remote Sensing,2002,28(4):593 –600.

[51] Wegmuller U,Werner C,Strozzi T,et al. Ionospheric electron concentration effects on SAR and INSAR[C]. IEEE International Geoscience and Remote Sensing Symposium (IGARSS),Denver,USA,2006:3731 –3734.

[52] Meyer F J,Nicoll J. The impact of the ionosphere on interferometric SAR processing[C].

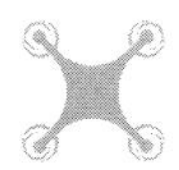

IGARSS, Boston, USA, 2008:391 - 394.

[53] Hu C, Li Y, Dong X, et al. Impacts of temporal - spatial variant background ionosphere on repeat - track GEO D - InSAR system[J]. Remote Sensing, 2016, 8(11):916.

[54] Krieger G, Zan F D, Bachmann M, et al. Tropospheric and ionospheric effects in spaceborne single - pass SAR interferometry and radar grammetry[C]. 10th European Conference on Synthetic Aperture Radar (EUSAR), Berlin, German, 2014:1097 - 1100.

[55] Krieger G, Zan F D, Dekker P L, et al. Impact of the gradients and higher - order ionospheric disturbances on spaceborne single - pass SAR interferometry[C]. IGARSS, Milan, Italy, 2015:4061 - 4064.

[56] Lin H, Deng Y, Zhang H, et al. Impacts of ionospheric effects on spaceborne single - pass SAR imaging and interferometry of LuTan - 1[C]. IGARSS, Brussels, Belgium, 2021:2282 - 2285.

[57] Hey J, Parsons S, Phillips J. Fluctuations in cosmic radiation at radio frequencies[J]. Nature, 1946, 158:234.

[58] Shkarofsky I P. Turbulence functions useful for probes (space - time correlation) and for scattering (wave - number - frequency spectrum) analysis[J]. Canadian Journal of Physics, 1968, 46:2683 - 2702.

[59] Lee L C. Theory of thin - screen scintillations for a spherical wave[J]. The Astrophysical Journal, 1977, 218:468 - 476.

[60] Rino C L. A power law phase screen model for ionospheric scintillation 1. Weak scatter[J]. Radio Science, 1979, 14(6):1135 - 1145.

[61] Rino C L. A power law phase screen model for ionospheric scintillation 2. Strong scatter[J]. Radio Science, 1979, 14(6):1147 - 1155.

[62] Rino C L. On the application of phase screen models to the interpretation of ionospheric scintillation data[J]. Radio Science, 1979, 17(4):855 - 867.

[63] Rino C L. The theory of scintillation with applications in remote sensing[M]. Hoboken, New Jersey: John Wiley and Sons, 2011.

[64] Rino C L, Fremouw E J. The angle dependence of singly scattered wavefields[J]. Journal of Atmospheric and Terrestrial Physics, 1977, 39:859 - 868.

[65] Yeh K C, Liu C H. Radio wave scintillations in the ionosphere[J]. Proceedings of the IEEE, 1982, 70(4):324 - 360.

[66] Knepp D L. Multiple phase - screen calculation of the temporal behavior of stochastic waves[J]. Proceedings of the IEEE, 1983, 71(6):722 - 737.

[67] Knepp D L, Nickisch L J. Multiple phase screen calculation of wide bandwidth propagation [J]. Radio Science, 2009, 44(RS0A09):1 - 11.

[68] Knepp D L. Multiple phase screen calculation of two - way spherical wave propagation in the ionosphere[J]. Radio Science, 2016, 51:259 - 270.

[69] Fremouw E J, Secan J A. Modeling and scientific application of scintillation results[J]. Radio Science, 1984, 19(3):687 - 694.

[70] Secan J A, Bussey R M, Fremouw E J. An improved model of equatorial scintillation[J]. Radio Science, 1995, 30(3): 607 – 617.

[71] Meyer F J. Quantifying ionosphere – induced image distortions in L – band SAR data using the ionospheric scintillation model WBMOD[C]. 10th EUSAR, 2014: 1089 – 1092.

[72] Greene C A, Moller R T. The effect of normally distributed random phase errors on synthetic array gain patterns[J]. IRE Transactions on Military Electronics, 1962, MIL – 6(2): 130 – 139.

[73] Porcello L J. Turbulence – induced phase errors in synthetic – aperture radars[J]. IEEE Transactions on Aerospace and Electronic Systems, 1970, AES – 6(5): 636 – 644.

[74] Brown W M, Riordan J F. Resolution limits with propagation phase errors[J]. IEEE Transactions on Aerospace and Electronic Systems, 1970, AES – 6(5): 657 – 662.

[75] Quegan S, Lamont J. Ionospheric and tropospheric effects on synthetic aperture radar performance[J]. International Journal of Remote Sensing, 1986, 7(4): 525 – 539.

[76] Liu J. Ionospheric effects on synthetic aperture radar imaging[D]. Washington: University of Washington, 2003.

[77] Liu J, Ishimaru A, Pi X, et al. Ionospheric effects on SAR imaging: A numerical study[J]. IEEE Transactions on Geoscience and Remote Sensing, 2003, 41(5): 939 – 947.

[78] Goriachkin O V. Azimuth resolution of spaceborne P, VHF – band SAR[J]. IEEE Geoscience and Remote Sensing Letters, 2004, 1(4): 251 – 254.

[79] Li L, Li F. SAR imaging degradation by ionospheric irregularities based on TFTPCF analysis[J]. IEEE Transactions on Geoscience and Remote Sensing, 2007, 45(5): 1123 – 1130.

[80] Xu Z, Wu J, Wu Z. Potential effects of the ionosphere on space – based SAR imaging[J]. IEEE Transactions on Antennas and Propagation, 2008, 56(7): 1968 – 1975.

[81]郑虎，李廉林，李芳. 电离层对星载合成孔径雷达方位向分辨率影响的分析[J]. 电子与信息学报，2008，30(9)：2085 – 2088.

[82] 李力，杨淋，张永胜，等. 电离层不规则体对P波段星载SAR成像的影响[J]. 国防科技大学学报，2013，35(5)：158 – 162.

[83] Wang C, Zhang M, Xu Z, et al. Effects of anisotropic ionospheric irregularities on space – borne SAR imaging[J]. IEEE Transactions on Antennas and Propagation, 2014, 62(9): 4664 – 4673.

[84] Wang C, Zhang M, Xu Z, et al. Cubic phase distortion and irregular degradation on SAR imaging due to the ionosphere[J]. IEEE Transactions on Geoscience and Remote Sensing, 2015, 53(6): 3442 – 3451.

[85] Gamba G, Eineder M, Fritz T, et al. Simulation of ionospheric effects on L – band synthetic aperture radar images[C]. IGARSS, 2013: 4463 – 4466.

[86] Gamba G, Eineder M, Parizzi A, et al. High – resolution estimation of ionospheric phase screens though semi – focusing processing[C]. IGARSS, 2014: 17 – 20.

[87] 李力，张永胜，董臻，等. 电离层对星载SAR影响的多相位屏仿真方法[J]. 北京航空航天大学学报，2012，38(9)：1163 – 1166.

[88] Meyer F J, Chotoo K, Chotoo S D, et al. The influence of equatorial scintillation on L – band

SAR image quality and phase[J]. IEEE Transactions on Geoscience and Remote Sensing, 2016,54(2):869－880.

[89] Belcher D P. Theoretical limits on SAR imposed by the ionosphere[J]. IET Radar, Sonar and Navigation,2008,2(6):435－448.

[90] Belcher D P, Rogers N C. Theory and simulation of ionospheric effects on synthetic aperture radar[J]. IET Radar, Sonar and Navigation,2009,3(5):541－551.

[91] Belcher D P, Cannon P S. Ionospheric effects on synthetic aperture radar (SAR) clutter statistics[J]. IET Radar, Sonar and Navigation,2013,7(9):1004－1011.

[92] Belcher D P, Cannon P S. Amplitude scintillation effects on SAR[J]. IET Radar, Sonar and Navigation,2014,8(6):658－666.

[93] Rogers N C, Quegan S, Kim J S, et al. Impacts of ionospheric scintillation on the BIOMASS P－band satellite SAR[J]. IEEE Transactions on Geoscience and Remote Sensing,2014,52(3):1856－186.

[94] 董锡超,李元昊,田野. 斜入射下电离层闪烁对 GEO SAR 成像影响分析[J]. 信号处理,2015,31(2):226－232.

[95] Li Y, Hu C, Dong X, et al. Impacts of ionospheric scintillation on geosynchronous SAR focusing: preliminary experiments and analysis[J]. Science China－Information Sciences,2015,58(9):109301.

[96] Hu C, Li Y, Dong X, et al. Performance analysis of L－Band geosynchronous SAR imaging in the presence of ionospheric scintillation[J]. IEEE Transactions on Geoscience and Remote Sensing,2017,55(1):159－172.

[97] 冯健,甄卫民,吴振森,等. 电离层闪烁对星载 P 波段 SAR 的影响分析[J]. 电子与信息学报,2015,37(6):1443－1449.

[98] Mohanty S, Carrano C S, Singh G. Effect of anisotropy on ionospheric scintillations observed by SAR[J]. IEEE Transactions on Geoscience and Remote Sensing,2019,57(9):6888－6899.

[99] Mohanty S, Singh G. Improved POLSAR model－based decomposition interpretation under scintillation conditions[J]. IEEE Transactions on Geoscience and Remote Sensing,2019,57(10):7567－7578.

[100] Halpin T F, Urkowitz H, Maron D. Propagation compensation by waveform predistortion[C]. IEEE International Conference on Radar,1990:238－242.

[101] Mohr J J, Boncori J P M. An error prediction framework for interferometric SAR data[J]. IEEE Transactions on Geoscience and Remote Sensing,2008,46(6):1600－1613.

[102] Wang C, Shi C, Fan L, et al. Improved modeling of global ionospheric total electron content using prior information[J]. Remote Sensing,2018,10(63):1－19.

[103] Jehle M, Frey O, Small D, et al. Measurement of ionospheric TEC in spaceborne SAR data[J]. IEEE Transactions on Geoscience and Remote Sensing,2010,48 (6):2460－2468.

[104] Zhang Y, Jehle M, Li L, et al. Comment on "Measurement of ionospheric TEC in spaceborne SAR data"[J]. IEEE Transactions on Geoscience and Remote Sensing,2016,54

(2):1240 - 1242.

[105] 赵宁,周芳,王震,等. P 波段雷达成像电离层效应的地面观测与校正[J]. 雷达学报,2013,3(1):45 - 52.

[106] 李亮,洪峻,明峰,等. 一种基于有源定标器的电离层对星载 SAR 定标影响校正方法[J]. 电子与信息学报,2012,34(5):1096 - 1101.

[107] 李亮,洪峻,明峰. 一种基于星载 SAR 编码有源定标器的电离层 TEC 测量方法[J]. 中国科学:信息科学,2014,44(4):511 - 526.

[108] Shi J,Yao B,Wu X. Reducing the ionospheric dispersion for P - band spaceborne SAR images by stochastic parallel gradient descent algorithm[C]. IET International Radar Conference,Hangzhou,China,2015:1 - 5.

[109] Tdynkov S. On SAR Imaging through the Earth's Ionosphere[J]. SIAM Journal on Imaging Sciences,2009,2(1):140 - 182.

[110] Smith E M,Tdynkov S. Dual carrier probing for spaceborne SAR imaging[J]. SIAM Journal on Imaging Sciences,2011,4(2):501 - 542.

[111] Gilman M,Smith E M,Tdynkov S. Reduction of ionospheric distortions for spaceborne synthetic aperture radar with the help of image registration[J]. Inverse Problems,2013,29:054005.

[112] Raucoules D,Michele M D. Assessing ionospheric influence on L - band SAR data: implications on coseismic displacement measurements of the 2008 Sichuan earthquake[J]. IEEE Geoscience and Remote Sensing Letters,2008,7(2):286 - 290.

[113] Chen J Y,Zebker H A. Ionospheric artifacts in simultaneous L - band InSAR and GPS observations[J]. IEEE Transactions on Geoscience and Remote Sensing,2012,50(4):1227 - 1239.

[114] Chen A C,Zebker H A. Reducing ionospheric effects in InSAR data using accurate coregistration[J]. IEEE Transactions on Geoscience and Remote Sensing,2014,52(1):60 - 70.

[115] Jung H S,Lee D T,Lu Z,et al. Ionospheric correction of SAR interferograms by multiple - aperture interferometry[J]. IEEE Transactions on Geoscience and Remote Sensing,2013,51(5):3191 - 3199.

[116] Liu Z,Jung H S,Lu Z. Joint correction of ionosphere noise and orbital error in L - band SAR interferometry of interseismic deformation in southern California[J]. IEEE Transactions on Geoscience and Remote Sensing,2014,52(6):3421 - 3427.

[117] Jung H S,Lee W J. An improvement of ionospheric phase correction by multiple - aperture interferometry[J]. IEEE Transactions on Geoscience and Remote Sensing,2015,53(9):4952 - 4960.

[118] Rosen P,Hensley S,Chen C. Measurement and mitigation of the ionosphere in L - band Interferometric SAR data[C]. IEEE Radar Conference,Arlington,USA,2010:1459 - 1463.

[119] Brcic R,Parizzi A,Eineder M,et al. Ionospheric effects in SAR interferometry: An analysis and comparison of the methods for their estimation[C]. IGARSS,Vancouver,Canada,2011:1497 - 1500.

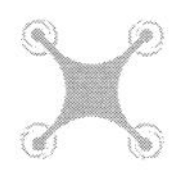

[120] Gomba G, Parizzi A, Zan F, et al. Toward operational compensation of ionospheric effects in SAR interferograms: the split – spectrum method[J]. IEEE Transactions on Geoscience and Remote Sensing, 2016, 54(3): 1446 – 1461.

[121] Gomba G, Zan F. Bayesian data combination for the estimation of ionospheric effects in SAR interferograms[J]. IEEE Transactions on Geoscience and Remote Sensing, 2017, 55(11): 6582 – 6593.

[122] Zhang B, Ding X, Amelung F, et al. Impact of ionosphere on InSAR observation and coseismic slip inversion: improved slip model for the 2010 Maule, Chile earthquake[J]. Remote Sensing of Environment, 2021, 267: 112733.

[123] Meyer F J, Bamler R, Jakowski N, et al. The potential of low – frequency SAR systems for mapping ionospheric TEC distributions[J]. IEEE Geoscience and Remote Sensing Letters, 2006, 3(4): 560 – 564.

[124] 赵宁, 谈璐璐, 张永胜, 等. 星载 P 波段 SAR 电离层效应的双频校正方法[J]. 雷达科学与技术, 2013, 11(3): 255 – 261.

[125] Zhou F, Xing M, Xia X, et al. Measurement and correction of the ionospheric TEC in P – Band ISAR imaging[J]. IEEE Geoscience and Remote Sensing Letters, 2015, 12(8): 1755 – 1759.

[126] Yang L, Xing M, Sun G. Ionosphere correction algorithm for spaceborne SAR imaging[J]. Journal of Systems Engineering and Electronics, 2016, 27(5): 993 – 1000.

[127] 王成, 张民, 许正文, 等. 基于星载 SAR 信号的 TEC 反演新方法[J]. 地球物理学报, 2014, 57(11): 3570 – 3576.

[128] Wang C, Zhang M, Xu Z, et al. TEC retrieval from spaceborne SAR data and its applications[J]. Journal of Geophysical Research: Space Physics, 2014, 119: 8648 – 8659.

[129] Li L, Li F. Ionosphere tomography based on spaceborne SAR[J]. Advances in Space Research, 2008, 42: 1187 – 1193.

[130] Hu C, Tian Y, Dong X C, et al. Computerized ionospheric tomography based on geosynchronous SAR[J]. Journal of Geophysical Research: Space Physics, 2017, 122: 2686 – 2705.

[131] Freeman A. Calibration of linearly polarized polarimetric SAR data subject to Faraday rotation[J]. IEEE Transactions on Geoscience and Remote Sensing, 2004, 42(8): 1617 – 1624.

[132] Meyer F J, Nicoll J B. Prediction, detection, and correction of Faraday rotation in full – polarimetric L – Band SAR data[J]. IEEE Transactions on Geoscience and Remote Sensing, 2008, 46(10): 3076 – 3086.

[133] Jehle M, Ruegg M, Zuberbühler L, et al. Measurement of ionospheric Faraday rotation in simulated and real spaceborne SAR data[J]. IEEE Transactions on Geoscience and Remote Sensing, 2009, 47(5): 1512 – 1523.

[134] Sandberg G, Eriksson L E B, Ulander L M H. Measurements of Faraday rotation using polarimetric PALSAR images[J]. IEEE Geoscience and Remote Sensing Letters, 2009, 6(1): 142 – 146.

[135] Chen J, Quegan S. Improved estimators of Faraday rotation in spaceborne polarimetric SAR

data[J]. IEEE Geoscience and Remote Sensing Letters. ,2010,7(4):846 – 850.

[136] Chen J, Quegan S. Calibration of spaceborne CTLR compact polarimetric low – frequency SAR using mixed radar calibrators[J]. IEEE Transactions on Geoscience and Remote Sensing,2011,49(7):2712 – 2723.

[137] Li L,Zhang Y,Dong Z,et al. New Faraday rotation estimators based on polarimetric covariance matrix[J]. IEEE Geoscience and Remote Sensing Letters,2014,11(11):133 – 137.

[138] Wang C,Liu L,Chen L,et al. Improved TEC retrieval based on spaceborne PolSAR data[J]. Radio Science,2017,52:288 – 304.

[139] Wang C,Chen L,Liu L,et al. Robust computerized ionospheric tomography based on spaceborne polarimetric SAR data[J]. IEEE Journal of Selected Topics in Applied Earth Observation and Remote Sensing,2017,10(9):4022 – 4031.

[140] Rogers N C,Quegan S. The accuracy of Faraday rotation estimation in satellite synthetic aperture radar images[J]. IEEE Transactions on Geoscience and Remote Sensing,2014,52(8):4799 – 4807.

[141] Li W,Liu B,Zhao H. Equivalent verification of the effect of the ionospheric Faraday rotation on GEO SAR imaging by ferrite[J]. Progress In Electromagnetics Research Letters,2015,54:33 – 38.

[142] Mohanty S,Singh G. Mitigation of Faraday rotation in ALOS – 2/PALSAR – 2 Full Polarimetric SAR Imageries[C]. Proceedings of SPIE Land Surface and Cryosphere Remote Sensing III,2016:1 – 10.

[143] Mohanty S,Singh G,Yamaguchi Y. Faraday rotation correction and total electron content estimation using ALOS – 2/PALSAR – 2 full polarimetric SAR data[C]. IGARSS,2016:4753 – 4756.

[144] Guo W,Chen J,Liu W,et al. Time – variant TEC estimation with fully polarimetric GEO – SAR data[J]. Electronic Letters,2017,53(24):1606 – 1608.

[145] Zhu W,Ding X L,Jung H S,et al. Mitigation of ionospheric phase delay error for SAR interferometry: an application of FR – based and azimuth offset methods[J]. Remote Sensing Letters,2017,8(1):58 – 67.

[146] Zhu W,Jung H S,Chen J Y. Synthetic aperture radar interferometry (InSAR) ionospheric correction based on Faraday rotation: two case studies[J]. Applied Sciences,2019,9(18):3871.

[147] Mohanty S,Singh G,Carrano C S. Ionospheric scintillation observation using space – borne synthetic aperture radar (SAR) data[J]. Radio Science,2018,53:1187 – 1202.

[148] Mohanty S,Carrano C S,Singh G. Effect of anisotropy on ionospheric scintillations observed by SAR[J]. IEEE Transactions on Geoscience and Remote Sensing,2019,57(9):6888 – 6899.

[149] Kim J S,Papathanassiou K,Sato H,et al. Detection and estimation of equatorial spread F scintillations using synthetic aperture radar[J]. IEEE Transactions on Geoscience and Remote Sensing,2017,55(12):6713 – 6125.

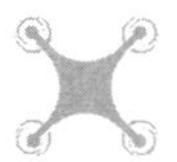

[150] Kim J S, Papathanassiou K. SAR Observation of Ionosphere Using Range/Azimuth Sub - bands[C]. 10th EUSAR, Berlin, German, 2014:1085 - 1088.

[151] Belcher D P, Mannix C R, Cannon P S. Measurement of the ionospheric scintillation parameter CkL from SAR images of clutter[J]. IEEE Transactions on Geoscience and Remote Sensing, 2017, 55(10):5937 - 5943.

[152] Kim J S, Papathanassiou K, Scheiber R, et al. Correcting distortion of polarimetric SAR data induced by ionospheric scintillation[J]. IEEE Transactions on Geoscience and Remote Sensing, 2015, 53(12):6319 - 6335.

[153] Gracheva C, Kim J S, Iraola P P, et al. Combined estimation of ionospheric effects in SAR images exploiting Faraday rotation and autofocus[J]. IEEE Geoscience and Remote Sensing Letters, 2022, 19:8018705.

[154] Jakowatz C V, Eichel P E, Ghiglia D C. Autofocus of SAR imagery degraded by ionospheric - induced phase errors[C]. Proceedings of SPIE 1101, Millimeter Wave and Synthetic Aperture Radar, 1989:46 - 52.

[155] Eichel P H, Ghiglia D C, Jakowatz C V, et al. Speckle processing method for synthetic - aperture - radar phase correction[J]. Optics Letters, 1989, 14(1):1 - 3.

[156] Quegan S, Green J, Schneider R Z, et al. Quantifying and correctingionospheric effects on P - Band SAR images[C]. IGARSS, 2008:541 - 544.

[157] Li Z, Quegan S, Chen J, et al. Performance analysis of phase gradient autofocus for compensating ionospheric phase scintillation in BIOMASS P - Band SAR data[J]. IEEE Geoscience and Remote Sensing Letters, 2015, 12(6):1367 - 1371.

[158] Wang R, Hu C, Li Y, et al. Joint amplitude - phase compensation for ionospheric scintillation in GEO SAR imaging[J]. IEEE Transactions on Geoscience and Remote Sensing, 2017, 55(6):3454 - 3465.

[159] Yu L, Zhang Y S, Zhang Q L, et al. Minimum - entropy autofocus based on Re - PSO for ionospheric scintillation mitigation in P - band SAR imaging[J]. IEEE Access, 2019, 7:84580 - 84590.

[160] RothA P, Huxtable B D, Chotoo K, et al. Detection and mitigation of ionospheric stripes in PALSAR data[C]. IGARSS, 2012:1621 - 1624.

[161] Gama F, Wiederkehr C, Bispo P, et al. Removal of ionospheric effects from Sigma naught images of the ALOS/PALSAR - 2 satellite[J]. Remote Sensing, 2022, 14:962.

[162] Mohanty S, Khati U, Singh G, et al. Correction of amplitude scintillation effect in fully polarimetric SAR coherency matrix data[J]. ISPRS Journal of Photogrammetry and Remote Sensing, 2020, 164:184 - 199.

第2章　星载SAR电离层传播效应建模与仿真

作为地球高层大气中的等离子体介质，电离层势必对穿行其中的电磁波造成相位超前、群延迟、色散、FR以及幅相闪烁等影响。因此，建立电离层电波传播效应模型以及星载SAR电离层传播效应回波模型是星载SAR电离层传播效应影响分析与校正方法研究的基础，而探索高效、高精度的星载SAR电离层传播效应回波仿真方法是必备的研究手段。

2.1节描述电离层的介质特性，进一步阐述背景电离层和电离层不规则体的时空分布特性。2.2节建立背景电离层电波传播效应模型，推导相位屏理论以及衍射过程，建立电离层不规则体电波幅相闪烁效应的理论模型。2.3节基于星载SAR观测几何开展电离层建模与仿真研究，建立包括STEC以及FRA的背景电离层参数计算模型，并在星载SAR观测几何下，建立幅相闪烁传输函数模型，描述其数字生成过程，展示相位屏以及幅相闪烁传输函数的仿真实验结果。2.4节建立星载SAR电离层传播效应回波模型，该模型全面考虑背景电离层引入的群延迟、相位超前、色散、FR等效应以及电离层不规则体引起的幅度与相位闪烁效应。基于该信号模型，2.5节提出一种星载SAR电离层传播效应的全链路回波仿真流程，考虑到闪烁效应的特殊性和复杂性，提出一种基于逆后向投影的星载SAR电离层闪烁效应回波仿真方法，最后展示了受到电离层传播效应影响的星载SAR点目标、面目标场景图像的仿真。

2.1　电离层介质与分布特性

2.1.1　电离层介质特性

电离层从整体上看呈现电中性的等离子体状态，即在给定区域内正负带电粒子的数量相同，而带电粒子的存在明显改变了这部分大气的介电性质，最直接的体现就是折射指数的改变(自由空间的折射指数为1)。若考虑粒子碰撞，则可以用等离子体介质的折射指数表征电离层折射指数，即Appleton－Hatree公式[1]，有

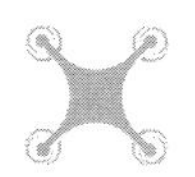

$$n_{\mathrm{i}}^2 = 1 - \frac{X_{\mathrm{p}}}{1 - \mathrm{j}\upsilon/\omega - \dfrac{Y_{\mathrm{p}}^2 \sin^2\Theta}{2(1 - \mathrm{j}\upsilon/\omega - X_{\mathrm{p}})} \pm \sqrt{\dfrac{Y_{\mathrm{p}}^4 \sin^4\Theta}{4\ (1 - \mathrm{j}\upsilon/\omega - X_{\mathrm{p}})^2} + Y_{\mathrm{p}}^2 \cos^2\Theta}} \tag{2.1}$$

$$X_{\mathrm{p}} = \frac{\omega_{\mathrm{p}}^2}{\omega^2}, \quad \omega_{\mathrm{p}}^2 = \frac{e^2 N_{\mathrm{e}}}{\varepsilon_0 m_{\mathrm{e}}}, \quad Y_{\mathrm{p}} = \frac{\mu_0 He}{m_{\mathrm{e}}\omega} \tag{2.2}$$

式中:n_{i} 为电离层折射指数;υ 为粒子碰撞频率;ω 为电磁波角频率;ω_{p} 为等离子体角频率;e 为电子电荷,$e = 1.6022 \times 10^{-19}\mathrm{C}$;$m_{\mathrm{e}}$ 为电子质量,$m_{\mathrm{e}} = 9.1096 \times 10^{-31}\mathrm{kg}$;$\varepsilon_0$ 为自由空间介电常量,$\varepsilon_0 = 8.8542 \times 10^{-12}\mathrm{F/m}$;$N_{\mathrm{e}}$ 为电离层电子密度;μ_0 为自由空间磁导率,$\mu_0 = 4\pi \times 10^{-7}\mathrm{H/m}$;$H$ 为地磁场强度,$H = B/\mu_0$;B 为地磁感应强度;Θ 为地磁场矢量与电波传播方向的夹角。

式(2.1)对电磁波频率的依赖性说明电离层是一种色散介质;粒子碰撞现象使得电离层折射指数为一个复数,即证明电离层会吸收电磁波能量;"±"分别表示寻常波和非寻常波,说明电波在电离层中传播会发生双折射现象,即受到地磁场的影响,电离层折射指数存在两个分立值,则电离层中电波存在两个传播路径。当电磁波频率高于 VHF 波段时,可忽略粒子碰撞造成的吸收项,即 $\upsilon = 0$。除了几乎垂直于磁场方向以外,电离层中其他方向上的电波传播可认为是准纵传播。因此,对于 VHF 波段以上的准纵传播电波,式(2.1)可以近似表示为[1]

$$n_{\mathrm{i}} \approx 1 - \frac{X_{\mathrm{p}}}{2}(1 \mp Y_{\mathrm{p}}\cos\Theta) \tag{2.3}$$

(1)传播速度:若继续忽略电离层双折射效应,则式(2.1)可进一步近似表示为

$$n_{\mathrm{i}} = n_{\mathrm{p}} \approx 1 - \frac{X_{\mathrm{p}}}{2} = 1 - \frac{r_{\mathrm{e}}\lambda^2 \cdot N_{\mathrm{e}}}{2\pi} = 1 - \frac{2\pi r_{\mathrm{e}} N_{\mathrm{e}}}{k_0^2} \tag{2.4}$$

式中:$r_{\mathrm{e}} = e^2/4\pi\varepsilon_0 m_{\mathrm{e}} c^2$ 为经典电子半径;$c = 3 \times 10^8\mathrm{m/s}$ 为真空中光速;$\lambda = 2\pi c/\omega$ 为电磁波波长;$k_0 = 2\pi/\lambda$ 为对应的波数;n_{p} 为相折射指数。

因此,电磁波等相面的传播速度,即相速度 V_{p},可表示为

$$V_{\mathrm{p}} = \frac{c}{n_{\mathrm{p}}} \approx c\left(1 + \frac{2\pi r_{\mathrm{e}} N_{\mathrm{e}}}{k_0^2}\right) \tag{2.5}$$

此外,电离层会影响电磁波包络和能量传播的速度,即群速度 V_{g},可表示为

$$V_{\mathrm{g}} = \frac{c}{n_{\mathrm{g}}} = \frac{c}{1/n_{\mathrm{p}}} = c\left(1 - \frac{2\pi r_{\mathrm{e}} N_{\mathrm{e}}}{k_0^2}\right) \tag{2.6}$$

式中:n_{g} 为群折射指数,与相折射指数互为倒数。由式(2.5)和式(2.6)可知 $V_{\mathrm{p}} \geqslant c \geqslant V_{\mathrm{g}}$。

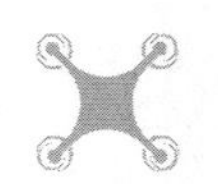

（2）群延迟：由于电波包络或能量在电离层中的传播速度小于光速，因此其传播路径上所耗费的时间大于自由空间传播，即存在一延迟量 τ_g，称为群延迟，可表示为

$$\tau_g = \frac{1}{c}\int_{\text{path}}(n_g - 1)\mathrm{d}l \approx \frac{r_e\lambda^2}{2\pi c}\cdot\int_{\text{path}}N_e\mathrm{d}l = \frac{r_e\lambda^2}{2\pi c}\cdot\text{TEC} \tag{2.7}$$

式中：TEC 为电离层电子密度在电波传播路径 l 上的积分值。

（3）相位超前：计算电离层导致的电波传播相路径长度变化，有

$$\Delta l_p = c\tau_p = \int_{\text{path}}(n_p - 1)\mathrm{d}l = -\frac{r_e\lambda^2}{2\pi}\cdot\text{TEC} \tag{2.8}$$

式中：τ_p 为相位延迟，且有 $\tau_p = -\tau_g$。

相比于自由空间的传播，电离层引起了相路径缩短，导致的相位超前 ϕ_i 可表示为

$$\phi_i = k_0\int_{\text{path}}(n_p - 1)\mathrm{d}l = -r_e\lambda\cdot\text{TEC} = -\frac{2\pi K_\phi}{cf}\cdot\text{TEC} \tag{2.9}$$

式中：$f = c/\lambda$ 为电磁波频率；$K_\phi = e^2/8\pi^2\varepsilon_0 m_e$，且有 $K_\phi \approx 40.3\text{m}^3/\text{s}^2$。另外，相位超前误差还可以表示为 $\phi_i = 2\pi\Delta l_p/\lambda = 2\pi f\cdot\tau_p$。

需要特别指出的是，式（2.8）中的“ - ”代表“超前”的意思，而式（2.7）中的 τ_g 为正数，因此代表“延迟”的意思。

（4）法拉第旋转：根据式（2.3），电磁波进入电离层介质中将会分裂为寻常波或非寻常波。由于本书涉及线极化系统，因此更具体地说，线极化电磁波进入电离层后分裂为能量相等、旋向相反的两个圆极化波，即一个右旋圆极化波和一个左旋圆极化波，分别以折射指数 n_i^+ 和 n_i^- 在电离层中传播。一旦穿过电离层，这两个圆极化波就会重新合成一个新的线极化波，但该线极化波的极化方向相比于最初线极化波存在一个角度偏差，即 FRA，记为 Ω，该现象被称为 FR 效应，Ω 可表示为[1]

$$\Omega = \frac{k_0}{2}\int_{\text{path}}(n_i^- - n_i^+)\mathrm{d}l = \frac{k_0}{2}\int_{\text{path}}X_pY_p\cos\Theta\mathrm{d}l = \frac{K_\Omega B\cos\Theta}{f^2}\cdot\text{TEC} \tag{2.10}$$

式中：$K_\Omega = e^3/8\pi^2 c\varepsilon_0 m_e^2 \approx 2.36\times10^4\text{A}\cdot\text{m}^2/\text{kg}$。

2.1.2　电离层分布特性

电离层折射指数是随时间和空间变化的参数，主要由电离层的均一成分 n_h、缓变成分 n_v 以及随机成分 δn 组成，因此可以表示为

$$n_i(t,\boldsymbol{\rho}) = 1 - [n_h(t,\boldsymbol{\rho}) + n_v(t,\boldsymbol{\rho}) + \delta n(t,\boldsymbol{\rho})] \tag{2.11}$$

式中：t 为时间；$\boldsymbol{\rho}$ 为三维空间矢量。

在一次人为的电离层测量或观测过程中，电离层均一成分通常是不变的常量，电离层缓变成分是随时间和空间缓变的中尺度、确定性分量，无须用随机过程来描述。电离层均一成分和缓变成分统称为背景电离层，它具有大于或近似等于 SAR 图像尺寸量级的空间尺度。电离层随机成分主要指电离层不规则体或者电离层湍流，这部分电离层具有随机特性，可用随机过程描述其时空分布特性，具有小于或近似等于 SAR 图像尺寸量级的空间尺度。接下来，本节将详细描述背景电离层和电离层不规则体的分布特性。

2.1.2.1 背景电离层分布特性

从大尺度的角度看，受到重力作用的电离层呈现分层结构，即电离层电子密度垂向分布具有显著差异性。图 2.1 所示为 2015 年 4 月 17 日利用非相干雷达实测的我国云南曲靖地区上空电离层电子密度剖面，由图可见，电离层电子密度呈现明显的分层特性和时间分布特性，在 300 ~ 400km 高度处以及午后 2 点至 4 点达到峰值。另外，在工程上通常将距离地面 60 ~ 500km 的大气空间分为电离层 D 区、E 区和 F 区，其中 F 区又分为 F1 区和 F2 区；而将 500km 以上的空间称为上电离层，该区域电离层电子密度会随着高度的增加而逐渐衰减。表 2.1 所列为电离层分层的详细情况。值得一提的是，F 区是电离层中电子密度最大的层，其中的电子总量可占整个电离层的 60% 以上。该区域电波反射效应显著，地基天波雷达以及通信系统主要依靠其反射效应进行信号传播；赤道和极区的 F 区在夜间常会出现电离层不规则体结构，即扩展 F 层[1]。因此，F 区的状态是卫星遥感、通信以及导航系统最关心的问题之一。

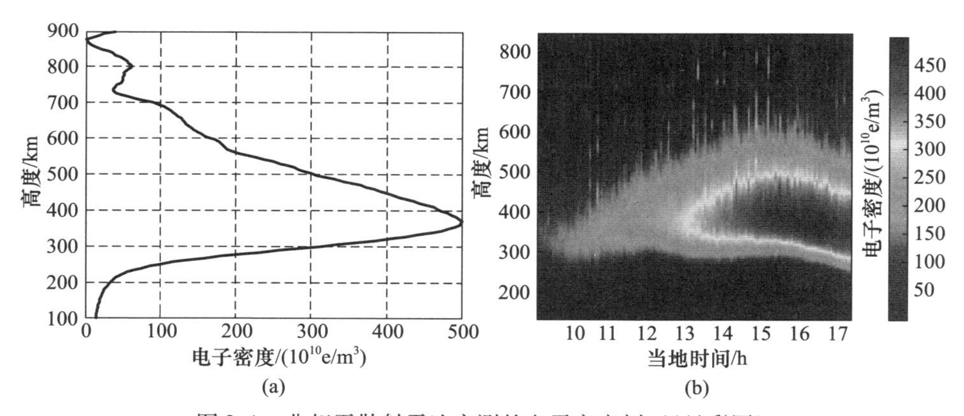

图 2.1 非相干散射雷达实测的电子密度剖面(见彩图)

表 2.1 电离层分层的详细情况[1]

分层名称	D 区	E 区	F1 区	F2 区
区域范围/km	60 ~ 90	90 ~ 150	150 ~ 200	200 ~ 500

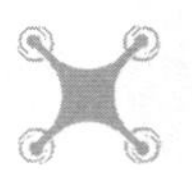

续表

分层名称	D 区	E 区	F1 区	F2 区
电子密度峰值高度/km	70	110	180 ~ 200	300 ~ 400
电子密度峰值高度/($e \cdot m^{-3}$)	$10^9 \sim 10^{11}$	$10^9 \sim 10^{11}$	10^{11}	$10^{11} \sim 10^{12}$
中性分子密度峰值/($e \cdot m^{-3}$)	$4 \times (10^9 \sim 10^{21})$	$7 \times (10^{16} \sim 10^{19})$	$8.5 \times (10^{15} \sim 10^{16})$	$2 \times (10^{11} \sim 10^{12})$
大气成分	$N_2/O_2/NO$	$N_2/O/O_2$	$O/N_2/O_2$	
电离原因	X 射线/光电离/黎曼射线/宇宙射线碰撞	X 射线/紫外线光电离	波长为 20 ~ 80nm 的紫外线电离	
基本特征	夜间消失，吸收效应显著	电子密度昼高夜低，偶发 E 层	F1 区夏季更加显著，夜间消失	F2 区电子密度昼高夜低、冬高夏低

除了可以在少数布设了非相干散射雷达的地区实时测量电离层目前对电离层电子密度垂向分布的描述主要依赖于模型。电离层模型有理论模型和经验模型两大类。电离层理论模型是基于电离层机理建立的近似的数学模型，包括线性分层模型、指数分层模型、抛物分层模型和 Chapman 模型等；而经验模型是基于大量电离层探测数据统计得到的模型，主要包括 Nequick 模型和 IRI 模型等[2]。电离层理论模型中应用比较广泛的是 Chapman 模型，该模型的电离层电子密度表达式[2]为

$$N_e = N_{emax} \cdot \exp\left[1 - \frac{h - h_{emax}}{h_{as}} - \sec Y \cdot \exp\left(-\frac{h - h_{emax}}{h_{as}}\right)\right] \tag{2.12}$$

式中：N_{emax} 为太阳天顶角 $Y=0$ 时的最大电子密度；h_{emax} 为最大电子密度对应的高度；h_{as} 为大气标准高度。

电离层经验模型中的 IRI 主要致力于电离层参数的国际标准化，基于大量地基和空间测量的电离层数据，IRI 已发展成为能够描述大多数规则电离层现象的经验模型[3]，目前已得到了无线电科学国际联盟（International Union of Radio Science，URSI）、国际标准化组织（International Standardization Organization，ISO）等机构的广泛认可。根据输入的时间、地理位置，便可以利用 IRI 计算出电离层电子密度在 60 ~ 2000km 高度的垂向分布。

相比于电离层电子密度，传播路径上的电子总量即 TEC 更能直接有效地反映电离层对电波信号的综合效应。由于电子密度受地理位置、白昼、季节以及太阳活动等因素的影响，因此 TEC 也呈现出复杂的时空分布特性。除电子浓度计算应用以外，IRI 还能提供垂向 TEC（Vertical TEC，VTEC）。图 2.2 所示为 IRI 计

算得到的 VTEC 曲线，分别对应了我国典型的热带（海口）和温带（大连）地区、太阳活动极大值年份（2013 年）和极小值年份（2019 年）、4 个典型节气。具体来说，VTEC 与太阳活动活跃程度具有正相关关系，与地理纬度具有负相关关系，通常在当地正午（大连）或午后（海口）达到一天的峰值，且大连的 VTEC 四季差异更为明显，其中夏至的 VTEC 较其他 3 个节气受白昼影响最小。

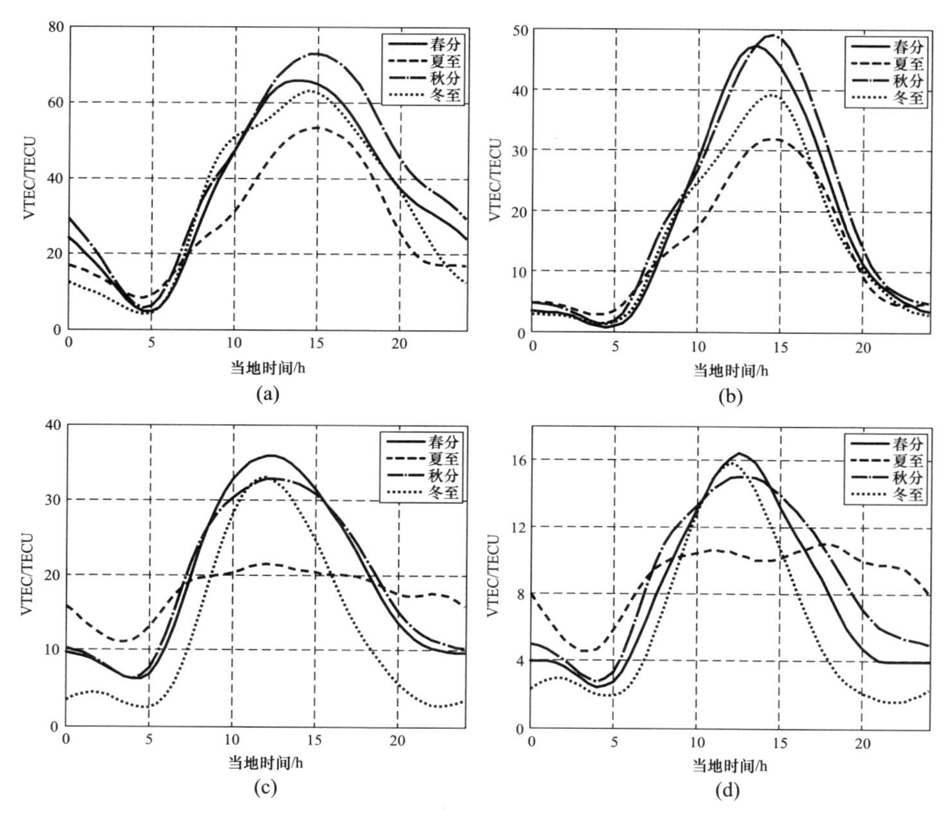

图 2.2　利用 IRI 计算典型时间和地区的 VTEC 曲线

(a)2013 年海口；(b)2019 年海口；(c)2013 年大连；(d)2019 年大连。

2.1.2.2　电离层不规则体分布特性

相对于背景电离层的规则结构，电离层不规则体或者湍流是指电离层的随机扰动结构。受到不规则体的影响，接收端电波信号呈现幅度和相位的随机起伏，且其时空相干性会减弱，该现象称为闪烁效应。如图 2.3 所示，电离层闪烁现象主要发生在赤道以及两极地区，赤道地区闪烁现象大多始于当地时间 18:00/18 时，21:00/21 时左右达到顶峰状态，之后逐渐衰减至次日凌晨；而两极地区的闪烁现象可能发生在一天中的任意时间段。另外，电离层闪烁在太阳活动峰值年

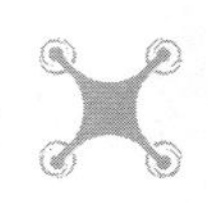

份发生得更加频繁。

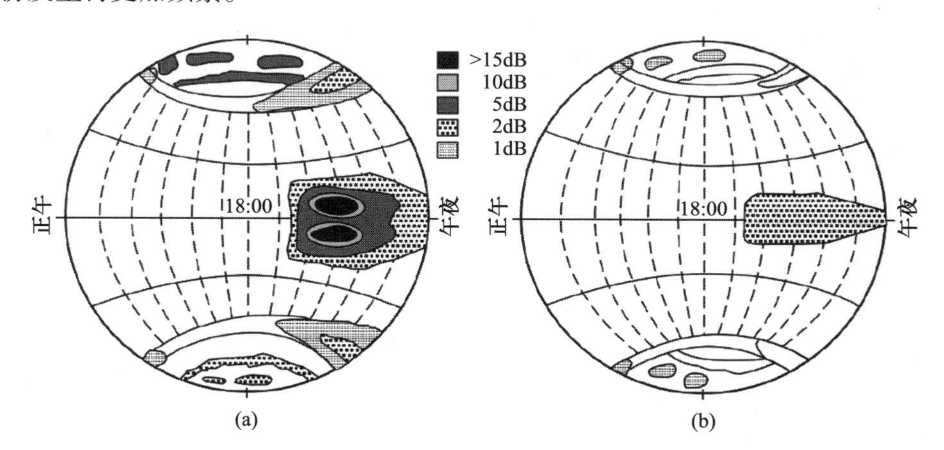

图 2.3　电离层闪烁造成的 1.5GHz 电磁波衰减效应的全球分布[4]
(a)太阳活动极大值年份;(b)太阳活动极小值年份。

由此可见,电离层不规则体具有复杂的时空分布特性,不妨以电离层折射指数为例描述不规则体的分布特性。由于式(2.11)中折射指数的扰动成分可表示为

$$\delta n = \frac{2\pi r_e \delta N_e}{k_0^2}, \delta\phi = k_0 \int_{\text{path}} \delta n \mathrm{d}l = r_e \lambda \cdot \delta\text{TEC} \tag{2.13}$$

式中:δN_e 为引起折射指数扰动的电子密度不规则成分;δTEC 为电波传播路径上的不规则电子总量;$\delta\phi$ 为不规则体引起的相位误差。因此,一旦得知折射指数的随机分布特性,即可基于式(2.13)推导得到电子密度和相位误差的分布特性。

(1)空间分布特性:为了进一步描述电离层不规则体的空间分布特性,需要引入随机过程理论建立数学统计模型,折射指数的空间自相关函数可表示为

$$R_{\delta n}(\boldsymbol{\rho}) = \langle \delta n(\boldsymbol{\rho}')\delta n(\boldsymbol{\rho}' + \boldsymbol{\rho}) \rangle \tag{2.14}$$

式中:$\langle \cdot \rangle$ 为数学期望。

基于维纳辛钦定理,空间自相关函数 $R_{\delta n}(\boldsymbol{\rho})$ 与功率谱函数 $S_{\delta n}(\boldsymbol{\kappa})$ 是傅里叶变换对,有

$$\begin{cases} R_{\delta n}(\boldsymbol{\rho}) = \iiint S_{\delta n}(\boldsymbol{\kappa}) \exp(\mathrm{j}\boldsymbol{\kappa} \cdot \boldsymbol{\rho}) \dfrac{\mathrm{d}^3\boldsymbol{\kappa}}{(2\pi)^3} \\ S_{\delta n}(\boldsymbol{\kappa}) = \iiint R_{\delta n}(\rho) \exp(-\mathrm{j}\boldsymbol{\kappa} \cdot \boldsymbol{\rho}) \mathrm{d}^3\boldsymbol{\rho} \end{cases} \tag{2.15}$$

式中:$\boldsymbol{\kappa}$ 为三维空间矢量;$\boldsymbol{\rho}$ 为空间波数矢量。

图 2.4 所示为基于实际测量总结得到的电离层不规则体空间谱密度函数分

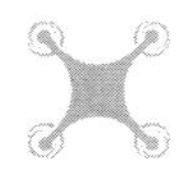

布尺度范围，其中的横轴跨越了从电子回旋半径到地球半径的空间尺度。而实际上，电离层不规则体的谱密度分布在几米（离子回旋半径）至几十千米的范围内，呈现幂率谱的形式，其中 $\kappa_o < \kappa < \kappa_i$。最低截止频率 $\kappa_o = 2\pi/L_o$ 对应外尺度 L_o，即最大的空间结构；最高截止频率 $\kappa_i = 2\pi/L_i$ 对应内尺度 L_o，即最小的空间结构。

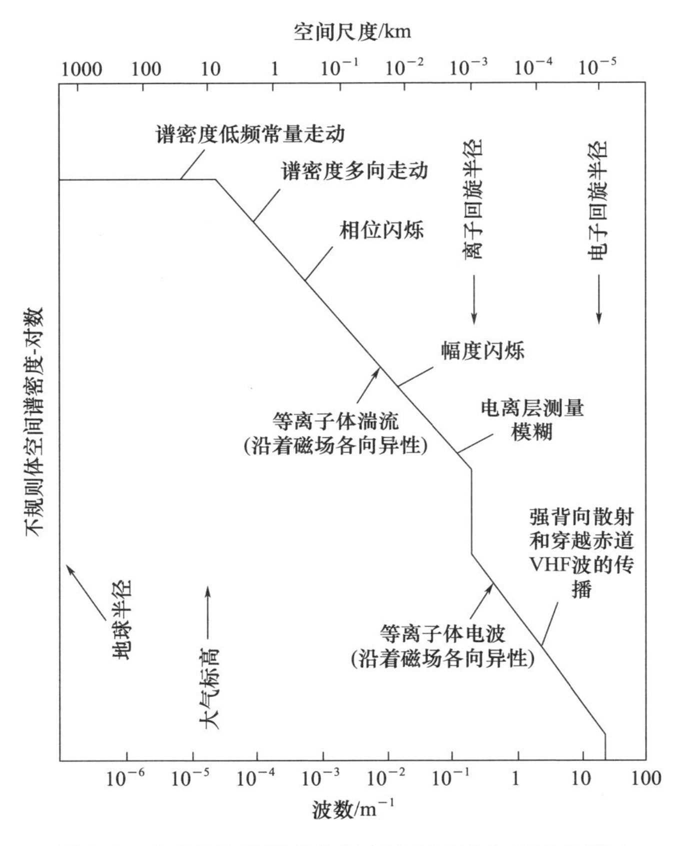

图 2.4　电离层不规则体空间谱密度函数分布尺度范围

为了更好地描述不规则体结构以适应于后续的理论推导和数学建模，引入 Shkarofsky 自相关函数和功率谱函数的组合[5]，即

$$R(\boldsymbol{\rho}) = \frac{\left[\sqrt{1 + \left(\dfrac{\kappa_i \cdot \boldsymbol{\rho}}{2}\right)^2}\right]^{\nu - 1} \cdot K_{\nu - 1}\left[2\dfrac{\kappa_o}{\kappa_i}\sqrt{1 + \left(\dfrac{\kappa_i \cdot \boldsymbol{\rho}}{2}\right)^2}\right]}{K_{\nu - 1}\left(2\dfrac{\kappa_o}{\kappa_i}\right)} \tag{2.16}$$

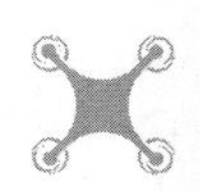

$$S(\boldsymbol{\kappa})=\left(\frac{4\pi}{\kappa_{\mathrm{i}}\kappa_{\mathrm{o}}}\right)^{3/2}\frac{\left[\sqrt{1+\left(\frac{\boldsymbol{\kappa}}{\kappa_{\mathrm{o}}}\right)^{2}}\right]^{-(\nu+1/2)}\cdot K_{\nu+1/2}\left[2\frac{\kappa_{\mathrm{o}}}{\kappa_{\mathrm{i}}}\sqrt{1+\left(\frac{\boldsymbol{\kappa}}{\kappa_{\mathrm{o}}}\right)^{2}}\right]}{K_{\nu-1}\left(2\frac{\kappa_{\mathrm{o}}}{\kappa_{\mathrm{i}}}\right)} \tag{2.17}$$

式中：$\nu=p/2$，p 为谱指数；$K_{\iota}(\cdot)$ 为第二类修正贝塞尔函数。式(2.16)中的自相关函数具有归一化性质，即 $R(0)=1$。

因此，可以构造得到折射指数对应的空间自相关函数和功率谱函数，分别表示为

$$R_{\delta n}(\boldsymbol{\rho})=\langle\delta n^{2}\rangle R(\boldsymbol{\rho}),S_{\delta n}(\boldsymbol{\kappa})=\langle\delta n^{2}\rangle S(\boldsymbol{\kappa}) \tag{2.18}$$

式中：$\langle\delta n^{2}\rangle$ 为折射指数的扰动均方差。

如果满足 $\kappa\gg\kappa_{\mathrm{o}}$，$\kappa\ll\kappa_{\mathrm{i}}$，$\kappa_{\mathrm{i}}/\kappa_{\mathrm{o}}\gg1$，则有 $K_{\iota}(2u)\approx0.5\Gamma(|\iota|)u^{-|\iota|}$，其中 $\Gamma(\cdot)$ 为伽马函数，则可以进一步推导，有

$$S_{\delta n}(\boldsymbol{\kappa})=\frac{\langle\delta n^{2}\rangle\cdot(4\pi)^{3/2}\Gamma(\nu+1/2)}{\Gamma(\nu-1)\kappa_{\mathrm{o}}^{-2\nu+2}}(\kappa_{\mathrm{o}}^{2}+\boldsymbol{\kappa}^{2})^{-(\nu+1/2)} \tag{2.19}$$

式(2.19)为 Rino 功率谱。值得注意的是，Rino 认为电离层湍流的形成本质源于外尺度对应的空间结构[6]，因此相比于 Shkarofsky 谱，Rino 谱不依赖于内尺度。由于 Rino 谱具有更紧凑的函数形式，并且考虑到目前应用广泛的 WBMOD 模型也采用 Rino 谱描述不规则体的空间分布特性[7-8]，因此在本书后续的内容中也将采用 Rino 谱来对电离层不规则体引起的闪烁效应进行建模与仿真。

(2)时间分布特性：实际上电离层不规则体具有时空分布特性，因此折射指数的时间－空间自相关函数可以写为

$$R_{\delta n}(t,\boldsymbol{\rho})=\langle\delta n(t',\boldsymbol{\rho}')\delta n(t'+t,\boldsymbol{\rho}'+\boldsymbol{\rho})\rangle \tag{2.20}$$

根据四维傅里叶变换可得频率－波数功率谱函数，即

$$S_{\delta n}(\omega,\boldsymbol{\kappa})=\iiiint R_{\delta n}(t,\boldsymbol{\rho})\exp[-\mathrm{j}(\boldsymbol{\kappa}\cdot\boldsymbol{\rho}+\omega t)]\mathrm{d}^{3}\boldsymbol{\rho}\mathrm{d}t \tag{2.21}$$

根据实际电离层不规则体观测实验，当电波能量耗散时，接收电波呈现了多普勒频移和轻微的谱展宽，众多学者将这些效应归结于两个原因[9]：①多普勒频移由电离层不规则体的漂移效应引起；②多普勒展宽归因于不规则体本身结构的时变特性。仅考虑不规则体的漂移效应，即不规则体结构是时不变的，满足“冻结场”假设，那么折射指数可以表示为

$$\delta n(t+t',\boldsymbol{\rho})=\delta n(\boldsymbol{\rho}-\boldsymbol{v}_{\mathrm{id}}t',t) \tag{2.22}$$

式中：$\boldsymbol{v}_{\mathrm{id}}$ 为不规则体漂移速度矢量，该速度矢量垂直于当地电场和磁场矢量[10]。

因此，式(2.20)中的时间－空间自相关函数以及式(2.22)中的频率－波数功率谱函数可进一步表示为

$$R_{\delta n}(t,\boldsymbol{\rho})=R_{\delta n}(\boldsymbol{\rho}-\boldsymbol{v}_{\mathrm{id}}t'),S_{\delta n}(\omega,\boldsymbol{\kappa})=S_{\delta n}(\boldsymbol{\kappa})\delta(\omega+\boldsymbol{\kappa}\cdot\boldsymbol{v}_{\mathrm{id}}) \tag{2.23}$$

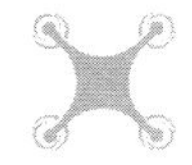

式中：δ(·)为狄拉克函数。

研究表明，大的不规则体结构在短时间内具有稳定性，近似呈现“冻结场”；而小的不规则体结构存在耗散效应，是导致不规则体结构变化的主要因素[9]。为了进一步描述不规则体的这种特征，Shkarofsky 引入了一种频率－波数功率谱函数的分解模型，即

$$S_{\delta n}(\omega,\boldsymbol{\kappa}) = S_{\delta n}(\boldsymbol{\kappa}) \cdot \Delta(\omega,\boldsymbol{\kappa}) \tag{2.24}$$

$$\int_{-\infty}^{\infty} \Delta(\omega,\boldsymbol{\kappa})\,\mathrm{d}\omega = 1 \tag{2.25}$$

这里需要指出的是，当 $\Delta(\omega,\boldsymbol{\kappa}) = \delta(\omega + \boldsymbol{\kappa} \cdot \boldsymbol{v}_{\mathrm{id}})$ 或者 $\Delta(t,\boldsymbol{\kappa}) = \exp(-\mathrm{j}\boldsymbol{\kappa} \cdot \boldsymbol{v}_{\mathrm{id}} t)$ 时，式(2.24)则代表电离层不规则体的漂移效应。若考虑耗散的电离层不规则体漂移，则[11]

$$\Delta(t,\boldsymbol{\kappa}) = \exp\left(-\mathrm{j}\boldsymbol{\kappa} \cdot \boldsymbol{v}_{\mathrm{id}} t - \frac{\sigma_\nu^2}{2}\kappa^2 t^2\right) \tag{2.26}$$

式中：σ_ν^2 为漂移速度耗散的方差。

基于式(2.26)，即可推导得到时间－波数功率谱函数和时间－空间自相关函数，分别表示为

$$S_{\delta n}(t,\boldsymbol{\kappa}) = S_{\delta n}(\boldsymbol{\kappa}) \cdot \exp\left(-\mathrm{j}\boldsymbol{\kappa} \cdot \boldsymbol{v}_{\mathrm{id}} t - \frac{\sigma_\nu^2}{2}\kappa^2 t^2\right) \tag{2.27}$$

$$R_{\delta n}(t,\boldsymbol{\rho}) = \frac{1}{(2\pi)^{3/2}\sigma_\nu^3 t^3} \cdot \iiint R_{\delta n}(\boldsymbol{\rho}) \exp\left(\frac{-\boldsymbol{\rho} + \boldsymbol{\rho}' + \boldsymbol{v}_{\mathrm{id}} t}{2\sigma_\nu^2 t^2}\right) \mathrm{d}^3\boldsymbol{\rho}' \tag{2.28}$$

2.2 电离层电波传播效应

根据电离层的上述介质特性以及分布特性，电波在电离层中具有复杂的传播效应，主要体现在：①由背景电离层引起的电磁波群延迟、相位超前、色散以及 FR 效应；②由电离层不规则体引起的电波幅度和相位闪烁。因此，本节将建立背景电离层电波传播效应和电波幅相闪烁的理论模型。

2.2.1 背景电离层电波传播效应

电磁波在背景电离层中的传播可近似视为均匀介质中的电波传播，可以表示为电场矢量 $\boldsymbol{E}_{\mathrm{i}}$ 的形式，即

$$\boldsymbol{E}_{\mathrm{i}} = \boldsymbol{E}_0 \mathrm{e}^{-\mathrm{j}k \cdot \rho} = \begin{bmatrix} E_{\mathrm{H}} \\ E_{\mathrm{V}} \end{bmatrix} \cdot \mathrm{e}^{-\mathrm{j}k \cdot \rho} \tag{2.29}$$

式中：$\boldsymbol{E}_0$ 为电场矢量初值；E_{H} 和 E_{V} 分别为电场琼斯矢量的水平极化分量和垂直极化分量；$\boldsymbol{k}$ 为电波传播常数矢量，且有

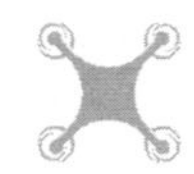

$$k = |\boldsymbol{k}| = \omega\sqrt{\varepsilon\mu} = k_0 n \tag{2.30}$$

式中：$\varepsilon = \varepsilon_r\varepsilon_0$ 和 $\mu = \mu_r\mu_0$ 分别为电离层介质的介电常数和磁导率；ε_r 和 μ_r 分别为相对介电常数和磁导率（对于电离层介质，通常 $\mu_r = 1$）；$k_0 = \omega\sqrt{\varepsilon_0\mu_0}$ 为自由空间中的传播常数。因此，电离层折射指数又可以表示为 $n = \sqrt{\varepsilon_r\mu_r}$。

根据 2.1.1 节所述，电磁波进入电离层介质中将会分裂为能量相等、旋向相反的两个圆极化波，即两个本征极化分量。因此，式(2.29)可以重写为

$$\boldsymbol{E}_i = \boldsymbol{E}_R + \boldsymbol{E}_L = E_R\begin{bmatrix}1\\+j\end{bmatrix} + E_L\begin{bmatrix}1\\-j\end{bmatrix} \tag{2.31}$$

$$E_R = \frac{E_H + E_V}{2}, E_L = \frac{E_H - E_V}{2} \tag{2.32}$$

随后，右旋、左旋圆极化波将分别以传播常数 $k_0 n^+$、$k_0 n^-$ 在电离层中传播。一旦穿过电离层，电场矢量 $\boldsymbol{E}_i$ 可表示为

$$\begin{aligned}\boldsymbol{E}_i = \boldsymbol{E}_R \cdot \exp\left[-j\int_{\text{path}} k_0\left(1 - \frac{X}{2}\right)dl + j\int_{\text{path}} k_0\left(\frac{XY\cos\Theta}{2}\right)dl\right] + \\ \boldsymbol{E}_L \cdot \exp\left[-j\int_{\text{path}} k_0\left(1 - \frac{X}{2}\right)dl - j\int_{\text{path}} k_0\left(\frac{XY\cos\Theta}{2}\right)dl\right]\end{aligned} \tag{2.33}$$

将式(2.9)、式(2.10)、式(2.31)和式(2.32)代入式(2.33)，可得

$$\boldsymbol{E}_i = e^{-jk_0 l_0} e^{-j\phi_i}\begin{bmatrix}E_H\cos\Omega + E_V\sin\Omega\\ -E_H\sin\Omega + E_V\cos\Omega\end{bmatrix} = \boldsymbol{F}\boldsymbol{E}_0 e^{-jk_0 l_0} e^{-j\phi_i} \tag{2.34}$$

式中：l_0 为传播距离；$\boldsymbol{F}$ 为 FR 矩阵可表示为

$$\boldsymbol{F} = \begin{bmatrix}\cos\Omega & \sin\Omega\\ -\sin\Omega & \cos\Omega\end{bmatrix} \tag{2.35}$$

考虑到星载 SAR 是收发一体系统，即天线发射的电磁波会穿过电离层到达地面，经过地物反射回来的电磁波再次穿过电离层后被天线接收。因此，需要考虑双程电离层传播效应，此外电磁波还会受到地物散射以及收发系统误差的影响，故最后天线接收到的电磁波电场矢量 $\boldsymbol{E}_r$ 可表示为[12]

$$\boldsymbol{E}_r = \boldsymbol{RFSFTE}_0 e^{-j2k_0 l_0} e^{-j2\phi_i} \tag{2.36}$$

式中：

$$\begin{cases}\boldsymbol{S} = \begin{bmatrix}S_{hh} & S_{vh}\\ S_{hv} & S_{vv}\end{bmatrix}\\ \boldsymbol{R} = \begin{bmatrix}1 & \delta_1\\ \delta_2 & f_1\end{bmatrix}\\ \boldsymbol{T} = \begin{bmatrix}1 & \delta_3\\ \delta_4 & f_2\end{bmatrix}\end{cases} \tag{2.37}$$

式中：S_{hh}，S_{vh}，S_{hv}，S_{vv} 为极化散射矩阵 $\boldsymbol{S}$ 各极化通道元素；δ_1，δ_2，δ_3，δ_4 为通道串扰；f_1，f_2 为通道幅相不平衡；$\boldsymbol{R}$，$\boldsymbol{T}$ 分别为收发系统对应的极化扰动矩阵。

如式(2.36)所示，其中：$\mathrm{e}^{-\mathrm{j}2k_0l_0}$ 项为传播路径本身对应的相位；$\mathrm{e}^{-\mathrm{j}2\phi_\mathrm{i}}$ 项为背景电离层引起的相位误差，体现了背景电离层导致的群延迟、相位超前，且由于电离层相位与电磁波频率有关，因此体现了色散效应；$\boldsymbol{RFSFT}$ 项包含了背景电离层引起的 FR 效应对地物极化散射特性的影响。

2.2.2 电离层不规则体电波幅相闪烁效应

根据弱散射理论，电磁波在弱起伏电离层介质中的传播效应可由亥姆霍兹方程描述，即[9]

$$\nabla^2 E(\boldsymbol{\rho}) + k^2[1 + \Delta\varepsilon_\mathrm{r}(\boldsymbol{\rho})]E(\boldsymbol{\rho}) = 0 \tag{2.38}$$

式中：$\Delta\varepsilon_\mathrm{r}$ 为电离层不规则体导致的相对介电常数扰动成分，可表示为 $\delta N_\mathrm{e}/N_\mathrm{e}$ 为电离层不规则体与背景电离层结构对应的电子密度之比。

$$\Delta\varepsilon_\mathrm{r} = -\frac{\omega_\mathrm{p}^2}{\omega^2 - \omega_\mathrm{p}^2}\frac{\delta N_\mathrm{e}}{N_\mathrm{e}} \tag{2.39}$$

这里不妨假设电磁波为垂直向下传播，为了方便后续的星载 SAR 电离层效应回波信号建模和仿真研究，定义一个 XYZ 三维空间坐标系，其中 X 轴指向卫星运动方向，即 SAR 方位向或 IPP 轨迹方向，Y 轴位于水平面内，且垂直于卫星运动方向，Z 轴指向地心，(ρ_x, ρ_y, ρ_z) 为对应的三维坐标，则电磁波电场矢量为 $E(\boldsymbol{\rho}) = E_0(\boldsymbol{\rho})\mathrm{e}^{-\mathrm{j}k\rho_z}$。因此，式(2.38)中的 $\nabla^2 E(\boldsymbol{\rho})$ 可进一步推导为

$$\nabla^2 E(\boldsymbol{\rho}) = \left(\frac{\partial^2 E_0}{\partial\rho_x^2} + \frac{\partial^2 E_0}{\partial\rho_y^2}\right)\mathrm{e}^{-\mathrm{j}k\rho_z} + \frac{\partial^2 E_0}{\partial\rho_z^2}\mathrm{e}^{-\mathrm{j}k\rho_z} - 2\mathrm{j}k\frac{\partial E_0}{\partial\rho_z}\mathrm{e}^{-\mathrm{j}k\rho_z} + \mathrm{j}^2k^2E_0\mathrm{e}^{-\mathrm{j}k\rho_z} \tag{2.40}$$

将式(2.40)代入式(2.38)，并整理得

$$\left(\nabla^2 E_0 - 2\mathrm{j}k\frac{\partial E_0}{\partial\rho_z} + k^2\Delta\varepsilon_\mathrm{r}E_0\right)\mathrm{e}^{-\mathrm{j}k\rho_z} = 0 \tag{2.41}$$

基于菲涅尔近似（传播距离≫不规则体厚度≫波长）[9]，$\partial^2 E_0/\partial\rho_z^2 \approx 0$，则有 $\nabla^2 E_0 = \nabla_\perp^2 E_0$，$\nabla_\perp^2 = \partial^2/\partial\rho_x^2 + \partial^2/\partial\rho_y^2$。基于弱散射准则[6,9]，可以进一步忽略电磁波在不规则体内部的多向散射以及衍射效应，即忽略式(2.41)中的 $\nabla_\perp^2 E_0$ 项的影响，可得

$$\frac{\partial E_0}{\partial\rho_z} = \frac{k\Delta\varepsilon_\mathrm{r}}{2\mathrm{j}} \cdot E_0 \tag{2.42}$$

结合式(2.2)、式(2.3)、式(2.30)和式(2.39)，可得到电磁波穿过相位屏时的电场矢量为

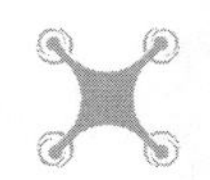

$$E_0(0^+) = E_0(0)\cdot\exp\left[\mathrm{j}k_0\int_{\mathrm{path}}\left(1-\frac{X_{\mathrm{p}}}{2}\right)\frac{X_{\mathrm{p}}/2}{1-X_{\mathrm{p}}}\frac{\delta N_{\mathrm{e}}}{N_{\mathrm{e}}}\mathrm{d}\rho_z\right]\approx E_0(0)\cdot\exp(\mathrm{j}\delta\phi) \tag{2.43}$$

式中：$\delta\phi$ 如式(2.13)定义；$E_0(0)$ 为初值；0^+ 为穿过相位薄屏后的初始位置。

上述垂直入射情况下的理论推导可推广至斜入射的情况，只需要重新定义坐标系即可（在新坐标系中，Z 轴指向传播方向，XOY 平面垂直于 Z 轴）。根据式(2.43)，可以将不规则体等效为一个改变电磁波相位的薄屏，即证明了相位屏理论[6,9]。另外，电离层不规则体的随机分布特性导致了相位屏也呈现随机性，而电离层相位屏的建模及仿真将在后续章节中展开讨论。

穿过电离层不规则体后的电磁波继续在自由空间中传播，由于其相位呈现随机分布特性，电磁波之间发生相干振动叠加，即衍射效应。为了描述电磁波在自由空间中的传播，令式(2.38)中的 $k\to k_0$，$\Delta\varepsilon_{\mathrm{r}}\to 0$，则亥姆霍兹方程变为

$$\nabla^2 E(\boldsymbol{\rho}) + k_0^2 E(\boldsymbol{\rho}) = \left(\frac{\partial^2}{\partial\rho_x^2}+\frac{\partial^2}{\partial\rho_y^2}+\frac{\partial^2}{\partial\rho_z^2}\right)E_0(\boldsymbol{\rho})\mathrm{e}^{-\mathrm{j}k_0\cdot\rho} + k_0^2 E_0(\boldsymbol{\rho})\mathrm{e}^{-\mathrm{j}k_0\cdot\rho} = 0 \tag{2.44}$$

这里考虑星载 SAR 观测几何对应的斜入射情况，则 $E(\boldsymbol{\rho})$ 可以表示为

$$E(\boldsymbol{\rho}) = E_0(\boldsymbol{\rho})\exp[-\mathrm{j}k_0(\rho_x\sin\theta_{\mathrm{p}}\cos\varphi_{\mathrm{p}} + \rho_y\sin\theta_{\mathrm{p}}\sin\varphi_{\mathrm{p}} + \rho_z\cos\theta_{\mathrm{p}})] \tag{2.45}$$

式中：θ_{p} 为传播矢量与垂直向下方向的夹角，即相位屏对应的入射角；φ_{p} 为传播矢量在 XOY 平面内的投影矢量与 X 轴的夹角，即相位屏对应的斜视角。

对式(2.45)进行求导，有

$$\begin{cases}\dfrac{\partial^2}{\partial\rho_x^2}[E_0(\boldsymbol{\rho})\mathrm{e}^{-\mathrm{j}k_0\cdot\rho}] = \left(\dfrac{\partial^2 E_0}{\partial\rho_x^2} - 2\mathrm{j}k_0\sin\theta_{\mathrm{p}}\cos\varphi_{\mathrm{p}}\dfrac{\partial E_0}{\partial\rho_x} - k_0^2\sin^2\theta_{\mathrm{p}}\cos^2\varphi_{\mathrm{p}}E_0\right)\mathrm{e}^{-\mathrm{j}k_0\cdot\rho} \\ \dfrac{\partial^2}{\partial\rho_y^2}[E_0(\boldsymbol{\rho})\mathrm{e}^{-\mathrm{j}k_0\cdot\rho}] = \left(\dfrac{\partial^2 E_0}{\partial\rho_y^2} - 2\mathrm{j}k_0\sin\theta_{\mathrm{p}}\sin\varphi_{\mathrm{p}}\dfrac{\partial E_0}{\partial\rho_y} - k_0^2\sin^2\theta_{\mathrm{p}}\sin^2\varphi_{\mathrm{p}}E_0\right)\mathrm{e}^{-\mathrm{j}k_0\cdot\rho} \\ \dfrac{\partial^2}{\partial\rho_z^2}[E_0(\boldsymbol{\rho})\mathrm{e}^{-\mathrm{j}k_0\cdot\rho}] = \dfrac{\partial^2 E_0}{\partial\rho_z^2}\mathrm{e}^{-\mathrm{j}k_0\cdot\rho} - 2\mathrm{j}k_0\cos\theta_{\mathrm{p}}\dfrac{\partial E_0}{\partial\rho_z}\mathrm{e}^{-\mathrm{j}k_0\cdot\rho} - k_0^2\cos^2\theta_{\mathrm{p}}\cos^2\varphi_{\mathrm{p}}E_0\mathrm{e}^{-\mathrm{j}k_0\cdot\rho}\end{cases} \tag{2.46}$$

将式(2.46)代入式(2.44)，基于菲涅尔近似，则可推导得到抛物方程为

$$\nabla_\perp^2 E_0 = 2\mathrm{j}k_0\left(\sin\theta_{\mathrm{p}}\cos\varphi_{\mathrm{p}}\frac{\partial E_0}{\partial\rho_x} + \sin\theta_{\mathrm{p}}\sin\varphi_{\mathrm{p}}\frac{\partial E_0}{\partial\rho_y} + \cos\theta_{\mathrm{p}}\frac{\partial E_0}{\partial\rho_z}\right) \tag{2.47}$$

为了得到式(2.47)的解，采用裂步法并对该式等号两边作二维傅里叶变换。由于傅里叶变换具有如下微分性质，即

$$\mathrm{FT}_2\left(\frac{\partial E_0}{\partial\rho_x}\right) = \mathrm{j}\kappa_x\cdot\hat{E}_0(\kappa_x,\kappa_y),\ \mathrm{FT}_2\left(\frac{\partial E_0}{\partial\rho_y}\right) = \mathrm{j}\kappa_y\cdot\hat{E}_0(\kappa_x,\kappa_y) \tag{2.48}$$

式中：$\mathrm{FT}_2(\cdot)$ 为二维傅里叶变换；$\hat{E}_0$ 为 E_0 的频域表示形式。

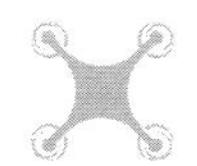

因此,可进一步整理式(2.47)的频域表示式,得

$$\frac{\partial \hat{E}_0(\kappa_x,\kappa_y)}{\partial \rho_z}=\frac{-(\kappa_x^2+\kappa_y^2)+2\kappa_x k_0\sin\theta_{\mathrm{p}}\cos\varphi_{\mathrm{p}}+2\kappa_y k_0\sin\theta_{\mathrm{p}}\sin\varphi_{\mathrm{p}}}{2\mathrm{j}k_0\cos\theta_{\mathrm{p}}}\cdot\hat{E}_0(\kappa_x,\kappa_y) \tag{2.49}$$

因此,可以得到式(2.47)的通解为

$$\hat{E}_0(\kappa_x,\kappa_y,\rho_z)=\hat{E}_0(\kappa_x,\kappa_y,0^+)\exp\left[\mathrm{j}\rho_z\frac{\kappa_x^2+\kappa_y^2}{2k_0\cos\theta_{\mathrm{p}}}-\mathrm{j}\rho_z\tan\theta_{\mathrm{p}}(\kappa_x\cos\varphi_{\mathrm{p}}+\kappa_y\sin\varphi_{\mathrm{p}})\right] \tag{2.50}$$

式中:指数项中包含了二次项和一次项,前者代表衍射效应,后者会在空间域引入二维偏移,代表波场的前向传播;为了将最终建立的电离层幅相闪烁误差统一至相位屏对应的二维坐标系中,可以将一次项去掉[13]。

另外,上述通解是针对平面波情况下得到的,球面波情况下抛物方程解的具体推导和证明可见附录A,等效为针对公式引入球面波修正因子 $\rho_z\to\rho_z^*=H_{\mathrm{d}}H_{\mathrm{p}}/H_{\mathrm{s}}$,其中:$H_{\mathrm{d}}$ 为卫星与相位屏之间的距离;H_{p} 为相位屏高度;$H_{\mathrm{s}}=H_{\mathrm{d}}+H_{\mathrm{p}}$ 为卫星高度。当球面波波源位于无穷远处时,则等效为平面波传播[13],此时 $H_{\mathrm{d}}\to\infty$,$\rho_z^*\to H_{\mathrm{p}}$。因此,可得到球面波斜入射情况的复波场,即

$$E_0(x,y)=\mathrm{IFT}_2\left\{\mathrm{FT}_2[E_0(0)\cdot\exp(\mathrm{j}\delta\phi)]\cdot\exp\left(\mathrm{j}\rho_z^*\frac{\kappa_x^2+\kappa_y^2}{2k_0\cos\theta_{\mathrm{p}}}\right)\right\} \tag{2.51}$$

式中:$\mathrm{IFT}_2(\cdot)$表示二维逆傅里叶变换。

可以证明,式(2.51)等效于基尔霍夫衍射准则,理论推导过程详见附录A。因此,也可以采用基尔霍夫衍射场描述包含幅相闪烁的复波场,即

$$E_0(\boldsymbol{\rho})=\frac{\mathrm{j}k_0E_0(0)}{2\pi\rho_z^*\sec\theta_{\mathrm{p}}}\iint\exp\left\{\mathrm{j}\delta\phi(\boldsymbol{\rho}')-\frac{\mathrm{j}k_0}{2\rho_z^*\sec\theta_{\mathrm{p}}}|\boldsymbol{\rho}-\boldsymbol{\rho}'|^2\right\}\mathrm{d}\boldsymbol{\rho}' \tag{2.52}$$

最终可以得到幅相闪烁传输函数,即

$$\zeta(\boldsymbol{\rho})=\frac{E_0(\boldsymbol{\rho})}{E_0(0)}=\exp[\alpha(\boldsymbol{\rho})+\mathrm{j}\delta\phi_0(\boldsymbol{\rho})] \tag{2.53}$$

式中:$\alpha(\boldsymbol{\rho})$为电离层不规则体导致的自然对数幅度闪烁;$\delta\phi_0(\boldsymbol{\rho})$为衍射后的相位闪烁,可分别表示为[9]

$$\alpha(\boldsymbol{\rho})=\frac{k_0}{2\pi\rho_z^*\sec\theta_{\mathrm{p}}}\iint\delta\phi(\boldsymbol{\rho}')\cos\left\{\frac{k_0}{2\rho_z^*\sec\theta_{\mathrm{p}}}|\boldsymbol{\rho}-\boldsymbol{\rho}'|^2\right\}\mathrm{d}\boldsymbol{\rho}' \tag{2.54}$$

$$\delta\phi_0(\boldsymbol{\rho})=\frac{k_0}{2\pi\rho_z^*\sec\theta_{\mathrm{p}}}\iint\delta\phi(\boldsymbol{\rho}')\sin\left\{\frac{k_0}{2\rho_z^*\sec\theta_{\mathrm{p}}}|\boldsymbol{\rho}-\boldsymbol{\rho}'|^2\right\}\mathrm{d}\boldsymbol{\rho}' \tag{2.55}$$

由式(2.54)、式(2.55)可见,衍射效应最终引入了闪烁幅度误差,并改变了相位屏的空间结构,而最终幅相闪烁误差的分布特性由相位屏的空间分布特性决定。当 $\delta\phi=0$ 时,到达地面的波场为均匀场,即 $\alpha=0$,$\delta\phi_0=0$。

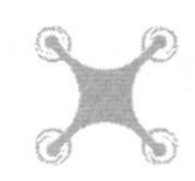

2.3　基于星载 SAR 观测几何的电离层建模与仿真

2.2 节建立了电离层电波传播效应模型，为了适应于星载 SAR 观测几何，本节还需要对背景电离层参数的计算、幅相闪烁传输函数的建模与仿真做进一步描述。

2.3.1　背景电离层参数计算模型

2.3.1.1　STEC 的计算

为了获得地距方向上的分辨能力，星载 SAR 具有下视观测的特征，而且下视角的增大有利于得到更宽的观测范围。因此，在考虑背景电离层对星载 SAR 成像的影响时，需要引入斜距方向上电子总量的积分值，即 STEC。通常情况下，SAR 信号经历的 STEC 与星下点对应 VTEC 之间的近似关系式为

$$\mathrm{TEC_S} = \mathrm{TEC_V} \cdot \sec\theta_i \tag{2.56}$$

式中：$\mathrm{TEC_S}$ 为斜距电子总量；$\mathrm{TEC_V}$ 为垂向电子总量；θ_i 为背景电离层电子密度剖面重心高度对应的入射角。

图 2.5 所示为星载 SAR 对地观测几何，其中 O_e 代表地心，R_e 为地球半径，R_s 为 SAR 卫星与地心的距离，H_i 为背景电离层的平均高度，θ_d 为系统下视角，θ_e 为地面入射角。

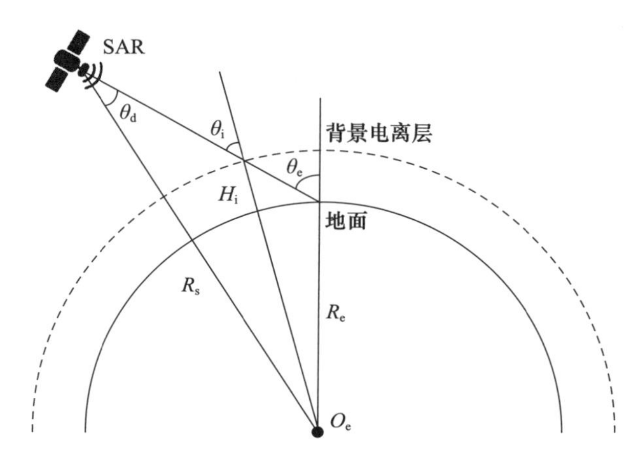

图 2.5　星载 SAR 对地观测几何

故可根据三角正弦定理计算 θ_i，即

$$\theta_i = \arcsin\left(\frac{R_s}{R_e + H_i}\sin\theta_d\right) = \arcsin\left(\frac{R_e}{R_e + H_i}\sin\theta_e\right) \tag{2.57}$$

如图 2.1 所示，由于背景电离层电子密度峰值通常位于 300 ~ 400km 的高度范围内，因此在后续仿真中取 350km 作为背景电离层的平均高度。为了获得合

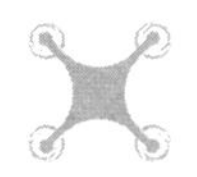

理的 STEC 用以数值计算和仿真,首先通过测量设备或 IRI 模型获知某时某地的 VTEC;然后根据经验的电子密度剖面,计算得到卫星高度对应的 VTEC 值;最后根据式(2.57),换算到对应的 STEC。

2.3.1.2 FRA 的计算

由式(2.10)可知,FRA 的计算既需要获知 STEC,还需要获知当地磁感应强度以及地磁场矢量与电波传播矢量的夹角,后者的关键在于如何得到 $B\cos\Theta$。国际地磁参考场(International Geomagnetic Reference Field,IGRF)是一种数字化的地磁场经验模型[14],自问世以来已发布了十多个版本,其精度不断提高,广泛应用于生产、科研、航天以及通信等各个领域。本书使用 IGRF13 版本获取地磁场信息,输入当地经纬度坐标、高度和时间,输出地磁场的三要素,即磁感应强度、磁偏角和磁倾角。如图 2.6 所示,$\boldsymbol{B}$ 为地磁场矢量;磁偏角 φ_B 为地磁场矢量的水平投影与正北方向之间的夹角,且规定地磁场矢量向东偏则磁偏角为正,向西偏则为负;磁倾角 θ_B 为地磁场矢量与水平方向的夹角,且规定地磁场矢量向下倾为正,否则为负。

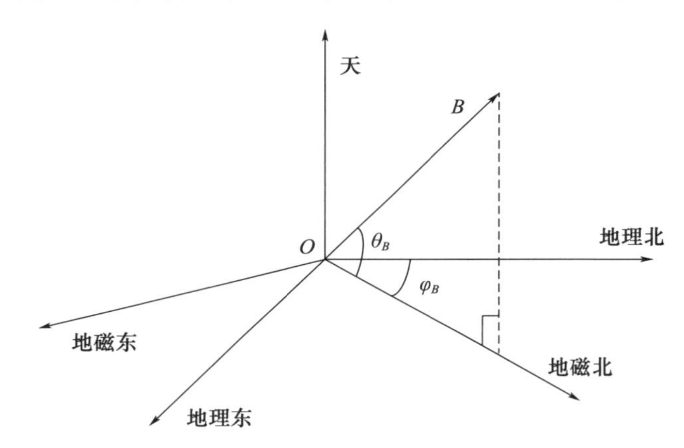

图 2.6　东北天坐标系中的地磁场矢量

因此,在东北天坐标系中,$\boldsymbol{B}$ 可以表示为

$$\boldsymbol{B} = B\left[\sin\varphi_B\cos(-\theta_B) \quad \cos\varphi_B\cos(-\theta_B) \quad \sin(-\theta_B)\right]^{\mathrm{T}} \tag{2.58}$$

对于轨道倾角为 φ_{orb} 的星载 SAR 系统来说,电波传播方向上的单位矢量 $\boldsymbol{l}$ 在东北天坐标系中可表示为

$$\boldsymbol{l} = \begin{cases} \left[\cos(\varphi_{\mathrm{orb}}-\varphi_{\mathrm{i}})\sin\theta_{\mathrm{i}} \quad \sin(\varphi_{\mathrm{orb}}-\varphi_{\mathrm{i}})\sin\theta_{\mathrm{i}} \quad -\cos\theta_{\mathrm{i}}\right]^{\mathrm{T}}, \text{上行右视} \\ \left[\cos(\varphi_{\mathrm{orb}}+\varphi_{\mathrm{i}})\sin\theta_{\mathrm{i}} \quad \sin(\varphi_{\mathrm{orb}}+\varphi_{\mathrm{i}})\sin\theta_{\mathrm{i}} \quad -\cos\theta_{\mathrm{i}}\right]^{\mathrm{T}}, \text{上行左视} \\ \left[\cos(\varphi_{\mathrm{orb}}-\varphi_{\mathrm{i}}-\pi)\sin\theta_{\mathrm{i}} \quad \sin(\varphi_{\mathrm{orb}}-\varphi_{\mathrm{i}}-\pi)\sin\theta_{\mathrm{i}} \quad -\cos\theta_{\mathrm{i}}\right]^{\mathrm{T}}, \text{下行右视} \\ \left[\cos(\varphi_{\mathrm{orb}}+\varphi_{\mathrm{i}}-\pi)\sin\theta_{\mathrm{i}} \quad \sin(\varphi_{\mathrm{orb}}+\varphi_{\mathrm{i}}-\pi)\sin\theta_{\mathrm{i}} \quad -\cos\theta_{\mathrm{i}}\right]^{\mathrm{T}}, \text{下行左视} \end{cases} \tag{2.59}$$

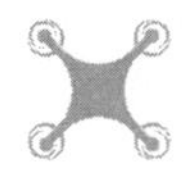

式中：φ_i 为背景电离层平均高度上的斜视角，一般取 $\varphi_i=\varphi_p=\varphi$ 用于后续的计算和仿真，φ 为系统斜视角。

根据式(2.58)、式(2.59)即可计算

$$\cos\Theta=\frac{\boldsymbol{B}}{B}\cdot\boldsymbol{l} \tag{2.60}$$

对于特殊的轨道来说，例如 ALOS、ALOS－2 以及 BIOMASS 等本书涉及的 SAR 卫星采取的近极地太阳同步轨道，其轨道倾角接近 90°，考虑常用的右正侧视观测，那么 $\boldsymbol{l}=[\pm\sin\theta_i\quad 0\quad \cos\theta_i]^{\mathrm{T}}$，其中"＋"代表卫星上行，"－"代表卫星下行。此时，$\cos\Theta$ 可近似表示为

$$\cos\Theta\approx\pm\sin\varphi_B\cos\theta_B\sin\theta_i+\sin\theta_B\cos\theta_i \tag{2.61}$$

其中，卫星上行情况即为文献[15]中采用的计算方式。相比之下，本书推导得到的式(2.60)具有更高的计算精度和更广的适用范围。因此，后续 FRA 的仿真和计算均基于式(2.60)。

2.3.2　电离层不规则体幅相闪烁传输函数建模与仿真

2.3.2.1　幅相闪烁功率谱模型

相比于各向同性结构在每个方向上具有相同的空间尺度，地磁场作用下的不规则体结构在沿着地磁场的方向上具有最大的空间尺度，因此呈现场向的各向异性特征。在介绍描述各向异性特征的功率谱之前，首先声明所涉及的空间坐标系。如图 2.7 所示，IPP 为原点，XYZ 为之前定义的 IPP 坐标系，$X'Y'Z'$为地磁坐标系，X'轴指向地磁北，Y'轴指向地磁东，Z'轴指向地心；RST 为不规则体坐标系，R 轴指向地磁场方向且位于 $X'OZ'$平面内，即其水平投影指向 X'，沿着 R 轴电离层不规则

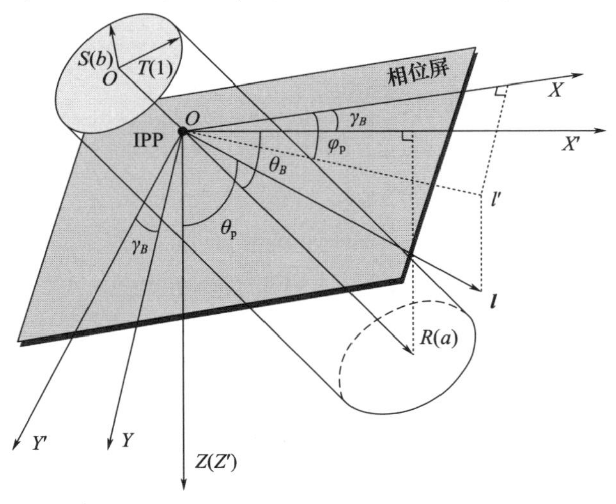

图 2.7　电离层不规则体与地磁场、IPP 坐标系的几何关系

体具有最大的空间尺度，而沿着 T 轴具有最小的空间尺度，RST 三个坐标轴分别对应着空间尺度 $a,b,1$ 且有 $a\geqslant b\geqslant 1$；地磁航向角 $\gamma_B=\gamma_0-\varphi_B$ 为地理航向角 γ_0 与磁偏角 φ_B 之差。另外，$\boldsymbol{l},\theta_B,\theta_p,\varphi_p$ 已声明在前，$\boldsymbol{l}'$为 $\boldsymbol{l}$ 的水平投影单位矢量。

基于式(2.13)，可以由电离层折射指数或电子密度的功率谱推导得到二维相位谱，即[5,6,9]

$$\begin{aligned}S_{\delta\phi}(\boldsymbol{\kappa}_\perp)&=k_0^2L\sec^2\theta_pS_{\delta n}(\boldsymbol{\kappa}_\perp,-\tan\theta_p\boldsymbol{l}'\cdot\boldsymbol{\kappa}_\perp)\\&=r_e^2\lambda^2L\sec^2\theta_pS_{\delta N_e}(\boldsymbol{\kappa}_\perp,-\tan\theta_p\boldsymbol{l}'\cdot\boldsymbol{\kappa}_\perp)\end{aligned}\tag{2.62}$$

式中：

$$\begin{cases}S_{\delta n}(\boldsymbol{\kappa}_\perp,-\tan\theta_p\boldsymbol{l}'\cdot\boldsymbol{\kappa}_\perp)=ab\langle\delta n^2\rangle S(\boldsymbol{\kappa})\\S_{\delta N_e}(\boldsymbol{\kappa}_\perp,-\tan\theta_p\boldsymbol{l}'\cdot\boldsymbol{\kappa}_\perp)=ab\langle\delta N_e^2\rangle S(\boldsymbol{\kappa})\end{cases}\tag{2.63}$$

$$\kappa_z=-\tan\theta_p\boldsymbol{l}'\cdot\boldsymbol{\kappa}_\perp=-\tan\theta_p(\kappa_x\cos\varphi_p+\kappa_y\sin\varphi_p)\tag{2.64}$$

式中：L 为等效相位屏厚度。

为了适应于图 2.7 所示的 SAR 几何关系，必须将二维相位屏定义在 IPP 坐标系内，因此这里涉及由 $OXYZ$ 坐标系至 $ORST$ 坐标系的坐标转换以及轴尺度变标操作，有

$$\begin{bmatrix}\kappa_r\\\kappa_s\\\kappa_t\end{bmatrix}=\boldsymbol{O}_{ab}\mathfrak{R}_{\delta_B}^X\mathfrak{R}_{\theta_B}^Y\mathfrak{R}_{\gamma_B}^Z\begin{bmatrix}\kappa_x\\\kappa_y\\\kappa_z\end{bmatrix}\tag{2.65}$$

式中：

$$\begin{cases}\mathfrak{R}_{\gamma_B}^Z=\begin{bmatrix}\cos\gamma_B&\sin\gamma_B&0\\-\sin\gamma_B&\cos\gamma_B&0\\0&0&1\end{bmatrix}\\\mathfrak{R}_{\theta_B}^Y=\begin{bmatrix}\cos\theta_B&0&\sin\theta_B\\0&1&0\\-\sin\theta_B&0&\cos\theta_B\end{bmatrix}\\\mathfrak{R}_{\delta_B}^X=\begin{bmatrix}1&0&0\\0&\cos\delta_B&\sin\delta_B\\0&-\sin\delta_B&\cos\delta_B\end{bmatrix}\\\boldsymbol{O}_{ab}=\begin{bmatrix}a&0&0\\0&b&0\\0&0&1\end{bmatrix}\end{cases}\tag{2.66}$$

式中：$\mathfrak{R}_{\gamma_B}^Z$为围绕 Z 轴旋转角度 γ_B 的变换矩阵，如图 2.7 所示，可以由 XYZ 坐标系旋转至 $X'Y'Z'$坐标系；$\mathfrak{R}_{\theta_B}^Y$为围绕 Y 轴旋转角度 θ_B 的变换矩阵，使得 X 轴与不

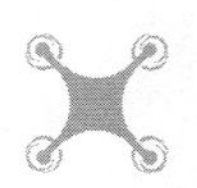

规则体的 RST 轴相重合；$\mathfrak{R}_{\delta_B}^{X}$ 为围绕 X 轴旋转角度 δ_B 的变换矩阵，故 δ_B 称为第三旋转角[5]。经过以上三次坐标旋转变换，使得 XYZ 与 RST 坐标轴对应重合，再经过坐标轴尺度变标矩阵 $\boldsymbol{O}_{ab}$，使得两个坐标系呈现相同的空间尺度。因此，式(2.65)可表示为

$$\boldsymbol{\kappa}_{rst}=\begin{bmatrix}\kappa_r\\ \kappa_s\\ \kappa_t\end{bmatrix}=\begin{bmatrix}ac_{11} & ac_{12} & ac_{13}\\ bc_{21} & bc_{22} & bc_{23}\\ c_{31} & c_{32} & c_{33}\end{bmatrix}\cdot\begin{bmatrix}\kappa_x\\ \kappa_y\\ \kappa_z\end{bmatrix}=\boldsymbol{V}\boldsymbol{\kappa}_{xyz} \tag{2.67}$$

式中：

$$\begin{cases}c_{11}=\cos\gamma_B\cos\theta_B\\ c_{12}=\sin\gamma_B\cos\theta_B\\ c_{13}=\sin\theta_B\\ c_{21}=-\sin\gamma_B\cos\delta_B+\cos\gamma_B\sin\theta_B\sin\delta_B\\ c_{22}=\cos\gamma_B\cos\delta_B+\sin\gamma_B\sin\theta_B\sin\delta_B\\ c_{23}=-\cos\theta_B\sin\delta_B\\ c_{31}=-\sin\gamma_B\sin\delta_B-\cos\gamma_B\sin\theta_B\cos\delta_B\\ c_{32}=\cos\gamma_B\sin\delta_B-\sin\gamma_B\sin\theta_B\cos\delta_B\\ c_{33}=\cos\theta_B\cos\delta_B\end{cases} \tag{2.68}$$

结合式(2.64)，则 $\boldsymbol{\kappa}^2$ 可进一步表示为

$$\boldsymbol{\kappa}^2=\boldsymbol{\kappa}_{rst}^{\mathrm{T}}\boldsymbol{\kappa}_{rst}=\boldsymbol{\kappa}_{xyz}^{\mathrm{T}}\boldsymbol{V}^{\mathrm{T}}\boldsymbol{V}\boldsymbol{\kappa}_{xyz}=A_1\kappa_x^2+A_2\kappa_x\kappa_y+A_3\kappa_y^2 \tag{2.69}$$

式中：

$$\begin{cases}A_1=D_{11}+D_{33}\cos^2\varphi_{\mathrm{p}}\tan^2\theta_{\mathrm{p}}-2D_{13}\cos\varphi_{\mathrm{p}}\tan\theta_{\mathrm{p}}\\ A_2=2D_{12}+2D_{33}\cos\varphi_{\mathrm{p}}\sin\varphi_{\mathrm{p}}\tan^2\theta_{\mathrm{p}}-2(D_{23}\cos\varphi_{\mathrm{p}}+D_{13}\sin\varphi_{\mathrm{p}})\\ A_3=D_{22}+D_{33}\sin^2\varphi_{\mathrm{p}}\tan^2\theta_{\mathrm{p}}-2D_{23}\sin\varphi_{\mathrm{p}}\tan\theta_{\mathrm{p}}\end{cases} \tag{2.70}$$

$$\begin{cases}D_{11}=a^2c_{11}^2+b^2c_{21}^2+c_{31}^2\\ D_{12}=a^2c_{11}c_{12}+b^2c_{21}c_{22}+c_{31}c_{32}\\ D_{22}=a^2c_{12}^2+b^2c_{22}^2+c_{32}^2\\ D_{13}=a^2c_{11}c_{13}+b^2c_{21}c_{23}+c_{31}c_{33}\\ D_{33}=a^2c_{13}^2+b^2c_{23}^2+c_{33}^2\\ D_{23}=a^2c_{12}c_{13}+b^2c_{22}c_{23}+c_{32}c_{33}\end{cases} \tag{2.71}$$

结合式(2.19)、式(2.62)、式(2.63)和式(2.69)，可得到 Rino 二维相位谱表达式，即

$$S_{\delta\phi}(\kappa_x,\kappa_y)=\frac{r_{\mathrm{e}}^2\lambda^2ab\sec^2\theta_{\mathrm{p}}\cdot C_{\mathrm{s}}L}{[\kappa_{\mathrm{o}}^2+(A_1\kappa_x^2+A_2\kappa_x\kappa_y+A_3\kappa_y^2)]^{\nu+1/2}} \tag{2.72}$$

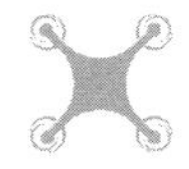

式中：系数 A_1、A_2、A_3 可由式(2.70)、式(2.71)和式(2.68)决定；C_s 为湍流强度，可表示为

$$C_s=\frac{\langle\delta n^2\rangle k_0^2}{r_e^2\lambda^2}\cdot\frac{(4\pi)^{3/2}\Gamma(\nu+1/2)}{\Gamma(\nu-1)\kappa_o^{-2\nu+2}}=\langle\delta N_e^2\rangle\cdot\frac{(4\pi)^{3/2}\Gamma(\nu+1/2)}{\Gamma(\nu-1)\kappa_o^{-2\nu+2}} \tag{2.73}$$

对式(2.72)作二维逆傅里叶变换，可得到二维相位自相关函数[6]，即

$$\begin{aligned}R_{\delta\phi}(\rho^*)&=r_e^2\lambda^2GC_sL\sec\theta_p\int_0^\infty\frac{J_0(\kappa\rho^*)}{(\kappa_o^2+\kappa^2)^{\nu+1/2}}\frac{\kappa\mathrm{d}\kappa}{2\pi}\\&=r_e^2\lambda^2GC_sL\sec\theta_p\left|\frac{\rho^*}{2\kappa_o}\right|^{\nu-1/2}\frac{K_{\nu-1/2}(\kappa_o\rho^*)}{2\pi\cdot\Gamma(\nu+1/2)}\end{aligned} \tag{2.74}$$

式中：$J_0(\cdot)$为零阶贝塞尔函数；ρ^* 和 G 可表示为

$$\rho^*=\sqrt{\frac{A_3\rho_x^2-A_2\rho_x\rho_y+A_1\rho_y^2}{A_1A_3-A_2^2/4}} \tag{2.75}$$

$$G=\frac{ab\sec\theta_p}{\sqrt{A_1A_3-A_2^2/4}} \tag{2.76}$$

当 $\rho^*\to0$ 时，有 $K_{\nu-1/2}(\kappa_o\rho^*)\approx0.5\Gamma(\nu-1/2)\cdot(\kappa_o\rho^*/2)^{-\nu+1/2}$，可进一步推导得到相位屏的相位误差均方差（或方差），即

$$\langle\delta\phi^2\rangle=\lim_{\rho^*\to0}R_{\delta\phi}(\rho^*)=r_e^2\lambda^2GC_sL\sec\theta_p\frac{\kappa_o^{-2\nu+1}\Gamma(\nu-1/2)}{4\pi\cdot\Gamma(\nu+1/2)} \tag{2.77}$$

该参数或相位误差标准差 $\sqrt{\langle\delta\phi^2\rangle}$ 是衡量电离层相位闪烁程度的重要指标，广泛应用于电离层闪烁测量研究中。

以上为针对相位屏的功率谱建模，而由式(2.54)和式(2.55)可知，衍射效应会进一步引入闪烁幅度误差，且改变相位屏的空间分布特性。衍射后的闪烁相位误差和闪烁幅度误差对应的功率谱函数可以表示为[9]

$$S_{\delta\phi_0}(\kappa_x,\kappa_y)=S_{\delta\phi}(\kappa_x,\kappa_y)\cdot\cos^2[\rho_z^*\sec\theta_p(\kappa_x^2+\kappa_y^2)/2k_0] \tag{2.78}$$

$$S_\alpha(\kappa_x,\kappa_y)=S_{\delta\phi}(\kappa_x,\kappa_y)\cdot\sin^2[\rho_z^*\sec\theta_p(\kappa_x^2+\kappa_y^2)/2k_0] \tag{2.79}$$

对于卫星电离层测量或 SAR 单个点目标成像来说，其 IPP 在相位屏上的轨迹为直线，故经历的电离层误差是一维的，因此在一些特殊场合也可以用一维相位谱和自相关函数来表征电离层不规则体引起的闪烁效应。式(2.74)中的 ρ^* 既可以看作二维波数的函数，也可以看作一个一维整体，因此可以令$\varrho=\rho^*=v_{\mathrm{eff}}t$，它表示一维空间间隔，其中 $v_{\mathrm{eff}}=v_{\mathrm{IPP}}-v_{\mathrm{id}}$表示 IPP 与不规则体的相对运动速度，即有效速度，v_{IPP}为 IPP 速度，v_{id}为不规则体在 IPP 运动方向上的投影速度。因此，可以将式(2.74)重新表示为 $R_{\delta\phi}(\varrho)=R_{\delta\phi}(v_{\mathrm{eff}}t)$，其中有效速度 v_{eff}的引入有助于后面专门研究不规则体漂移效应对星载 SAR 方位向成像的影响。随后对一维相位自相关函数作傅里叶变换，可推导得到一维频率域功率谱[6]，即

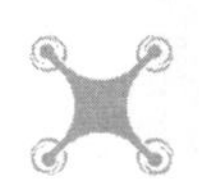

$$S_{\delta\phi}(f) = \int_{-\infty}^{\infty} R_{\delta\phi}(v_{\text{eff}}t)\exp(-\text{j}2\pi ft)\,\text{d}t$$
$$= r_e^2\lambda^2 GC_s L\sec\theta_p \frac{\sqrt{\pi}\Gamma(\nu)v_{\text{eff}}^{2\nu-1}}{(2\pi)^{2\nu+1}\Gamma(\nu+1/2)}\frac{1}{(f_0^2+f^2)^{\nu}} \tag{2.80}$$

式中：$f = v_{\text{eff}}\varkappa/2\pi$，$f_0 = v_{\text{eff}}\kappa_o/2\pi$，$\varkappa$为$\varrho$对应的一维空间波数。

因此，可进一步推导得到等效于式(2.80)的一维波数域功率谱，即

$$S_{\delta\phi}(\varkappa) = \frac{1}{2}r_e^2\lambda^2 GC_s L\sec\theta_p \frac{\Gamma(\nu)}{\sqrt{\pi}\Gamma(\nu+1/2)}\frac{1}{(\kappa_o^2+\varkappa^2)^{\nu}} \tag{2.81}$$

2.3.2.2　幅相闪烁传输函数的生成

前面建立了相位屏以及幅相闪烁传输函数的功率谱模型，接下来需要仿真生成具有上述谱特性的相位屏和幅相闪烁传输函数。实际二维相位屏可以表示为其频谱逆傅里叶变换的形式，即

$$\delta\phi(\rho_x,\rho_y) = \frac{1}{(2\pi)^2}\int_{-\infty}^{\infty}\int_{-\infty}^{\infty}\Phi(\kappa_x,\kappa_y)\exp(\text{j}\rho_x\kappa_x + \text{j}\rho_y\kappa_y)\,\text{d}\kappa_x\text{d}\kappa_y \tag{2.82}$$

式中：$\Phi(\kappa_x,\kappa_y)$为二维相位屏波数域频谱。

将式(2.82)离散化，可得

$$\delta\phi(m\Delta\rho_x,n\Delta\rho_y) = \frac{\Delta\kappa_x\Delta\kappa_y}{(2\pi)^2}\times\sum_{m'=0}^{M_p-1}\sum_{n'=0}^{N_p-1}\Phi(m'\Delta\kappa_x,n'\Delta\kappa_y)\exp\left(\text{j}\frac{2\pi m'm}{M_p}+\text{j}\frac{2\pi n'n}{N_p}\right)$$
$$= \frac{\Delta\kappa_x\Delta\kappa_y\cdot M_pN_p}{(2\pi)^2}\text{IFFT}_2[\Phi(m\Delta\kappa_x,n\Delta\kappa_y)] \tag{2.83}$$

式中：m、m'为 $0,1,\cdots,M_p$；n、n'为 $0,1,\cdots,N_p$；M_p、N_p 分别为相位屏方位横向和纵向的采样点数。

为了提高快速傅里叶变换(Fast Fourier Transform，FFT)或逆快速傅里叶变换(Inverse Fast Fourier Transform，IFFT)计算效率，通常将 M_p，N_p 设置为偶数或者 2 的幂次方，$\Delta\rho_x$，$\Delta\rho_y$ 为对应的空间采样间隔，$\Delta\kappa_x = 2\pi/\Delta\rho_x$，$\Delta\kappa_y = 2\pi/\Delta\rho_y$ 为对应的波数采样间隔。式(2.83)中 IFFT_2 是指二维 IFFT，且其中的离散相位屏频谱可用相位谱进行建模，即

$$\Phi(m'\Delta\kappa_x,n'\Delta\kappa_y) = \frac{g_1+\text{j}g_2}{\sqrt{2}}\sqrt{\frac{S_{\delta\phi}[m_H(m')\Delta\kappa_x,n_H(n')\Delta\kappa_y]\cdot(2\pi)^2}{\Delta\kappa_x\Delta\kappa_y}} \tag{2.84}$$

式中：g_1、g_2 为互不相关的、具有厄米特共轭对称特性的两个标准高斯白噪声矩阵(具有零均值、单位方差)分别构成了标准高斯复噪声的实部和虚部。另外，$m_H(m') = 0,1,\cdots,M_p/2,-M_p/2+1,\cdots,-2,-1$，$n_H(n') = 0,1,\cdots,N_p/2,-N_p/2+1,\cdots,-2,-1$ 是为了得到厄米特共轭对称的数字化相位谱。

这样，利用式(2.84)得到的离散相位屏频谱，就具有了厄米特共轭对称特

性,从而保证了式(2.83)中生成的二维相位屏为实数。将式(2.84)代入式(2.83)中,可得

$$\delta\phi(m\Delta\rho_x,n\Delta\rho_y)=\frac{M_pN_p\sqrt{\Delta\kappa_x\Delta\kappa_y}}{2\pi}\mathrm{IFFT}_2\left\{\frac{g_1+\mathrm{j}g_2}{\sqrt{2}}\sqrt{S_{\delta\phi}[m_H(m)\Delta\kappa_x,n_H(n)\Delta\kappa_y]}\right\}\tag{2.85}$$

结合式(2.51),可进一步生成幅相闪烁传输函数,即

$$\zeta(\rho_x,\rho_y)=\mathrm{IFFT}_2\left\{\mathrm{FFT}_2\{\exp[\mathrm{j}\delta\phi(\rho_x,\rho_y)]\}\cdot\exp\left[\frac{\mathrm{j}\rho_z^*(\kappa_x^2+\kappa_y^2)}{2k_0\cos\theta_p}\right]\right\}\tag{2.86}$$

式中:FFT_2 为二维 FFT。

上面给出了二维相位屏以及二维幅相闪烁传输函数的生成方法,而对于一维相位屏以及一维幅相闪烁传输函数,基于式(2.81)、式(2.85)和式(2.86)有

$$\delta\phi(m\Delta\varrho)=\frac{M_p\sqrt{\Delta\varkappa}}{\sqrt{2\pi}}\cdot\mathrm{IFFT}\left\{\frac{g_1+\mathrm{j}g_2}{\sqrt{2}}\sqrt{S_{\delta\phi}[m_H(m)\Delta\varkappa]}\right\}\tag{2.87}$$

$$\zeta(\varrho)=\mathrm{IFFT}\left\{\mathrm{FFT}\{\exp[\mathrm{j}\delta\phi(\varrho)]\}\cdot\exp\left(\frac{\mathrm{j}\rho_z^*\varkappa^2}{2k_0\cos\theta_p}\right)\right\}\tag{2.88}$$

2.3.2.3 幅相闪烁仿真参数的输入和计算

在相位屏和幅相闪烁传输函数的仿真中,涉及很多参数的取值范围和计算,包括外尺度、谱指数、闪烁强度、各向异性轴尺度、各向异性系数、相位屏采样率和尺寸等参数,因此需要对这些参数的输入作以下声明。

通常认为,不规则体的外尺度可以在几千米至几十千米的范围内变化[2]。因此,在讨论星载 SAR 成像指标受外尺度的影响时,选取 5~30km 范围,并且在单种电离层状况的仿真中,选取 10km 作为典型参考值。谱指数 $p=2\nu$ 是描述功率谱能量由低频至高频变化程度的重要参数,可以由实际电离层功率谱测量得到;据观测[16,17],谱指数的波动范围为 1~5,且分布于 3 附近,故选取 $p=3$ 作为典型值。闪烁强度 C_kL 是指 1km 尺度上的垂向电离层不规则体积分强度,可表示为

$$C_kL=C_sL\cdot(2\pi/1000)^{-(p+1)}\tag{2.89}$$

根据 WBMOD 的统计的统计结果[8],$\lg C_kL$ 的取值范围为 28~35。本书将闪烁强度分为 5 个等级:$\lg C_kL\leqslant31$ 表示闪烁效应对 P 波段及以上波段电磁波传播效应的影响基本可以忽略不计;$\lg C_kL=32$ 代表弱闪烁情况;$\lg C_kL=33$ 代表中等闪烁情况;$\lg C_kL=34$ 代表强闪烁情况;$\lg C_kL=35$ 代表极强闪烁情况。

电离层不规则体的各向异性特征主要涉及各向异性轴尺度 a,b 以及各向异性系数 A_1,A_2,A_3 的输入和计算。对于各向同性的情况,则有 $a=b=1$;而实际上赤道地区的电离层不规则体呈现“柱状”[18],则有 $a\gg b\approx1$,选取 $a=50$, $b=1$ 用

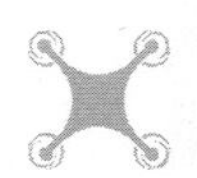

于描述典型的赤道地区不规则体结构；两极地区的电离层不规则体呈现“片状”[18]，则有 $a \approx b > 1$，选取 $a = b = 10$ 用于描述典型的极区不规则体结构。另外，各向异性系数 A_1, A_2, A_3 的计算会涉及各向异性轴尺度 a，b、磁偏角 φ_B、磁倾角 θ_B、地理航向角 γ_0、第三旋转角 δ_B、有效入射角 θ_p 以及斜视角 φ_p 的输入。其中，γ_0 可以在卫星头文件中查询得到（也可由轨道倾角推导得到 $\gamma_0 \approx \pi/2 - \varphi_c$）；基于 IGRF 可查询特定时间和地区的磁偏角和磁倾角；δ_B 的变化范围为 $-90° \sim 90°$，但对于各向同性和“柱状”各向异性情况，由于 $b = 1$，各向异性系数与 δ_B 无关，故不妨设为 0；类似于 2.3.1 节中 θ_i 的计算，可根据相位屏高度计算 θ_p。

为了便于后面仿真和分析电离层传播效应对星载 SAR 成像的影响，需要给出适应于星载 SAR 对地观测几何的相位屏采样率和尺寸。不考虑不规则体漂移效应，则二维相位屏方位横向和纵向的空间采样率可分别表示为

$$\Delta\rho_x = v_{\mathrm{IPP}}\Delta t,\ \Delta\rho_y = \frac{H_{\mathrm{d}}}{H_{\mathrm{s}}}d_{\mathrm{r}} = \frac{H_{\mathrm{d}}}{H_{\mathrm{s}}}\frac{c}{2F_{\mathrm{s}}}\sec\theta_{\mathrm{e}} \tag{2.90}$$

式中：$\Delta t = 1/F_{\mathrm{a}}$ 为脉冲重复时间；F_{a} 为脉冲重复频率（Pulse Repetition Frequency，PRF）；d_{r} 为地距采样率；F_{s} 为星载 SAR 距离向信号采样率。

对于考虑不规则体漂移效应的一维相位屏情况，其空间采样间隔可表示为 $\Delta\varrho = v_{\mathrm{eff}}\Delta t$。另外，二维相位屏的尺寸应该覆盖整个星载 SAR 场景以及其中点目标经历的合成孔径，因此其方位横向和纵向的尺寸可分别表示为

$$L_x = \max\left(L_{\mathrm{o}}, \frac{H_{\mathrm{p}}}{H_{\mathrm{s}}}L_{\mathrm{syn}} + s_{\mathrm{a}}\right),\ L_y = \max\left(L_{\mathrm{o}}, \frac{H_{\mathrm{d}}}{H_{\mathrm{s}}}s_{\mathrm{r}}\right) \tag{2.91}$$

式中：L_{syn} 为合成孔径长度；s_{a}，s_{r} 分别为方位向和地距向的场景尺寸。

在实际仿真中，为了使生成的功率谱覆盖外尺度 L_{o} 对应的波数，相位屏尺寸不应小于 L_{o}。

这里介绍电离层闪烁测量研究领域中的一个重要参数，即闪烁指数 S_4，其平方可定义为电离层不规则体影响下归一化方差的信号强度，即

$$S_4^2 = \frac{\langle I^2\rangle - \langle I\rangle^2}{\langle I\rangle^2} \tag{2.92}$$

式中：I 为信号强度，即幅度的平方。

此外，在弱散射条件下，S_4 还可以表示成关于外尺度、谱指数、闪烁强度等参数的函数，即[6,13]

$$S_4^2 = r_{\mathrm{e}}^2\lambda^2 C_{\mathrm{k}} L\sec\theta_{\mathrm{p}}\left(\frac{2\pi}{1000}\right)^{p+1}\left(\frac{\lambda\rho_z^*}{4\pi}\right)^{p/2-1/2} \cdot \frac{\Gamma(1.25 - p/4)\Gamma(p/2)}{2\pi\Gamma(0.25 + p/4)(p/2 - 0.5)(p/2 + 0.5)} \tag{2.93}$$

值得一提的是，闪烁指数 S_4 虽然可以通过电离层测量设备直接测得，并能

够在一定程度上表征电离层闪烁效应的强弱程度，目前也有一些学者研究了星载 SAR 成像指标随 S_4 的变化趋势。S_4 是关于外尺度、谱指数、闪烁强度以及电磁波频率等因素的综合参数，这是一个“一对多”的关系，即相同的 S_4 可以对应不同的相位屏参数组合，而不同的相位屏参数组合会导致不同的星载 SAR 成像结果，因此为了描述复杂的电离层不规则体结构对星载 SAR 成像的影响，本书选择相位屏参数组合而不是 S_4 作为研究对象。

2.3.2.4 幅相闪烁仿真实例

表 2.2 列出了电离层幅相闪烁的仿真实例仿真参数，涉及赤道地区“柱状”不规则体对应幅相闪烁传输函数的仿真。图 2.8(a)、图 2.9(a)、图 2.10(a)分别给出了相位屏、幅相闪烁传输函数闪烁相位误差、闪烁幅度误差的仿真结果；图 2.8(b)、图 2.9(b)、图 2.10(b)给出了理论和仿真功率谱曲线，其中理论功率谱分别由式(2.72)、式(2.78)、式(2.79)计算得到，并取二维计算结果中的某一行进行显示，仿真功率谱就是对应行的功率谱估计，这里采用直接法进行谱估计[19]。可以观察到，仿真得到的闪烁误差的功率谱与理论谱函数具有一致性，从而验证了仿真结果的有效性。

表 2.2 幅相闪烁的仿真实例仿真参数

中心频率	500MHz	卫星高度	700km
相位屏下视角	30°	相位屏斜视角	90°
相位屏高度	350km	闪烁强度	1×10^{33}
谱指数	3	外尺度	10km
磁航向角	−45°	磁倾角	10°
各向异性轴尺度比	50 : 1	第三旋转角	0
相位屏采样率	50m × 50m	相位屏尺寸	100km × 100km

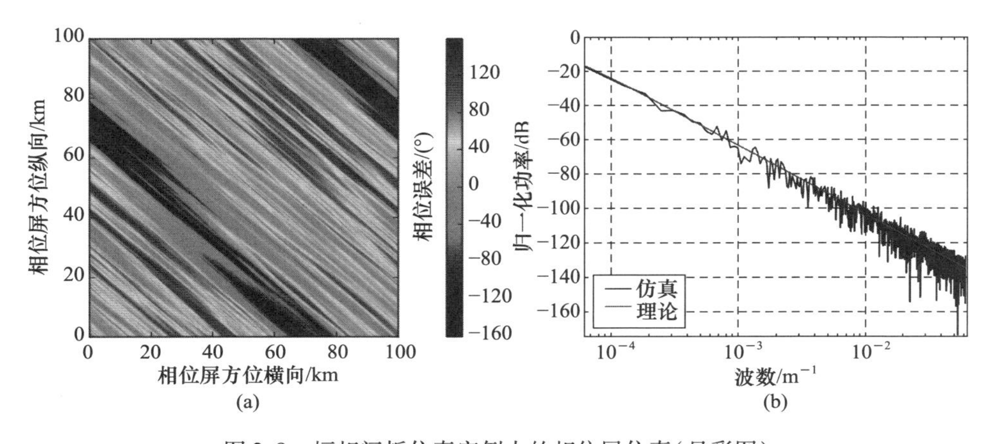

图 2.8 幅相闪烁仿真实例中的相位屏仿真(见彩图)

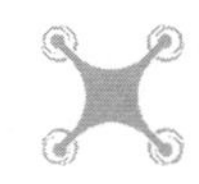

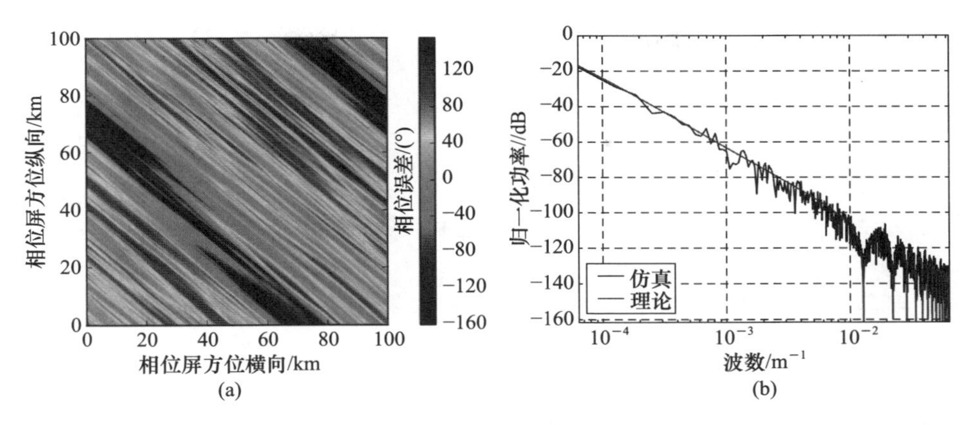

图 2.9　幅相闪烁仿真实例中的闪烁相位误差仿真(见彩图)

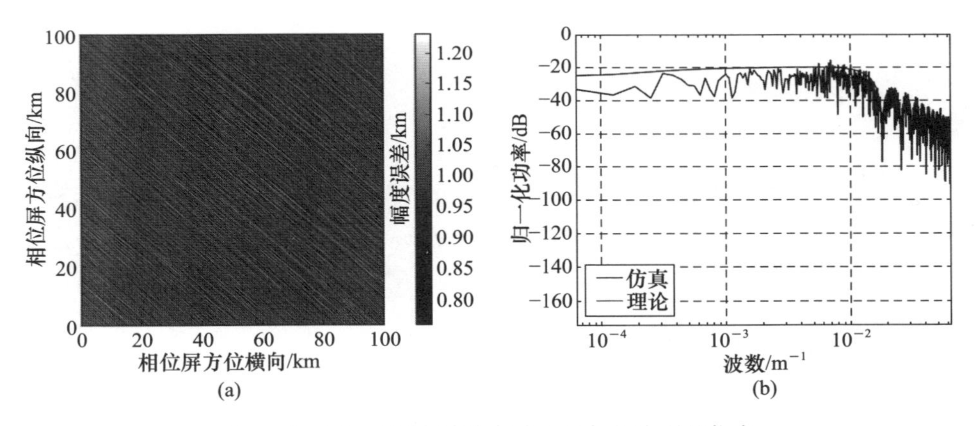

图 2.10　幅相闪烁仿真实例中的闪烁幅度误差仿真

由于电离层不规则体的各向异性特征,相位屏、闪烁相位误差、闪烁幅度误差在二维平面的某个方向上具有显著的强相关性,这一特征会对星载 SAR 图像造成复杂而深刻的影响。如图 2.9(b)所示,闪烁相位误差的功率谱明显受到了式(2.78)中“cos”函数的调制;与图 2.8(b)相比,只有功率谱中的高频成分受到了明显的“cos”包络调制,这就意味着衍射效应仅改变相位屏中的高频成分。将图 2.8 和图 2.9 进行对比,相位屏的空间分布与闪烁相位误差的空间分布具有较高一致性,这就证明了衍射效应导致的高频成分变化对闪烁相位误差整体分布特性的影响可以忽略,故在空间域呈现 $\delta\phi \approx \delta\phi_0$。另一方面,相位屏标准差为 58.62°,闪烁相位误差标准差为 58.57°,而根据式(2.77)计算得到的 $\sqrt{\langle \delta\phi^2 \rangle}$ 为 58.85°,因此从另一个角度验证了相位屏以及闪烁相位误差仿真的准确性。如图 2.10(b)所示,闪烁幅度误差功率谱受到了式(2.78)中“sin”的包络调制,相比于受“cos”函数调制的相位谱，幅度谱能量从低频向高频过渡的速率更缓慢，且高频成分具有更高的能量占比，因此会在图2.10(a)中呈现明暗相见的空间域密集条纹，这一特征与最终呈现在SAR图像中的幅度条纹息息相关，后者的形成机理将后续章节中具体论述。

2.4 星载SAR电离层传播效应信号模型

星载SAR回波信号可以表示为地面反射系数σ与冲激响应函数h_0的卷积，为便于描述电离层的色散特征，这里引入回波信号的距离频域方位时域表达式[20]，即

$$\chi_0(f_\tau,\eta) = \int \sigma(P) h_0(f_\tau,\eta;P)\,\mathrm{d}P \tag{2.94}$$

式中：

$$h_0(f_\tau,\eta;P) = W_\mathrm{r}(f_\tau) w_\mathrm{a}(\eta-\eta_P)\exp\left(-\frac{\mathrm{j}\pi\cdot f_\tau^2}{K_\mathrm{r}}\right)\exp\left[-\frac{\mathrm{j}4\pi(f_\mathrm{c}+f_\tau)R_P(\eta)}{c}\right] \tag{2.95}$$

式中：f_τ为快时间τ对应的距离频率；η为方位慢时间；$h_0(f_\tau,\eta;P)$为点目标P对应的冲激响应函数；W_r为距离频域窗函数；w_a为方位时域窗函数；η_P为点目标P对应的方位中心时刻；$R_P(\eta)$为点目标P对应的斜距历程；K_r为距离向调频率；f_c为系统中心频率。

图2.11所示为星载SAR信号关于电离层的传播几何，信号由天线发出，经

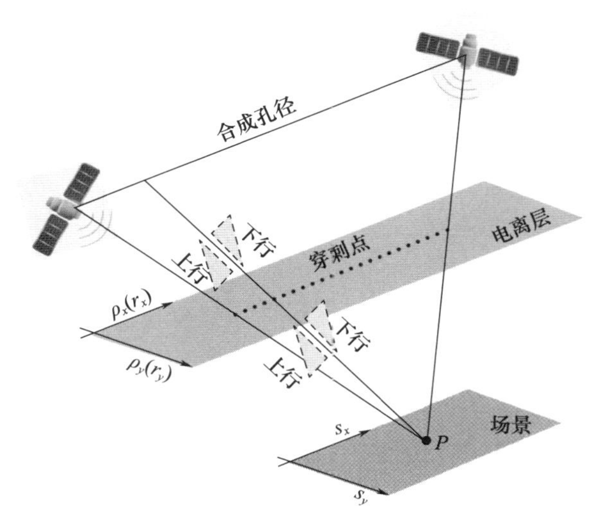

图2.11 星载SAR信号关于电离层的传播几何

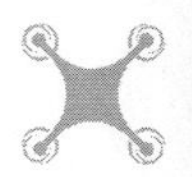

过地物的反射，最后又被天线接收。整个过程总共两次经历电离层，由于两次穿过电离层的时间间隔远小于电离层时间相关尺度，因此可以认为上行与下行的电离层状态具有一致性[21]。另外，由于实际的背景电离层平均高度 H_i 可能与不规则体相位屏等效高度 H_p 不同，这里引入背景电离层穿刺点坐标(r_x,r_y)，从而与不规则体相位屏 IPP 坐标(ρ_x,ρ_y)区分开来。

根据 2.2 节中建立的电离层电波传播效应模型，可进一步建立星载 SAR 电离层传播效应回波信号模型。为了考虑电离层 FR 效应对全极化系统的影响，这里给出了全极化系统的回波信号模型，即

$$\boldsymbol{\chi}(f_\tau,\eta)=\int\left[\sum_{\mathrm{pq}}\boldsymbol{H}_{\mathrm{pq}}(f_\tau,\eta;P)\boldsymbol{S}_{\mathrm{pq}}(P)+\boldsymbol{N}\right]\mathrm{d}P,\mathrm{pq}=\mathrm{hh},\mathrm{hv},\mathrm{vh},\mathrm{vv}\tag{2.96}$$

式中：

$$\begin{aligned}\boldsymbol{H}_{\mathrm{pq}}(f_\tau,\eta;P)&=\boldsymbol{RF}(f_\tau,\eta;P;r_x,r_y)\boldsymbol{I}_{\mathrm{pq}}\boldsymbol{F}(f_\tau,\eta;P;r_x,r_y)\boldsymbol{T}\cdot\\&\quad\exp\left[\frac{\mathrm{j}4\pi K_\phi}{c(f_\tau+f_c)}\cdot\mathrm{TEC_S}(\eta;P;r_x,r_y)\right]\zeta^2(\eta;P;\rho_x,\rho_y)h_0(f_\tau,\eta;P)\\&=\boldsymbol{G}_{\mathrm{pq}}(f_\tau,\eta;P)\cdot h_0(f_\tau,\eta;P)\end{aligned}\tag{2.97}$$

式中：$\boldsymbol{G}_{\mathrm{pq}}$为 pq 极化通道对应的电离层传输函数；$\boldsymbol{H}_{\mathrm{pq}}$为 pq 极化通道的冲激响应函数；$\boldsymbol{I}_{\mathrm{pq}}$为散射单位冲激响应矩阵，且有

$$\boldsymbol{I}_{\mathrm{hh}}=\begin{bmatrix}1&0\\0&0\end{bmatrix},\boldsymbol{I}_{\mathrm{vh}}=\begin{bmatrix}0&1\\0&0\end{bmatrix},\boldsymbol{I}_{\mathrm{hv}}=\begin{bmatrix}0&0\\1&0\end{bmatrix},\boldsymbol{I}_{\mathrm{vv}}=\begin{bmatrix}0&0\\0&1\end{bmatrix}\tag{2.98}$$

式(2.97)中指数项以及 FR 矩阵 $\boldsymbol{F}$ 均依赖于信号频率以及背景电离层穿刺点对应的 $\mathrm{TEC_S}$，包含了背景电离层引起的相位超前、群延迟、色散以及 FR 效应。ζ^2 为双程的幅相闪烁传输函数，除依赖于频率以外，还依赖于电离层不规则体的随机分布特性。由此可见，式(2.96)和式(2.97)建立的星载 SAR 电离层传播效应回波信号模型完整地包含了电离层对 SAR 回波信号的各种影响，并且描述了电离层误差关于空间二维、时间、频率和极化维的分布特征。

2.5　星载 SAR 电离层传播效应回波仿真

2.5.1　全链路回波仿真方法

对应于式(2.96)和式(2.97)中的回波模型，这里给出一种星载 SAR 电离层传播效应全链路回波仿真方法，如图 2.12 所示。

首先，根据穿刺点位置索引得到某目标、特定方位位置对应的电离层传输函数，遍历所有频点并得到 $\boldsymbol{G}_{\mathrm{pq}}(f_\tau,\eta_1;P_1)$；然后，乘以目标极化特性 S_{pq} 以及理想

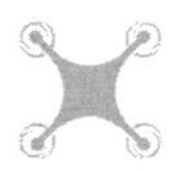

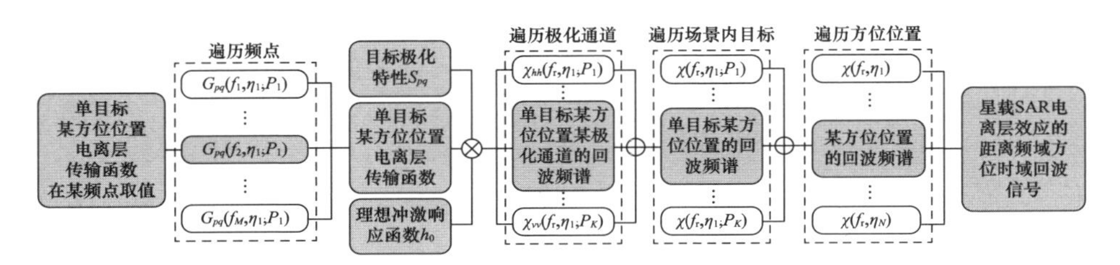

图 2.12　星载 SAR 电离层传播效应全链路回波仿真流程

冲激响应函数 h_0，即得到当前方位位置上该目标的 pq 极化通道回波响应 $\boldsymbol{\chi}_{\mathrm{pq}}(f_\tau,\eta_1;P_1)$；其次，遍历 4 个极化通道，得到当前方位位置上该目标的全极化回波 $\boldsymbol{\chi}(f_\tau,\eta_1;P_1)$；接着，在此基础上遍历场景内所有目标，得到当前方位位置上整个场景的全极化回波 $\boldsymbol{\chi}(f_\tau,\eta_1)$；最后，遍历所有方位位置，得到全场景全孔径的星载 SAR 回波频谱 $\boldsymbol{\chi}(f_\tau,\eta)$，经过距离向 IFFT 可得到二维时域回波 $\boldsymbol{\chi}(\tau,\eta)$。

上述星载 SAR 电离层传播效应回波仿真全链路方法充分考虑了电离层传输函数的五维分布特征，全面而真实地反映了电离层对 SAR 回波信号的复杂影响，具有极高的逼真度。但是由于多循环嵌套，计算资源消耗巨大，且对硬件性能要求极高，因此仅适用于点目标或者小尺寸面目标场景的仿真。针对大尺寸面目标场景的仿真：一方面可以使用集群计算机进行并行化处理，以提高运算效率；另一方面，也可以借助特定条件下的等效或近似来简化仿真流程。

例如，对于单极化系统，去掉式(2.97)中的 $\boldsymbol{RFI}_{\mathrm{pq}}\boldsymbol{FT}$ 项，故直接省略极化通道的遍历步骤；对于全极化系统，由于 FRA 空间缓变，通常认为孔径内的 FRA 扰动对 PolSAR 成像以及极化测量没有影响，因此认为 FRA 与场景目标具有一一对应关系；对于小尺寸面目标场景，可认为 STEC 和 FRA 具有空不变性，即整个场景对应一致的 STEC 和 FRA；对于绝大多数 LEO SAR 系统，可以忽略背景电离层和电离层不规则体的时变效应；对于窄带系统，通常可以忽略 FR 矩阵以及幅相闪烁传输函数的色散特征。

2.5.2　基于逆后向投影的回波仿真方法

由于星载 SAR 闪烁效应研究的特殊性和复杂性，这里介绍一种基于逆后向投影(Reverse Back Projection, ReBP)的星载 SAR 闪烁效应回波仿真。若只考虑双程幅相闪烁传输函数，则距离压缩域的 SAR 回波信号可表示为

$$\chi_{\mathrm{rc}}(\tau,\eta) = \int \sigma(P) h_{\mathrm{rc}}(\tau,\eta;P) \cdot \zeta^2(\eta;P;\rho_x,\rho_y)\,\mathrm{d}P \tag{2.99}$$

式中：$h_{\mathrm{rc}}(\tau,\eta;P)$ 为式(2.95)中 $h_0(f_\tau,\eta;P)$ 的距离压缩后二维时域回波。

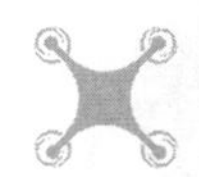

考虑后向投影(Back Projection,BP)的正向成像过程,可以表示为

$$\mathrm{Img}(r_0,t_0) = \sum_n \exp\left[\frac{\mathrm{j}4\pi \cdot \delta R_P(\eta_n)}{\lambda_c}\right]\chi_{rc}[R_P(\eta_n),\eta_n] \tag{2.100}$$

式中:r_0,t_0 分别为点目标 P 在场景网格中的斜距向和方位向坐标;Img为回波在网格(r_0,t_0)处的后向投影成像值;η_n 为离散的方位位置;$\delta R_P(\eta_n)=R_P(\eta_n)-r_0$ 为残余的斜距历程;$\chi_{rc}[R_P(\eta_n),\eta_n]$为回波在 η_n 处关于斜距 R_P 的信号值;λ_c 为系统中心频率 f_c 对应的波长。

这里进一步介绍式(2.100)成像过程的逆操作,即由实际SAR面目标场景图像到回波信号的映射过程,可以精确描述为[22]

$$\chi_{rc}(\tau,\eta_n) = \sum_P \mathrm{Img}(P)s_{rc}(\tau,\eta_n)\exp\left[-\frac{\mathrm{j}4\pi \cdot \delta R_P(\eta_n)}{\lambda_c}\right] \tag{2.101}$$

式中:$s_{rc}(\tau,\eta_n)=\mathrm{sinc}\{B_r[\tau-2R_P(\eta_n)/c]\}$为天线在不同方位位置接收到的距离压缩后的线性调频信号。

基于吉布斯效应下的近似条件 $s_{rc}(\tau,\eta_n)\to\delta[\tau-2R_P(\eta_n)]$,场景网格中点目标 P 的图像值就会映射至回波域中每个方位位置的某个点,该点的横坐标就是该方位位置对应的实际斜距。

为了进一步提高仿真效率,我们采用逐线映射的方式。如图2.13所示,图像场景网格中每一条距离线映射至回波域每条距离线对应的斜距范围内。在每次映射过程中,每条距离线对应的图像值会受到双程幅相闪烁传输函数的调制,且IPP沿着纵向分布。相比于逐点映射,逐线映射方式省去了场景距离维的循环,将循环次数降低了 M 倍(M 为场景距离向采样数),虽然增加了每次循环的计算消耗,但CPU的处理和存储能力能够在很大程度上降低因此带来的时间损耗,从而总体上提高了仿真效率。这里通过3个插值器实现闪烁效应影响下的ReBP逐线映射[23],有

$$\chi_{rc}(\tau,\eta_n)\simeq\Lambda_\mathrm{I}[\Lambda_r(R'_P)]\exp\left\{-\frac{\mathrm{j}4\pi}{\lambda_c}[R'_P-\Lambda_r(R'_P)]\right\}\cdot \zeta^2\{\eta_n;P;\rho_x,\Lambda_y[\Lambda_r(R'_P)]\} \tag{2.102}$$

式中:

$$\Lambda_\mathrm{I}:r_0\to\mathrm{Img}(r_0;t_0],\ \Lambda_y:r_0\to\rho_y(r_0;\eta_a,t_0],\Lambda_r:R_P(r_0;\eta_a,t_0]\to r_0 \tag{2.103}$$

式中:Λ_I 为将场景网格每条距离线对应的中心斜距 r_0 映射到像素值的复插值核;Λ_y 为将 r_0 映射到相位屏方位纵向坐标 ρ_y 的实插值核;Λ_r 为将实际斜距 R_P 映射到 r_0 的实插值核;R_P 为场景网格距离线对应斜距范围内的回波域斜距采样点坐标。

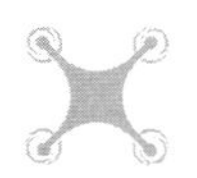

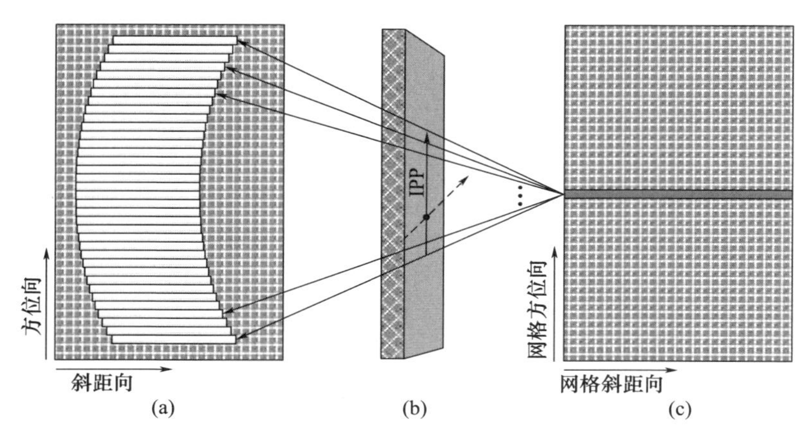

图 2.13　ReBP 由图像域到回波域的逐线映射示意

(a)SAR 回波域;(b)电离层相位屏;(c)SAR 图像域。

图 2.14 给出了星载 SAR 电离层闪烁效应回波仿真的 ReBP 实现流程。首先,需要根据系统参数和闪烁仿真参数,预先生成二维相位屏和幅相闪烁传输函数。其次,在每次循环中,有 5 个步骤:①取场景网格的每条距离线图像值,并对其作升采样操作以保证处理精度;②生成 Λ_1 插值核;③在每个方位位置处判断该距离线对应的场景目标是否在波束照射范围内,如果判断结果为否,则直接跳转至下一方位位置进行判断;④生成 Λ_y 以及 Λ_r 插值核;⑤根据式(2.102)实现 ReBP 映射。上述流程需要对每个方位位置以及场景网格的每条距离线进行循环,循环结束后作距离向逆压缩,最终可输出闪烁效应影响下的星载 SAR 回波。

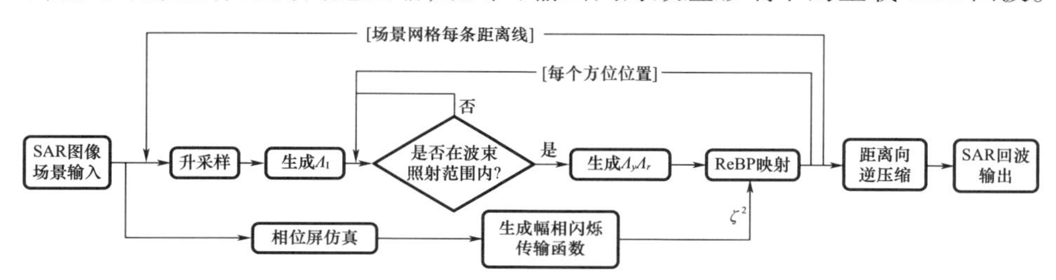

图 2.14　星载 SAR 电离层闪烁效应回波仿真的 ReBP 实现流程

2.5.3　回波仿真实例

由于星载 P 波段 SAR、L 波段 GEO SAR 等系统目前尚处于研制或论证的状态,因此针对这些系统电离层传播效应的研究依赖于仿真。接下来,基于星载 SAR 电离层传播效应全链路回波仿真方法,给出背景电离层色散效应、电离层不规则体闪烁效应影响下的星载 P 波段 SAR 点目标场景、小尺寸面目标场景的仿真。最后,基于 ReBP 的星载 SAR 闪烁效应回波仿真方法,给出闪烁效应影响

下的 L 波段 GEO SAR 大尺寸面目标场景的仿真。

2.5.3.1　点目标场景

表 2.3 列出了星载 P 波段 SAR 电离层传播效应仿真所需的系统参数和电离层参数,地距和方位分辨率均优于 5m。输入时空不变的背景电离层 VTEC,换算到 STEC 大约为 34.35TECU,另外涉及各向同性不规则体对应强闪烁情况的仿真。点目标回波仿真结果如图 2.15 和图 2.16 所示,其中:图 2.15 给出了回波信号域相位,可以清楚地看到由电离层闪烁效应引起的相位扭曲现象;图 2.16(a)中回波信号的幅度呈现出明显的孔径内闪烁幅度误差,点目标成像结果如图 2.16(b)所示。从图 2.16(b)可以看到,点目标峰值位置(55.2m,-38.4m)与理想位置(0,0)相比发生了二维偏移,距离向和方位向都存在不同程度的散焦,受到电离层色散效应影响距离向成像主要表现为主瓣展宽,而受到电离层闪烁效应影响的方位向成像则出现了许多能量较强的旁瓣。

表 2.3　星载 P 波段 SAR 电离层传播效应仿真所需参数

中心频率	500MHz	卫星高度	700km
轨道倾角	98.6°	纬度幅角	0°
离心率	0	系统下视角	26.78°
地面入射角	30°	系统斜视角	90°
系统带宽	56MHz	多普勒带宽	1223.46Hz
脉冲重复频率	1300Hz	合成孔径时间	5.65s
背景电离层平均高度	350km	相位屏高度	350km
垂向电子总量	30TECU	闪烁强度	1×10^{34}
谱指数	3	外尺度	10km
磁航向	0°	磁倾角	0°
各向异性轴尺度比	1:1	第三旋转角	0°

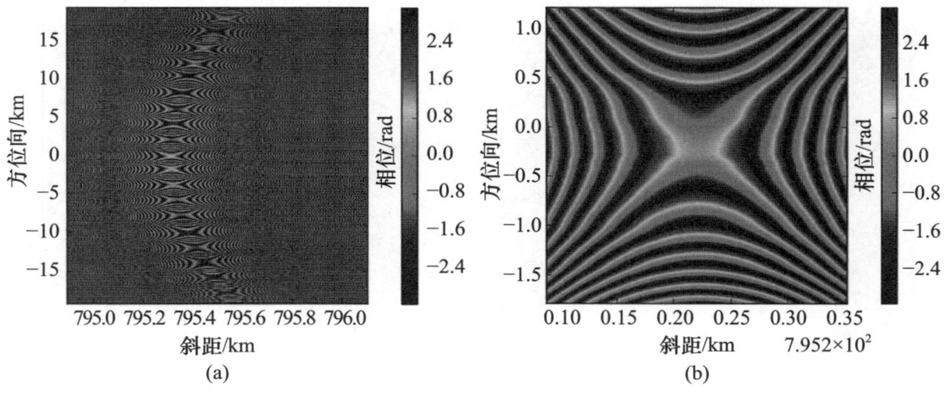

图 2.15　受电离层影响的点目标回波相位(见彩图)
(a)信号域相位;(b) 信号域相位(局部放大)。

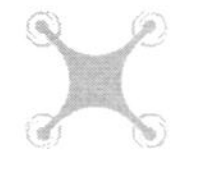

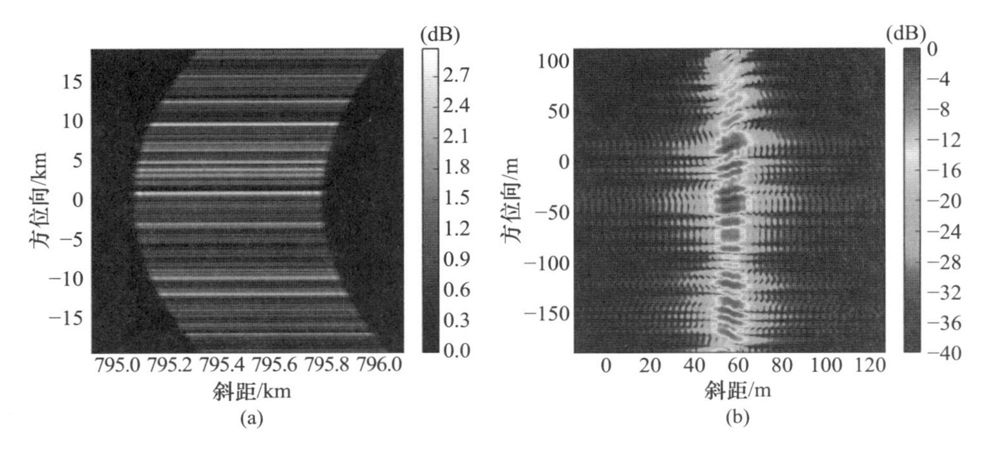

图 2.16 受电离层影响的点目标回波幅度与成像结果(见彩图)

(a)信号域幅度;(b)成像二维显示。

2.5.3.2 小尺寸面目标场景

进一步给出小尺寸面目标场景电离层传播效应的仿真,RCS 输入来自于日本东京获取的 PALSAR-2 图像(ID: ALOS2014410740)场景一部分,仿真系统参数和电离层参数如表 2.3 所列,场景方位向和地距向尺寸约 2km × 2km,经过 20 个 CPU 内核并行处理,回波仿真耗时约 3.6h。成像聚焦后的结果如图 2.17 所示,对比于无电离层影响的图像,电离层影响下的星载 P 波段 SAR 图像呈现出肉眼可见的距离向偏移和严重的方位向聚焦模糊。

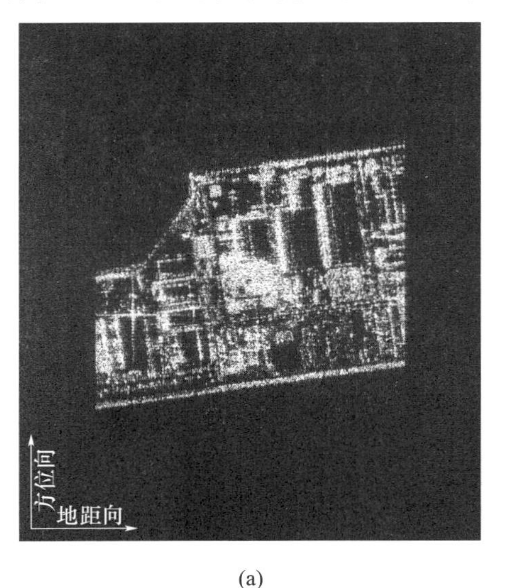

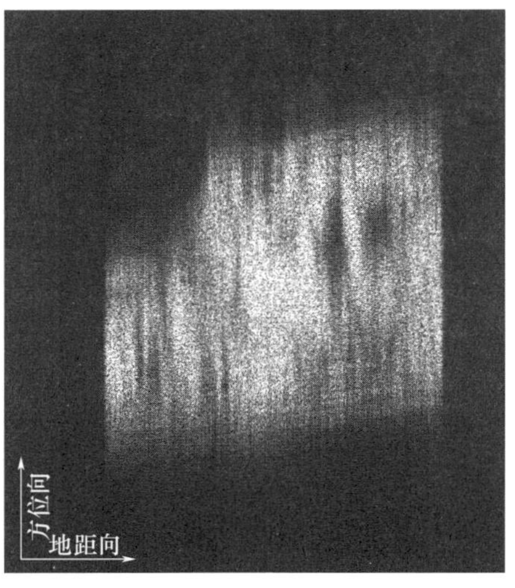

(a) (b)

图 2.17 小尺寸面目标场景电离层传播效应仿真实例

(a)无电离层影响;(b) 受电离层影响。

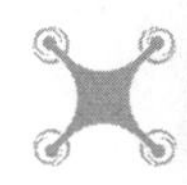

2.5.3.3　大尺寸面目标场景

针对大尺寸面目标场景,进一步给出 L 波段 GEO SAR 系统电离层闪烁效应的 ReBP 回波仿真示例,仿真所需的系统参数和电离层参数如表 2.4 所列。为了开展 ReBP 仿真实验,选取于 2010 年 4 月 1 日在南美亚马逊地区获取的一景 PAL SAR 图像作为单视复图像输入,场景方位向和地距向采样点数为 10000 × 9000,空间尺寸约为 63km × 85.5km。由于该数据没有受到电离层闪烁效应的影响,因此利用该数据进行闪烁效应的仿真是合理的。ReBP 仿真得到的 GEO SAR 回波数据经过 BP 成像算法聚焦后的结果如图 2.18 所示,其中图 2.18(b)中显示的幅度条纹形状与 PALSAR 图像中观测到的(详见第 5 章)极为相似。为了验证 ReBP 的有效性,对两幅图像进行零基线干涉,得到的缠绕的干涉相位误差如图 2.19(b)所示,图 2.19(a)展示了仿真注入的缠绕的双程闪烁相位误差,两者具有相似的空间结构和分布,且相位误差空间尺度最大的方向与图像中幅度条纹的方向基本一致,而干涉相位误差中存在的椒盐化结构,则是由于幅相闪烁引起的方位向去相关,有关星载 SAR 电离层闪烁效应影响机理的理论分析研究将在第 5 章中展开。图 2.18 中的仿真结果从另一个角度验证了 ReBP 能够将不同的幅相闪烁传输函数映射到不同像素对应的回波中,既体现了幅相闪烁误差的空变性,又保证了回波仿真的精度。另外,回波仿真过程耗时约 10h(20 个 CPU 内核并行处理),而全链路仿真方法需耗时数天,这体现了 ReBP 相比于全链路方法具有更高的仿真效率。

表 2.4　L 波段 GEO SAR 电离层传播效应仿真所需参数

中心频率	1.25GHz	卫星高度	42164.17km
轨道倾角	60°	纬度幅角	0
离心率	0	系统下视角	4.33°
地面入射角	30°	系统斜视角	90°
系统带宽	28MHz	多普勒带宽	58.90Hz
脉冲重复频率	64Hz	合成孔径时间	200.53s
相位屏高度	350km	闪烁强度	2.25×10^{34}
谱指数	3	外尺度	10km
磁航向	5°	磁倾角	0
各向异性轴尺度比	50 : 1	第三旋转角	0

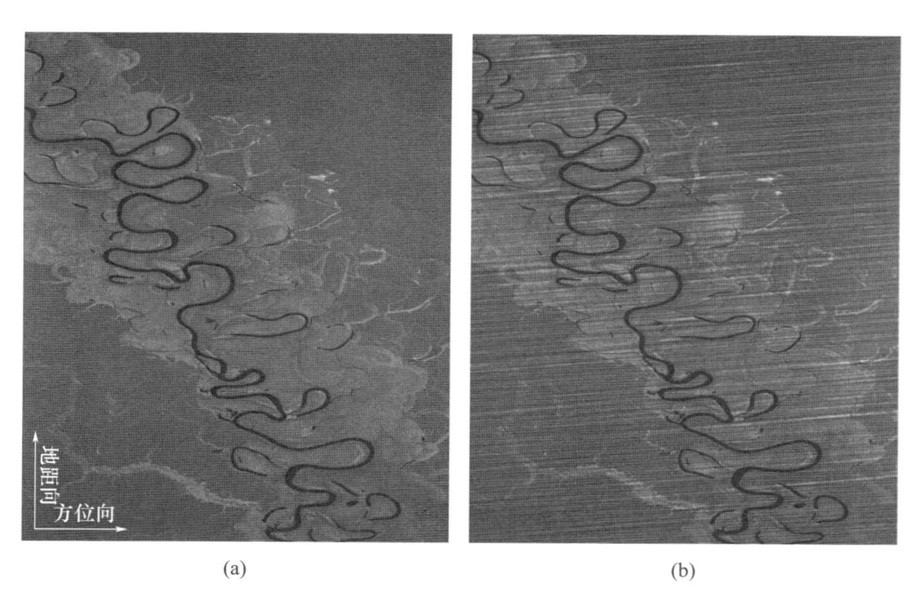

图 2.18　大尺寸面目标场景电离层传播效应 ReBP 仿真实例
(a)无电离层影响;(b)受电离层闪烁影响。

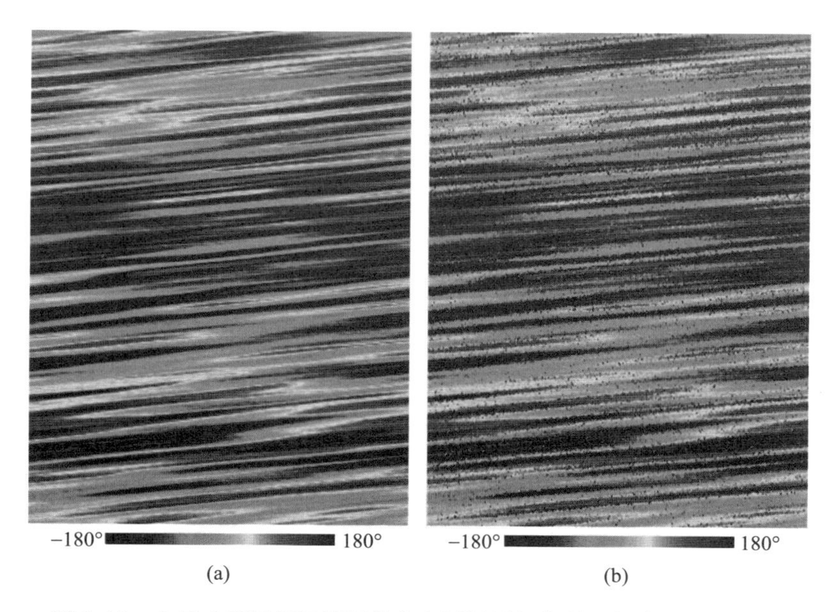

图 2.19　大尺寸面目标场景图像电离层闪烁相位误差的验证(见彩图)
(a)仿真注入的闪烁相位误差;(b)两幅图像的干涉相位误差。

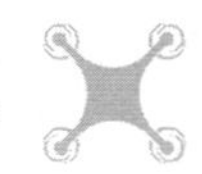

2.6　小　结

本章开展了电离层电波传播效应建模、星载 SAR 电离层传播效应回波建模以及回波仿真工作，为本书后续研究工作奠定了基础。本章主要研究内容以及所得到的结论可概括如下：

（1）介绍了电离层的介质与分布特性。电离层本质上是一种等离子体介质，其折射指数可用 Appleton – Hatree 公式来表征，进一步推导了群延迟、相位超前以及 FRA 等表达式。根据电离层的时空分布特性，将其分为确定性、时空缓变、大尺度的背景电离层和随机性、中小尺度的电离层不规则体。背景电离层电子密度呈现明显的分层特征，大约在 300 ~ 400km 高度处以及下午 14:00 至 16:00 达到峰值，可利用 IRI 等模型描述其电子密度以及 TEC 的时空分布。电离层不规则体具有时空随机分布特性，可用 Shkarofsky 功率谱和自相关函数描述其三维空间分布、时间分布和漂移特性。

（2）建立了电离层电波传播效应模型。通过引入电场琼斯矢量的分解形式，建立了电磁波穿过背景电离层的电场矢量模型，该模型包含了背景电离层的相位超前、群延迟、色散以及 FR 效应。基于亥姆霍兹方程，在菲涅尔近似和弱散射准则条件下推导了相位屏原理，将电离层不规则体等效为一个改变电磁波相位的薄屏。穿过相位屏后、继续在自由空间中传播的电磁波之间会发生衍射，从而导致幅度和相位闪烁；同样基于亥姆霍兹方程，进一步推导了幅相闪烁传输函数，并在附录 A 中给出了球面波解的理论证明。

（3）建立了适应于星载 SAR 观测几何的背景电离层参数计算模型和幅相闪烁传输函数模型，介绍了幅相闪烁传输函数的仿真。针对背景电离层，给出了 STEC 与 FRA 的关系式。在幅相闪烁传输函数的建模中，描述了各向异性不规则体与地磁场、IPP 坐标系的几何关系，在 IPP 坐标系下推导得到了 Rino 二维相位谱以及对应的二维相位自相关函数，建立了幅相闪烁传输函数数字生成的理论模型，对幅相闪烁传输函数仿真所需的参数进行了说明，最后给出了相位屏以及幅相闪烁传输函数的仿真，仿真结果验证了理论建模的有效性。

（4）建立了星载 SAR 电离层传播效应回波模型，并介绍了回波仿真方法。基于星载 SAR 信号传播几何，给出了全极化系统电离层传播效应的回波信号模型，全面包含了背景电离层的相位超前、群延迟、色散、FR 效应和电离层不规则体的幅相闪烁效应，同时体现了电离层误差在 5 个维度（相位屏空间二维、时间、频率和极化维）的分布特性。基于该信号模型，介绍了一种全链路回波仿真流程，该流程能够真实反映电离层对 SAR 回波信号的影响，具有极高的逼真度；但由于计算量巨大，因此应用范围局限于点目标或者小尺寸面目标场景的仿真。

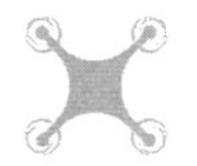

针对电离层闪烁效应,介绍了一种基于 ReBP 的回波仿真方法,该方法基于 3 个插值核实现了信号与幅相闪烁传输函数之间的精确映射,体现了幅相误差的空变性,具有较高的处理精度和效率。最后的仿真实例验证了这两种回波仿真方法的有效性。

参考文献

[1] Xu Z, Wu J, Wu Z. A survey of ionospheric effects on space – based radar[J]. Waves in Random Media, 2004, 14(2): 189 – 273.

[2] 李力. 星载 P 波段合成孔径雷达中的电离层传播效应研究[D]. 长沙:国防科技大学, 2014.

[3] Bilitza D. IRI the international standard for the ionosphere[J]. Advances in Radio Science, 2018, 16(1): 1 – 11.

[4] Rino C L. The theory of scintillation with applications in remote sensing[M]. Hoboken, New Jersey: John Wiley and Sons, 2011.

[5] Rino C L. A power law phase screen model for ionospheric scintillation 1. Weak scatter[J]. Radio Science, 1979, 14(6): 1135 – 1145.

[6] Fremouw E J, Secan J A. Modeling and scientific application of scintillation results[J]. Radio Science, 1984, 19(3): 687 – 694.

[7] Secan J A, Bussey R M, Fremouw E J. An improved model of equatorial scintillation[J]. Radio Science, 1995, 30(3): 607 – 617.

[8] Yeh K C, Liu C H. Radio wave scintillations in the ionosphere[J]. Proceedings of the IEEE, 1982, 70(4): 324 – 360.

[9] Kim J S, Papathanassiou K, Sato H, et al. Detection and estimation of equatorial spread F scintillations using synthetic aperture radar[J]. IEEE Transactions on Geoscience and Remote Sensing, 2017, 55(12): 6713 – 6125.

[10] Shkarofsky I P. Turbulence functions useful for probes (space – time correlation) and for scattering (wave – number – frequency spectrum) analysis[J]. Canadian Journal of Physics, 1968, 46: 2683 – 2702.

[11] Freeman A, Saatchi S S. On the detection of Faraday rotation in linearly polarized L – Band SAR backscatter signatures[J]. IEEE Transactions on Geoscience and Remote Sensing, 2004, 42(8): 1607 – 1616.

[12] Carrano C S, Groves K M, Caton R G. Simulating the impacts of ionospheric scintillation on L band SAR image formation[J]. Radio Science, 2012, 47(RS0L20): 1 – 14.

[13] 杨梦雨, 管雪元, 李文胜. IGRF 国际地磁参考场模型的计算[J]. 电子测量技术, 2017, 40(6): 97 – 100.

[14] Qi R, Jin Y. Analysis of the effects of Faraday rotation on spaceborne polarimetric SAR observations at P – Band[J]. IEEE Transactions on Geoscience and Remote Sensing, 2007, 45(5):

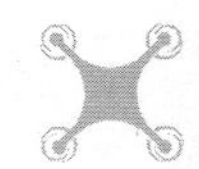

1115 – 1122.

[15] Belcher D P,Mannix C R,Cannon P S. Measurement of the ionospheric scintillation parameter CkL from SAR images of clutter[J]. IEEE Transactions on Geoscience and Remote Sensing, 2017,55(10):5937 – 5943.

[16] Mannix C R,Belcher D P,Cannon P S. Measurement of ionospheric scintillation parameters from SAR images using corner reflectors[J]. IEEE Transactions on Geoscience and Remote Sensing,2017,55(12):6695 – 6702.

[17] Belcher D P,Cannon P S. Amplitude scintillation effects on SAR[J]. IET Radar,Sonar and Navigation,2014,8(6):658 – 666.

[18] 王展,李双勋,吴京,等. 现代数字信号处理[M]. 长沙:国防科技大学出版社,2016.

[19] Cumming I G,Wong F H. 合成孔径雷达成像——算法与实现[M]. 洪文,胡东辉,译. 北京:电子工业出版社,2005.

[20] Rogers N C,Cannon P S,Groves K M. Measurements and simulation of ionospheric scattering on VHF and UHF radar signals: Channel scattering function[J]. Radio Science,2009,44(RS0A07):1 – 10.

[21] Li D,Cassola M R,Iraola P P,et al. Reverse backprojection algorithm for the accurate generation of SAR raw data of natural scenes[J]. IEEE Geoscience and Remote Sensing Letters, 2017,14(11):2072 – 2076.

[22] Ji Y,Dong Z,Zhang Y,et al. Geosynchronous SAR raw data simulator in presence of ionospheric scintillation using reverse backprojection[J]. Electronics Letter,2020,56(10):512 – 514.

第3章　背景电离层对星载SAR成像的影响

背景电离层为时间和空间缓变的规则电离层部分，通常可用确定性的多项式模型描述 VTEC/STEC 和 FRA 的时空分布特性。本章将背景电离层分为常量部分和时空变部分，分别讨论它们对星载 SAR 距离向成像和方位向成像的影响；特别地，针对星载 PolSAR 系统单独分析了 FR 效应造成的成像和极化测量误差。

3.1 节介绍了背景电离层色散相位的距离向泰勒展开模型，推导了常量背景电离层引起的零次相位、距离向偏移、二次相位误差（Quadratic Phase Error, QPE）和三次相位误差（Cubic Phase Error, CPE）表达式，针对不同波段、不同带宽并结合实际星载 SAR 系统进行了性能分析。3.2 节将孔径内时变 STEC 归因于时空变耦合的背景电离层 VTEC 以及传播路径的变化，基于距离历程和时变 STEC 的三阶多项式，建立了时变 STEC 影响下的方位压缩相位的泰勒展开模型，推导得到了方位向偏移、QPE 和 CPE 表达式，针对不同波段、不同合成孔径时间以及不同轨道高度 SAR 系统的方位向成像进行了性能分析。3.3 节建立了随带宽内信号频率变化的 FRA 对星载 PolSAR 距离向脉冲压缩响应影响的理论模型，并分析了 FR 色散效应对星载 PolSAR 距离向成像和极化测量的影响。

3.1　常量背景电离层对星载 SAR 距离向成像的影响

本节仅需考虑常量背景电离层引起的色散相位误差对星载 SAR 距离向成像的影响，因此式（2.97）中的冲激响应函数可简化为

$$H(f_\tau,\eta;P)=\exp\left[\frac{\mathrm{j}4\pi K_\phi}{c(f_\tau+f_c)}\cdot\overline{\mathrm{TEC}_\mathrm{S}}\right]\cdot h_0(f_\tau,\eta;P) \tag{3.1}$$

式中：$\overline{\mathrm{TEC}_\mathrm{S}}$ 为 STEC 常量。

3.1.1　距离向泰勒展开模型

这里针对色散相位误差 ϕ_{bic} 在中心频率 f_c 处关于距离频率 f_τ 作三阶泰勒展开，有

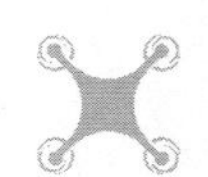

$$\phi_{\text{bic}}=\underbrace{\frac{4\pi K_{\phi}\cdot\overline{\text{TEC}}_{\text{S}}}{cf_{\text{c}}}}_{\phi_0}\underbrace{-\frac{4\pi K_{\phi}\cdot\overline{\text{TEC}}_{\text{S}}}{cf_{\text{c}}^{2}}f_{\tau}}_{\phi_{\text{r1}}}+\underbrace{\frac{4\pi K_{\phi}\cdot\overline{\text{TEC}}_{\text{S}}}{cf_{\text{c}}^{3}}f_{\tau}^{2}}_{\phi_{\text{r2}}}\underbrace{-\frac{4\pi K_{\phi}\cdot\overline{\text{TEC}}_{\text{S}}}{cf_{\text{c}}^{4}}f_{\tau}^{3}}_{\phi_{\text{r3}}}+O(f_{\tau}^{4})\tag{3.2}$$

其中,零次相位 ϕ_0 虽然不会影响成像性能,但会影响 InSAR/D - InSAR 性能,需要指出的是 $-\phi_0$ 表示相位超前。一次相位误差 ϕ_{r1} 造成 SAR 回波信号的群延迟,从而导致匹配滤波后的距离向图像发生偏移。距离向偏移量可表示为

$$\Delta l_{\text{r}}=\frac{K_{\phi}\cdot\overline{\text{TEC}}_{\text{S}}}{f_{\text{c}}^{2}}\tag{3.3}$$

式(3.2)中二次相位误差 ϕ_{r2}、三次相位误差 ϕ_{r3} 意味着电离层色散效应,将造成距离向匹配滤波器失配,导致距离向图像散焦;特别地,ϕ_{r3} 会导致距离向非对称旁瓣,四次及以上相位误差影响大多数情况下可忽略不计。这里计算带宽边缘与中心的相位误差的差值,可分别得到距离向 QPE 和 CPE 表达式,即

$$\text{QPE}_{\text{r}}=\frac{\pi K_{\phi}B_{\text{r}}^{2}\cdot\overline{\text{TEC}}_{\text{S}}}{cf_{\text{c}}^{3}}\tag{3.4}$$

$$\text{CPE}_{\text{r}}=\frac{\pi K_{\phi}B_{\text{r}}^{3}\cdot\overline{\text{TEC}}_{\text{S}}}{2cf_{\text{c}}^{4}}\tag{3.5}$$

式中:B_{r} 为系统带宽;QPE_{r}、CPE_{r} 既依赖于中心频率以及 STEC 常量,也依赖于系统带宽。

3.1.2　数值计算与分析

3.1.2.1　误差计算

这里计算 $\overline{\text{TEC}}_{\text{S}}=1$ TECU 时的相位偏移和距离向图像偏移关于中心频率的变化曲线,中心频率变化范围为 100MHz ~ 10GHz,如图 3.1 所示。图 3.1(a)中,

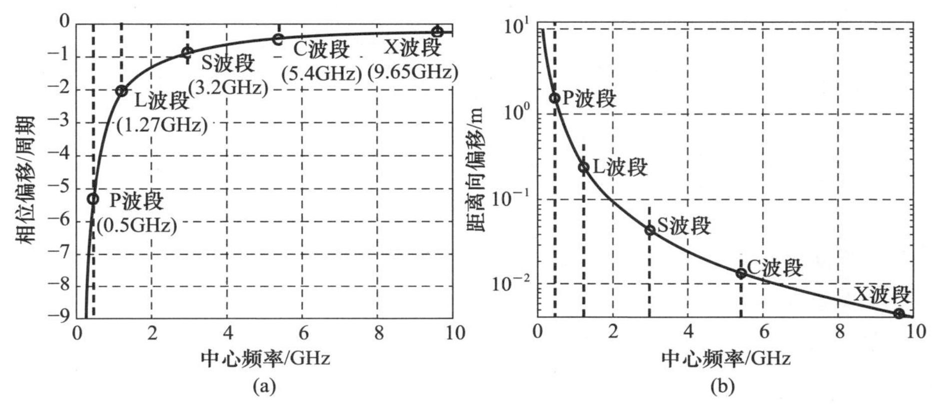

图 3.1　常量背景电离层导致的信号相位超前和群延迟

(a)相位偏移;(b)距离向偏移。

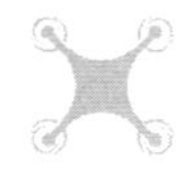

对于 P 波数,每 1 个 TECU 对应的相位超前量可以达到 5.37 ×360°,即使对于 X 波段,对应的相位超前量也达到了 0.28 ×360°,因此对于现有星载 SAR 系统干涉应用,常量背景电离层造成的相位超前在绝大多数电离层状况下是不可忽略的。图 3.1(b)中,P/L/S/C/X 波段每 1 个 TECU 对应的距离向偏移量分别为 161cm、25cm、3.94cm、1.38cm、0.43cm,特别是对于 P 波段和 L 波段系统,在电离层活跃期间,群延迟现象会造成几十甚至上百米的地理定位误差。值得一提的是[1],对于宽幅 SAR 图像来说,由于传播路径的不同,远端的$\overline{TEC_S}$大于近端的$\overline{TEC_S}$,因此会导致距离向图像朝着远端拉伸。

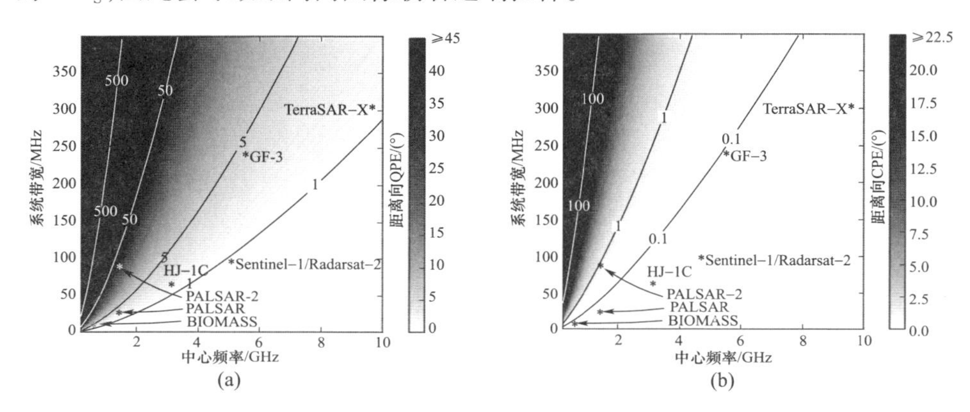

图 3.2　常量背景电离层导致的二次以上相位误差

(a)距离向 QPE;(b)距离向 CPE。

选取中低纬度地区白天典型的背景电离层状况$\overline{TEC_S}=50$ TECU,进一步给出距离向 QPE 和 CPE 关于中心频率和带宽的变化趋势,通常认为当 $QPE_r \geq 45°$ 或者 $CPE_r \geq 22.5°$时,背景电离层色散效应会造成显著的距离向图像散焦。如图 3.2 所示,纵轴系统带宽变化范围为 0 ~ 400MHz,图中的"*"表示典型星载 SAR 系统的最高带宽模式。图 3.2 中标出的所有星载 SAR 系统距离向 CPE 均小于 1°,且除了 PALSAR - 2 以外,距离向 QPE 均小于 5°,因此对于现有的绝大多数星载 SAR 系统以及即将发射的 BIOMASS,背景电离层色散效应的影响可以忽略;而 PALSAR - 2 对应的距离向 QPE 为 41.63°,但是由于设计了太阳同步轨道,ALOS - 2 卫星都在夜间掠过地面[2],故色散效应影响下的 PALSAR - 2 出现明显距离向图像散焦的概率极低。

3.1.2.2　阈值计算

为了进一步探究星载 SAR 距离向成像对常量背景电离层的容忍度,通常取 QPE_r 达到 45°时的$\overline{TEC_S}$作为阈值,该阈值能够为系统设计以及校正算法提供参考。图 3.3 给出了$\overline{TEC_S}$阈值关于相对带宽的变化曲线,可见波段越低、相对带

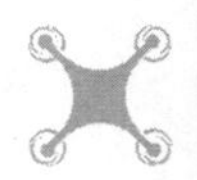

宽越大,对应的$\overline{TEC_S}$阈值越小,那么系统对常量背景电离层的容忍度越小,距离向聚焦性能越容易受到电离层色散效应的影响。根据图 2.2 所示的 VTEC 变化情况,一般认为$\overline{TEC_S}$不会超过 100TECU,因此对于图 3.3 中阈值曲线高于 100 TECU 的情况,色散效应的影响基本可以忽略。另外,P/L/S/C/X 波段的阈值曲线在 100TECU 处分别对应着 3.1%、4.9%、7.7%、10.0%、13.4% 的相对带宽,这意味着对于 P 波段系统来说,小于 15.5MHz 的系统带宽设计可以规避色散效应,而对于 X 波段系统来说,当系统带宽大于 1.3GHz 时,色散效应也会突显。

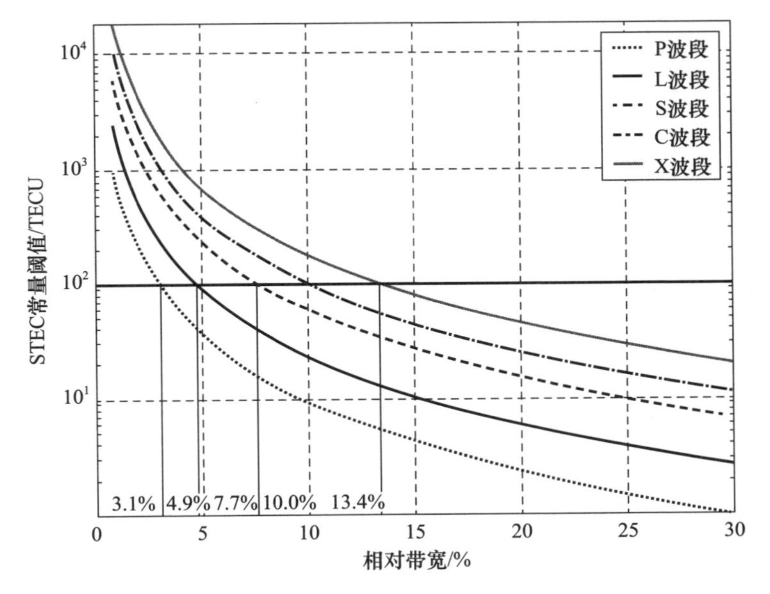

图 3.3 星载 SAR 系统对常量背景电离层的容忍度

表 3.1 列出了典型星载 SAR 系统的$\overline{TEC_S}$阈值值。这里首先涉及两种在研的星载 X 波段超高分辨率 SAR 系统[3],其中:TerraSAR - NG 系统带宽达 1.2GHz,使得其地距分辨率达到 0.25m;而美国“太空雷达”报道的分辨率达到了 0.1m,故预测其带宽约 3GHz。经计算 TerraSAR - NG 对应的阈值大于 100TECU,基本不用考虑色散效应;而“太空雷达”对应的阈值仅 21TECU,这意味着其地距向分辨率有可能因色散效应而达不到设计的 0.1m,因此必须在系统设计和后期校正环节对色散效应予以考虑。Tandem - L 和 PALSAR - 2 对应阈值均大于 50TECU,由于均采用太阳同步轨道,故对于这两种星载 L 波段 SAR 系统,大概率可忽略色散效应。对于即将发射的首颗 P 波段 SAR 卫星——BIOMASS,为了规避电离层色散效应的影响,设计的系统带宽仅为 6MHz,使得其对应阈值远大于 100TECU。为了突出 P 波段 SAR 对电离层的敏感性,这里还涉及表 2.3 中的 5m 分辨率星载 P 波段 SAR 系统,即使是夜间水平的背景电离层(10

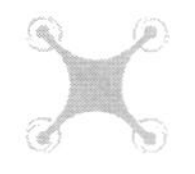

TECU)也会对该系统的距离向聚焦造成影响,因此必须加以补偿。

表 3.1　典型星载 SAR 系统的 STEC 常量阈值

参数	TerraSAR-NG	太空雷达	Tandem-L	PALSAR-2	BIOMASS	P-SAR
载频	9.65GHz	约 10GHz	1.27GHz	1.27GHz	435MHz	500MHz
带宽	1200MHz	约 3GHz	80MHz	84MHz	6MHz	56MHz
$\overline{\mathrm{TEC}_\mathrm{S}}$ 阈值	116TECU	21TECU	60TECU	54TECU	426TECU	7.4TECU

3.1.3　距离向成像性能分析

针对容易受电离层色散效应影响的星载 P 波段 SAR 系统,进一步考察其距离向成像性能指标随$\overline{\mathrm{TEC}_\mathrm{S}}$的变化,主要包括距离向分辨率、主瓣展宽系数、PSLR、ISLR、峰值功率损失以及峰值偏移共 6 个指标。距离向成像性能指标随 STEC 常量的变化趋势如图 3.4 所示,其中横坐标的$\overline{\mathrm{TEC}_\mathrm{S}}$变化范围为 0 ~ 100TECU,且涉及 56MHz、90MHz、135MHz 三种系统带宽,在地面入射角为 30°的情况下,地距分辨率可分别优于 5m、3m、2m。

图 3.4(a)和图 3.4(b)表明,随着$\overline{\mathrm{TEC}_\mathrm{S}}$变大,整体来看,斜距分辨性能逐渐恶化,但在局部则存在跳变,其中上跳变是由于主瓣吸收了第一旁瓣,而下跳变由于主瓣分裂。图 3.4(c)和图 3.4(d)中的 PSLR 和 ISLR 刚开始均近似线性增大,之后呈现波浪式跳变,其中下跳变、上跳变分别对应分辨率曲线中的上下跳变。图 3.4(e)中的峰值功率呈现整体下降的趋势。另外,随着带宽的增大,整体上使得各指标恶化得更加严重,主瓣和旁瓣性能跳变得更加频繁,从视觉上类似于横坐标乘以了一个大于 1 的变标因子。

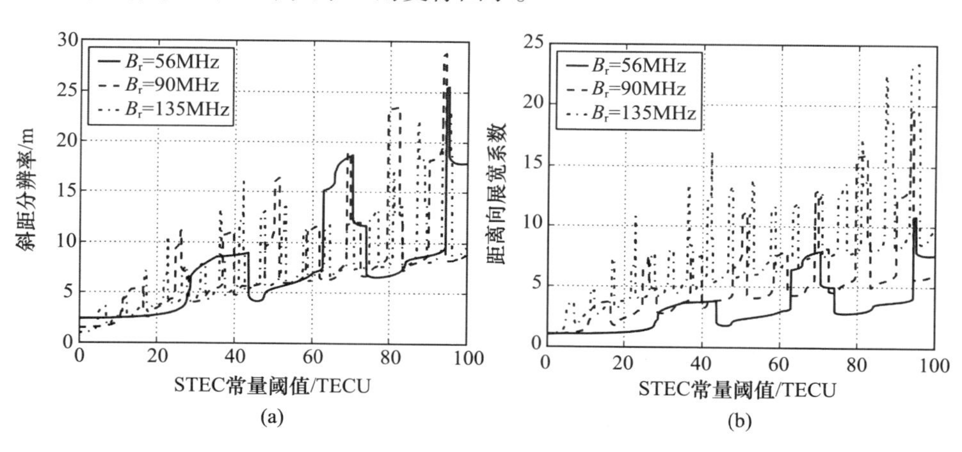

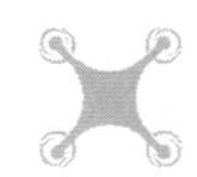

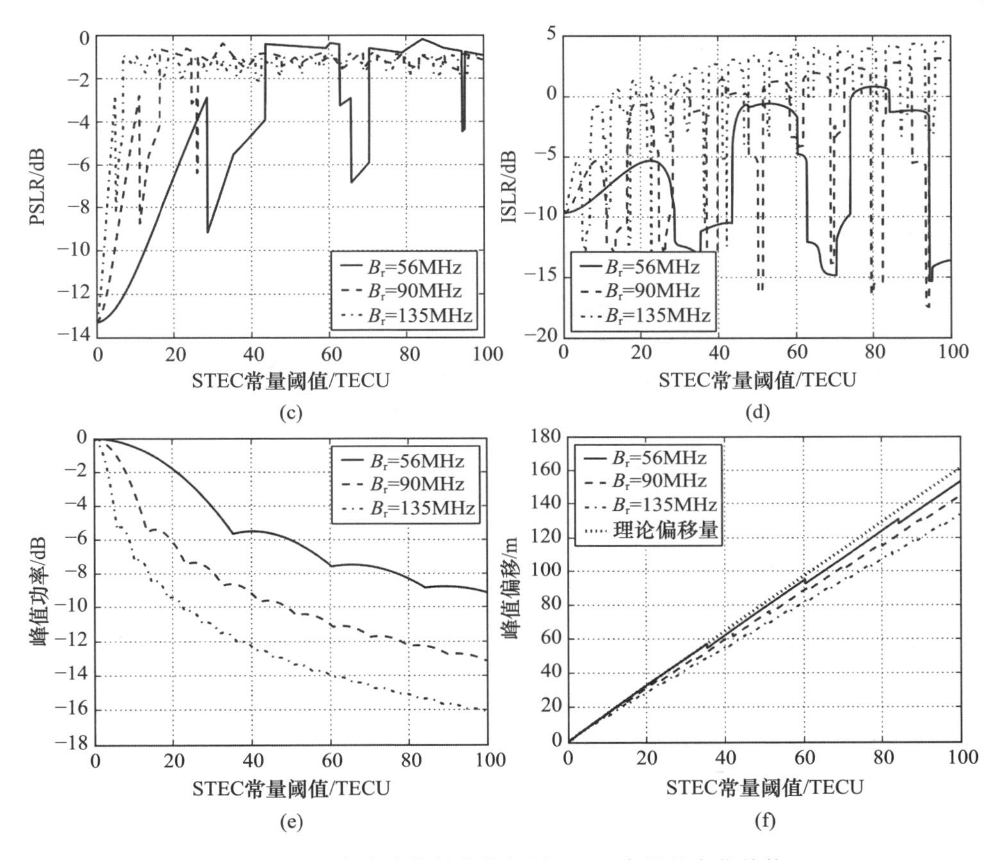

图 3.4 距离向成像性能指标随 STEC 常量的变化趋势

(a)斜距分辨率;(b)距离向主瓣展宽系数;(c)距离向 PSLR;

(d)距离向主 ISLR;(e)峰值功率损失;(f)距离向峰值偏移。

如图 3.4(f)所示,理论上,距离向峰值偏移不依赖系统带宽,但实际仿真得到的偏移量却因不同带宽而有所差异,其原因在于三阶相位误差导致的高低旁瓣使得峰值不在主瓣的中心。从另一个角度看[4],奇次相位误差都含有线性成分,当三次相位误差变得不可忽略时,通过理论计算得到的偏移量就会存在误差,该误差会随载频下降、$\overline{\mathrm{TEC}}_{\mathrm{S}}$ 以及带宽增加而变大。

图 3.5 中给出了带宽 56MHz 的星载 P 波段 SAR 距离向成像受到电离层色散效应影响的示例,表 3.2 列出了距离向成像性能指标,10TECU、30TECU、50TECU、100TECU 分别代表典型的夜间、中高纬地区白天、中低纬地区白天、极大值水平的 $\overline{\mathrm{TEC}}_{\mathrm{S}}$,结果表明该系统在绝大多数情况下都会受到色散效应的影响。

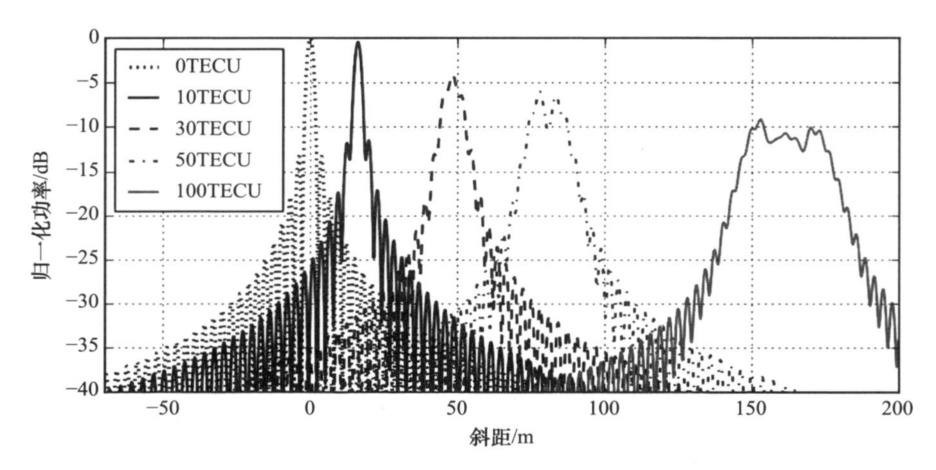

图 3.5　常量背景电离层影响下的距离向剖面

表 3.2　常量背景电离层影响下的距离向剖面指标

$\overline{\mathrm{TEC}}_{\mathrm{S}}$/TECU	斜距分辨率/m	展宽系数	PSLR /dB	ISLR /dB	峰值功率损失/dB	峰值偏移/m
0	2.37	1.00	−13.33	−9.71	0	0
10	2.45	1.03	−11.05	−7.88	0.46	16.14
30	7.16	3.00	−8.53	−8.42	4.05	48.38
50	5.35	2.26	−0.48	0.69	6.02	77.99
100	17.90	7.56	−0.93	−2.36	9.16	152.93

3.2　时空变背景电离层对星载 SAR 方位向成像的影响

本节考虑时空变背景电离层对星载 SAR 方位向成像的影响，则式(2.97)中的冲激响应函数可简化为

$$H(f_\tau,\eta;P)=\exp\left[\frac{\mathrm{j}4\pi K_\phi}{c(f_\tau+f_c)}\cdot \mathrm{TEC_S}(\eta;P;r_x,r_y)\right]\cdot h_0(f_\tau,\eta;P) \quad (3.6)$$

式中：

$$\mathrm{TEC_S}(\eta;P;r_x,r_y)=\mathrm{TEC_V}(\eta;P;r_x,r_y)\cdot\sec[\theta_i(\eta)]\approx\overline{\mathrm{TEC}}_{\mathrm{S}}+k_1\eta+k_2\eta^2+k_3\eta^3 \quad (3.7)$$

式中：$\mathrm{TEC_V}(\eta;P;r_x,r_y)$为时空变耦合的 VTEC；$\theta_i(\eta)$为孔径内变化的背景电离

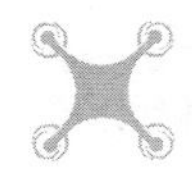

层入射角；k_1，k_2，k_3 分别为STEC关于方位向时间的一阶、二阶以及三阶系数。式(3.7)表明，孔径内随方位时间变化的STEC可近似用三阶多项式的形式来描述，而导致时变STEC的因素主要有三个[5,6]：背景电离层本身的时变、空变效应和孔径内入射角的变化，后者源于传播路径的改变。

因此，在本节中，首先分析导致时变STEC的具体因素；然后建立统一的数学模型，即时变STEC影响下方位信号的泰勒展开模型，计算时变STEC各阶系数的阈值曲线，并加以分析；最后针对P波段星载SAR、L波段GEO SAR等系统给出信号级仿真结果。

3.2.1　具体因素分析

由于时变STEC是由VTEC的时间和空间变化以及传播路径变化导致的，故式(3.7)中时变STEC的各阶系数来源于这三个因素的耦合作用，因此接下来将针对这三个因素展开分析。

3.2.1.1　时变VTEC

单独考虑VTEC时变的因素，则式(3.7)可简化为

$$\mathrm{TEC_S}(\eta;P;r_x,r_y)=\mathrm{TEC_V}(\eta)\cdot\sec(\theta_i)\approx\overline{\mathrm{TEC}}_\mathrm{S}+k'_1\eta+k'_2\eta^2+k'_3\eta^3 \tag{3.8}$$

式中：k'_1,k'_2,k'_3 为由VTEC时变因素导致的时变STEC各阶系数。

这里利用中国电波传播研究所提供的两组实测VTEC数据，单独分析时变VTEC因素。两组数据分别于2001年12月15日和2007年12月15日在海口地区测得，数据采样间隔为300s，可以通过插值得到采样间隔为1s的数据。不妨设置一个100s的滑动窗，每次滑动取窗内的VTEC数据，并通过多项式拟合得到时变VTEC的常量、一阶、二阶、三阶系数，拟合结果如图3.6所示。由于2001年为太阳极大值年份，因此从整体来看，该年VTEC常量以及各阶系数相比于极小值年份的2007年具有更大的值。根据图3.6(b)、图3.6(c)和图3.6(d)，并结合现有文献中关于时变背景电离层的描述[7-9]，通常认为时变VTEC一阶、二阶、三阶系数绝对值一般不会超过0.005TECU/s、5×10^{-6} TECU/s^2、5×10^{-9} TECU/s^3。考虑到入射角小于60°的情况，那么时变背景电离层导致的STEC一阶、二阶、三阶系数(k'_1,k'_2,k'_3)的绝对值一般不会超过0.01TECU/s、1×10^{-5} TECU/s^2、1×10^{-8} TECU/s^3。

3.2.1.2　空变VTEC

星载SAR合成孔径在背景电离层高度的投影通常在几千米至几十千米量级，因此中尺度的背景电离层空间分布在星载SAR合成孔径内主要表现为VTEC的线性变化[10]，进而导致孔径内STEC随方位时间的线性变化。单独考虑VTEC空变的因素，则式(3.7)可简化为

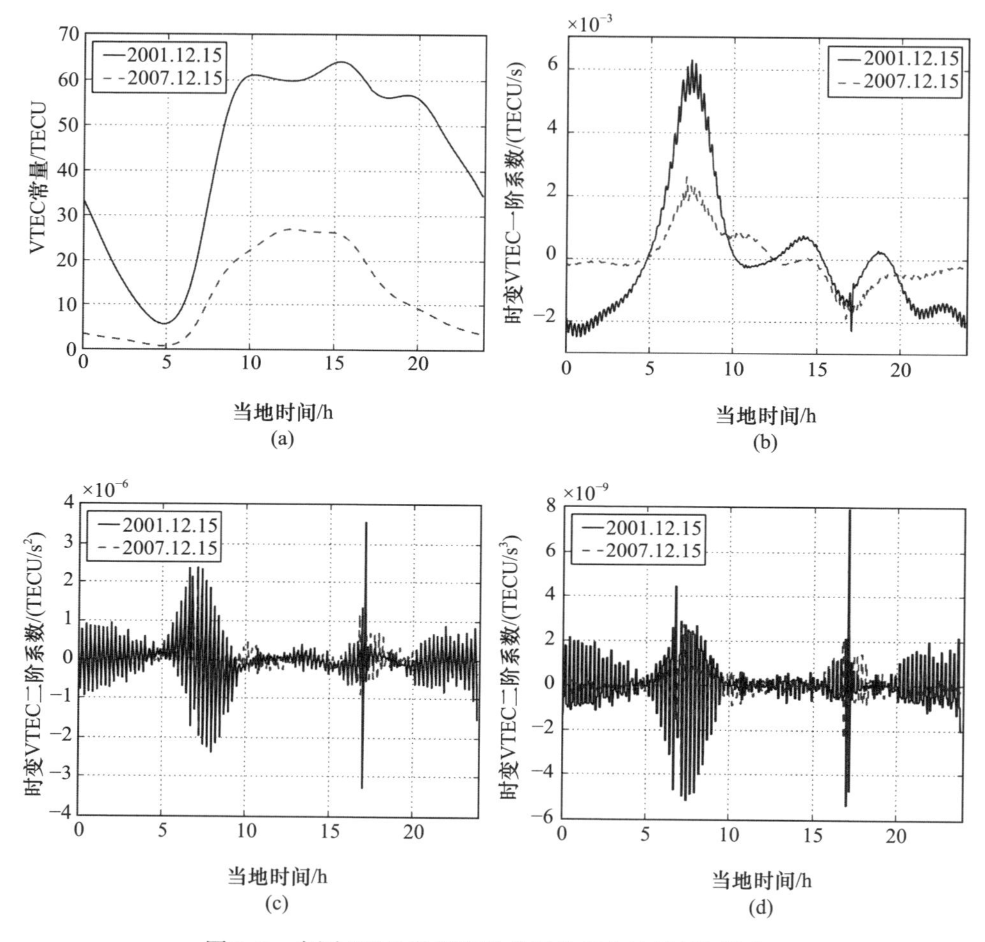

图 3.6 实测 VTEC 数据各阶分量的拟合结果(见彩图)

(a)VTEC 常量;(b)VTEC 一阶系数;(c)VTEC 二阶系数;(d)VTEC 三阶系数。

$$\mathrm{TEC_S}(\eta;P;r_x,r_y)=\mathrm{TEC_V}(P;r_x,r_y)\cdot\sec(\theta_\mathrm{i})\approx\overline{\mathrm{TEC_S}}+k''_1\eta \tag{3.9}$$

$$k''_1=\frac{\nabla\mathrm{TEC_V}}{\cos\theta_\mathrm{i}}\cdot v_\mathrm{bi}=\frac{\nabla\mathrm{TEC_V}}{\cos\theta_\mathrm{i}}\cdot\frac{L_\mathrm{bi}}{T_\mathrm{a}} \tag{3.10}$$

式中:k''_1 为由 VTEC 空变因素导致的时变 STEC 一阶系数;$\nabla\mathrm{TEC_V}$ 为 VTEC 的空间梯度;v_bi为孔径内背景电离层穿刺点的速度;L_bi为合成孔径在背景电离层高度的投影;T_a 为合成孔径时间。

图 3.7 给出了基于 IRI 模型得到的 VTEC 二维空间分布,输入时间为 2001 年 12 月 15 日 17 时,该区域位于 13.8°N ~ 22.8°N、104.6°E ~ 114.0°E,图中

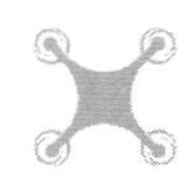

VTEC极小值为44.5 TECU、极大值为61.2 TECU，且两者位置相距大约1200km，由此可知$\nabla \mathrm{TEC}_{\mathrm{V}}$达0.014TECU/km。对于低轨SAR（轨道高度700km）来说，取θ_{i}为60°的远端波位情况，v_{bi}通常为3.5km/s，故k''_1极大值约0.1TECU/s；对于中轨情况（轨道高度7000km），v_{bi}约0.2km/s，故k''_1极大值约0.005TECU/s；对于GEO SAR情况，v_{bi}仅30m/s，k''_1极大值小于10^{-3} TECU/s。由此可见，该因素需要在低轨情况下考虑，而在中高轨情况下通常可以忽略。

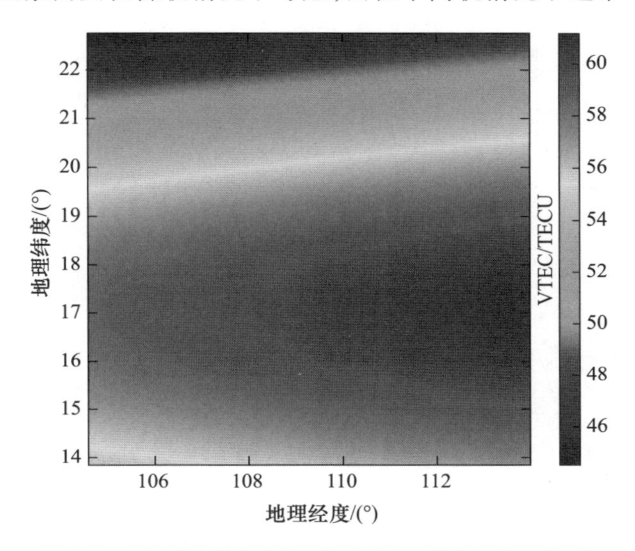

图3.7 IRI给出的局部区域VTEC二维分布（见彩图）

3.2.1.3 传播路径变化

这里不考虑VTEC的时空变效应，仅考虑传播路径变化，则该因素导致的时变STEC可以近似表示为

$$\mathrm{TEC}_{\mathrm{S}}(\eta) \approx \overline{\mathrm{TEC}}_{\mathrm{V}} \cdot \frac{\sqrt{R_{\mathrm{i}}^2 + v_{\mathrm{bi}}^2 \eta^2}}{H_{\mathrm{i}}} \approx \frac{\overline{\mathrm{TEC}}_{\mathrm{V}} R_{\mathrm{i}}}{H_{\mathrm{i}}} + \underbrace{\frac{\overline{\mathrm{TEC}}_{\mathrm{V}} \cdot v_{\mathrm{bi}}^2}{2R_{\mathrm{i}}H_{\mathrm{i}}}}_{k''_2}\eta^2 \tag{3.11}$$

式中：$\overline{\mathrm{TEC}}_{\mathrm{V}}$为VTEC常量；$R_{\mathrm{i}}$为中心时刻背景电离层穿刺点到目标的距离。

根据式（3.11），传播路径变化会引入STEC二阶时变分量k''_2，k''_2主要与$\overline{\mathrm{TEC}}_{\mathrm{V}}$、轨道高度以及入射角等参数有关。如图3.8所示，给出了k''_2随$\overline{\mathrm{TEC}}_{\mathrm{V}}$以及轨道高度的变化曲线，中心入射角设置为30°。由图可见，轨道高度越低，$\overline{\mathrm{TEC}}_{\mathrm{V}}$越大，对应的$k''_2$越大。在低轨情况下，$k''_2$可达$10^{-3}$ TECU/s^2量级；在高轨情况下，k''_2通常小于3×10^{-7} TECU/s^2。

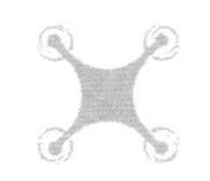

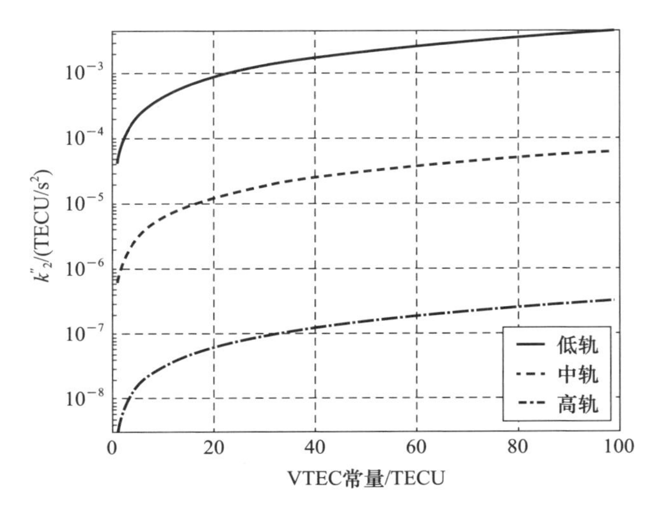

图 3.8 传播路径变化引入的 STEC 二阶时变分量

3.2.2 方位向泰勒展开模型

基于式(3.7)中时变 STEC 的三阶多项式,接下来的推导就能够有效地将上述三个具体因素统一起来。由于本节研究方位向成像性能,因此可以忽略电离层相位误差对距离频率的依赖性,进一步给出方位时域信号的表达式,即

$$H_{\mathrm{a}}(\eta;P)=w_{\mathrm{a}}(\eta-\eta_P)\exp\left\{\frac{-\mathrm{j}4\pi f_{\mathrm{c}}}{c}\left[R_P(\eta)-\frac{K_\phi\cdot\mathrm{TEC_S}(\eta;P;r_x,r_y)}{f_{\mathrm{c}}^2}\right]\right\}\tag{3.12}$$

$$R_P(\eta)=R_0+p_1\eta+p_2\eta^2+p_3\eta^3\tag{3.13}$$

式中:R_0 为中心斜距;p_1、p_2、p_3 分别为距离历程关于方位时间的一阶、二阶、三阶系数。

根据驻定相位原理[11],可以求得多普勒频率的三阶驻相解,即

$$\eta=-\frac{c\left(f_\eta+\frac{2f_{\mathrm{c}}q_1}{c}\right)}{4f_{\mathrm{c}}q_2}-\frac{3c^2q_3\left(f_\eta+\frac{2f_{\mathrm{c}}q_1}{c}\right)^2}{32f_{\mathrm{c}}^2q_2^3}-\frac{9c^3q_3^2\left(f_\eta+\frac{2f_{\mathrm{c}}q_1}{c}\right)^3}{128f_{\mathrm{c}}^3q_2^5}\tag{3.14}$$

$$q_n=p_n-K_\phi\cdot k_n/f_{\mathrm{c}}^2,n=1,2,3$$

将式(3.14)代入式(3.12)的指数项,去除零阶项后的方位压缩相位有

$$\phi_{\mathrm{ac}}=\underbrace{\left(\frac{\pi q_1}{q_2}+\frac{3\pi q_1^2q_3}{4q_2^3}\right)f_\eta}_{\phi_{\mathrm{a1}}(f_\eta)}+\underbrace{\left(\frac{\pi c}{4f_{\mathrm{c}}q_2}+\frac{3\pi cq_1q_3}{8f_{\mathrm{c}}q_2^3}\right)f_\eta^2}_{\phi_{\mathrm{a2}}(f_\eta)}+\underbrace{\frac{\pi c^2q_3}{16f_{\mathrm{c}}^2q_2^3}}_{\phi_{\mathrm{a3}}(f_\eta)}f_\eta^3\tag{3.15}$$

由此可见,k_1、k_2、k_3 的存在改变了方位压缩相位,从而造成方位向一次、二次、三次相位误差。为便于后期数值计算与分析,在推导方位向偏移、QPE 和

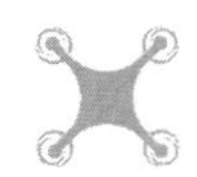

CPE 时，可以忽略 $1/q_2$ 高阶项对相位误差的贡献，并且取 $1/q_2 \approx 1/p_2$、$1/q_2^3 \approx 1/p_2^3$，因此由一次相位误差导致的方位向偏移可以表示为

$$\Delta l_{\mathrm{a}} = -\left[\left(\frac{\pi q_1}{q_2}+\frac{3\pi q_1^2 q_3}{4q_2^3}\right)-\left(\frac{\pi p_1}{p_2}+\frac{3\pi p_1^2 p_3}{4p_2^3}\right)\right]\cdot\frac{v_{\mathrm{g}}}{2\pi}\approx\frac{K_\phi v_{\mathrm{g}}}{2f_{\mathrm{c}}^2 p_2}\cdot k_1 \tag{3.16}$$

式中：v_{g} 为 SAR 卫星波束中心扫过地面的速度，即地速。在条带模式下，方位设计分辨率（不加窗）可以表示为 $\rho_{\mathrm{a}} = 0.886v_{\mathrm{g}}/B_{\mathrm{a}}$，其中 $B_{\mathrm{a}} = K_{\mathrm{a}}T_{\mathrm{a}}$ 为多普勒带宽，$K_{\mathrm{a}} = 4f_{\mathrm{c}}p_2/c$ 为表示多普勒调频率。故方位向偏移可进一步推导为

$$\Delta l_{\mathrm{a}} = \frac{2K_\phi \rho_{\mathrm{a}} T_{\mathrm{a}}}{0.886cf_{\mathrm{c}}}k_1 \tag{3.17}$$

与距离向推导类似，计算多普勒带宽边缘与中心的相位误差之差值，可分别得到方位向 QPE 和 CPE 表达式，即

$$\mathrm{QPE}_{\mathrm{a}} \approx \left|\frac{\pi c}{4f_{\mathrm{c}}q_2}-\frac{\pi c}{4f_{\mathrm{c}}p_2}\right|\frac{B_{\mathrm{a}}^2}{4}\approx\frac{\pi cK_\phi K_{\mathrm{a}}^2 T_{\mathrm{a}}^2}{16f_{\mathrm{c}}^3 p_2^2}|k_2| = \frac{\pi K_\phi T_{\mathrm{a}}^2}{cf_{\mathrm{c}}}|k_2| \tag{3.18}$$

$$\mathrm{CPE}_{\mathrm{a}} \approx \left|\frac{\pi c^2 q_3}{16f_{\mathrm{c}}^2 p_2^3}-\frac{\pi c^2 p_3}{16f_{\mathrm{c}}^2 p_2^3}\right|\frac{B_{\mathrm{a}}^3}{8}\approx\frac{\pi c^2 K_\phi K_{\mathrm{a}}^3 T_{\mathrm{a}}^3}{128f_{\mathrm{c}}^4 p_2^3}|k_3| = \frac{\pi K_\phi T_{\mathrm{a}}^3}{2cf_{\mathrm{c}}}|k_3| \tag{3.19}$$

根据式(3.18)和式(3.19)，方位向 QPE 和 CPE 都依赖于中心频率以及合成孔径时间，并且分别与 $|k_2|$、$|k_3|$ 成正比。

3.2.3　数值计算与分析

3.2.3.1　合成孔径时间

由于时变 STEC 导致的方位向 QPE、CPE 均与合成孔径时间有关，因此这里进一步研究不同星载 SAR 系统的合成孔径时间，而合成孔径时间可严格定义为[12]

$$T_{\mathrm{a}} = \eta_{\mathrm{end}} - \eta_{\mathrm{start}} \tag{3.20}$$

式中：η_{start}，η_{end} 分别为 3dB 波束开始和结束照射目标的时刻。

在低轨情况以及中高轨的某些轨道位置，合成孔径时间也可以近似表示为

$$T_{\mathrm{a}} = \frac{L_{\mathrm{syn}}}{v_{\mathrm{s}}}\approx\frac{R_0\theta_{\mathrm{syn}}}{v_{\mathrm{s}}}=\frac{0.886cR_0}{2f_{\mathrm{c}}\rho_{\mathrm{a}}v_{\mathrm{s}}} \tag{3.21}$$

式中：$\theta_{\mathrm{syn}} = 0.886c/2f_{\mathrm{c}}\rho_{\mathrm{a}}$ 为合成孔径角；v_{s} 为地心固连坐标系下的卫星速度。

由于轨道越高，中心斜距 R_0 越大、星速 v_{s} 越小，那么合成孔径时间与轨道高度呈正相关关系，方位向偏移还与地面入射角有关，并且与 k_1 成正比、与中心频率平方成反比。另外，对于 GEOSAR 的大多数轨道位置，由于地球自转效应的凸显，合成孔径时间在不同纬度幅角位置上有一定差异[12]，而式(3.21)不再适用。

基于式(3.21)，图 3.9(a)给出了不同波段、不同轨道高度、不同方位设计分

辨率情况下的合成孔径时间,入射角统一设置设为30°,方位分辨率变化范围为0.5~10m,GEOSAR的轨道参数参照表2.4,中轨SAR轨道高度为7000km,其余参数与GEOSAR一致。对于P波段低轨SAR系统,0.5m、1m、2m的方位设计分辨率对应合成孔径时间分别约为55s、28s、14s;对于现有L波段低轨SAR高分辨模式,即PALSAR-2的聚束模式,方位分辨率为1m,对应合成孔径时间约10s。在给定中心频率和方位分辨率情况下,轨道越高,合成孔径时间越长,GEOSAR的合成孔径时间可达几百甚至上千秒。基于式(3.20),图3.9(b)进一步给出了不同波段GEOSAR合成孔径时间随纬度幅角的变化曲线。可见,在纬度幅角为90°附近,合成孔径时间突然增大,主要因为此时卫星与地面的相对速度很小。

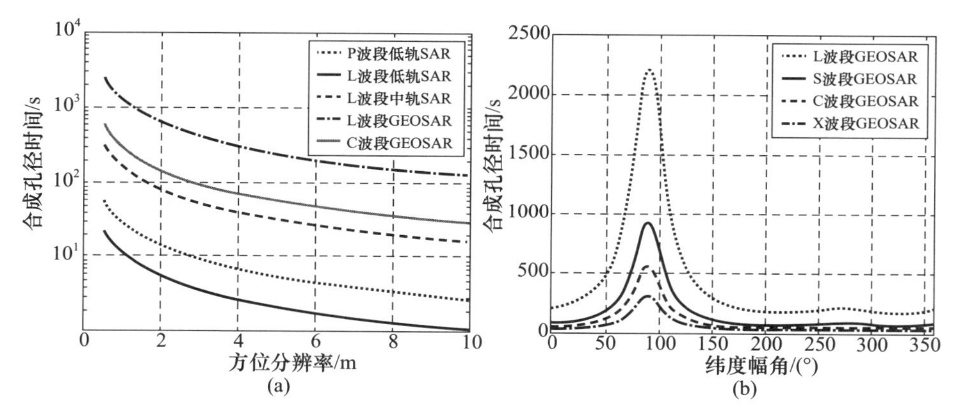

图3.9 不同星载SAR系统的合成孔径时间

(a)与方位分辨率的关系;(b)与纬度幅角的关系。

3.2.3.2 阈值计算

进一步考察不同星载SAR系统对时变STEC各阶系数的容忍度,即STEC各阶系数阈值。通常认为,当偏移量小于一个分辨单元时,就可以忽略偏移的影响,因此令$|\Delta l_{\mathrm{a}}|=\rho_{\mathrm{a}}$,$\mathrm{QPE_a}=45°$,$\mathrm{CPE_a}=22.5°$,分别计算不同中心频率、合成孔径时间情况下的时变STEC各阶系数阈值,如图3.10所示。由图可见,中心频率越低、合成孔径时间越长,对应的$|k_1|$、$|k_2|$、$|k_3|$的阈值越小,则意味着系统方位向成像越容易受到时变STEC的影响。

表3.3给出了不同星载SAR系统的时变STEC各阶系数阈值值,下面的分析需要对照3.2.1节中的结论。对于表3.3中所列举的两种低轨P波段SAR系统,空变VTEC对应的k''_1可能会超过$|k_1|$阈值,从而导致超过一个分辨单元的方位偏移,而传播路径变化引起的k''_2可能会导致明显的方位向散焦。对于PALSAR-2聚束模式,在较大的k''_1、k''_2情况下,同样需要考虑空变VTEC和传播路径变

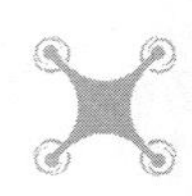

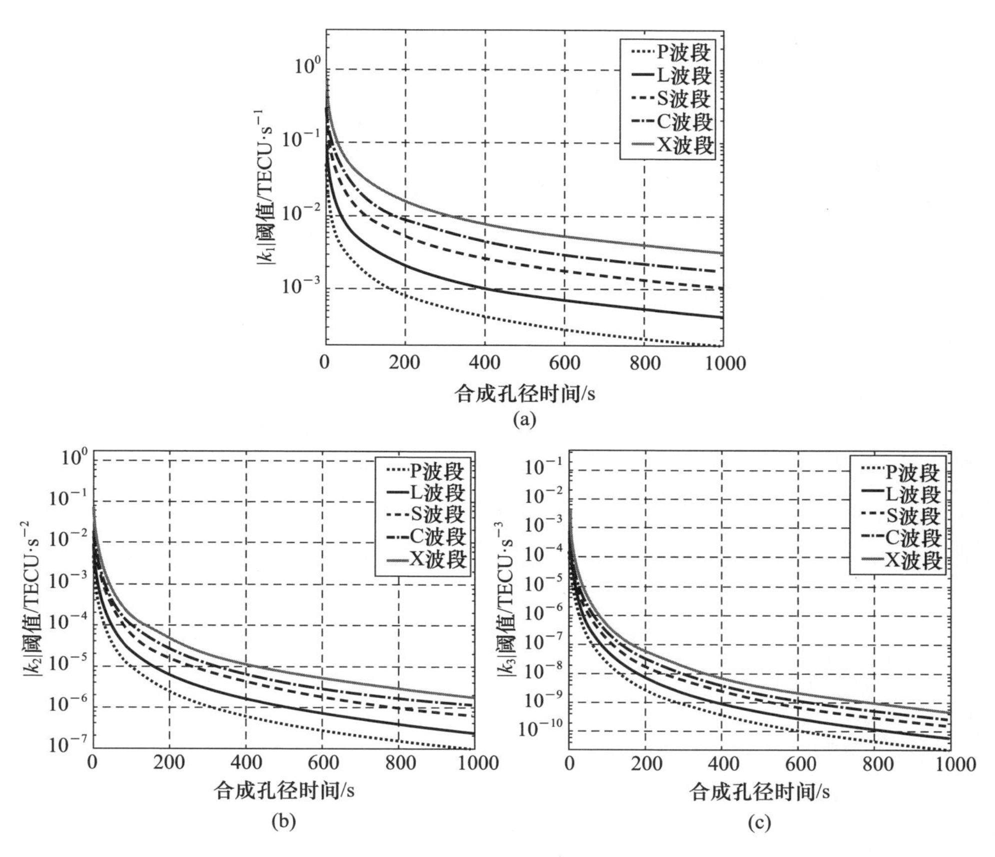

图3.10 时变STEC各阶分量阈值曲线

(a) $|k_1|$阈值曲线;(b) $|k_2|$阈值曲线;(c) $|k_3|$阈值曲线。

化的影响。对于L波段中轨系统,仅需考虑时变VTEC引入的方位向偏移。而对于L波段GEOSAR,时变VTEC引入的k'_1、k'_2、k'_3均有可能使STEC各阶系数超过对应的阈值值,从而造成显著的方位向偏移和散焦,而空变VTEC以及传播路径变化的影响基本可以忽略。

表3.3 不同星载SAR系统的时变STEC各阶系数阈值

参数	P-SAR[1]	P-SAR[2]	PALSAR-2	中轨	高轨[1]	高轨[2]
中心频率/GHz	0.5	0.5	1.27	1.25	1.25	1.25
方位分辨率/m	4.96	1.98	≈1	2.10	6.30	2.10
轨道高度/km	700	700	636	7000	35793	35793
合成孔径时间/s	5.65	14.11	≈10	75	200	600
$|k_1|$阈值/(TECU/s)	2.9×10^{-2}	1.2×10^{-2}	4.2×10^{-2}	5.6×10^{-3}	2.1×10^{-3}	7.0×10^{-4}

续表

参数	P-SAR[1]	P-SAR[2]	PALSAR-2	中轨	高轨[1]	高轨[2]
$\lvert k_2 \rvert$阈值/(TECU/s²)	3.0×10^{-3}	4.7×10^{-4}	2.3×10^{-3}	4.2×10^{-5}	5.9×10^{-6}	6.6×10^{-7}
$\lvert k_3 \rvert$阈值/(TECU/s³)	1.3×10^{-4}	8.3×10^{-6}	5.9×10^{-5}	1.4×10^{-7}	7.4×10^{-9}	2.7×10^{-10}
注:P-SAR 为 P 波段星载 SAR 系统,高轨为 GEOSAR 系统,表中上标用于区分分辨率						

3.2.4 方位向成像性能分析

进一步探讨时空变背景电离层对不同星载 SAR 方位向成像性能的影响,这里主要涉及表 3.3 中的星载 P 波段 SAR 以及 L 波段 GEOSAR 系统。首先,利用图 3.6 中 2001 年 12 月 15 日海口地区的实测时变 VTEC 数据,取当地时间上午 9 点为中心时刻,时间跨度为对应系统的合成孔径时间;另外,背景电离层穿刺点路径上的∇TEC_V 设为 0.01TECU/km。结合不同系统,表 3.4 给出了各因素导致的时变 STEC 各阶系数值。对于低轨 P 波段系统,k_1、k_2 主要来源于 k''_1、k''_2;而对于 GEOSAR 系统,k_1、k_2、k_3 主要来源于 k'_1、k'_2、k'_3。

表 3.4 各因素导致的时变 STEC 各阶系数值

P-SAR	k'_1/(TECU·s⁻¹)	k'_2/(TECU·s⁻²)	k'_3/(TECU·s⁻³)	k''_1/(TECU·s⁻¹)	k''_2/(TECU·s⁻²)
	6.3×10^{-3}	-2.8×10^{-6}	-1.3×10^{-9}	3.3×10^{-2}	2.1×10^{-3}
	TEC_V/TECU	TEC_S/TECU	k_1/(TECU·s⁻¹)	k_2/(TECU·s⁻²)	k_3/(TECU·s⁻³)
	42.9	49.1	3.9×10^{-2}	2.1×10^{-3}	2.6×10^{-7}
高轨	k'_1/(TECU·s⁻¹)	k'_2/(TECU·s⁻²)	k'_3/(TECU·s⁻³)	k''_1/(TECU·s⁻¹)	k''_2/(TECU·s⁻²)
	6.2×10^{-3}	-2.6×10^{-6}	-1.3×10^{-9}	2.6×10^{-4}	1.7×10^{-7}
	TEC_V/TECU	TEC_S/TECU	k_1/(TECU·s⁻¹)	k_2/(TECU·s⁻²)	k_3/(TECU·s⁻³)
	42.9	49.1	6.5×10^{-3}	-2.4×10^{-6}	-1.2×10^{-9}

图 3.11 给出了时变 STEC 影响下不同星载 SAR 的方位向剖面,表 3.5 列出了不同系统对应方位向成像性能指标。对于 P 波段低轨 SAR,理论方位偏移值为 6.65m,5m、2m 的方位分辨率对应的方位向 QPE 分别为 32.40°、202.09°;对于 L 波段高轨 SAR,理论方位偏移值为 19.8m,200s、600s 的合成孔径时间对应的方位向 QPE 分别为 18.6°、167.0°,方位向 CPE 分别为 0.9°、25.1°。进一步与仿真结果相对照,其中:5m 分辨率 P 波段 SAR 和 200s 合成孔径时间的 L 波段 GEOSAR 方位向聚焦性能保持较好;而 2m 分辨率 P 波段 SAR 和 600s 合成孔径时间的 L 波段 GEOSAR 出现了较为严重的方位向散焦,前者主要表现为主瓣展宽、峰值能量损失,后者主要表现为旁瓣抬升以及高低旁瓣特征。另外,方位偏移与理论计算值基本一致,进一步验证了理论分析模型的有效性。

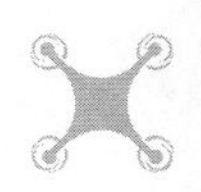

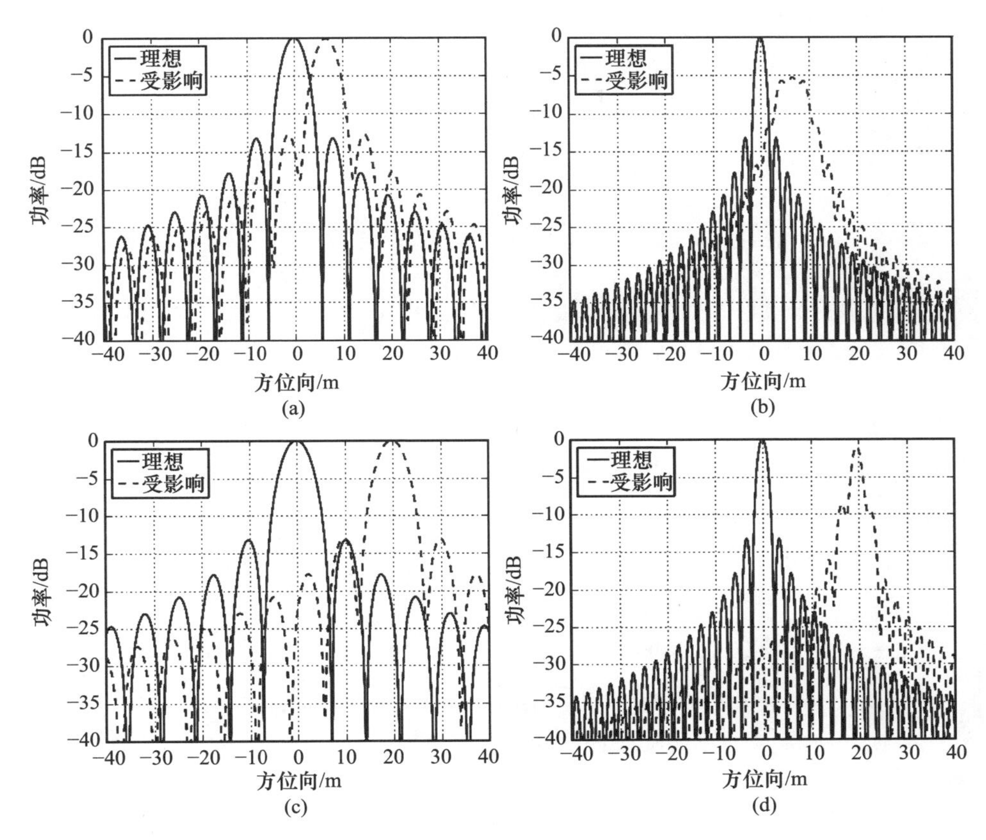

图3.11　时变STEC影响下不同星载SAR的方位向剖面

(a)P－SAR[1]；(b)P－SAR[2]；(c)高轨[1]；(b)高轨[2]。

表3.5　时变STEC影响下不同星载SAR的方位向剖面指标

指标	方位分辨率/m	展宽系数	PSLR /dB	ISLR /dB	峰值功率损失/dB	方位偏移/m
P－SAR[1]	4.99	1.01	－12.58	－9.04	0.13	6.67
P－SAR[2]	6.81	3.44	－6.13	－7.15	5.34	6.64
高轨[1]	6.30	1.02	－13.01	－9.52	0.03	19.82
高轨[2]	2.20	1.05	－7.59	－5.59	1.03	19.65

综上所述，对于低轨、低波段SAR系统，由于合成孔径时间短、星速大，空变VTEC和传播路径变化是导致时变STEC的主要因素，将分别引入时变STEC一阶和二阶分量；随着轨道的升高，合成孔径时间变长、星速变小，特别对于GEO-SAR系统，时变VTEC成为导致时变STEC的主要因素，将引入时变STEC一阶、

二阶和三阶分量,导致方位向偏移和散焦。随着合成孔径时间的增大,无论是星载 P 波段 SAR 还是 L 波段 GEOSAR,它们的方位向聚焦性能将不可避免地受到时空变背景电离层的影响,因此必须在系统设计或后端信号处理环节加以考虑。

3.3 背景电离层 FR 色散效应对星载 PolSAR 的影响

根据文献记载[13],孔径内时变 FRA 导致的方位向成像误差和极化测量误差对于绝大多数系统而言均可以忽略,故本节仅需考虑随距离频率变化的 FRA 对距离向成像以及极化测量的影响,则式(2.97)中的冲激响应函数可简化为

$$\boldsymbol{H}_{\mathrm{pq}}(f_\tau,\eta;P)=\boldsymbol{RF}(f_\tau)\boldsymbol{I}_{\mathrm{pq}}\boldsymbol{F}(f_\tau)\boldsymbol{FT}\cdot h_0(f_\tau,\eta;P) \tag{3.22}$$

式中:

$$\begin{aligned}\boldsymbol{F}(f_\tau)&=\begin{bmatrix}\cos\Omega(f_\tau) & \sin\Omega(f_\tau)\\ -\sin\Omega(f_\tau) & \cos\Omega(f_\tau)\end{bmatrix}\\ &=\begin{bmatrix}\cos(K_\Omega B\cos\Theta\cdot\overline{\mathrm{TEC}}_{\mathrm{S}}/f_\tau^2) & \sin(K_\Omega B\cos\Theta\cdot\overline{\mathrm{TEC}}_{\mathrm{S}}/f_\tau^2)\\ -\sin(K_\Omega B\cos\Theta\cdot\overline{\mathrm{TEC}}_{\mathrm{S}}/f_\tau^2) & \cos(K_\Omega B\cos\Theta\cdot\overline{\mathrm{TEC}}_{\mathrm{S}}/f_\tau^2)\end{bmatrix}\end{aligned} \tag{3.23}$$

式中:$\Omega(f_\tau)$为信号带宽内随距离频率变化的 FRA。如图 3.12 所示,随着载频下降、信号带宽的增加,特别是针对星载 P 波段宽带或超宽带 SAR 系统,背景电离层 FR 效应色散特征更加明显[14],其影响必须进行针对性的理论建模和分析讨论。

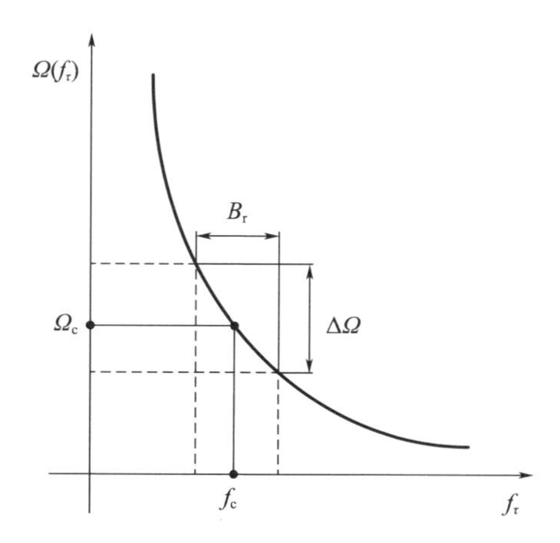

图 3.12 信号带宽内随距离频率变化的 FRA 示意

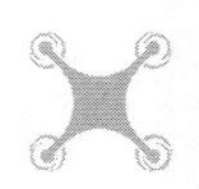

3.3.1　FR色散效应信号模型

首先令 $\Omega(f_\tau)=\Delta\Omega(f_\tau)+\Omega_c$，其中 $\Delta\Omega(f_\tau)$ 为FRA随距离频率变化的部分，Ω_c 为中心频率 f_c 对应的FRA，则式(3.23)可以重写为

$$\boldsymbol{F}(f_\tau)=\cos[\Delta\Omega(f_\tau)]\cdot\boldsymbol{F}_c+\sin[\Delta\Omega(f_\tau)]\cdot\boldsymbol{UF}_c \tag{3.24}$$

$$\boldsymbol{U}=\begin{bmatrix}0 & 1\\ -1 & 0\end{bmatrix} \tag{3.25}$$

式中：$\boldsymbol{F}_c$ 为 Ω_c 对应的FR矩阵；$\boldsymbol{U}$ 为矩阵。

那么，式(3.22)中极化误差矩阵就可以表示为[14-16]

$$\boldsymbol{M}_{pq}(f_\tau)=\boldsymbol{RF}(f_\tau)\boldsymbol{I}_{pq}\boldsymbol{F}(f_\tau)\boldsymbol{T}=\boldsymbol{RF}_c\boldsymbol{I}'_{pq}\boldsymbol{F}_c\boldsymbol{T} \tag{3.26}$$

式中：

$$\boldsymbol{I}'_{pq}=\Lambda_0\cdot\boldsymbol{I}_{pq}+\Lambda_1\cdot(\boldsymbol{I}_{pq}\boldsymbol{U}+\boldsymbol{UI}_{pq})+\Lambda_2\cdot\boldsymbol{UI}_{pq}\boldsymbol{U} \tag{3.27}$$

$$\Lambda_0=\cos^2[\Delta\Omega(f_\tau)],\Lambda_1=\frac{1}{2}\sin[2\Delta\Omega(f_\tau)],\Lambda_2=\sin^2[\Delta\Omega(f_\tau)] \tag{3.28}$$

为了探讨背景电离层FR色散效应对星载PolSAR距离向成像的影响，进一步给出距离向信号的脉冲压缩形式，即

$$\boldsymbol{H}_{rc,pq}(\tau)=\int_{-\infty}^{\infty}\boldsymbol{RF}(f_\tau)\boldsymbol{I}_{pq}\boldsymbol{F}(f_\tau)\boldsymbol{T}\cdot|s_0(f_\tau)|^2\cdot\exp(j2\pi f_\tau\tau)\mathrm{d}f_\tau \tag{3.29}$$

式中：$s_0(f_\tau)$ 为发射脉冲调频信号的频谱形式。将式(3.26)~式(3.28)代入式(3.29)中，则有

$$\boldsymbol{H}_{rc,pq}(\tau)=\sum_{i=0,1,2}s'_{i,rc}(\tau)\cdot\boldsymbol{RF}_c\boldsymbol{I}'_{i,pq}\boldsymbol{F}_c\boldsymbol{T} \tag{3.30}$$

式中：

$$s'_{i,rc}(\tau)=\int_{-\infty}^{\infty}\Lambda_i\cdot|s_0(f_\tau)|^2\cdot\exp(j2\pi f_\tau\tau)\mathrm{d}f_\tau \tag{3.31}$$

$$\begin{cases}\boldsymbol{I}'_{0,pq}=\boldsymbol{I}_{pq}\\ \boldsymbol{I}'_{1,pq}=\boldsymbol{UI}_{pq}+\boldsymbol{I}_{pq}\boldsymbol{U}\\ \boldsymbol{I}'_{2,pq}=\boldsymbol{UI}_{pq}\boldsymbol{U}\end{cases} \tag{3.32}$$

式(3.30)意味着，在FR色散效应的影响下，距离向脉冲压缩结果存在三个响应，即主响应 $s'_{0,rc}(\tau)$、第一副响应 $s'_{1,rc}(\tau)$ 和第二副响应 $s'_{2,rc}(\tau)$。当 $\Delta\Omega(f_\tau)\to0$ 时，$s'_{0,rc}(\tau)$ 近似为理想sinc函数，且有 $s'_{1,rc}(\tau)\to0$、$s'_{2,rc}(\tau)\to0$。值得注意的是，Λ_0 对主响应的影响类似于距离频域的加窗操作。

结合式(2.96)，FR色散效应影响下的极化测量矩阵 $\boldsymbol{M}$ 可表示为

$$\boldsymbol{M}=\boldsymbol{RF}_c\boldsymbol{S}'\boldsymbol{F}_c\boldsymbol{T}+\boldsymbol{N} \tag{3.33}$$

式中：$\boldsymbol{S}'$ 为FR色散效应影响下的虚假极化散射矩阵；

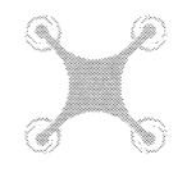

$$\boldsymbol{S}' = Y_0\left[\boldsymbol{S} + \frac{Y_1}{Y_0}\cdot(\boldsymbol{SU}+\boldsymbol{US}) + \frac{Y_2}{Y_0}\cdot\boldsymbol{USU}\right] \tag{3.34}$$

式中：

$$\begin{cases} Y_0 = s'_{0,\mathrm{rc}}(\tau_c) \\ Y_1 = s'_{1,\mathrm{rc}}(\tau_c) \\ Y_2 = s'_{2,\mathrm{rc}}(\tau_c) \end{cases} \tag{3.35}$$

式中：τ_c 为距离向中心时刻。

式(3.34)可展开为

$$\begin{cases} S'_{\mathrm{hh}} = Y_0S_{\mathrm{hh}} - Y_2S_{\mathrm{vv}},\ S'_{\mathrm{hv}} = Y_0S_{\mathrm{hv}} + Y_1(S_{\mathrm{hh}}+S_{\mathrm{vv}}) + Y_2S_{\mathrm{vh}} \\ S'_{\mathrm{vh}} = Y_0S_{\mathrm{vh}} - Y_1(S_{\mathrm{hh}}+S_{\mathrm{vv}}) + Y_2S_{\mathrm{hv}},\ S'_{\mathrm{vv}} = Y_0S_{\mathrm{vv}} - Y_2S_{\mathrm{hh}} \end{cases} \tag{3.36}$$

同样当 $\Delta\Omega(f_\tau)\to 0$ 时，$Y_1/Y_0\to 0$，$Y_2/Y_0\to 0$，则有

$$\boldsymbol{M}\to\boldsymbol{RF}_c\boldsymbol{SF}_c\boldsymbol{T}+\boldsymbol{N} \tag{3.37}$$

3.3.2 仿真分析与验证

3.3.2.1 距离向脉冲压缩响应

根据国内外权威文献报道[17-19]，在太阳活动极大值年份，L 波段(1.25GHz)对应单程 FRA 可达到 40°，而 P 波段(435MHz)对应单程 FRA 可达到 321°，因此对于中心频率为 500MHz 的 P 波段系统，单程 FRA 可接近 250°。

首先给出 BIOMASS 以及 PALSAR-2(全极化模式最大带宽为 42MHz)对应的距离向脉冲压缩响应，单程 FRA 分别设置为 321°和 40°，如图 3.13 所示。由图可见，受 FR 色散效应的影响，两种系统的主响应与理想 sinc 函数一致，第一副响应出现了双主瓣或主瓣分裂的现象，第二副响应的旁瓣明显抬升。通常认

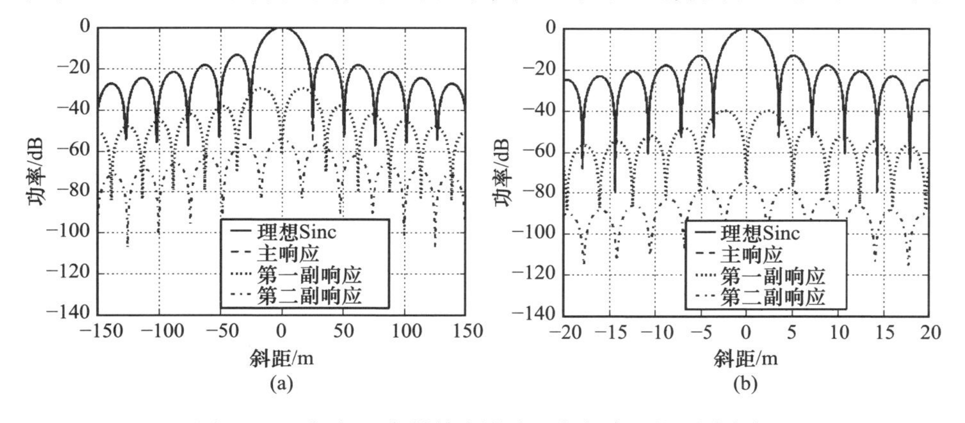

图 3.13 受到 FR 色散效应影响距离向脉压的不同响应

(a) BIOMASS；(b) PALSAR-2。

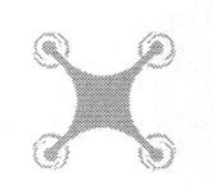

为，当第一副响应、第二副响应峰值能量相比于主响应峰值小于 –20dB 时，则可以忽略 FR 色散效应的影响。而对于 BIOMASS 以及 PALSAR –2 这两种系统，第一副响应对应的峰值功率都小于 –29dB，第二副响应对应的峰值功率都小于 –54dB，因此第一副响应、第二副响应对整体响应的贡献是微不足道的，即认为 FR 色散效应对距离向成像的影响可以忽略。

进一步探讨 FR 色散效应对星载 P 波段（中心频率为 500MHz）SAR 距离向成像的影响，这里分别给出系统带宽为 56MHz、135MHz 对应的情况（在入射角 30°的情况下，地距分辨率分别优于 5m、2m），单程 FRA 设为 100°、250°，如图 3.14所示。

对于 56MHz 的系统带宽，图 3.14（a）中 $\Omega_c = 100°$情况对应的第一副响应、第二副响应峰值功率分别为 –21.5dB、–37.9dB，此时的 FR 色散效应可以忽略；图 3.14（b）中 $\Omega_c = 250°$情况对应的第一副响应、第二副响应峰值功率分别为

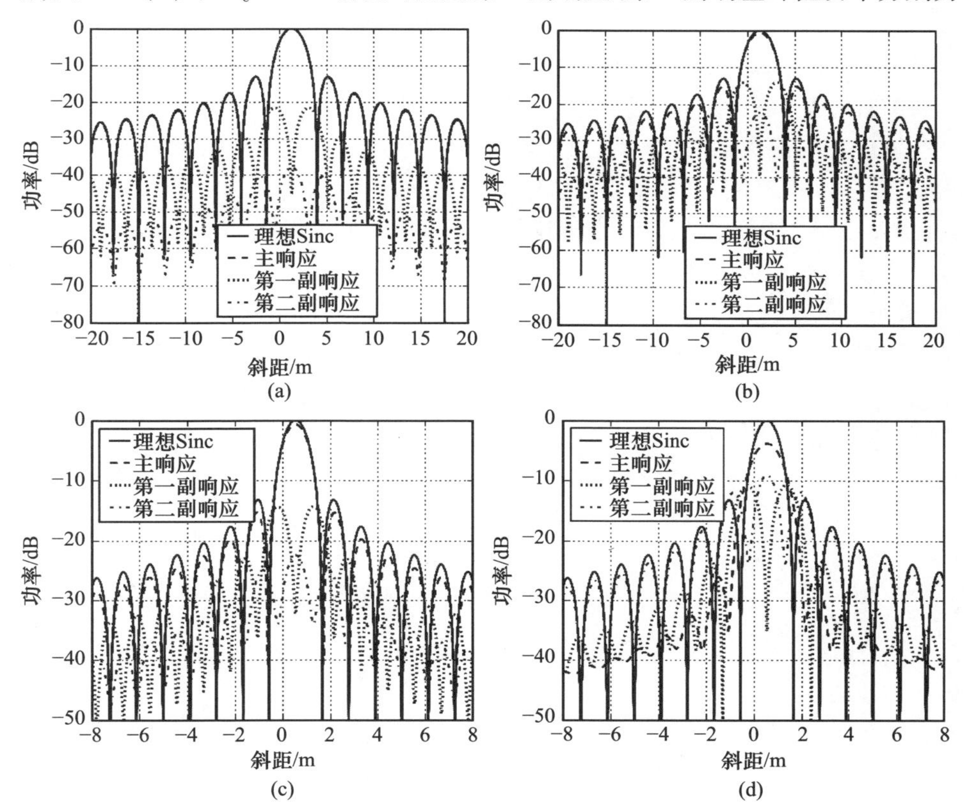

图 3.14　受到 FR 色散效应影响星载 P 波段 SAR 的距离脉压响应

（a）$\Omega_c = 100°$，$B_r = 56$MHz；（b）$\Omega_c = 250°$，$B_r = 56$MHz；

（c）$\Omega_c = 100°$，$B_r = 135$MHz；（d）$\Omega_c = 250°$，$B_r = 135$MHz。

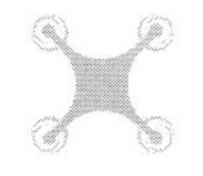

-14.2dB、-22.3dB，主响应峰值功率损失约0.7dB，此时第一副响应的双主瓣将会在最终的距离向脉压结果中表现为额外的旁瓣，其能量与主响应第一旁瓣的能量近似，且位置比主响应第一旁瓣更接近峰值位置。总的来说，对于5m分辨率星载P波段SAR系统，绝大多数情况下不需要考虑FR色散效应造成的距离向成像性能恶化。

对于135MHz的系统带宽，图3.14(c)中 $\Omega_c=100°$ 情况对应的曲线与图3.14(b)接近，这里不再赘述。图3.14(d)中 $\Omega_c=250°$ 使得 Λ_0 的加窗效应更加显著，主响应旁瓣性能变优，PSLR、ISLR分别达到了-22.3dB、-19.1dB，但造成了30%的主瓣展宽以及3.8dB的峰值功率损失；第一副响应峰值功率为-10.7dB，第二副响应峰值功率为-9.0dB，故此时第一副响应的双主瓣会在最终的距离向脉压结果中呈现为第一旁瓣，而第二副响应的第一旁瓣会在最终的脉压结果中呈现为第二旁瓣，它们的能量远大于主响应第一旁瓣的能量，且位置更接近峰值位置。因此，对于2m分辨率星载P波段SAR系统，当 $\Omega_c>100°$ 时，FR色散效应会造成明显的距离向主瓣展宽、旁瓣抬升以及峰值功率损失。

3.3.2.2 极化测量误差

除了会对距离向成像性能造成影响，FR色散效应还会造成额外的极化测量误差。根据式(3.34)，随着带宽内 $\Delta\Omega(f_\tau)$ 的变化范围增大，Y_1/Y_0 和 Y_2/Y_0 会随之变大，分别导致虚假极化散射矩阵中 $\boldsymbol{SU}+\boldsymbol{US}$ 和 $\boldsymbol{USU}$ 成分的凸显。图3.15给出了星载P波段SAR不同带宽情况下 Y_1/Y_0 和 Y_2/Y_0 随 Ω_c 的变化曲线。对于56MHz的系统带宽，Y_1/Y_0 和 Y_2/Y_0 始终小于0.1，因此可以忽略额外的极化测量误差。对于135MHz的系统带宽，当 $\Omega_c>100°$ 时，Y_2/Y_0 会大于0.1，最大可以超过0.5，此时FR色散效应会导致显著的额外的极化测量误差，必须在后期FR估计与校正的研究中予以考虑。

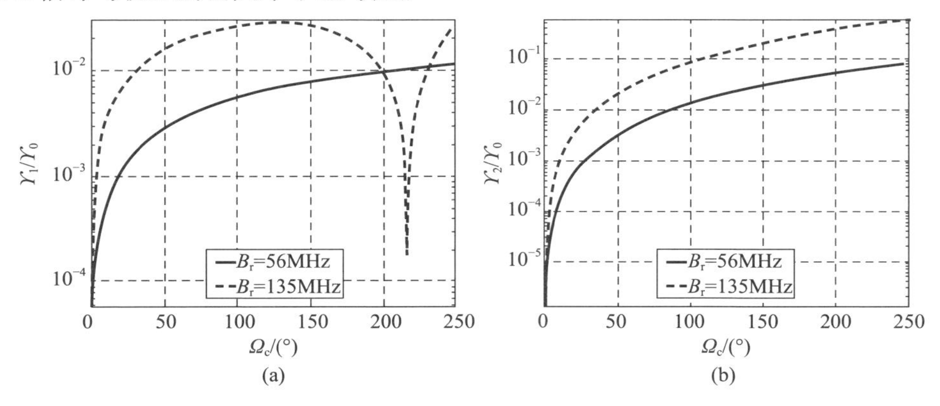

图3.15 受到FR色散效应影响虚假极化散射矩阵系数之比
(a) Y_1/Y_0；(b) Y_2/Y_0。

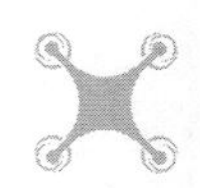

3.3.2.3　仿真验证

基于P波段机载PolSAR图像,进一步通过图像场景的仿真来论证分析FR色散效应的影响。图3.16(a)所示为原始机载图像的Pauli分解伪彩色显示(截取一小块用于显示),即$\Omega_c=0$;图3.16(b)所示为注入250°固定的FRA;图3.16(c)所示为注入了250°色散的FRA。对比图3.16(a)和图3.16(b),FR效应造成的极化测量误差会改变RGB通道各颜色的成分,从而进一步导致地物分类失败[19]。对比图3.16(b)和图3.16(c),FR色散效应会导致额外的极化测量误差。另外,由图中圈出的近似沿方位向分布的线状地物可以看出明显的距离向展宽,该仿真实例验证了前面理论模型和分析结论的有效性。

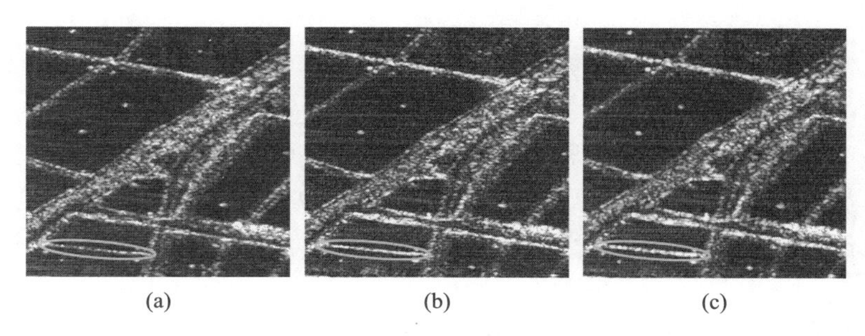

图3.16　仿真P波段PolSAR伪彩色图像(Pauli分解)(见彩图)
(a)$\Omega_c=0$;(b)$\Omega_c=250°$,非色散;(c)$\Omega_c=250°$,色散。

3.4　小　结

本章主要开展了星载SAR背景电离层传播效应的影响分析研究,分别研究了常量背景电离层对星载SAR距离向成像的影响,时空变背景电离层对星载SAR方位向成像的影响,以及背景电离层FR色散效应对PolSAR距离向成像和极化测量的影响。针对这三个内容,这里分别归纳得出以下结论:

(1)常量背景电离层导致的相位超前误差对现有大多数星载SAR干涉应用来说是不可忽略的。常量背景电离层的群延迟效应会导致距离向图像的整体偏移,特别对于低波段系统,电离层活跃期间可造成几十甚至上百米的距离向偏移。常量背景电离层的色散效应会引入距离向QPE和CPE,从而造成距离向图像散焦,色散效应对距离向成像的影响会随着载频的下降、带宽的增加而愈加明显。对于绝大多数在轨的SAR系统以及即将发射的BIOMASS,色散效应的影响都可以忽略。对于PALSAR－2以及Tandem－L,晨昏轨道设计使得色散效应可以在大多数情况下被忽略。当星载P波段SAR设计带宽大于15.5MHz或者星载X波段SAR设计带宽超过1.3GHz时,色散效应可造成显著的距离向主瓣展宽、旁瓣抬升以及峰值功率损失。

(2)时空变背景电离层会对星载 SAR 方位向成像造成一定影响,三个具体因素包括 VTEC 的时间与空间变化以及传播路径的变化,这些因素会引起孔径内的时变 STEC,从而导致星载 SAR 方位向偏移和成像性能的恶化。对于星载 P 波段 SAR 系统,空变 VTEC 和传播路径的变化是导致时变 STEC 的主要因素,会分别引入方位向偏移以及 QPE。对于 L 波段 GEOSAR,时变 VTEC 成为导致时变 STEC 的主要因素,会引入方位向偏移、QPE 和 CPE。随着方位设计分辨率的提高、合成孔径时间的增大,方位向成像更易受到时空变背景电离层的影响。

(3)背景电离层 FR 色散效应将导致星载 PolSAR 距离向脉冲压缩响应分为三个部分:主响应、第一副响应和第二副响应。对于 PALSAR - 2 和 BIOMASS 来说,主响应为理想 sinc 函数,两个副响应能量远低于主响应,故可以忽略 FR 色散效应的影响。但对于星载 P 波段 SAR 宽带或超宽带系统,当中心频率对应 FRA 较大时,FR 色散效应会导致主响应主瓣展宽严重,第一副响应和第二副响应能量与主响应相当,从而引入额外的旁瓣;不仅如此,FR 色散效应还会引入额外的极化测量误差。

参考文献

[1] 李力. 星载 P 波段合成孔径雷达中的电离层传播效应研究[D]. 长沙:国防科技大学,2014.

[2] Meyer F J,Nicoll J B. Prediction,detection,and correction of Faraday rotation in full - polarimetric L - Band SAR data[J]. IEEE Transactions on Geoscience and Remote Sensing,2008,46(10):3076 - 3086.

[3] 李春升,杨威,王鹏波. 星载 SAR 成像处理算法综述[J]. 雷达学报,2013,2(1):111 - 122.

[4] Wang C,Chen L,Liu L. A new analytical model to study the ionospheric effects on VHF/UHF wideband SAR imaging[J]. IEEE Transactions on Geoscience and Remote Sensing,2018,55(8):4545 - 4557.

[5] Ji Y,Zhang Q,Zhang Y,et al. Analysis of background ionospheric effects on geosynchronous SAR imaging[J]. Radio engineering,2017,26(1):130 - 138.

[6] 张永胜,计一飞,董臻. 时空变背景电离层对星载合成孔径雷达方位向成像的影响[J]. 电子与信息学报,2021,43(10):2781 - 2789.

[7] Tian Y,Hu C,Dong X,et al. Theoretical analysis and verification of time variation of background ionosphere on geosynchronous SAR imaging[J]. IEEE Geoscience and Remote Sensing Letters,2015,12 (4):721 - 725.

[8] Hu C,Tian Y,Yang X,et al. Background ionosphere effects on geosynchronous SAR focusing: theoretical analysis and verification based on the BeiDou Navigation Satellite System (BDS)[J].

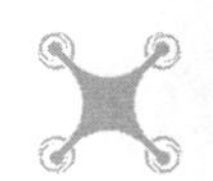

IEEE Journal of Selected Topics in Applied Earth Observation and Remote Sensing,2016,9(3):1143 – 1162.

[9] Dong X,Hu C,Tian Y,et al. Design of validation experiment for analysing impacts of background ionosphere on geosynchronous SAR using GPS signals[J]. Electronics Letters,2015,51(20):1604 – 1606.

[10] Meyer F J,Bamler R,Jakowski N,et al. The potential of low – frequency SAR systems for mapping ionospheric TEC distributions[J]. IEEE Geoscience and Remote Sensing Letters,2006,3(4):560 – 564.

[11] Cumming I G,Wong F H. 合成孔径雷达成像——算法与实现[M]. 洪文,胡东辉,译. 北京:电子工业出版社,2005.

[12] 李德鑫. 地球同步轨道SAR广域高分辨成像技术研究[D]. 长沙:国防科技大学,2013.

[13] Gail W B. Effect of Faraday rotation on polarimetric SAR[J]. IEEE Transactions on Aerospace and Electronic Systems,1998,34(1):301 – 308.

[14] Li L,Zhang Y,Dong Z,et al. Ionospheric polarimetric dispersion effect onlow – frequency spaceborne SAR imaging[J]. IEEE Geoscience and Remote Sensing Letters,2014,11(12):2163 – 2167.

[15] Li J,Ji Y,Zhang Y,et al. Effects of polarimetric dispersion on future spaceborne P – band ultra – wideband SAR[J]. Electronics Letters,2018,54(22):1292 – 1294.

[16] Zhang Y,Ji Y,Dong Z. Distortions imposed by ionospheric Faraday rotation dispersion in low – frequency full – polarimetric SAR images[J]. IEEE Geoscience and Remote Sensing Letters,2022,19:4003605.

[17] Freeman A. Calibration of linearly polarized polarimetric SAR data subject to Faraday rotation[J]. IEEE Transactions on Geoscience and Remote Sensing,2004,42(8):1617 – 1624.

[18] Freeman A,Saatchi S S. On the detection of Faraday rotation in linearly polarized L – Band SAR backscatter signatures[J]. IEEE Transactions on Geoscience and Remote Sensing,2004,42(8):1607 – 1616.

[19] Qi R,Jin Y. Analysis of the effects of Faraday rotation on spaceborne polarimetric SAR observations at P – Band[J]. IEEE Transactions on Geoscience and Remote Sensing,2007,45(5):1115 – 1122.

第4章　星载SAR背景电离层校正

背景电离层会导致星载SAR二维成像以及极化测量性能的恶化，因此必须对星载SAR图像中的背景电离层传播误差进行校正。针对电离层色散效应导致的距离向成像误差，其校正的关键在于精确估计SAR信号传播路径上的STEC常量值，一方面可以借助外部电离层测量设备（如GPS双频接收机[1,2]）或外部数据源（如GIM[3]）估计得到一个粗略的估计值，另一方面可以充分利用SAR数据本身包含的电离层信息对STEC进行精确估计，后者主要包括频谱分割法、图像最大对比度自聚焦（Contrast Maximization Autofocus，CMA）、图像最小熵自聚焦（Entropy Minimization Autofocus，EMA）以及PGA等方法[4-11]。针对时空变效应导致的方位向成像误差，其校正本质上类似于平台抖动、对流层湍流等其他因素导致的方位相位误差，目前主要采用PGA[12]。针对FR效应导致的PolSAR极化测量误差，现有众多估计器均可用来精确估计PolSAR图像中的FRA。

本章主要研究星载SAR/PolSAR图像中背景电离层STEC/FR的估计与校正。4.1节研究了两种STEC估计方法：频谱分割法和CMA，利用仿真数据验证了这两种方法的有效性，并开展了性能对比分析。4.2节给出了多种FR估计器，利用PALSAR以及PALSAR-2全极化实测数据进行FR估计与校正实验，对比分析了这些估计器的估计性能，进一步实现了FR精细估计与STEC/VTEC反演；针对FR色散效应提出了一种距离频域拟合的FR估计与校正方法，解决了P波段系统FRA估计值模糊的问题。

4.1　星载SAR图像中STEC的估计与补偿

根据式(3.1)，针对电离层色散效应实现校正的关键在于精确估计得到STEC，随后便可以校正受电离层色散效应影响的SAR图像，即

$$I_{\text{cor}}=\text{IFT}_{\text{r}}\left\{\text{FT}_{\text{r}}\{I\}\cdot\exp\left[\frac{-\text{j}4\pi K_{\phi}}{c(f_{\tau}+f_{\text{c}})}\cdot\widehat{\text{TEC}_{\text{S}}}\right]\right\}\tag{4.1}$$

式中：$\widehat{\text{TEC}_{\text{S}}}$为STEC的估计值；$\text{FT}_{\text{r}}\{\cdot\}$、$\text{IFT}_{\text{r}}\{\cdot\}$分别为距离向FT以及IFT。

目前，基于SAR数据本身的STEC估计方法主要有频谱分割法、CMA、EMA以及PGA。由于PGA依赖于图像内强点的选取，其适用范围相比于其他

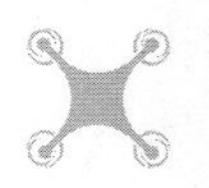

自聚焦方法更加局限,故很少应用于 STEC 的估计;另外,基于 SAR 图像对比度最大化或熵最小化准则的两种自聚焦方法实际上无本质的性能差异,故选择以 CMA 为例进行分析。因此本节主要利用频谱分割法以及 CMA 方法估计 SAR 图像中的 STEC,并研究这两种方法针对不同场景、不同信噪比条件的估计性能。

4.1.1　频谱分割法

4.1.1.1　原理与实现流程

根据式(3.3),背景电离层导致的距离向偏移误差与信号频率有关,频谱分割法就是利用这一性质[8-11]。如图 4.1 所示,频谱分割法将 SAR 图像 I 分别通过两个带宽相同、中心频率不同的带通滤波器,从而获得上、下子带图像,分别记为 I_1、I_2,它们的带宽均为 B_{sub},而中心频率分别为

$$\begin{cases} f_1 = f_c - \dfrac{B_r - B_{\text{sub}}}{2} \\ f_2 = f_c + \dfrac{B_r - B_{\text{sub}}}{2} \end{cases} \tag{4.2}$$

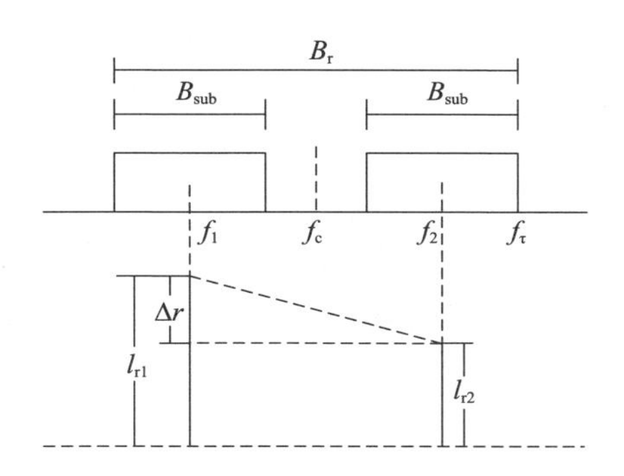

图 4.1　频谱分割法的原理示意图

由于上、下子带图像中心频率不同,故背景电离层会引入不同的距离向偏移,这意味着两幅子图像之间沿着距离向存在一个相对偏移量,有

$$\Delta r = \Delta l_{r1} - \Delta l_{r2} = \frac{K_\phi \cdot \overline{\text{TEC}_\text{S}}}{f_1^2} - \frac{K_\phi \cdot \overline{\text{TEC}_\text{S}}}{f_2^2} \tag{4.3}$$

那么,就可以利用幅度互相关法[4]估计得到两幅子图像的相对偏移量 $\Delta\hat{r}$,即

$$\Delta\hat{r} = \max_{\Delta r}\left\{\int_{-\infty}^{\infty} |I_1(r)| \cdot |I_2(r - \Delta r)| \mathrm{d}r\right\} \tag{4.4}$$

进一步推导得到 $\widehat{\text{TEC}_\text{S}}$,即

$$\widehat{\mathrm{TEC}_{\mathrm{S}}} = \frac{f_1^2 f_2^2}{K_\phi (f_2^2 - f_1^2)} \Delta\hat{r} \approx \frac{f_c^3}{2K_\phi \Delta f} \cdot \Delta\hat{r} \tag{4.5}$$

式中：$\Delta f = f_2 - f_1 = B_r - B_{sub}$ 为上下子带对应中心频率之差。

频谱分割法实现流程如图 4.2 所示，具体描述如下：第一步，将受色散效应影响的 SAR 图像通过带通滤波器，得到上下子带图像；第二步，通过对两幅子图像进行幅度互相关，得到幅度互相关函数，根据其峰值位置则可以估计得到相对偏移量；第三步，根据式(4.5)，计算 $\widehat{\mathrm{TEC}_{\mathrm{S}}}$；第四步，得到电离层色散效应校正后的星载 SAR 图像，并将其作为输入图像用于下一次迭代，迭代的停止条件为 $\widehat{\mathrm{TEC}_{\mathrm{S}}} < \Delta\mathrm{TEC}_{\mathrm{S}}$。

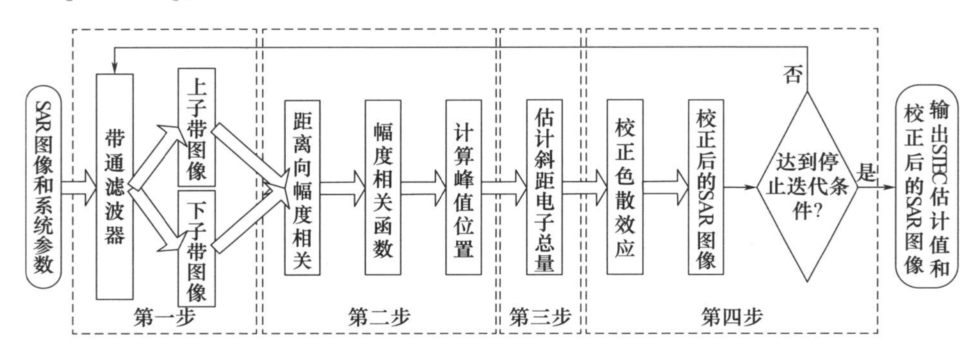

图 4.2　频谱分割法实现流程

4.1.1.2　理论精度

根据式(4.5)，STEC 的估计精度取决于上下子带图像之间距离向相对偏移量的估计精度。文献[13]已证明，通过互相关法估计两个相干信号的相对偏移量精度可以表示为

$$\sigma_{\Delta\hat{N}} = \sqrt{\frac{3}{2N}} \cdot \frac{\sqrt{1-\gamma^2}}{\pi\gamma} \tag{4.6}$$

式中：N 为有效的分辨单元数；γ 为两个信号或图像的相干系数；$\sigma_{\Delta\hat{N}}$ 的单位为分辨单元数。

但是，由式(4.4)可知，频谱分割法仅仅利用了图像的幅度信息进行互相关运算，而丢弃了相位，这种幅度互相关运算称为"非相干互相关"或"斑点追踪"；这种情况下的偏移量估计不是极大似然估计，因此无法达到克拉美罗界。Bamler 认为"非相干互相关"法估得的偏移量精度是"相干互相关"法的 $\sqrt{2}$ 倍[13]，但 Zan 精确推导了"非相干互相关"法的偏移量估计精度[14]，即

$$\sigma'_{\Delta\hat{N}} = \sqrt{\frac{3}{10N}} \cdot \frac{\sqrt{2+5\gamma^2-7\gamma^4}}{\pi\gamma^2} \tag{4.7}$$

故利用"非相干互相关"法估计上下子带图像相对偏移量的精度可表示为

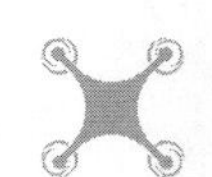

$$\sigma_{\Delta\hat{r}} = \sqrt{\frac{3}{10N_{\text{sub}}}} \cdot \frac{\sqrt{2+5\gamma^2-7\gamma^4}}{\pi\gamma^2} \cdot \frac{c}{2B_{\text{r}}} \tag{4.8}$$

式中：$N_{\text{sub}} = NB_{\text{sub}}/B_{\text{r}}$ 为频谱分割后的有效分辨单元数。

根据式(4.5)可得到 STEC 的估计精度，即

$$\sigma_{\widehat{\text{TEC}_{\text{S}}}} = \frac{cf_{\text{c}}^3}{4K_{\phi}(B_{\text{r}}-B_{\text{sub}})B_{\text{r}}} \cdot \sqrt{\frac{3B_{\text{r}}}{10NB_{\text{sub}}}} \cdot \frac{\sqrt{2+5\gamma^2-7\gamma^4}}{\pi\gamma^2} \tag{4.9}$$

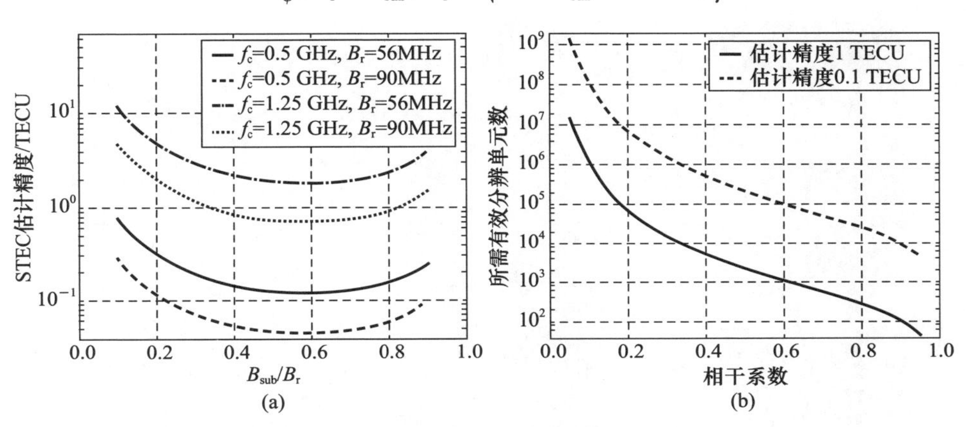

图 4.3　频谱分割法估计精度理论计算结果

(a) STEC 精度随子带宽度的变化曲线；(b) 不同精度条件所需的有效分辨单元数。

下面针对频谱分割法估计 STEC 的理论精度进行计算，计算结果如图 4.3 所示。设定 $\gamma = 0.5$，$N = 100 \times 100$，图 4.3(a) 计算得到了不同中心频率（L 波段和 P 波段）、不同带宽条件下 STEC 估计精度随子带宽度的变化曲线。由此可见，当子带宽度 $B_{\text{sub}} = (1/3)B_{\text{r}}$ 时，频谱分割法达到理论最优估计，且波段越低、带宽越大，意味着估计精度越高。由于现有星载 L 波段 SAR 系统频谱分割之后上下子带图像之间相对偏移量很小，故针对 L 波段系统，频谱分割法很难达到满意的估计精度；但是对于 P 波段 SAR 来说，频谱分割法具有巨大的应用潜力。设定 $f_{\text{c}} = 500\text{MHz}$，$B_{\text{r}} = 56\text{MHz}$，$B_{\text{sub}} = (1/3)B_{\text{r}}$，图 4.3(b) 计算得到了不同 STEC 精度条件所需的有效分辨单元数，例如，当 $\gamma = 0.5$ 时，STEC 精度为 1 TECU 和 0.1 TECU 的情况分别需要约 800 和 80000 个有效分辨单元；也就是说，随着估计精度要求的提高，以及相干性能的下降，频谱分割法需要更多的观测样本。

4.1.1.3　仿真验证

面目标场景仿真的 RCS 输入同图 2.16，系统参数详见表 2.3，针对星载 P 波段 5m 分辨率 SAR 系统，设定 $\overline{\text{TEC}_{\text{S}}} = 50\text{TECU}$，并且在聚焦后的有效区域加入噪声，信噪比（Signal-to-Noise Ratio，SNR）为 15dB。如图 4.4(a) 所示，受到背景

电离层色散效应的影响，距离向成像呈现了明显的散焦和偏移。进一步应用频谱分割法，取 $B_{sub} = (1/3)B_r$，电离层色散效应校正后的结果如图 4.4(b)所示，由此可见，距离向成像有了极大的改善，即证明了色散相位误差已被有效地补偿。频谱分割法每次迭代的 STEC 估计值如图 4.5 所示，将每次迭代的估计结果叠加，可得到最终的 STEC 估计值为 49.80 TECU，从而验证了频谱分割法的有效性。

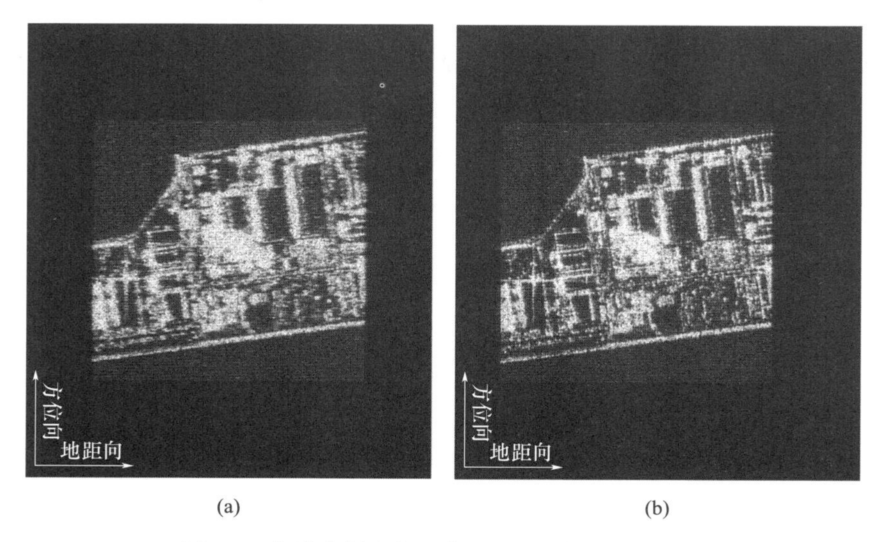

图 4.4　频谱分割法校正背景电离层色散效应实例

(a)色散效应影响下；(b)频谱分割法校正后。

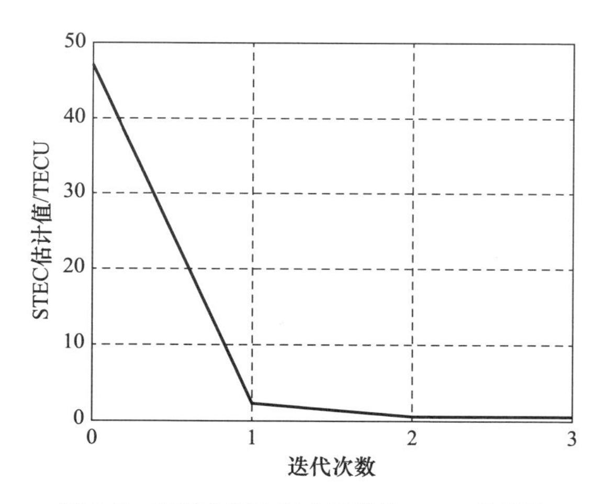

图 4.5　频谱分割法每次迭代的 STEC 估计值

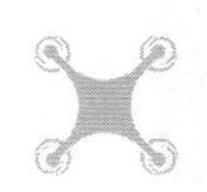

4.1.2 最大对比度自聚焦

4.1.2.1 算法原理与流程

传统的CMA主要用于SAR方位向运动相位误差的估计与补偿[15-17]，但本章利用CMA完成距离向自聚焦并估计得到STEC，因此需要对经典CMA方法做一定改进。SAR图像距离向聚焦的最后一步可以表示为离散的形式[15]，即

$$I(n,m) = \sum_{q=0}^{M_r-1} u_{rc}(n,q)\exp\left(\frac{j2\pi mq}{M_r}\right), n = 0,\cdots,N_a - 1 \tag{4.10}$$

式中：$u_{rc}(n,q)$为相位误差校正以后的距离压缩信号（离散距离频域）；n,m,q分别为方位向坐标、距离向坐标、距离向频率坐标；M_r为距离向点数；N_a为方位向点数。

考虑距离向相位误差校正，则$S_{rc}(n,q)$可表示为

$$u_{rc}(n,q) = S_{rc}(n,q)\exp[j\Delta\phi_c(q)] \tag{4.11}$$

式中：$S_{rc}(n,q)$为受背景电离层STEC影响的距离压缩信号；$\Delta\phi_c(q)$为校正的相位。

图像对比度可表示为[15]

$$C = \frac{1}{N_a}\cdot\sum_{n=0}^{N_a-1}\frac{\sigma_n}{\mu_n} \tag{4.12}$$

$$\mu_n = \frac{1}{M_r}\cdot\sum_{m=0}^{M_r-1}|I(n,m)|, \sigma_n = \sqrt{\frac{1}{M_r}\cdot\sum_{m=0}^{M_r-1}(|I(n,m)| - \mu_n)^2} \tag{4.13}$$

那么，CMA的过程可以描述为如下最优化过程，即

$$\max_{\Delta\phi_c(q)} C[\Delta\phi_c(q)] = \frac{1}{N_a}\cdot\sum_{n=0}^{N_a-1}\frac{\sigma_n[\Delta\phi_c(q)]}{\mu_n[\Delta\phi_c(q)]} \tag{4.14}$$

而得到$\Delta\phi_c(q)$解的过程是一个无约束最优化问题，因此可以采用梯度下降法。另外，背景电离层STEC导致的二次相位误差为导致图像质量下降的主要因素，因此校正相位可写为

$$\Delta\phi_c(q) = \frac{4\pi K_\phi\cdot\overline{\text{TEC}}_s}{cf_c^3}\cdot\left[\frac{F_s(q-q_0)}{M_r}\right]^2 \tag{4.15}$$

式中：q_0为距离频率的中心坐标。这样一来，式(4.14)表征的无约束最优化问题就可以简化为无约束单参数最优化问题，即

$$\max_{\overline{\text{TEC}}_S} C(\overline{\text{TEC}}_S) = \frac{1}{N_a}\cdot\sum_{n=0}^{N_a-1}\frac{\sigma_n(\overline{\text{TEC}}_S)}{\mu_n(\overline{\text{TEC}}_S)} \tag{4.16}$$

那么，图像对比度关于$\overline{\text{TEC}}_S$的梯度或导数可以表示为

$$\frac{\partial C}{\partial\,\overline{\text{TEC}}_S} = \frac{4\pi K_\phi}{cf_c^3}\left(\frac{F_s}{M_r}\right)^2\cdot\sum_{n=0}^{N_a-1}\gamma_n \text{Im}\left[\sum_{q=0}^{M_r-1}(q-q_0)^2 u_{rc}^*(n,q)p_I(n,q)\right] \tag{4.17}$$

式中:Im(·)为取复数的虚部。

$$\gamma_n = \frac{-1}{M_r N_a}\left(\frac{1}{\sigma_n} + \frac{\sigma_n}{\mu_n^2}\right), p_I(n,q) = \sum_{m=0}^{M_r-1} \frac{I(n,m)}{|I(n,m)|} \cdot \exp\left(-\mathrm{j}\frac{2\pi mq}{M_r}\right) \tag{4.18}$$

利用梯度下降法可以实现图像对比度最大化。由于最优化过程一般转化为求极小值的问题,故实际目标函数取负的图像对比度。基于图像对比度最大化准则的梯度下降法,估计 STEC 的实现流程如图 4.6 所示。第一步,通常取 $\overline{\mathrm{TEC}_S}=0$ 作为初始化条件,当然也可以取先验信息作为初始化条件,先验信息主要来自于设备测量或外部数据源;第二步,根据式(4.17)计算对比度梯度,即确定搜索方向为 $-G_d^i$,这里的上标 i 表示第 i 次迭代;第三步,通过加步搜索法确定搜索步长 L_{st}^i;第四步,计算得到新的 STEC 估计值,即

$$\widehat{\mathrm{TEC}_S^{i+1}} = \widehat{\mathrm{TEC}_S^i} - L_{st}^i G_d^i \tag{4.19}$$

利用式(4.19)校正后的图像则用于下一次迭代。迭代的停止条件为迭代的次数达到预设的最大值,或者相邻两次迭代估计得到的 $\widehat{\mathrm{TEC}_S}$ 值相差小于预设的阈值(如 0.1 TECU)。由于利用 CMA 估计 STEC 的最优化过程只涉及单个变量,因此收敛速度很快。虽然相比于 PGA,CMA 并不依赖于强点的提取,但其性能却依赖于图像对比度的强弱,或者说图像场景内是否存在明显的明暗对比;对于无明显地物特征的散射体场景,图像对比度随 STEC 的变化将更加复杂,且更易受到噪声的影响。

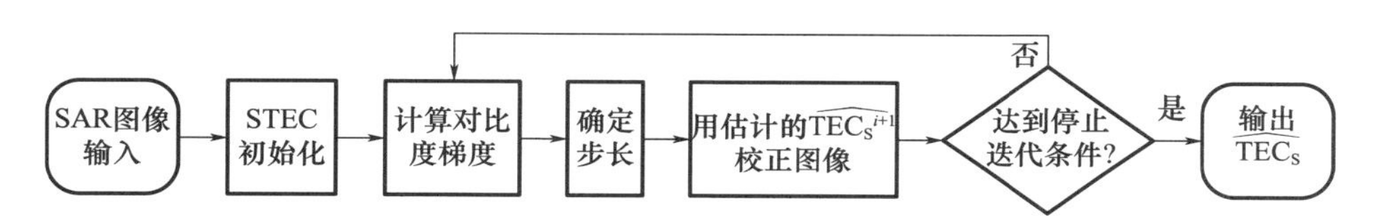

图 4.6 CMA 梯度下降法估计 STEC 的实现流程

4.1.2.2 仿真验证

利用图 4.4(a)中的仿真图像验证 CMA 估计 STEC 的有效性,这里采取"穷举法"的策略遍历 STEC,遍历范围为 0 ~ 100TECU,用每个可能的 STEC 值对图像进行式(4.10)所示的校正,并计算校正后图像的对比度,最终得到图 4.7 中图像对比度关于 STEC 的变化曲线。由图可见,图像对比度在 STEC 为 50TECU 附近时达到最大值。利用 CMA 梯度下降法,可以精确求得极大值位置为 50.46TECU,与仿真值非常接近,从而验证了 CMA 的有效性。

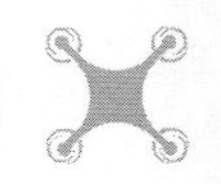

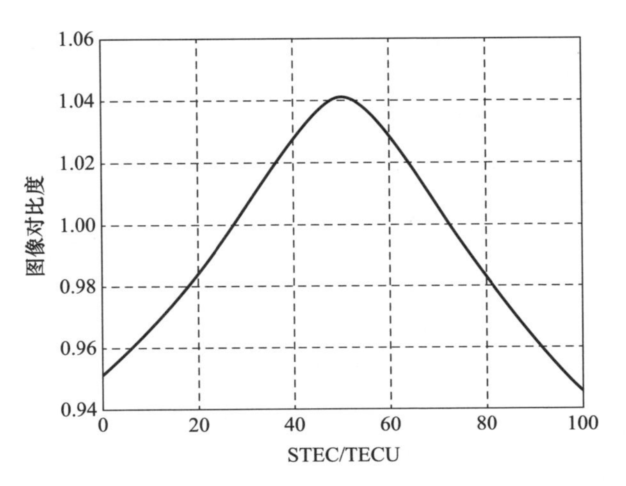

图4.7　图像对比度随STEC的变化曲线

4.1.3　性能对比和分析

对于特定的场景以及信噪比条件,上述两种方法均呈现了较良好的STEC估计性能。但是当信噪比逐渐下降时,或者对于无明显地物特征的散射体场景来说,这两种方法的有效性有待进一步验证。因此,本节主要探讨噪声和场景因素对频谱分割法和CMA性能的影响。

4.1.3.1　噪声因素

面目标场景仿真的RCS输入以及仿真参数同图4.4(a),但加入不同信噪比条件的噪声,SNR变化范围为0~40dB。对于每种信噪比条件,做100次的蒙特卡罗仿真实验;在每次实验中,分别利用频谱分割法和CMA,统计STEC估计误差均值和标准差,如图4.8所示。可见,在SNR不低于25dB的情况下,两种方

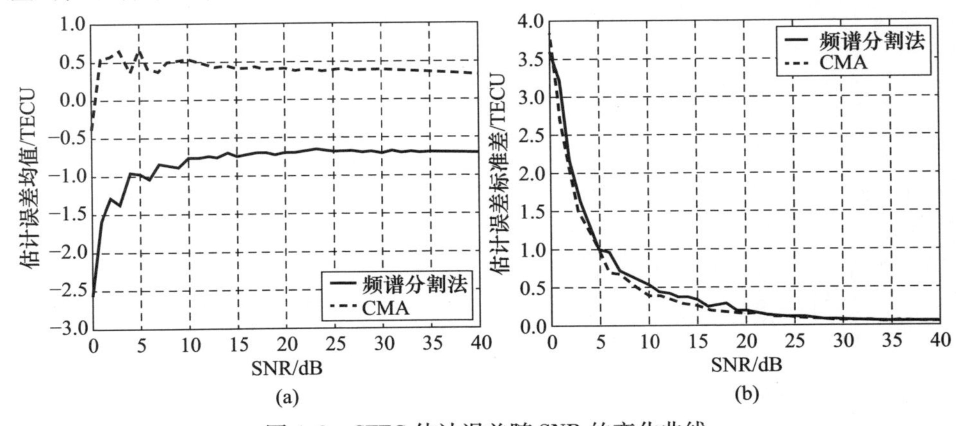

图4.8　STEC估计误差随SNR的变化曲线
(a)估计误差均值;(b)估计误差标准差。

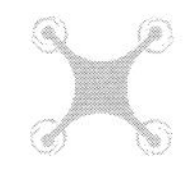

法都存在一个原始的估计偏差，该偏差主要由具体场景和实施方法决定；随着噪声能量的继续增强，两种方法均呈现了不稳定性。如图4.8(b)所示，频谱分割法和CMA具有相似的噪声性能曲线，因此从概率统计的角度，可以认定这两种方法关于噪声没有明显的性能优劣。

4.1.3.2 场景因素

为了考察不同场景对方法性能的影响，这里给出大尺寸面目标色散效应的仿真，如图4.9(a)所示。RCS输入来自PALSAR-2图像(ID：ALOS2014410740)，且$N=10000\times10000$，场景方位向和地距向尺寸约50km×50km，系统参数见表2.3，设定$\overline{TEC}_S=30$TECU。接下来，对仿真图像进行分块操作，分为10×10个子块，每个子块$N_{sub}=1000\times1000$。为了定量衡量每个子块场景的差性，图4.9(b)给出了子块图像的对比度。其中：标出的“①”号区域图像对比度达到了最大的0.88，如图4.10(a)所示为河流、桥梁等明暗对比显著的地物；标出的“②”号区域的对比度为最低的0.58，如图4.10(b)所示主要为RCS相差不大的地物。

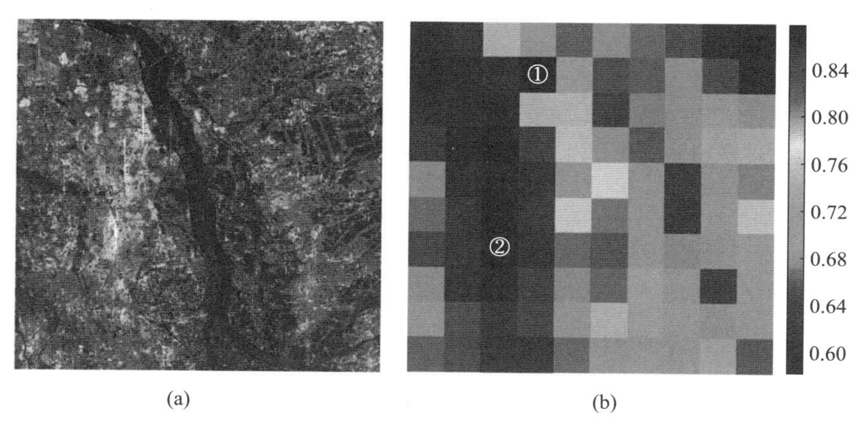

图4.9 大尺寸面目标背景电离层色散效应的仿真(见彩图)

(a)SAR图像幅度显示；(b)子块图像对比度。

在不同信噪比(这里指噪声相对于整个图像能量的比值)条件下，针对每个子块图像应用频谱分割法和CMA方法，STEC分块估计结果随SNR的变化情况如图4.11所示。即使在不存在噪声的情况下，也有几个子块图像得到了很差的估计，这些子块实际对应了图4.9(b)中对比度较差的区域。例如，②号子块的频谱分割法和CMA估计结果分别为-1.35 TECU、-2.55 TECU。随着信噪比(SNR)的降低，更多子块图像的估计性能受到了影响，但是仍然有一些图像对比度高的子块得到了良好的估计。例如，①号子块在整体SNR只有5dB的情况下，频谱分割法和CMA估计结果分别为27.0TECU、28.2TECU。因此，场景图像明暗对比越明显，两种方法STEC估计精度也就越高，并且越不容易受到噪声的

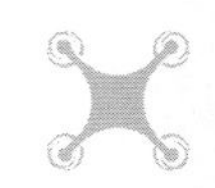

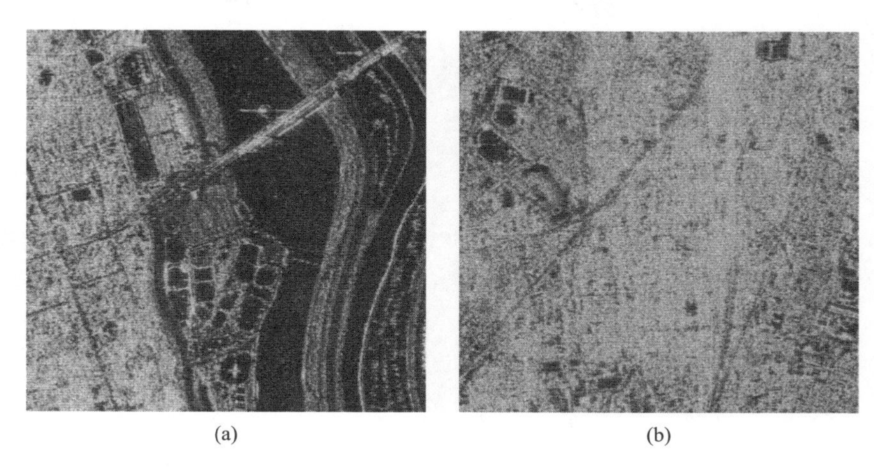

图4.10　子块场景图像幅度显示
(a)①号区域;(b)②号区域。

影响。横向对比来看,如果取估计偏差小于5TECU,为获得可靠估计的子块,那么当SNR=15dB时,CMA得到的可靠估计数为87,而频谱分割法得到的可靠估计数为72。由此可知,在相同信噪比条件下,CMA得到了更多的可靠估计,也就意味着相比于频谱分割法,CMA对不同场景具有更优的适应性。

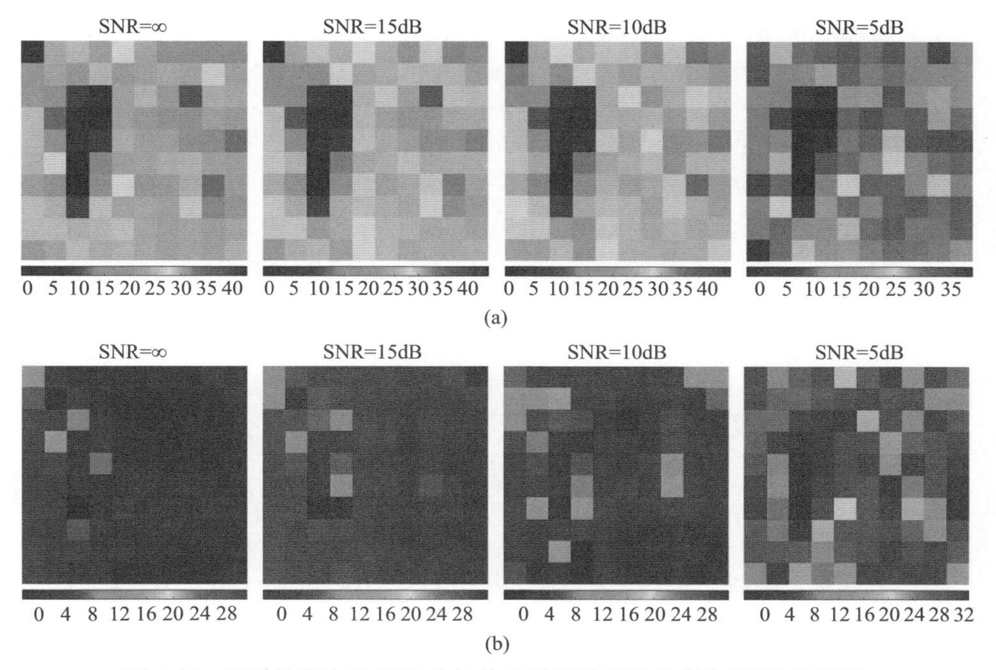

图4.11　频谱分割法和CMA分块估计结果随SNR的变化情况(见彩图)
(a)频谱分割法分块估计结果(颜色条单位:TECU);(b) CMA分块估计结果(颜色条单位:TECU)。

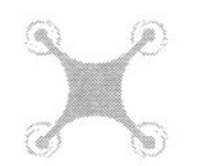

4.2 星载 PolSAR 图像中 FR 估计与校正

4.2.1 FR 估计器

在推导 FR 估计器时,通常假设 FR 效应是影响极化测量矩阵的唯一因素,且忽略 FR 色散效应,因此极化测量矩阵 $\boldsymbol{M}$ 可表示为

$$\begin{bmatrix} M_{\mathrm{hh}} & M_{\mathrm{vh}} \\ M_{\mathrm{hv}} & M_{\mathrm{vv}} \end{bmatrix} = \begin{bmatrix} \cos\Omega & \sin\Omega \\ -\sin\Omega & \cos\Omega \end{bmatrix} \begin{bmatrix} S_{\mathrm{hh}} & S_{\mathrm{vh}} \\ S_{\mathrm{hv}} & S_{\mathrm{vv}} \end{bmatrix} \begin{bmatrix} \cos\Omega & \sin\Omega \\ -\sin\Omega & \cos\Omega \end{bmatrix} \tag{4.20}$$

基于散射互异性原理($S_{\mathrm{hv}}=S_{\mathrm{vh}}$),$\boldsymbol{M}$ 中的各元素可以简化并展开为

$$\begin{cases} M_{\mathrm{hh}} = S_{\mathrm{hh}}\cos^2\Omega - S_{\mathrm{vv}}\sin^2\Omega \\ M_{\mathrm{hv}} = S_{\mathrm{hv}} + (S_{\mathrm{hh}} + S_{\mathrm{vv}})\sin(2\Omega)/2 \\ M_{\mathrm{vh}} = S_{\mathrm{vh}} - (S_{\mathrm{hh}} + S_{\mathrm{vv}})\sin(2\Omega)/2 \\ M_{\mathrm{vv}} = S_{\mathrm{vv}}\cos^2\Omega - S_{\mathrm{hh}}\sin^2\Omega \end{cases} \tag{4.21}$$

根据式(4.21),可以进一步推导得到线极化基底或圆极化基底对应的 PCM,具体的公式推导见附录 B。现有的估计器均可由式(B.1)和式(B.4)推导得到,下面将具体介绍 FR 估计器。

B&B 估计器由 Bickel 和 Bates 于 1965 年提出,可表示为[18]

$$\Omega_{\mathrm{B\&B}} = \frac{1}{4}\arg\langle Z_{\mathrm{hv}} Z_{\mathrm{vh}}^{*} \rangle = \frac{1}{4}\arg(Y_{23}) \tag{4.22}$$

式中:arg(·)为取角函数;Y_{23} 为式(B.4h)的形式。Y_{23} 也可以表示为线极化基底 PCM 各元素的组合[19],即

$$\begin{aligned} Y_{23} = C_{11} - C_{22} - C_{33} + C_{44} + C_{23} + C_{32} + C_{14} + C_{41} + \\ \mathrm{j}(C_{13} + C_{31} + C_{34} + C_{43} - C_{12} + C_{21} - C_{24} - C_{42}) \end{aligned} \tag{4.23}$$

Freeman 估计器可表示为[20]

$$\Omega_{\mathrm{F}} = \pm\frac{1}{2}\arctan\sqrt{\frac{C_{22} + C_{33} - 2\mathrm{Re}(C_{23})}{C_{11} + C_{44} + 2\mathrm{Re}(C_{14})}} \tag{4.24}$$

式中:Re(·)为取复数的实部。

Qi&Jin 估计器可以表示为[21]

$$\Omega_{\mathrm{QJ}} = \frac{1}{2}\arctan\left[\frac{\mathrm{Im}(C_{12}) - \mathrm{Im}(C_{13})}{\mathrm{Im}(C_{14})}\right] \tag{4.25}$$

陈杰提出了 6 种估计器,且证明了其中的 Chen3 和 Chen6 估计器具有比较稳健的性能。这里分别给出 Chen3 和 Chen6 估计器的表达式[22],即

$$\Omega_{\mathrm{Chen3}} = \frac{1}{2}\arg\left[\mathrm{Im}(C_{14}) + \mathrm{j}\,\frac{\mathrm{Im}(C_{12} + C_{24} - C_{13} - C_{34})}{2}\right] \tag{4.26}$$

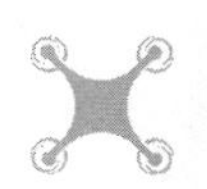

$$\Omega_{\text{Chen6}}=\frac{1}{2}\arg\left[\frac{\text{Im}(C_{12}+C_{13}-C_{34}-C_{24})}{2}+\text{jIm}(C_{23})\right] \tag{4.27}$$

基于反射对称性的假设（$O_{12}=O_{13}=O_{24}=O_{34}=0$），李力推导得到了 Li1 估计器；基于交叉通道能量相等的假设（$O_{22}=O_{33}$），又推导得到了 Li2 估计器[23]。两种估计器分别可表示为

$$\Omega_{\text{Li1}}=\frac{1}{2}\arg[(C_{11}-C_{44})+\text{jRe}(C_{13}+C_{24}-C_{12}-C_{34})] \tag{4.28}$$

$$\Omega_{\text{Li2}}=\frac{1}{2}\arg[\text{Re}(C_{12}+C_{24}+C_{13}+C_{34})+\text{j}(C_{22}-C_{33})] \tag{4.29}$$

基于反射对称性假设，王成由圆极化基底的 PCM 推导得到了 Wang 估计器[24]，即

$$\Omega_{\text{W}}=\frac{\arg(Y_{12}+Y_{34})-\arg(Y_{13}+Y_{24})}{4} \tag{4.30}$$

然而，上述 FR 估计器都会遇到估计模糊的问题。具体来讲，B&B、Freeman 以及 Qi&Jin 估计器存在 $n\pi/2$ 的模糊，而 Chen3、Chen6、Li1、Li2 以及 Wang 估计器则存在 $n\pi$ 的模糊，这里 n 为未知整数且表示模糊度。对于现有 L 波段及以上波段的星载 PolSAR 系统，由于单程 FRA 小于 40°，故一定不存在 FR 估计模糊的问题；但对于未来 P 波段系统来说，单程 FRA 最大可达 321°，那么 FR 估计模糊就成为一个不得不考虑的问题，该问题将在后面具体考虑。

4.2.2　FR 估计与校正实现

利用实测数据进行 FR 估计与校正实验，以验证上述估计器的有效性。这里涉及 4 组 PALSAR 以及 2 组 PALSAR－2 全极化数据，分别于 2007 年 3 月 22 重庆山区（ALPSRP061640560）、2007 年 3 月 22 日菲律宾海域（ALPSRP061780310）、2007 年 10 月 9 日华盛顿城区（ALPSRP090962830）、2007 年 12 月 7 日东营黄河三角洲（ALPSRP099560750）、2014 年 11 月 2 日越南某大坝（ALOS2024040390）以及 2015 年 3 月 5 日印度孟买（ALOS2042240370）获取，并记为“数据 1”～“数据 6”。

4.2.2.1　FR 估计示例

以数据 5 和 B&B 估计器为例，展示了 FR 估计与校正的中间结果，表 4.1 中列出了数据 5 的系统和场景参数。图 4.12（a）所示为数据 5 全极化图像的 Pauli 分解伪彩色显示。图 4.12（b）给出了不加窗时估计得到的 FRA 空间分布，即针对每个像素进行 FR 估计。估计 FRA 的均值为 3.8398°，标准差为 9.0669°，并且由于噪声的存在，估计值在 －45°～45°之间变化。另外，水体区域的估计值变化得更加剧烈，主要是因为水域相比于陆地区域具有更低的 SNR。为了抑制噪

声的影响，通常对计算得到的 PCM 预先加窗平均，然后再进行 FR 估计，图 4.12(c)给出了 10×10 加窗估计得到的 FRA 分布，FRA 估计值均值为 4.100°，标准差为 0.7370°，可见加窗平均后的 FRA 估计值分布更加集中。

表 4.1　数据 5 的系统和场景参数

中心频率	1.2365GHz	中心入射角	31.0850°
卫星高度	633.4424km	地理航向角	10.7434°
方位向点数	23209	距离向点数	7383
方位采样率	2.9780m	中心地距采样率	5.5461m
近端地距采样率	5.8107m	远端地距采样率	5.3122m
方位向尺寸	69.1200km	地距向尺寸	40.9528km
场景中心经度	105.4068°	场景中心纬度	20.0282°

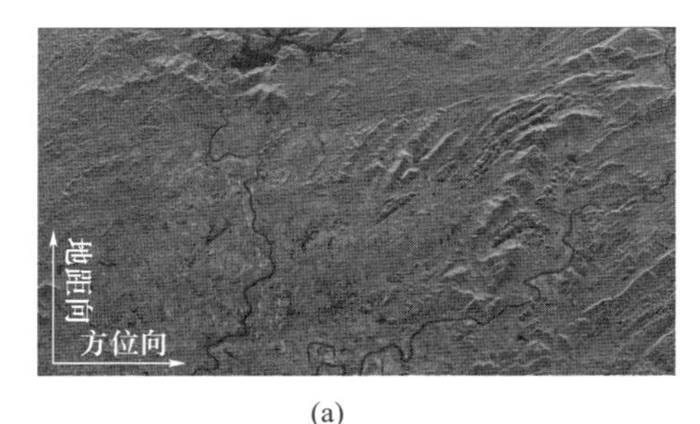

(a)

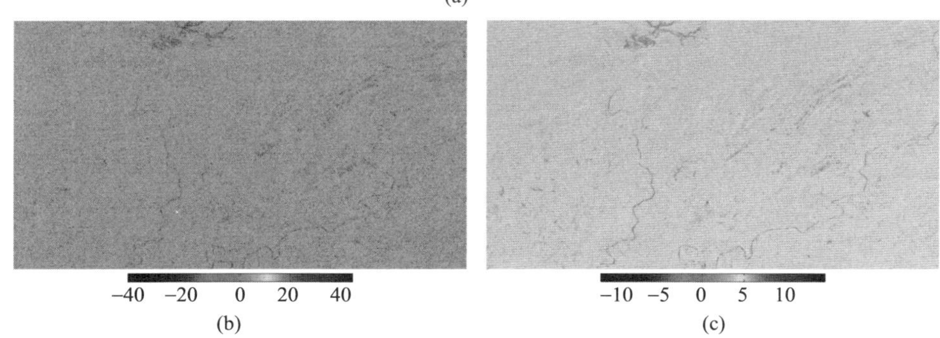

(b)　　(c)

图 4.12　基于数据 5 的 FR 估计实验(见彩图)

(a)Pauli 分解伪彩色显示；(b)不加窗时 FR 估计结果(单位为(°))；(c)10×10 加窗后 FR 估计结果(单位为(°))。

散点图[3]通常被用来定量描述 FRA 估计值与 SNR 之间的关系，散点图取 $|Y_{23}|$ 作为横轴，代表 B&B 估计器估计信号的幅度，FRA 估计值为纵轴，而信号幅度与 SNR 呈正相关关系，图 4.13(a)和图 4.13(b)分别为图 4.12(b)和图 4.12(c)对应的散点图。结果表明，信号幅度越大的像素或块，对应的 FRA

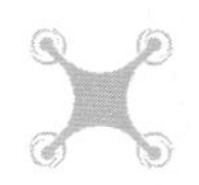

估计值越集中于均值。此外，通过适当尺寸的加窗平均，有助于获得收敛的估计结果，因此若没有特殊声明，后面的FR估计均采用10×10加窗平均。

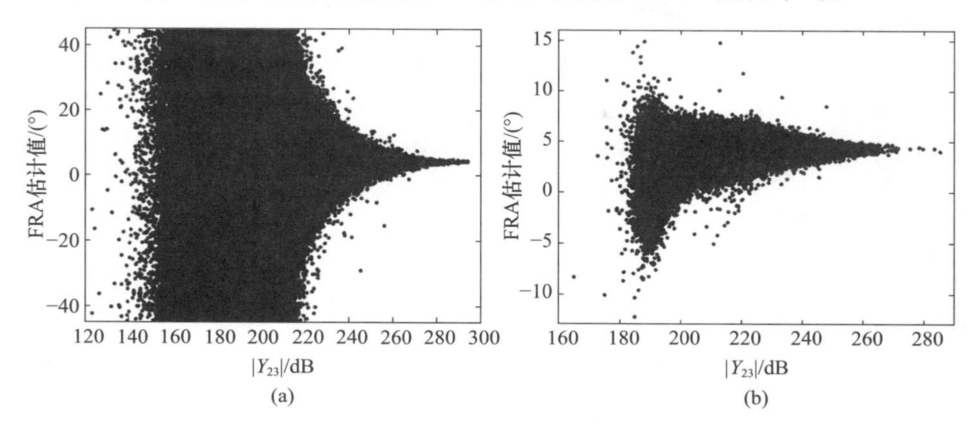

图4.13　FR估计结果的散点图显示

(a)不加窗；(b)10×10加窗。

4.2.2.2　FR校正示例

进一步利用FRA估计值的均值校正FR效应，由于FR效应会导致交叉极化通道（HV/VH）之间相干性减弱，因此可通过计算校正前后交叉极化通道之间的相关系数γ_{cp}来验证FR校正的效果，其计算原理类似于InSAR主辅图像复相干系数的计算[25]，即

$$\gamma_{cp}=\frac{\langle M_{hv}M_{vh}\rangle}{\sqrt{\langle|M_{hv}|^2\rangle\langle|M_{vh}|^2\rangle}} \tag{4.31}$$

如图4.14所示，校正前$|\gamma_{cp}|$的均值为0.5431，标准差为0.1525；校正后$|\gamma_{cp}|$的均值为0.6297，标准差为0.1385。因此，校正后交叉极化通道之间的相干性显著提升，且陆地区域的提升效果尤为明显。

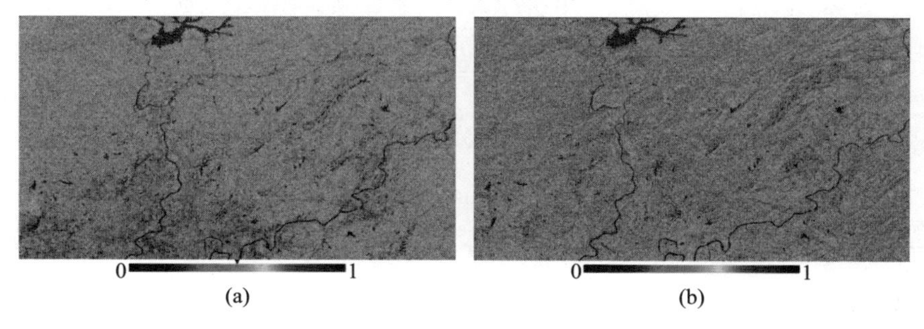

图4.14　FR校正前后HH/VH相关系数幅度（见彩图）

(a)校正前；(b)校正后。

4.2.2.3 处理结果

表 4.2 所列为利用不同估计器对数据 1 ~6 进行 FR 估计可得的 FRA 均值，表 4.3 所列为利用不同 FRA 均值进行 FR 校正前后 $|\gamma_{cp}|$ 的均值。表 4.3 中的加粗项表示给定数据 FR 校正后 HH/VH 相关幅度达到最大的情况，即意味着最优 FR 估计。由此可见，对于这 6 组数据，B&B 估计器始终可以得到最优 FRA 估计值以及最佳 FR 校正性能。Freeman 估计器的 FRA 估计值与其他估计器估计的结果均相差较大，且校正后的 $|\gamma_{cp}|$ 相比于校正前反而可能变小，这说明 Freeman 估计器性能并不稳健。而其他估计器估计的结果与 B&B 估计器相近，且校正后的 $|\gamma_{cp}|$ 相比于校正前均有所改善，从而验证了它们的有效性。

表 4.2 数据 1 ~6 的 FR 估计实验结果 单位:(°)

参数	数据 1	数据 2	数据 3	数据 4	数据 5	数据 6
$\Omega_{B\&B}$	0.1199	0.4018	1.9593	0.3165	4.1001	5.2009
Ω_F	3.3600	2.0133	4.2900	3.7065	6.7163	7.4442
Ω_{QJ}	0.1123	0.3286	1.5166	0.2128	3.5178	4.0427
Ω_{Chen3}	0.0616	0.3724	1.7273	0.3194	3.9059	4.4857
Ω_{Chen6}	0.0513	-0.3025	1.7624	0.0461	1.6850	4.5335
Ω_{Li1}	0.0774	0.1965	1.8841	0.1094	3.5049	5.0877
Ω_{Li2}	0.1164	0.7522	1.9404	0.1220	3.7378	4.7868
Ω_W	0.1318	0.3924	1.8814	0.2402	3.9856	4.9623

表 4.3 数据 1 ~6 的 FR 校正前后 HH/VH 相关系数幅度的均值 单位:(°)

参数	数据 1	数据 2	数据 3	数据 4	数据 5	数据 6
校正前	0.6840	0.3322	0.6634	0.3640	0.5431	0.4401
$\Omega_{B\&B}$	**0.6841**	**0.3458**	**0.6844**	**0.3674**	**0.6297**	**0.5048**
Ω_F	0.5948	0.2244	0.6557	0.2770	0.5938	0.4843
Ω_{QJ}	**0.6841**	0.3452	0.6832	0.3671	0.6271	0.4848
Ω_{Chen3}	**0.6841**	0.3457	0.6840	**0.3674**	0.6293	0.4935
Ω_{Chen6}	0.6840	0.3073	0.6841	0.3650	0.5952	0.4944
Ω_{Li1}	**0.6841**	0.3420	0.6843	0.3660	0.6270	0.5034
Ω_{Li2}	**0.6841**	0.3363	**0.6844**	0.3662	0.6285	0.4989
Ω_W	**0.6841**	**0.3458**	0.6843	0.3673	0.6295	0.5017

4.2.3 FR 估计器性能分析

4.2.3.1 仿真分析

根据式(4.37)，除 FR 因素以外，噪声、通道幅相不平衡以及串扰等其他极

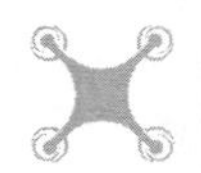

化扰动因素也会造成极化测量误差。而前面FR估计器的推导都是基于这些因素可以忽略的假设,故这些因素必然会对FR估计器估计性能造成一定影响,因此有必要在噪声、通道幅相不平衡以及串扰存在的情况下评估FR估计的性能。

性能仿真需要对实测PolSAR数据进行预处理,这里以数据1为例。首先,进行对称化处理,可以描述为$M_{hv}^{sym}=M_{vh}^{sym}=0.5(M_{hv}+M_{vh})$,从而得到不受FR效应影响的PolSAR图像。然后,将10°的FRA真值注入对称化处理后的PolSAR图像。最后,分别添加噪声、幅度不平衡、相位不平衡以及串扰等干扰因素。为了方便起见,性能仿真是基于以下假设进行的,即

$$\begin{cases}f_0=f_1=f_2\\\delta_0=\delta_1=\delta_2=\delta_3=\delta_4\\\langle N_{hh}N_{hh}^*\rangle=\langle N_{hv}N_{hv}^*\rangle=\langle N_{vh}N_{vh}^*\rangle=\langle N_{vv}N_{vv}^*\rangle\end{cases}\tag{4.32}$$

且PolSAR图像信噪比可定义为

$$\mathrm{SNR}=\frac{\langle S_{hh}S_{hh}^*\rangle+2\langle S_{hv}S_{hv}^*\rangle+\langle S_{vv}S_{vv}^*\rangle}{\langle N_{hh}N_{hh}^*\rangle+\langle N_{hv}N_{hv}^*\rangle+\langle N_{vh}N_{vh}^*\rangle+\langle N_{vv}N_{vv}^*\rangle}\tag{4.33}$$

在针对FR估计器性能的仿真分析中,设置SNR的变化范围为0~20dB,通道不平衡参数f_0的幅度和相位分别设置为0~1dB、0~10°,通道串扰δ_0设置为-35~-15dB。

针对不同的干扰因素,分别得到图4.15、图4.16、图4.17和图4.17所示的FR估计器性能曲线,图中统计了不同估计器FRA估计值与真值之间偏差的均值与标准差。关于噪声因素,图4.15显示出B&B估计器具有最佳的稳健性,其估计误差均值(平均估计偏差)几乎不随SNR变化,且估计误差标准差始终小于5°,而Wang估计器稳健性次优,其他估计器在SNR较低的情况下会存在较大估计偏差或者不稳定性。例如,Freeman估计器的估计误差标准差虽然很小,但其估计偏差最大,因此其性能最差,这在上一节实测数据的处理结果中已体现得很明显。关于通道幅度不平衡因素,图4.16显示出B&B、Freeman和Chen3估计器拥有最优的稳健性;Li1估计器平均估计偏差最大,且其估计性能最不稳定;Li2和Chen6估计器也缺乏稳定性;Qi&Jin估计器虽然稳定性最优,但存在较大的估计偏差。关于通道相位不平衡因素,图4.17显示出B&B、Freeman和Li1估计器性能最优,而Qi&Jin和Chen3估计器性能最差。关于串扰因素,图4.17显示出Chen6估计器具有最佳的稳健性,Freeman和B&B估计器紧随其后,而Li2、Qi&Jin、Li1以及Chen3性能不佳。综合所有干扰因素,B&B估计器性能最稳健,Wang估计器性能仅次于B&B估计器,其他估计器尽管关于其中一个或两个因素表现好,但关于其他因素表现很差。因此,B&B估计器为最优估计器。

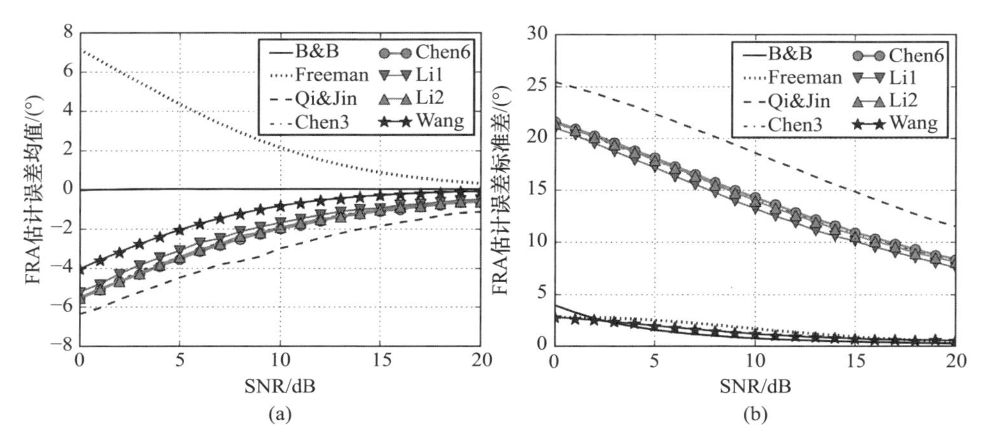

图 4.15　FR 估计器关于噪声因素的性能曲线

(a)估计误差均值;(b)估计误差标准值。

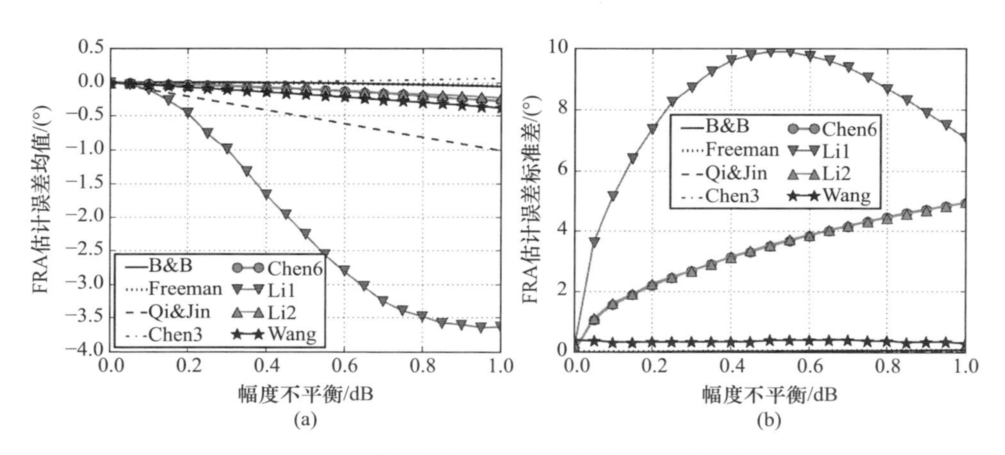

图 4.16　FR 估计器关于幅度不平衡因素的性能曲线

(a)估计误差均值;(b)估计误差标准值。

4.2.3.2　理论分析

事实上,除了上述 FR 估计器以外,基于线极化基底或圆极化基底对应 PCM 各元素组合,仍然可以推导得到一些新的 FR 估计器,这里给出三种形式,但实际并不局限于

$$\Omega_1 = \frac{1}{2}\arctan\left[\frac{\mathrm{Re}(Y_{12} - Y_{13})}{\mathrm{Im}(Y_{12} + Y_{13})}\right] \tag{4.34}$$

$$\Omega_2 = \frac{1}{2}\arctan\left[\frac{\mathrm{Re}(Y_{34} - Y_{24})}{\mathrm{Im}(Y_{34} + Y_{24})}\right] \tag{4.35}$$

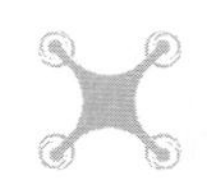

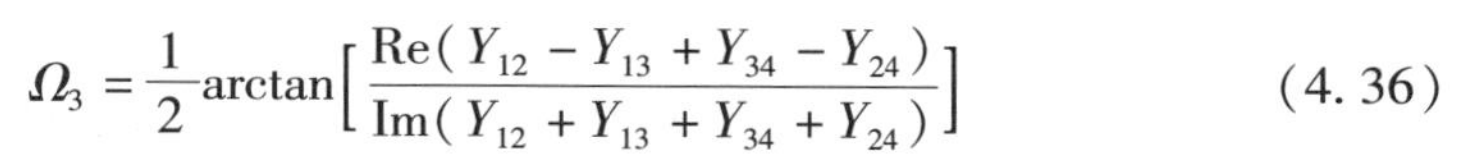

$$\Omega_3 = \frac{1}{2}\arctan\left[\frac{\mathrm{Re}(Y_{12} - Y_{13} + Y_{34} - Y_{24})}{\mathrm{Im}(Y_{12} + Y_{13} + Y_{34} + Y_{24})}\right] \tag{4.36}$$

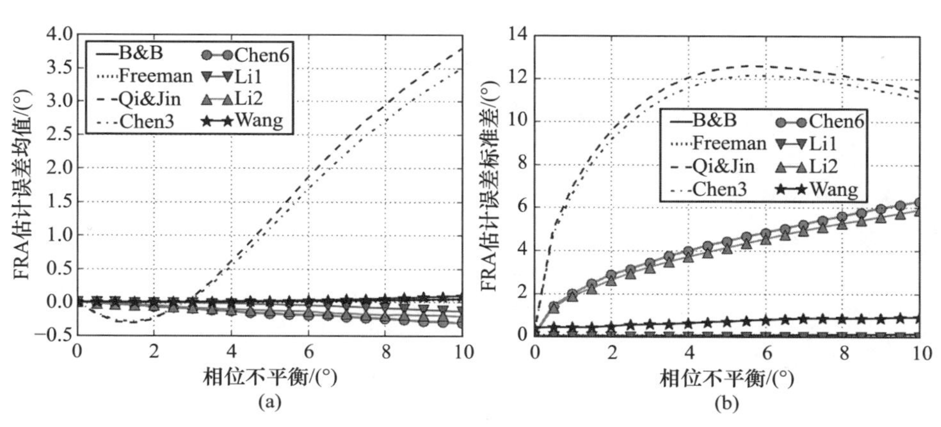

图 4.17　FR 估计器关于相位不平衡因素的性能曲线

（a）估计误差均值；（b）估计误差标准值。

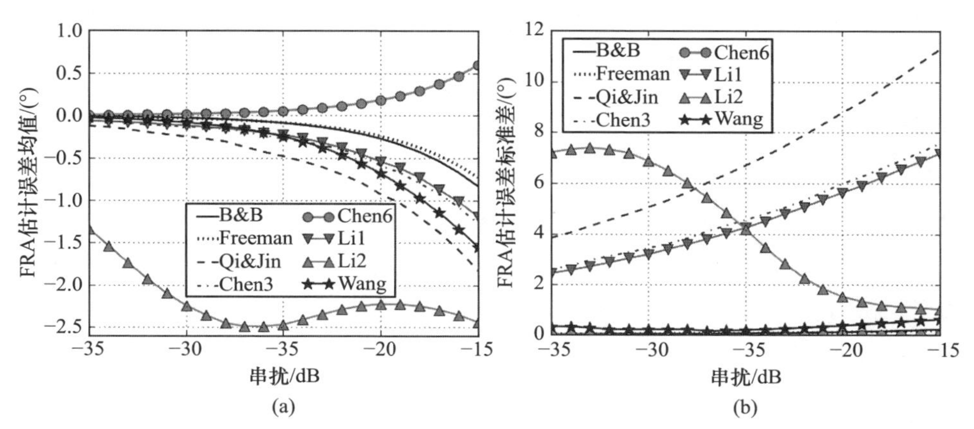

图 4.18　FR 估计器关于通道串扰因素的性能曲线

（a）估计误差均值；（b）估计误差标准值。

但是，经过类似于上面的仿真分析（这里不再展示仿真结果），证明这些新估计器的性能都不如 B&B 估计器。下面就从理论分析的角度解释 B&B 估计器为什么具有最优的性能，尤其是在噪声因素的影响下。

以噪声因素为例，无论 PCM 各元素的如何组合，估计信号的幅度或能量是衡量估计性能受噪声影响的一个重要准则，估计信号幅度越小，则估计性能更容易受到噪声影响。具体来讲，B&B 估计器估计信号的幅度为 $O_{11} + O_{44} + 2\mathrm{Re}(O_{14}) = |S_{hh} + S_{vv}|^2$；Freeman 估计器估计信号的幅度为 $|S_{hh} + S_{vv}|$；Qi&Jin 和 Chen3 估计器估计信号的幅度均为 $\mathrm{Im}(O_{14})$；Chen6 估计器估计信号的幅度为

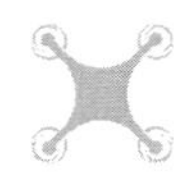

$\mathrm{Im}(O_{12}-O_{24})$；Li2 估计器估计信号的幅度为 $\mathrm{Re}(O_{12}+O_{13}+O_{24}+O_{34})$；Li1 和 Wang 估计器以及式(4.34)、式(4.35)、式(4.36)中估计器估计信号的幅度均为 $O_{11}-O_{44}$。对于 Chen6 和 Li2 估计器，其估计信号为反射对称性假设所涉及的元素，后者在假设成立时为 0，故通常它的幅度很小，因此很容易受到噪声的影响。另外，其他估计器的估计信号幅度都小于 B&B 估计器，这也从理论上证明了 B&B 估计器关于噪声具有最佳的稳健性。

对于分布式散射体场景，若只考虑噪声的影响，则 B&B 估计器 FR 估计的精度可表示为[19]

$$\Delta\Omega=\frac{1}{4\gamma_{\mathrm{SNR}}}\sqrt{\frac{1-\gamma_{\mathrm{SNR}}^{2}}{2L}},\gamma_{\mathrm{SNR}}=\frac{\mathrm{SNR}}{1+\mathrm{SNR}} \tag{4.37}$$

式中：L 为加窗平均后的等效视数。例如，10×10 的加窗对应等效视数 $L=100$。

图 4.19 给出了不同信噪比条件下 FR 估计精度关于等效视数的变化曲线。例如，当 SNR = 20dB 时，$\gamma_{\mathrm{SNR}}\approx0.99$，$L=1$ 对应的估计精度为 1.44°，$L=100$ 对应的估计精度为 0.14°；当 SNR = 10dB 时，$\gamma_{\mathrm{SNR}}\approx0.91$，$L=1$ 对应的估计精度为 4.64°，$L=100$ 对应的估计精度为 0.46°。因此，这从理论上证明，信噪比的提高或者等效视数的增大意味着更高的 FR 估计精度。

4.2.4 FR 精细估计与 STEC/VTEC 反演

前面的 FR 估计与校正实验取 FRA 估计值的均值作为全局估计，并以全局校正，却忽略了 FRA 的空变性。但实际上，在几十千米的场景范围内 FRA 具有空间缓变特性。根据式(4.10)、式(4.23)，FRA 的空变性主要源于场景内 STEC 的空间分布，故本节将针对数据 5 进行 FR 精细估计与 STEC/VTEC 反演。

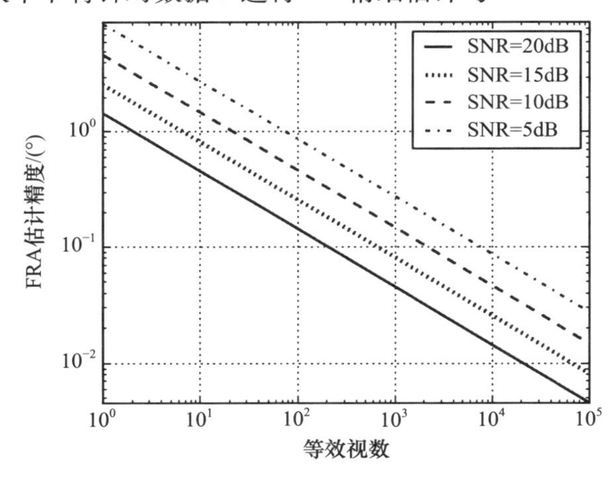

图 4.19　B&B 估计器 FR 估计精度

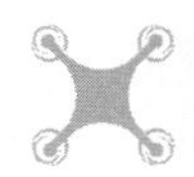

4.2.4.1 FR精细估计

FR精细估计主要涉及三个步骤：①FR估计，利用性能最优的FR估计器，并且采取加窗平均，得到FRA估计值空间分布以及散点图。②择优，受噪声等因素的影响，大多数估计值存在一定的估计偏差，故需要丢弃受噪声影响大的估计值。根据散点图，由于$|Y_{23}|$越大则对应着SNR越高的像素块，进一步对应更稳健的FRA估计值，故可以取$|Y_{23}|>Y_0$的像素块对应的估计值，其中Y_0为择优阈值。③拟合，由于场景内FRA具有空间缓变性，因此可以通过二阶多项式进行二维拟合，有

$$\Omega(n_x,n_y)=\Omega_0+a_{10}n_x+a_{01}n_y+a_{20}n_x^2+a_{02}n_y^2+a_{11}n_xn_y \tag{4.38}$$

式中：n_x,n_y为场景方位向和距离向离散坐标；Ω_0为FRA二维分布的常数部分；$a_{10},a_{01},a_{20},a_{02},a_{11}$为FRA二维分布的各阶系数。

针对数据5的FR估计结果，如图4.20(a)所示，选择$|Y_{23}|>255$dB的像素块对应的FRA估计值，进行图4.20(b)所示的二维拟合。估计结果如图4.21(a)所示，可见对于该场景，FRA空间缓变主要呈现在距离向。然后，利用FR精细估计结果进行FR精细校正，校正后HV/VH相关系数幅度如图4.21(b)所示，$|\gamma_{cp}|$的均值为0.6300，相比于图4.14(b)中$|\gamma_{cp}|$的均值为0.6297，FR精细校正后交叉极化通道之间的相干性轻微提升，一定程度上证明了FR精细估计结果是有效的。

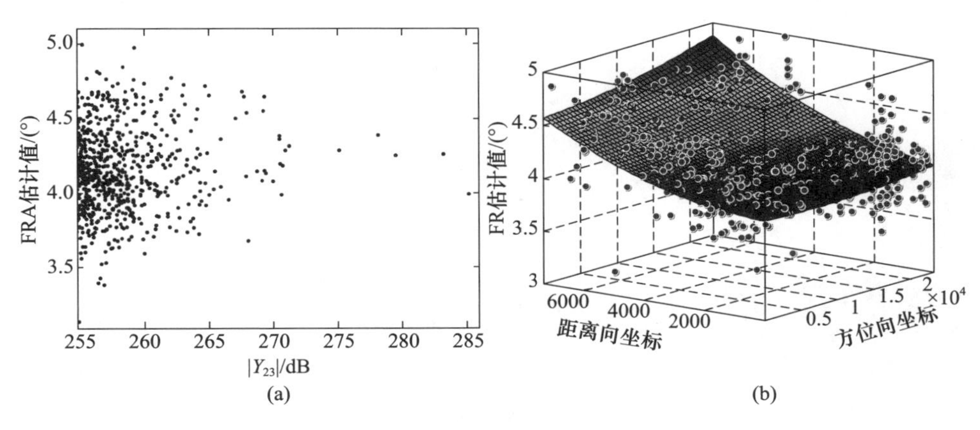

图4.20 FR精细估计过程(见彩图)

(a)散点图择优；(b)二维拟合。

4.2.4.2 FR精细估计

当然，我们还可以根据FR精细估计结果进一步反演背景电离层STEC的空间分布。根据式(2.10)，STEC反演将会涉及地磁场与STEC的转换系数的计算，这里将其记为$\beta_\Omega=K_\Omega B\cos\Theta/f_c^2$，一般可忽略$\beta_\Omega$在场景内的变化。那么，STEC反演精度可表示为

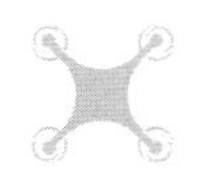

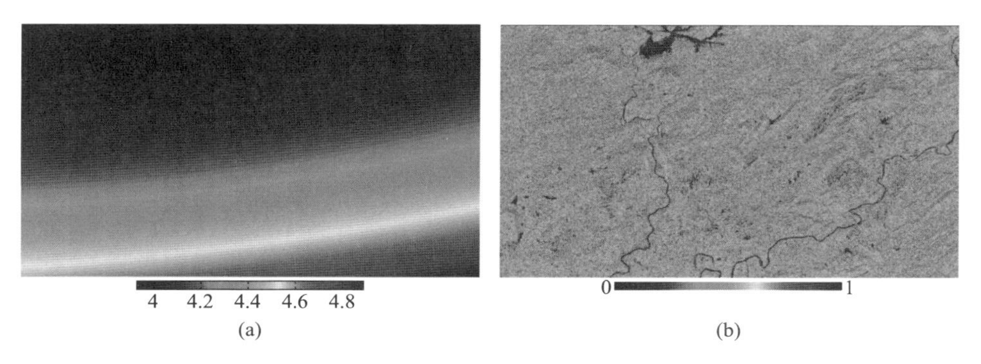

图 4.21 FR 精细估计与校正结果(见彩图)
(a)FR 精细估计结果(单位为°);(b)FR 精细校正后 HV/VH 相关系数幅度。

$$\Delta \overline{\mathrm{TEC}_{\mathrm{S}}} = \frac{\beta_{\Omega}\Delta\Omega - \Delta\beta_{\Omega}\Omega}{\beta_{\Omega}^{2}} \tag{4.39}$$

式中:$\Delta\beta_{\Omega}$ 为 β_{Ω} 的计算精度。

由此可见,STEC 反演误差主要来自 FR 估计误差以及 β_{Ω} 的计算误差。由于 β_{Ω} 与中心频率的平方成反比,因此相比于 L 波段系统,P 波段系统将拥有更高的 STEC 反演精度。

基于 IGRF13,计算得到当地磁感应强度 $B = 2.73 \times 10^4$nT,磁偏角 $\phi_B = -1.28°$,磁倾角 $\theta_B = 28.48°$。根据式(2.58)、式(2.59)和式(2.60),以及表 4.1 中数据 5 的系统参数,可以进一步计算得到 $\cos\Theta = 0.49$,$\beta_{\Omega} = 0.16°$/TECU,则可以得到图 4.22所示的 STEC/VTEC 反演结果。而基于 IRI 可预测当地 VTEC 为 19.0 TECU,与反演结果大致吻合,从而在一定程度上验证了反演结果的可靠性。

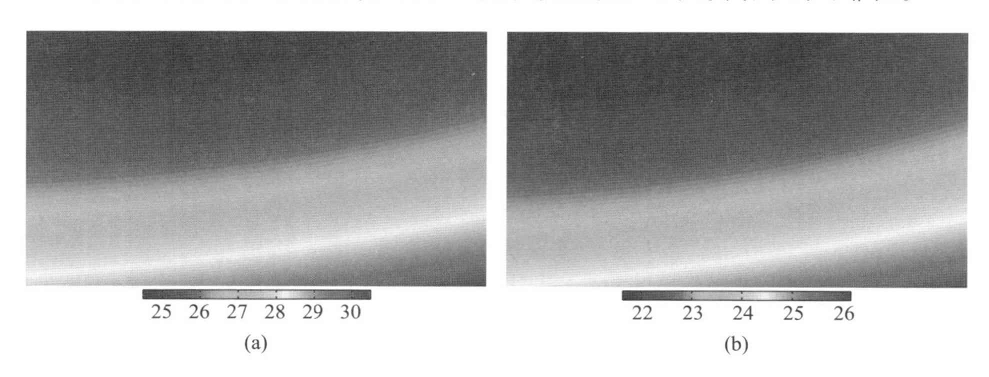

图 4.22 背景电离层 STEC/VTEC 反演结果(单位为 TECU)(见彩图)
(a)STEC 二维分布;(b)VTEC 二维分布。

4.2.5 FR估计器性能分析

针对现有星载L波段PolSAR系统,上述FR估计与校正方法不需要特别考虑FR色散效应。但是,根据3.3节分析得出的结论,对于P波段宽带或超宽带系统,FR色散效应将会引入显著的距离向成像误差以及额外的极化测量误差,因此必须针对上述FR估计与校正方法做一定修改,即在距离频域上进行FR估计与校正。另外,对于P波段系统,单程FRA最大可达321°,故上述FR估计器都会面临FRA估计值模糊的问题,而本节便利用了FRA随距离频率变化的性质,从而解决估计值模糊的问题。

4.2.5.1 方法原理与实施流程

距离频域拟合的FR估计与校正的方法原理是对距离频域的PolSAR数据进行FR估计与校正,其实施流程如图4.23所示。

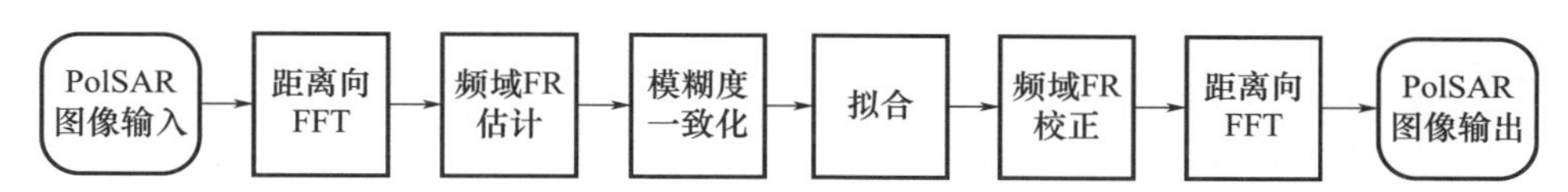

图4.23 距离频域拟合的FR估计与校正实施流程

(1)频域FR估计。针对较小尺寸的场景,一般可以忽略场景内FRA的空变性;若针对较大尺寸的场景,则可以进行分块操作,并对每个子块图像进行频域FR估计。这里以B&B估计器为例,那么频域FR估计可表示为

$$\hat{\Omega}'(f_\tau)=\frac{1}{4}\arg[\tilde{Y}_{23}(f_\tau)]=\frac{1}{4}\arg\langle\tilde{Z}_{hv}(f_\tau)\tilde{Z}^*_{vh}(f_\tau)\rangle \tag{4.40}$$

式中:$\tilde{Y}_{23}$、$\tilde{Z}_{hv}$、$\tilde{Z}_{vh}$分别为Y_{23}、Z_{hv}、Z_{vh}的距离频域形式。

(2)模糊度一致化。由于FRA估计值模糊的问题,$\hat{\Omega}(f_\tau)$与真值之间存在$n\pi/2$的模糊,且可能会存在模糊度不一致的情况。图4.24给出了FRA估计值模糊的示意图。其中,图4.24(a)为FRA真值随距离频率的变化,中心频率为500MHz,带宽为135MHz,中心频率对应的FRA为120°;图4.24(b)为无噪声等干扰因素影响时的频域FR估计结果,可见FRA估计值被限制在-45°~45°的范围内,与真值相比存在模糊,且模糊度不一致,“黑色”段曲线模糊度为2,而“灰色”段曲线模糊度为1。因此,必须对频域FR估计的结果进行模糊度一致化操作:将FRA估计值分为模糊度不同的两组,然后将靠近-45°的一组估计值都加上90°,或者将靠近45°的另一组估计值都减去90°。

(3)拟合。由于噪声等扰动因素的存在,频域FR估计得到的FRA估计值会存在一定的偏差,故可以通过拟合精确得到随距离频率变化的FRA。为了避免仍然存在一致模糊问题的FRA估计值对拟合造成影响,这里选取$\varpi(f_\tau)=$

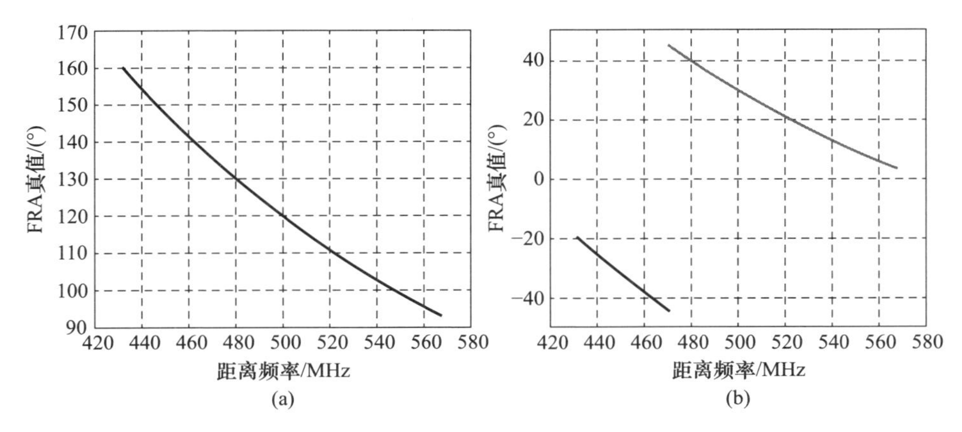

图 4.24　FRA 估计值模糊示意图

(a) FRA 真值;(b) FRA 估计值。

$\Omega(f_\tau)-\Omega_c$ 作为拟合函数,且有 $\Omega(f_\tau)=\Omega_c f_c^2/f_\tau^2$,拟合过程可表示为

$$\min_{\Omega_c}\|(\Omega(f_\tau)-\Omega_c)-(\hat{\Omega}'(f_\tau)-\hat{\Omega}'_c)\|=\min_{\Omega_c}\|\varpi(f_\tau)-\hat{\varpi}'(f_\tau)\| \tag{4.41}$$

式中:$\|\cdot\|$ 为范数的计算;$\hat{\Omega}'_c$ 为 $\hat{\Omega}'(f_\tau)$ 在中心频率处的平均值。

(4)频域 FR 校正。利用拟合得到的 $\hat{\Omega}(f_\tau)$ 进行频域 FR 校正,校正过程可表示为

$$\boldsymbol{M}_{cor}(f_\tau)=\begin{bmatrix}\cos\hat{\Omega}(f_\tau) & -\sin\hat{\Omega}(f_\tau)\\ \sin\hat{\Omega}(f_\tau) & \cos\hat{\Omega}(f_\tau)\end{bmatrix}\boldsymbol{M}(f_\tau)\begin{bmatrix}\cos\hat{\Omega}(f_\tau) & -\sin\hat{\Omega}(f_\tau)\\ \sin\hat{\Omega}(f_\tau) & \cos\hat{\Omega}(f_\tau)\end{bmatrix} \tag{4.42}$$

式中:$\boldsymbol{M}_{cor}(f_\tau)$ 为校正后极化测量矩阵的距离频域表示形式。最后,距离向 IFFT 得到 FR 校正后的 PolSAR 图像。

4.2.5.2　仿真验证

利用 3.3.2 节所涉及的 P 波段机载 PolSAR 图像进行频域 FR 估计与校正的仿真实验,采用中心频率 500MHz、带宽 135MHz 进行仿真,在距离频域注入色散的 FRA 误差,中心频率对应的 FRA 分别为 30°、120°,然后加入噪声、通道不平衡、串扰等扰动因素,且有 SNR = 15dB, $|f_0|=0.5$dB, $\arg(f_0)=1°$, $|\delta_0|=-25$dB。

采用 B&B 估计器,并取 10×10 加窗平均,得到图 4.25 所示的频域 FR 估计结果。可见,当 $\Omega_c=30°$时,FRA 估计值不存在模糊,且有 $\hat{\Omega}'_c=31.01°$;当 $\Omega_c=120°$时,FRA 估计值存在模糊度不一致的情况,且有 $\hat{\Omega}'_c=29.01°$。因此,必须要对图 4.25(b)进行上述模糊度一致化的操作。

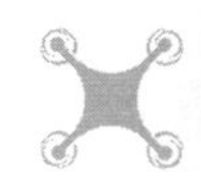

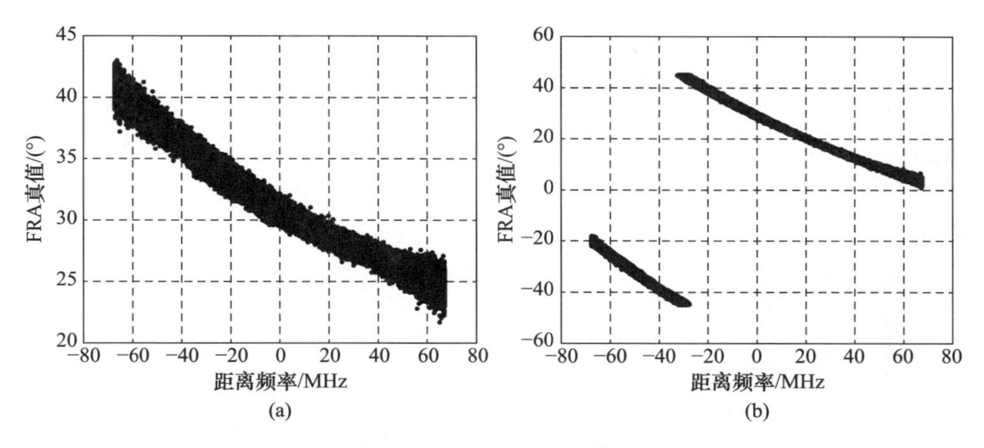

图 4.25 频域 FR 估计结果

(a) $\Omega_c=30°$；(b) $\Omega_c=120°$。

对模糊度一致化之后的 FRA 估计值进行拟合，拟合结果如图 4.26 所示，最终分别估计得到 $\hat{\Omega}_c=30.13°$ 和 $\hat{\Omega}_c=120.05°$，都与真值非常接近，意味着该方法能够有效地实现 FRA 估计值的解模糊，从而精确得到 FRA 关于距离频率的变化曲线。

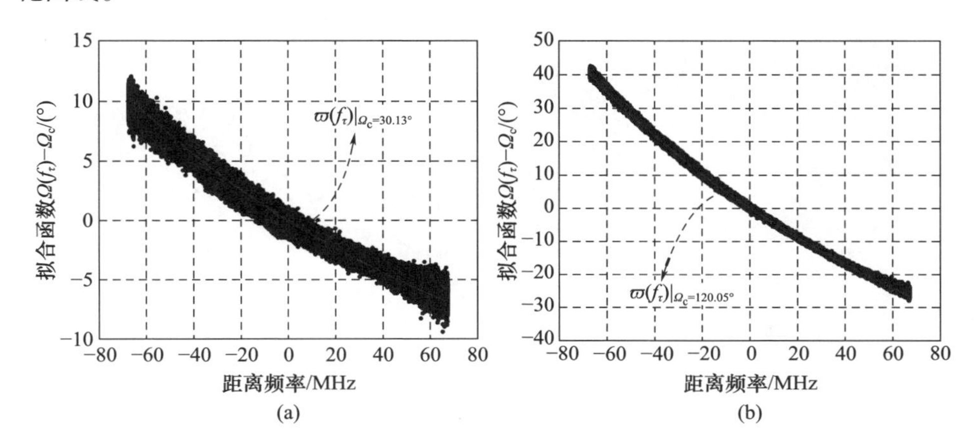

图 4.26 频域 FRA 估计值的拟合结果

(a) $\Omega_c=30°$；(b) $\Omega_c=120°$。

进一步利用拟合得到的 FRA 曲线对 PolSAR 图像进行频域 FR 校正，校正前后 HV/VH 相关系数幅度分别如图 4.27 和图 4.28 所示，并且给出了利用 $\hat{\Omega}_c$ 进行时域 FR 校正后的 HV/VH 相关系数幅度。对于 $\Omega_c=30°$ 的情况，校正前 $|\gamma_{cp}|$ 的均值为 0.3414，时域 FR 校正后为 0.5421，频域 FR 校正后为 0.5819。对于 $\Omega_c=120°$ 的情况，校正前 $|\gamma_{cp}|$ 的均值为 0.3433，时域 FR 校正后为 0.3552，频

域 FR 校正后为 0.5750。这说明如果采取常规的时域 FR 校正,尽管校正后 HV/VH 通道的相干性有所提高,但是仍然存在由 FR 色散效应导致的残余极化测量误差。对于 $\Omega_c = 120°$的情况,由于 FR 色散效应更加明显,因此相比于 $\Omega_c = 30°$的情况,残余极化测量误差会更加显著,进而使得时域 FR 校正后的效果并不明显。而频域 FR 校正后 HV/VH 通道的相干性均显著提高,即验证了在距离频域进行 FR 估计与校正的有效性和必要性。

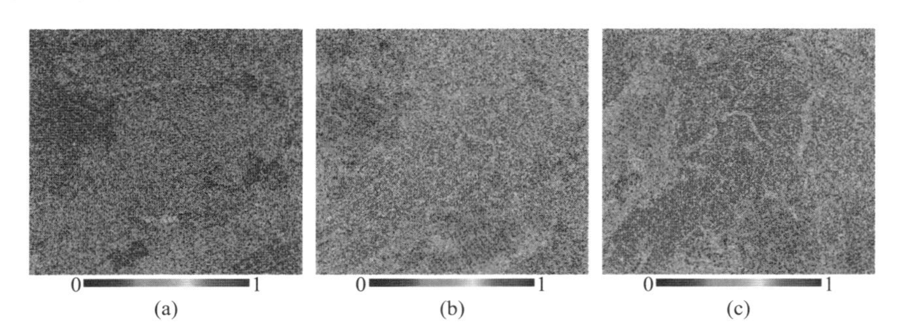

图 4.27　FR 校正前后 HV/VH 相关系数幅度($\Omega_c = 30°$)(见彩图)

(a)FR 校正前;(b)时域 FR 校正后;(c)频域 FR 校正后。

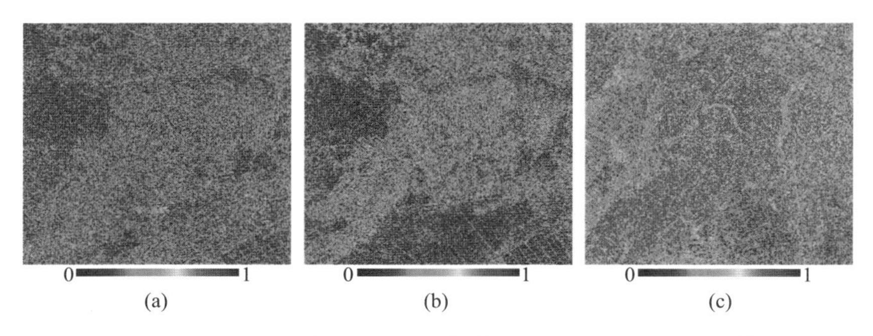

图 4.28　FR 校正前后 HV/VH 相关系数幅度($\Omega_c = 120°$)(见彩图)

(a)FR 校正前;(b) 时域 FR 校正后;(c)频域 FR 校正后。

4.3　小　结

本章开展了星载 SAR 背景电离层色散效应以及 FR 效应的校正研究,主要研究内容以及所得出的结论可概括如下:

(1)针对星载 SAR 图像中的背景电离层色散效应,本章介绍了两种 STEC 估计方法用于色散效应的校正,即频谱分割法和最大对比度自聚焦法。理论分析表明,当子带宽度为 1/3 的带宽时,频谱分割法可达到理论上的最优性能,且

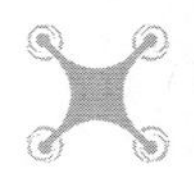

其估计精度与载频、带宽、样本数量以及相干性都有关系。本章给出了两种方法的实现流程,利用仿真得到的面目标图像验证了它们的有效性,并针对噪声以及场景因素,仿真分析了两种方法的性能。对比结果表明:①信噪比的下降都会导致STEC估计偏差以及标准差的变大,且关于噪声因素,这两种方法没有明显的性能优劣。②在相同信噪比情况下,场景图像对比度越大,得到的STEC估计就越接近真值,同时对于不同场景,最大对比度自聚焦法比频谱分割法具有更优的适应性。

(2)针对星载PolSAR图像中的背景电离层FR效应,基于线极化基底与圆极化基底PCM的推导,本章介绍了现有的多种FR估计器。利用PALSAR/PALSAR-2的实测全极化图像数据,进行了FR估计与校正实验,验证了这些估计器的有效性,并且引入散点图来说明加窗平均的必要性以及FRA估计值与估计信号幅度之间的关系,引入HV/VH相关系数幅度来描述FR校正的有效性。实验结果表明,B&B估计器FR校正的效果最佳。本章仿真分析了噪声、通道幅相不平衡以及串扰对不同估计器估计性能的影响,结果表明B&B估计器性能最为稳健,理论分析进一步印证了仿真分析所得结论。本章还介绍了FR精细估计流程以得到FRA的空间分布,用于反演STEC/VTEC,并且给出了实测数据处理的实验结果。最后,针对星载P波段PolSAR图像可能存在的FR色散效应以及FRA估计值模糊问题,提出了一种距离频域拟合的FR估计与校正的方法,该方法利用FRA随距离频率变化的性质实现了FRA估计值解模糊,并利用拟合得到的FRA频域曲线实现频域FR校正。基于机载PolSAR图像,仿真验证了距离频域拟合FR估计与校正方法的有效性和必要性。

参考文献

[1] Dong X, Hu C, Tian Y, et al. Design of validation experiment for analysing impacts of background ionosphere on geosynchronous SAR using GPS signals[J]. Electronics Letters, 2015, 51(20): 1604-1606.

[2] Dong X, Hu C, Tian Y, et al. Experimental study of ionospheric impacts on geosynchronous SAR using GPS signals[J]. IEEE Journal of Selected Topics in Applied Earth Observation and Remote Sensing, 2016, 9(6): 2171-2183.

[3] Meyer F J, Nicoll J B. Prediction, detection, and correction of Faraday rotation in full-polarimetric L-Band SAR data[J]. IEEE Transactions on Geoscience and Remote Sensing, 2008, 46(10): 3076-3086.

[4] 李力. 星载P波段合成孔径雷达中的电离层传播效应研究[D]. 长沙:国防科技大学,2014.

[5] 王成. 电离层对星载SAR成像质量影响和校正方法研究[D]. 西安:西安电子科技大

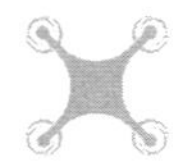

学,2015.

[6] Belcher D P. Theoretical limits on SAR imposed by the ionosphere[J]. IET Radar, Sonar and Navigation,2008,2(6):435 – 448.

[7] Belcher D P, Rogers N C. Theory and simulation of ionospheric effects on synthetic aperture radar[J]. IET Radar, Sonar and Navigation,2009,3(5):541 – 551.

[8] 赵宁,谈璐璐,张永胜,等. 星载P波段SAR电离层效应的双频校正方法[J]. 雷达科学与技术,2013,11(3):255 – 261.

[9] Zhou F, Xing M, Xia X, et al. Measurement and correction of the ionospheric TEC in P – Band ISAR imaging[J]. IEEE Geoscience and Remote Sensing Letters,2015,12(8):1755 – 1759.

[10] Yang L, Xing M, Sun G. Ionosphere correction algorithm for spaceborne SAR imaging[J]. Journal of Systems Engineering and Electronics,2016,27(5):993 – 1000.

[11] 王成,张民,许正文,等. 基于星载SAR信号的TEC反演新方法[J]. 地球物理学报,2014,57(11):3570 – 3576.

[12] Hu C, Tian Y, Yang X, et al. Background ionosphere effects on geosynchronous SAR focusing: theoretical analysis and verification based on the BeiDou Navigation Satellite System (BDS)[J]. IEEE Journal of Selected Topics in Applied Earth Observation and Remote Sensing,2016,9(3):1143 – 1162.

[13] Bamler R, Eineder M. Accuracy of differential shift estimation by correlation and split – bandwidth interferometry for wideband and Delta – k SAR systems[J]. IEEE Geoscience and Remote Sensing Letters,2005,2(2): 151 – 155.

[14] Zan F D. Accuracy of incoherent speckle tracking for circular Gaussian signals[J]. IEEE Geoscience and Remote Sensing Letters,2014,11(1):264 – 267.

[15] Kolman J, Martin L. PACE: An autofocus algorithm for SAR[C]. IEEE International Radar Conference,2005:310 – 314.

[16] Kolman J. Aperture weighting for maximum contrast of SAR imagery[C]. IEEE International Radar Conference,2008:1 – 6.

[17] Yang J, Huang X, Jin T, et al. An interpolated phase adjustment by contrast enhancement algorithm for SAR[J]. IEEE Geoscience and Remote Sensing Letters,2011,8(2):211 – 215.

[18] Bickel S H, Bates R. Effects of magneto – ionic propagation on the polarization scattering matrix[J]. Proceedings of the IEEE,1965,53(8):1089 – 1091.

[19] Kim J S, Papathanassiou K, Scheiber R, et al. Correcting distortion of polarimetric SAR data induced by ionospheric scintillation[J]. IEEE Transactions on Geoscience and Remote Sensing,2015,53(12):6319 – 6335.

[20] Freeman A. Calibration of linearly polarized polarimetric SAR data subject to Faraday rotation[J]. IEEE Transactions on Geoscience and Remote Sensing,2004,42(8):1617 – 1624.

[21] Qi R, Jin Y. Analysis of the effects of Faraday rotation on spaceborne polarimetric SAR observations at P – Band[J]. IEEE Transactions on Geoscience and Remote Sensing,2007,45(5):1115 – 1122.

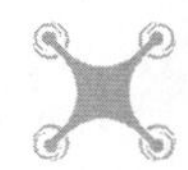

[22] Chen J,Quegan S. Improved estimators of Faraday rotation in spaceborne polarimetric SAR data[J]. IEEE Geoscience and Remote Sensing Letters,2010,7(4):846 – 850.

[23] Li L,Zhang Y,Dong Z,et al. New Faraday rotation estimators based on polarimetric covariance matrix[J]. IEEE Geoscience and Remote Sensing Letters,2014,11(11):133 – 137.

[24] Wang C,Liu L,Chen L,et al. Improved TEC retrieval based on spaceborne PolSAR data[J]. Radio Science,2017,52:288 – 304.

[25] 王青松. 星载干涉合成孔径雷达高效高精度处理技术研究[D]. 长沙:国防科技大学,2011.

第5章 电离层不规则体对星载SAR成像的影响

受地磁场的作用,各向异性的电离层不规则体在赤道地区呈现“柱状”,而在极区呈现“片状”,故其导致的幅相闪烁传输函数也具有各向异性特征。在不同的各向异性参数影响下,不规则体闪烁效应在星载SAR图像中会呈现出两种不同的现象:幅度闪烁条纹和方位向分辨性能恶化。因此,针对星载SAR闪烁效应影响机理的研究,必须考虑各向异性特征。

5.1节对条纹的形成机理和形态特征展开了深入研究。利用一组PALSAR实测数据描述了该现象;推导了各向异性延伸角以及条纹方向的理论表达式,仿真分析了磁航向、磁倾角等因素对条纹方向的影响,并利用实测数据对理论推导进行了验证;基于图像级仿真,描述了各向异性延伸角对条纹形态特征、方位分辨性能的影响,解释了条纹与分辨性能恶化的关系。针对闪烁效应对方位向分辨性能的影响,5.2节基于蒙特卡罗仿真分析了不同星载SAR系统方位向展宽系数、PSLR、ISLR、峰值功率损失和峰值偏移随不规则体参数的变化趋势,同时考虑了各向同性、各向异性以及不规则体漂移的情况。针对不规则体闪烁效应的统计特性,5.3节介绍了GAF数值模型,基于星载SAR几何,推导了改进的GAF模型,在TFTPCF的建模中考虑了衍射效应和各向异性特征,并修正了星载SAR模糊分辨率;对不规则体的空频相关性进行了数值分析,计算得到了模糊分辨率随不规则体参数的变化趋势,同样考虑了不规则体的各向同性、各向异性以及漂移情况;最后给出了信号级仿真验证。

5.1 星载SAR图像中幅度闪烁条纹的成因和形态特征

据现有众多文献报道,在赤道地区午夜时分获取的PALSAR/PALSAR-2幅度图像中频繁出现了明暗相间的条纹,该现象成因被归结于电离层不规则体引起的幅度闪烁[1-3]。但现有文献并没有对幅度闪烁条纹的方向和形态变化做深入剖析,并且草率得出了“条纹平行于水平地磁场”的结论。基于实测数据与仿真数据的结合,本节将针对星载SAR图像中幅度闪烁条纹进行深入研究。

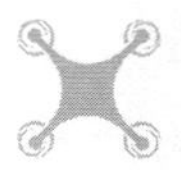

5.1.1　现象描述

据文献[2]报道，针对 2010 年 10 月份南美地区获取的 2800 景 ALOS PALSAR 图像，其中 14% 的图像出现了肉眼可见的幅度闪烁条纹现象，并且在 10 月份 31 天中有 23 天（日发生概率为 74%）发生了该现象。该文献将幅度条纹的成因归结于日落后赤道地区的电离层闪烁效应，后者频繁发生于 3 月、4 月、9 月、10 月等昼夜平分月份（春秋分附近月份）。

为了进一步描述星载 SAR 幅度闪烁条纹现象，选取一组 ALOS PALSAR 实测数据。如图 5.1 所示，该组数据为连续的 18 景图像数据，于 2008 年 3 月 26 日的南美亚马孙雨林地区观测得到，场景 ID 为 ALPSRP115536970 ~ ALPSRP115537140，

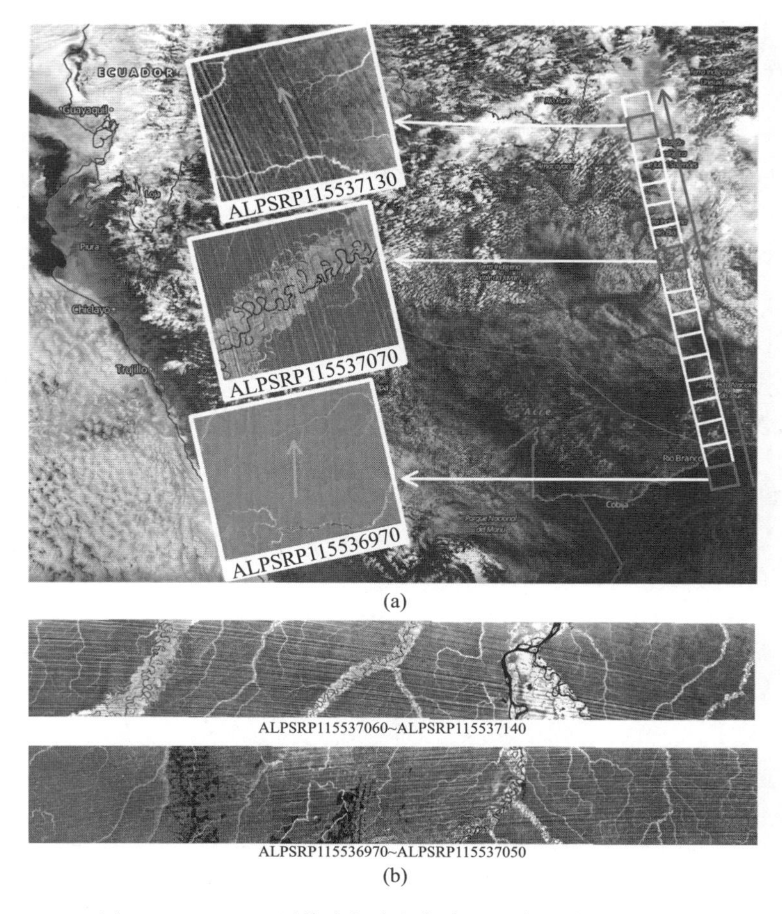

图 5.1　PALSAR 图像中幅度闪烁条纹现象示意（见彩图）
（a）ALOS PALSAR 照射区域；（b）ALOS PALSAR 幅度闪烁条纹。

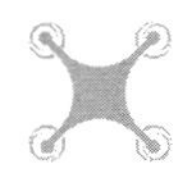

简写 ID 为 6970 ~ 7040，南北方向跨度超过 1000km。图 5.1(a) 中，绿色箭头指向为卫星地理航向，黄色箭头指向为条纹方向；图 5.1(b) 给出了前后两组连续的 9 景图像拼接后的显示。可以看到，随着卫星的运动，PALSAR 图像中幅度闪烁条纹的方向和形态会发生变化。刚开始(ID = 6970，南纬 10.50°，西经 66.41°)，条纹初显，却并不明显，且条纹之间间隔较宽，其方向与卫星航向呈十几度的夹角，近似指向正北方向。随着卫星上行，条纹的明暗相间特征更加明显，且其分布得更加紧密，条纹与方位向的夹角也越来越小；大约在 ID = 7040(南纬 7.03°，西经 67.21°)附近，条纹恰好平行于方位向。随着卫星继续上行，条纹又变得稀松，其指向继续西偏，明暗对比越来越不明显，直至最后消失(ID = 7150 以后条纹基本不可见)。

5.1.2 条纹方向建模与验证

5.1.2.1 理论推导

实际上，SAR 图像中幅度闪烁条纹产生的本质原因归结于幅相传输函数中的闪烁幅度误差，故条纹的方向为二维平面内闪烁幅度误差相关尺度最大的方向，因此条纹方向与不规则体的各向异性参数、当地地磁场矢量以及观测视角有关。

为了便于理论推导，这里令式(2.75)中的 $\rho_{xy} = A_3\rho_x^2 - A_2\rho_x\rho_y + A_1\rho_y^2$，如图 5.2所示，$\rho_{xy}$ 为关于 ρ_x 和 ρ_y 的椭圆形等高线，且由于二维相关函数与 ρ_{xy} 呈正相关关系，故式(2.74)中二维相关函数 $R_{\delta\phi}(\rho^*)$ 也可以近似为椭圆形等高线，因此二维相位屏的空间相关程度也可以通过图 5.2 近似描述。需要特别指出的是，图 5.2 中椭圆等高线长半轴对应的方向为二维相位屏或者幅相传输函数空间尺度最大的方向，它与方位向的夹角被称为各向异性延伸角，记为 ψ；与之相反的是，椭圆等高线短半轴对应的方向为空间尺度最小的方向，它与方位向的夹角记为 ψ'。

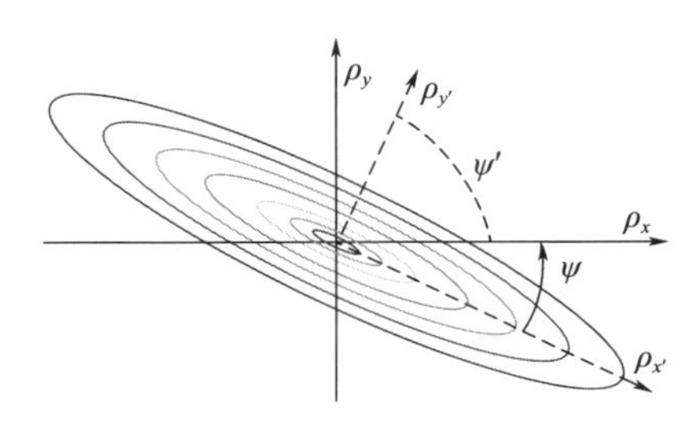

图 5.2 各向异性延伸角示意图

为了精确计算得到各向异性延伸角 ψ，定义一个新的二维坐标系：以椭圆等高线长半轴为新坐标系的横轴 ρ_x'，以短半轴为新坐标系的纵轴 ρ_y'。根据坐标

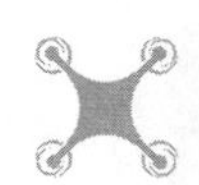

轴旋转操作，有

$$\rho_x=\rho_{x'}\cos\psi+\rho_{y'}\sin\psi,\rho_y=-\rho_{x'}\sin\psi+\rho_{y'}\cos\psi \tag{5.1}$$

可以进一步将ρ_{xy}重写为

$$\begin{aligned}\rho_{xy}=&\rho_{x'}^2(A_3\cos^2\psi+A_2\cos\psi\sin\psi+A_1\sin^2\psi)+\\&\rho_{y'}^2(A_3\sin^2\psi-A_2\cos\psi\sin\psi+A_1\cos^2\psi)+\\&\rho_{x'}\rho_{y'}[2(A_3-A_1)\cos\psi\sin\psi-A_2\cos^2\psi+A_2\sin^2\psi]\end{aligned} \tag{5.2}$$

令其中的交叉项等于0，即$2(A_3-A_1)\cos\psi\sin\psi-A_2\cos^2\psi+A_2\sin^2\psi=0$，可得

$$\psi=\frac{1}{2}\arctan\left(\frac{A_2}{A_3-A_1}\right)\pm\frac{n\pi}{2} \tag{5.3}$$

式中：n取0，1，−1，而且需要保证$\pi/2<\psi\leqslant\pi/2$，故满足条件的解有两个，分别为ψ和ψ'。

通过一个额外的条件就可以区分两者，即

$$|A_3\cos^2\psi+A_2\cos\psi\sin\psi+A_1\sin^2\psi|\leqslant|A_3\sin^2\psi-A_2\cos\psi\sin\psi+A_1\cos^2\psi| \tag{5.4}$$

由于各向异性系数A_1,A_2,A_3涉及各向异性轴尺度a,b、磁偏角φ_B、磁倾角θ_B、地理航向γ_0、第三旋转角δ_B、有效入射角θ_p以及斜视角φ_p的输入，故式(5.3)中ψ的计算也依赖于这些参数，所以很难衡量ψ与这些参数之间的复杂关系。

针对赤道地区的“柱状”不规则体，可进一步利用等效条件($a\gg b=1,\delta_B=0$)简化ψ的表达式。对于“柱状”不规则体，二维相位屏内的各向异性延伸矢量$\boldsymbol{J}$可以表示为[2,4]

$$\boldsymbol{J}=\boldsymbol{u}\times(\boldsymbol{l}\times\boldsymbol{B}) \tag{5.5}$$

式中：×为矢量的叉乘；$\boldsymbol{u}$为指向天顶的单位矢量。因此，在当地地磁坐标系下(如图2.7所示的$X'Y'Z'$)，天顶矢量$\boldsymbol{u}$、电波传播矢量$\boldsymbol{l}$以及地磁场矢量$\boldsymbol{B}$可以分别表示为

$$\boldsymbol{u}=[0\quad 0\quad -1]^{\mathrm{T}} \tag{5.6}$$

$$\boldsymbol{l}=[\sin\theta_p\cos\varphi_p\quad \sin\theta_p\sin\varphi_p\quad \cos\theta_p]^{\mathrm{T}} \tag{5.7}$$

$$\boldsymbol{B}=[\cos\theta_B\quad 0\quad \sin\theta_B]^{\mathrm{T}} \tag{5.8}$$

则各向异性延伸矢量$\boldsymbol{J}$可进一步表示为

$$\boldsymbol{J}=\begin{bmatrix}-\sin\theta_p\cos\varphi_p\sin\theta_B+\cos\theta_p\cos\theta_B\\-\sin\theta_p\sin\varphi_p\sin\theta_B\\0\end{bmatrix}=\begin{bmatrix}V_1\\V_2\\0\end{bmatrix} \tag{5.9}$$

在地磁坐标系下，各向异性延伸方向与地磁北极X'的夹角ψ_B可推导为

$$\psi_B = \begin{cases} \arccos\left[\dfrac{V_1}{\sqrt{V_1^2 + V_2^2}}\right], V_2 \geqslant 0 \\ -\arccos\left[\dfrac{V_1}{\sqrt{V_1^2 + V_2^2}}\right], V_2 < 0 \end{cases} \tag{5.10}$$

那么各向异性延伸方向与卫星航向(方位向)的夹角,即各向异性延伸角 ψ,可表示为

$$\psi = \psi_B - \gamma_B \tag{5.11}$$

由此可见,对于"柱状"不规则体,其各向异性延伸角 ψ 主要依赖于磁航向角 γ_B、磁倾角 θ_B、有效入射角 θ_p 以及斜视角 φ_p。

另外,由于 SAR 下视观测的几何特征,在投影至 SAR 图像的过程中,各向异性延伸方向在地距向上的投影存在一个拉伸因子[2,4],因此 SAR 图像中幅度闪烁条纹的方向与方位向的夹角 ψ_0 可近似表示为

$$\psi_0 \approx \arctan\left(\frac{H_s}{H_s - H_p}\tan\psi\right) \tag{5.12}$$

5.1.2.2 仿真验证

进一步利用式(5.11)对各向异性延伸角 ψ 进行数值计算。这里考虑正侧视的情况 $\varphi_p = 90°$,且设定相位屏入射角 $\theta_p = 30°$,图 5.3 所示为 ψ 关于磁航向角 γ_B 和磁倾角 θ_B 的变化曲线。可见,随着 γ_B 和 θ_B 的增大,ψ 会变小,且 ψ 与 γ_B 呈线性关系。

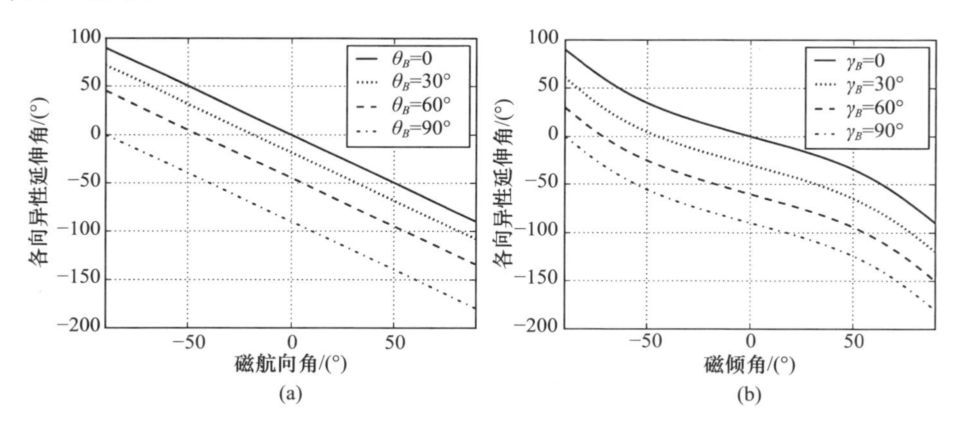

图 5.3 各向异性角随磁偏角和磁倾角的变化曲线

(a)磁航向角;(b)磁倾角。

为了进一步描述各向异性延伸角与相位屏或者幅相闪烁传输函数空间尺度的关系,在不同各向异性参数情况下计算二维相位自相关函数,如图 5.4 所示,图 5.4(a)设定 $\gamma_B = 45°$、$\theta_B = 0°$,图 5.4(b)设定 $\gamma_B = 45°$、$\theta_B = 45°$,其余仿真参

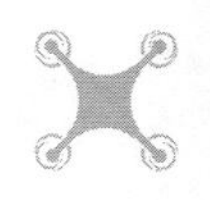

数同表 2. 2。针对图 5. 4(a),利用式(5. 3)和式(5. 11),均计算得到 $\psi = -45°$;针对图 5. 4(b),利用式(5. 3)和式(5. 11)均计算得到 $\psi = -75°$。一方面,验证了对于“柱状”不规则体式(5. 3)与式(5. 11)是等价的;另一方面,验证了各向异性延伸方向就是相位屏空间尺度最大的方向。

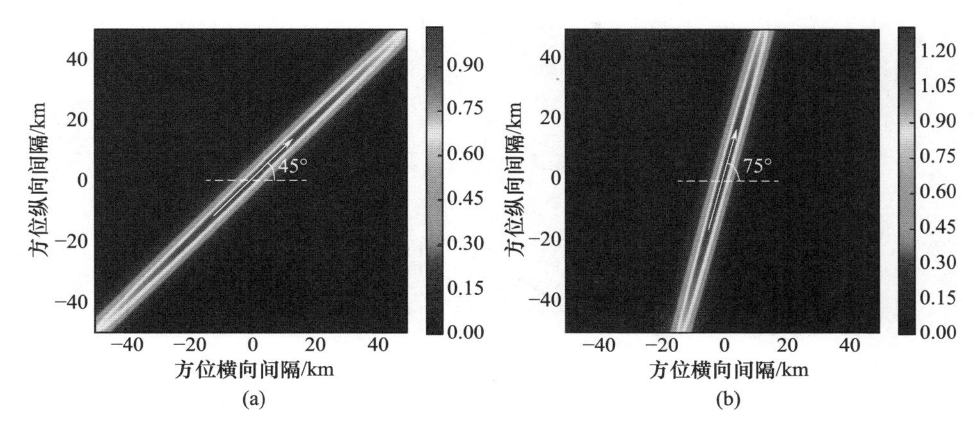

图 5. 4　不同各向异性参数情况下的二维相位自相关函数(见彩图)

5. 1. 2. 3　实测数据验证

进一步利用图 5. 1 所示的 18 景 PALSAR 实测数据验证式(5. 12)的有效性。对于这组数据,地面入射角 $\theta_e \approx 38.84°$,斜视角 $\varphi = 90°$,卫星高度 $H_s \approx 699$km,并且取电离层高度经验值 $H_p = 350$km,用于地磁场和式(5. 12)的计算。首先基于 IGRF13 以及数据参数,计算得到了每一景数据对应的磁倾角 θ_B 和磁偏角 φ_B,如图 5. 5(a)和图 5. 5(b)所示。图 5. 5(c)和图 5. 5(d)分别为地理航向角 γ_0 和地磁航向角 γ_B 的变化曲线。图 5. 6 为基于式(5. 12)计算得到的条纹方向。可见,与 PALSAR 图像中幅度条纹指向的测量值具有很高的一致性。

众多学者认为“幅度闪烁条纹平行于水平地磁场”[1,2] 这意味着条纹指向地磁北极,即 ψ_0 仅依赖于磁偏角。但是根据式(5. 12),ψ_0 受到磁航向角、磁倾角、下视角、斜视角、卫星高度以及相位屏高度等诸多因素的影响,因此从理论上来看,该结论显然是错误的。另外,对于上述实测数据,由于下视角、斜视角、卫星高度、相位屏高度的变化基本可以忽略,那么 ψ_0 的变化主要源于磁航向角和磁倾角的变化[4]。如图 5. 5 所示,磁航向角的变化范围仅为 0. 6°,而磁倾角的变化范围为 17°,因此磁倾角才是导致条纹方向变化的主要因素[4]。综合以上两个方面的分析,判定结论“条纹平行于水平地磁场”是不正确的。

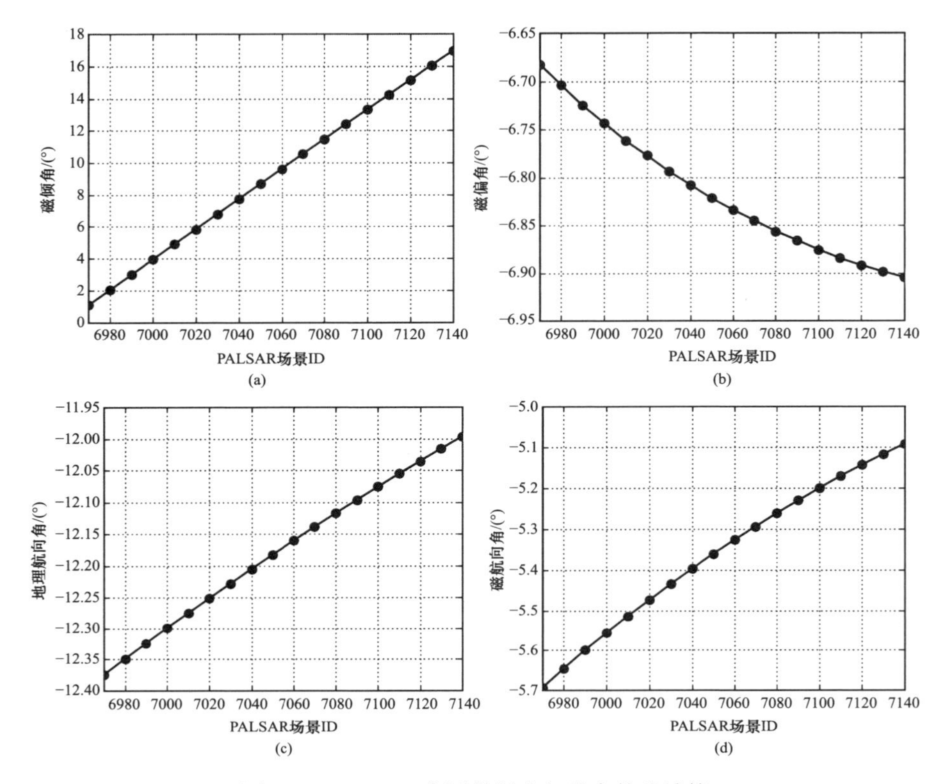

图 5.5　PALSAR 实测数据中相关参数的计算

(a)磁倾角;(b)磁偏角;(c)地理航向;(d)地磁航向。

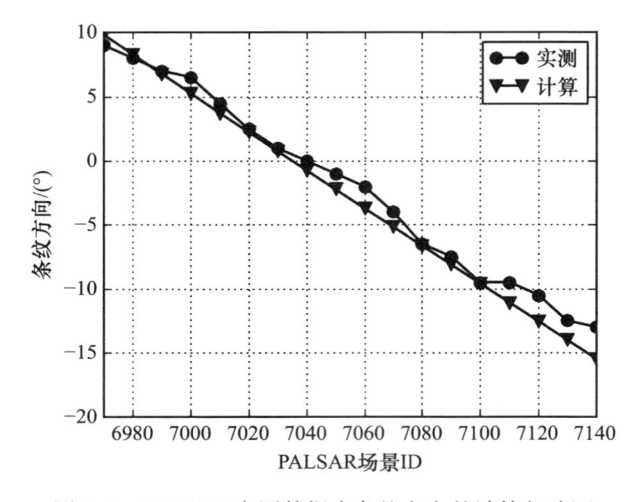

图 5.6　PALSAR 实测数据中条纹方向的计算与验证

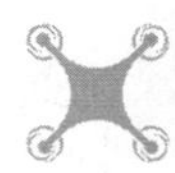

5.1.3　条纹形态与聚焦性能关系

除了幅度闪烁条纹的方向，条纹形态特征的变化也值得进一步研究。接下来将充分利用图像级仿真和信号级仿真，深入探讨条纹形态与方位分辨性能的关系。其中图像级仿真将利用一幅没有受到电离层闪烁效应影响的 PALSAR 单视复图像，场景 ID 为 ALPSRP222897100，获取于 2010 年 4 月 1 日(电离层平静时期)的亚马孙雨林地区，且截取实际图像的 5000 × 5000 采样点用于 ReBP 仿真。仿真所需的系统参数与电离层参数如表 5.1 所列，其中系统参数与该实测数据对应的系统参数一致，电离层参数代表典型的“柱状”不规则体以及强闪烁情况。为了得到不同的各向异性延伸角，不妨令磁倾角 θ_B 为 0，磁航向角 γ_B 为 0°、2.5°、5°、30°，故分别对应各向异性延伸角 ψ 为 0°、-2.5°、-5°、-30°的情况。

表 5.1　PALSAR 闪烁效应仿真实验所需的系统参数和电离层参数

中心频率 f_c	1.27GHz	卫星高度 H_s	699km
地面入射角 θ_e	38.83°	系统斜视角 φ	90°
系统带宽 B_r	28MHz	多普勒带宽 B_a	1731.60
脉冲重复频率 F_a	2164.50 Hz	合成孔径时间 T_a	3.44 s
方位向采样间隔	3.19m	地距向尺寸	7.47m
方位向尺寸	15.93km	地距向尺寸	37.36km
相位屏高度 H_p	350km	闪烁强度 C_kL	1×10^{34}
谱指数 p	3	外尺度 L_o	10km
磁航向 γ_B	0,2.5°,30°	磁倾角 θ_B	0
各向异性轴尺度比 $a:b$	50 : 1	第三旋转角 δ_B	0

图 5.7 给出了不同各向异性延伸角对应的 PALSAR 图像仿真结果。图 5.7(a)展示了幅度图像，并按照采样点数的比例进行了显示；图 5.7(b)展示了与无电离层影响的仿真图像做零基线干涉得到的干涉相位误差；图 5.7(c)展示了相关系数幅度；图 5.7(d)为针对点目标的信号级仿真结果，其中黑色曲线为理想方位向剖面，黄色曲线为闪烁效应影响下的方位向剖面(10 次蒙特卡罗仿真)。下面将从条纹形态、干涉性能以及成像质量三个方面分别阐述与各向异性延伸角的关系。

(1)条纹形态。当 $\psi = 0°$ 时，此时方位向指向二维相位屏空间尺度最大的方向，幅度条纹最为明显而密集。随着 ψ 的逐渐增大，条纹变得松散且不明显，直至消失($\psi = 5°$ 时基本不可见)。

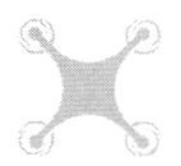

（2）干涉性能。当 $\psi=0°$ 时，干涉相位误差能较好地反映仿真注入的闪烁相位误差（图 2.19 和图 2.18 已证明，故这里未展示仿真注入的闪烁相位误差），且其 InSAR 相干性几乎不受影响。但是，随着 ψ 的逐渐增大，干涉相位中呈现出越来越多的椒盐化结构，相干性也逐渐降低，且失相干结构与干涉相位结构具有一致的方向。

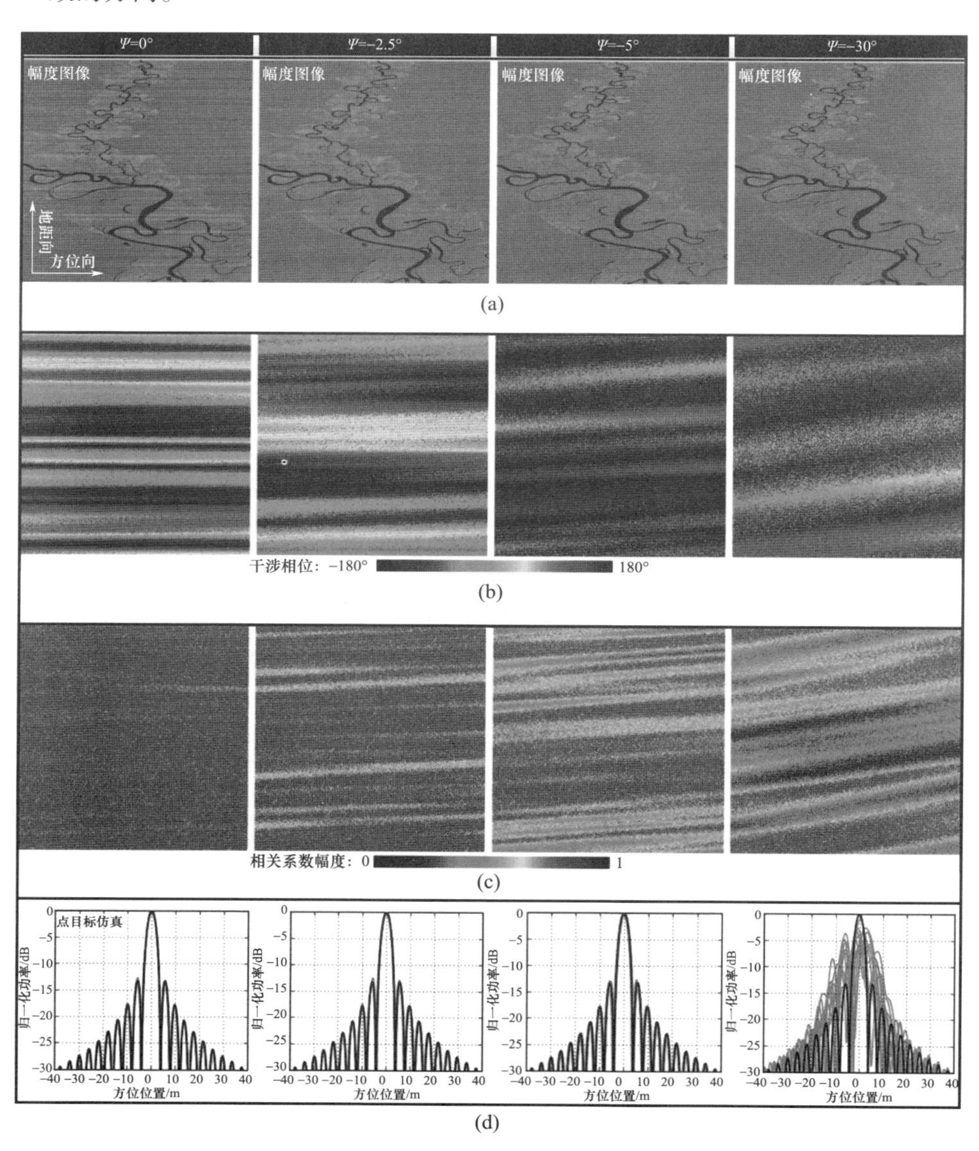

图 5.7　不同各向异性延伸角情况下仿真得到的 PALSAR 图像（见彩图）

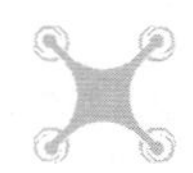

（3）成像性能。当 ψ 较小时（前三种情况），方位向剖面与理想剖面基本一致；而当 $\psi = 30°$ 时，方位向成像性能恶化严重，主要表现为主瓣展宽、旁瓣抬升、峰值能量下降以及峰值位置随机偏移，且方位向剖面的随机性更加明显。

为了进一步体现电离层闪烁效应会造成严重的星载 SAR 方位去相关以及方位向成像性能恶化，在不同的各向异性延伸角条件下开展星载 P 波段 SAR 图像级仿真。除了中心频率采用 500MHz 以外，其余系统参数和电离层参数与表 5.1一致，如图 5.8 所示。由图可见，相比于 L 波段系统，P 波段 SAR 更容易

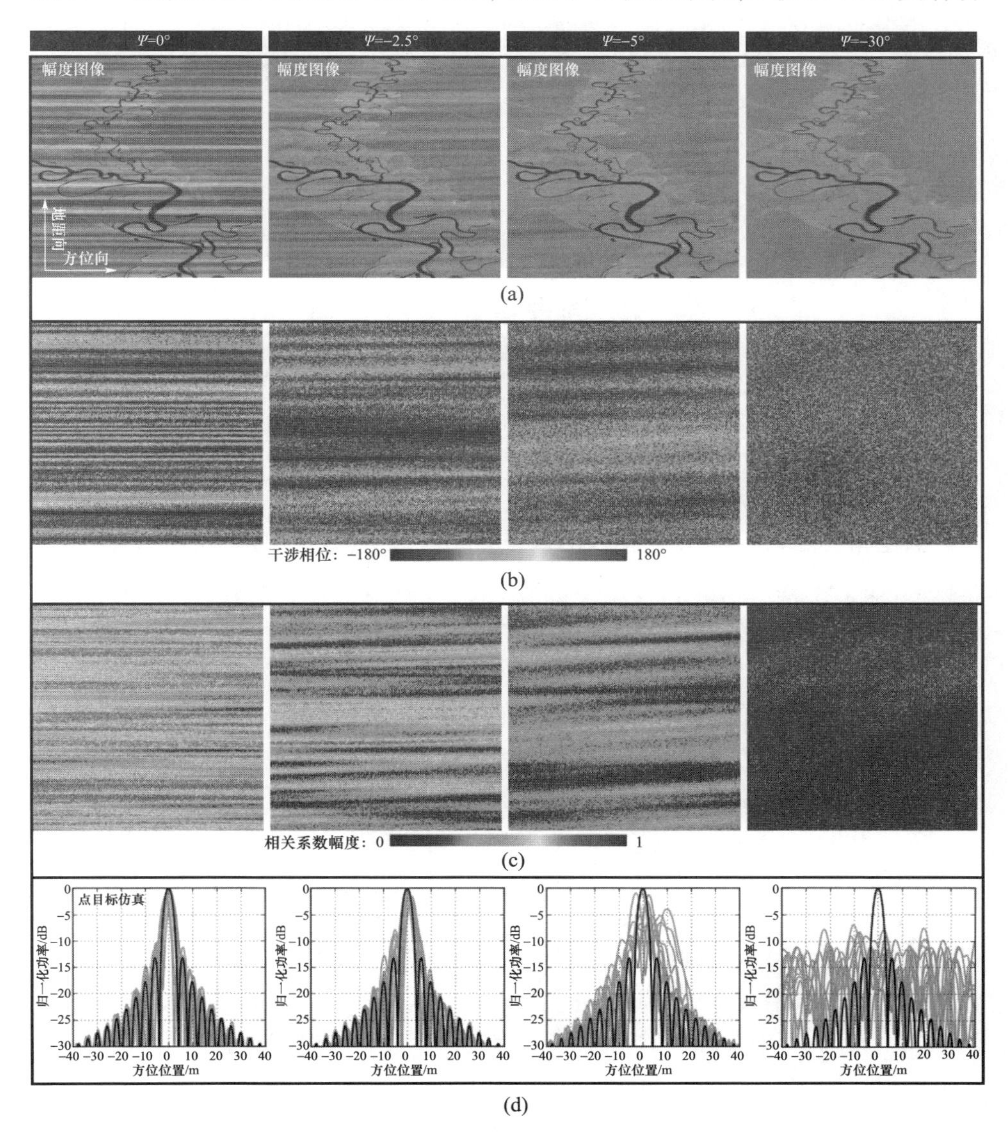

图 5.8　不同各向异性延伸角情况下仿真得到的星载 P 波段 SAR 图像（见彩图）

受到闪烁效应的影响，主要表现为幅度闪烁条纹更加明显，干涉相位中的椒盐化结构更多，更容易造成严重的失相干，且方位向聚焦性能更恶劣。当 $\psi=30°$时，幅度图像中出现了肉眼可见的方位向聚焦模糊，且其干涉相位几乎呈现为椒盐化噪声，相干性几乎下降至 0，方位向剖面完全杂乱无章，且其峰值能量损失大都在 10dB 以上。值得注意的是，闪烁效应导致的 InSAR 去相干本质上源于目标的随机偏移与散焦，前者将导致主辅图像无法配准，后者导致图像相干源急剧减少。

综上所述，在不同的各向异性参数下，星载 SAR 图像中会呈现出两种不同的现象。当各向异性延伸角较小时（通常小于 5°），图像中会出现明暗相间的幅度闪烁条纹，此时 InSAR 相干性以及方位向聚焦性能良好，闪烁效应导致的干涉相位误差基本与仿真注入的闪烁相位误差一致。当各向异性延伸角继续增大时（通常大于 5°），星载 SAR 图像主要呈现方位向散焦，幅度条纹消失，InSAR 相干性严重恶化，闪烁效应导致的干涉相位误差椒盐化特征越来越明显。

5.2 基于蒙特卡罗仿真的星载 SAR 方位向成像指标分析

本节仅考虑电离层不规则体引入的双程幅相闪烁误差对星载 SAR 方位向成像的影响，则式(2.97)中的冲激响应函数可简化为

$$H(f_\tau,\eta;P)=\zeta^2(\eta;P;\rho_x,\rho_y)\cdot h_0(f_\tau,\eta;P) \tag{5.13}$$

对于单个点目标的冲激响应来说，$\zeta^2(\eta;P;\rho_x,\rho_y)$表示合成孔径内具有随机特性的、服从于特定功率谱的幅度和相位误差，将造成星载 SAR 方位向成像指标的恶化，因此本节将基于蒙特卡罗仿真，统计和分析星载 SAR 方位向成像指标关于不同闪烁参数的变化趋势。这里包括 5 个方位向成像指标：主瓣展宽系数、PSLR、ISLR、峰值能量损失以及峰值偏移。值得注意的是，现有研究中很少提及闪烁效应导致的峰值偏移，该指标主要由闪烁相位误差中随机的线性成分导致，体现了闪烁效应引入的方位向定位模糊。

为了开展蒙特卡罗仿真，需要进一步明确仿真所需的系统参数和电离层参数，表 5.2 涉及三个系统，其中心频率和方位向设计分辨率的组合分别为[500MHz,5m]、[500MHz,10m]、[1.25GHz,5m]，将用于 5.2.1 节、5.2.2 节的仿真和分析。在分析不规则体的漂移效应时，所涉及的 L 波段 GEO SAR 系统参数将在 5.2.3 节中具体声明。另外，表 5.3 列出了不同闪烁参数的默认值和变化范围，当分析其中一种参数对星载 SAR 方位向指标的影响时，将其设置在变化范围内，且其他参数若无特殊声明均采用默认值。

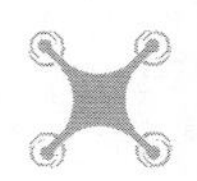

表 5.2　蒙特卡罗仿真所需系统参数

卫星高度 H_s	700km	地面入射角 θ_e	30°
中心频率 f_c	500MHz,500MHz,1.25GHz	方位向设计分辨率	5m,10m,5m

表 5.3　蒙特卡罗仿真所需电离层参数

参数	默认值	变化范围
闪烁强度 C_kL	10^{33}	$10^{33} \sim 10^{35}$
谱指数 p	3	2 ~ 5
外尺度 L_o	10km	5 ~ 30km
各向异性长轴尺度 a	1	1 ~ 50
磁航向角 γ_B	0	0 ~ 90°
磁倾角 θ_B	0	0 ~ 90°
各向异性短轴尺度 b	1	1 ~ 50
第三旋转角 δ_B	0	0 ~ 90°

5.2.1　各向同性不规则体影响下的指标分析

首先考虑各向同性的情况，即有 $a=b=1$，$\gamma_B=\theta_B=\delta_B=0$，以便于与后面的各向异性情况作比较。基于 100 次蒙特卡罗仿真，统计得到的方位向成像指标平均值和标准差，图 5.9、图 5.10 和图 5.11 分别给出了方位向成像指标关于闪烁强度 C_kL、谱指数 p、外尺度 L_o 的变化趋势，图中实线代表 P 波段 5m 方位分辨率系统，虚线线代表 P 波段 10m 方位分辨率系统，点线代表 L 波段 5m 方位分辨率系统，实心圆圈表示指标平均值，竖条代表指标的变化范围（$\hat{\mu}\pm\hat{\sigma}$，其中 $\hat{\mu}$ 为某指标的平均值，$\hat{\sigma}$ 为标准差，置信概率为 68.3%）。根据图 5.9、图 5.10 和图 5.11，可以得出以下结论：

（1）C_kL、p、L_o 主要决定了式（2.77）中闪烁相位误差均方差的大小，即决定了闪烁相位误差的波动程度。故随着它们的增大，主瓣展宽系数、PSLR、ISLR、峰值能量损失的均值和变化范围总体呈增大趋势，峰值偏移的均值在零值上下波动，但其变化范围逐渐增大。

（2）相比于 C_kL、p，指标性能对 L_o 的敏感度更低。当 $L_o\geqslant$10km 且继续增大时，尽管式（2.77）中闪烁相位误差均方差继续增大，但由于空间尺度的变大，孔径内相位误差的变化会变得缓和，这使得方位向指标恶化并不明显。

（3）关于 C_kL、p、L_o，主瓣展宽系数并不完全呈现增大的趋势。例如，对于 P 波段 5m 方位分辨率系统，当 $C_kL\geqslant10^{33}$ 且继续增大时，主瓣展宽系数增大趋势变缓，甚至有可能减小。另外，即使在 C_kL、p、L_o 很大的情况下（电离层剧烈扰动），

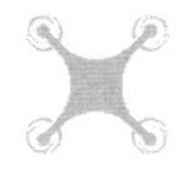

主瓣展宽也并不明显,平均展宽不超过30%。这说明在衡量方位向成像受闪烁效应影响时,主瓣展宽系数这个指标具有一定缺陷。

(4)随着 C_kL、p、L_o 的增大,PSLR 刚开始会上升很快;但当 PSLR 均值大于 -2dB 时,其增长趋势变缓,且波动范围越来越小,这主要是因为 PSLR 始终小于0。相比于 PSLR,ISLR 更适合描述闪烁效应引起的众多旁瓣,某些单个旁瓣能量就与主瓣能量相差无几,因此随着 C_kL、p、L_o,ISLR 的均值和变化范围将持续增大。

(5)峰值能量损失这一指标的持续上升,从侧面印证了主瓣的性能已无足轻重。峰值偏移的变化范围可定义为方位向定位的模糊距离,对于强闪烁影响下的 P 波段系统,其方位向定位的模糊距离可达几十甚至上百米。

(6)相比于主瓣展宽系数和 PSLR,ISLR、峰值能量损失以及峰值偏移更适合反映闪烁效应对方位向聚焦性能的影响程度。

(7)中心频率越低,方位向设计分辨率越优,方位向成像性能就越容易因闪烁效应而发生恶化。

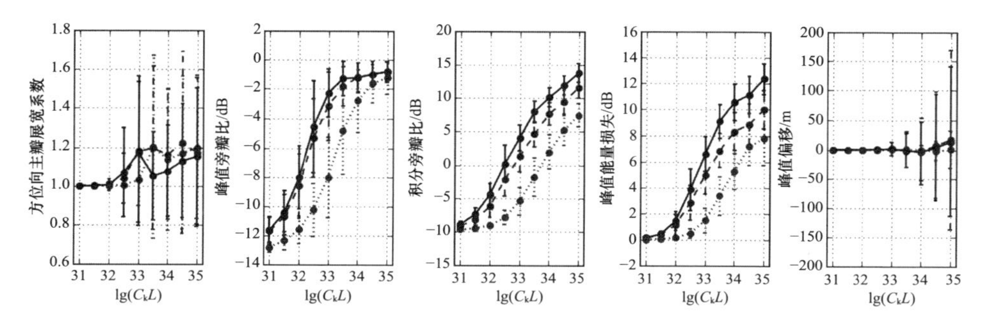

图 5.9 星载 SAR 方位向成像指标随闪烁强度 C_kL 变化

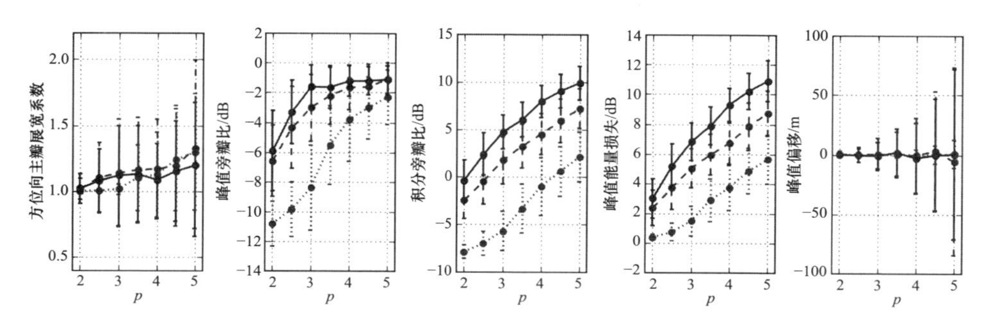

图 5.10 星载 SAR 方位向成像指标随谱指数 p 变化

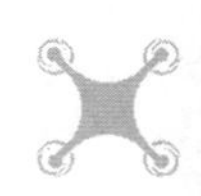

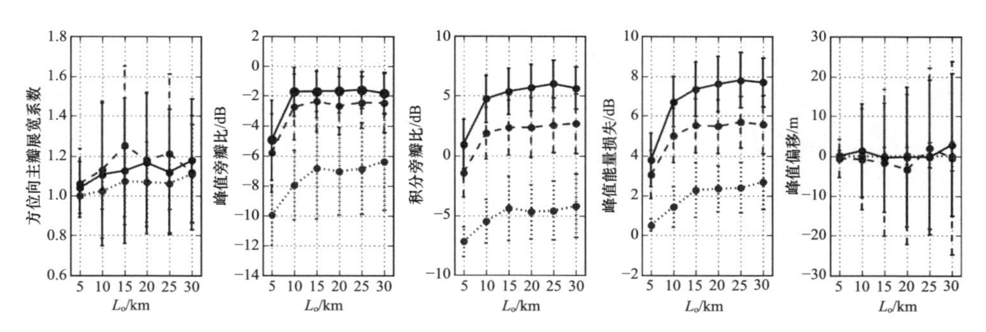

图5.11　星载SAR方位向成像指标随外尺度 L_o 变化

5.2.2　各向同性不规则体影响下的指标分析

由于地磁场的作用，实际的电离层不规则体具有各向异性特征，且在赤道地区呈现“柱状”，而在极区呈现“片状”。相比于各向同性情况，各向异性轴尺度 a，b、磁航向角 γ_B、磁倾角 θ_B、第三旋转角 δ_B 等参数的作用变得突出。基于蒙特卡罗仿真，下面将分别从“柱状”和“片状”不规则体两个方面，分析这些参数对方位向成像指标的影响。

5.2.2.1　“柱状”不规则体

对于赤道地区的“柱状”不规则体，给定 $C_kL=10^{33}$、$p=3$、$L_o=10\text{km}$、$b=1$、$\delta_B=0$，当分析磁航向角 γ_B 以及磁倾角 θ_B 参数的影响时，给定 $a=50$。图5.12、图5.13和图5.14分别给出了方位向成像指标关于各向异性长轴尺度 a、磁航向角 γ_B、磁倾角 θ_B 的变化趋势，可以得出以下结论。

（1）a 描述不规则体的空间尺度，由于 $\gamma_B=0$，$\theta_B=0$，故各向异性延伸角 $\psi=0$，那么图5.12中 a 的增大意味着二维相位屏将朝着方位向不断拉伸。因此，随着 a 的增大，孔径内的相关性不断增强，方位向成像指标迅速改善；当 $a\geqslant30$ 时，各指标的恶化基本可以忽略，这与5.1.3节的仿真结果一致。

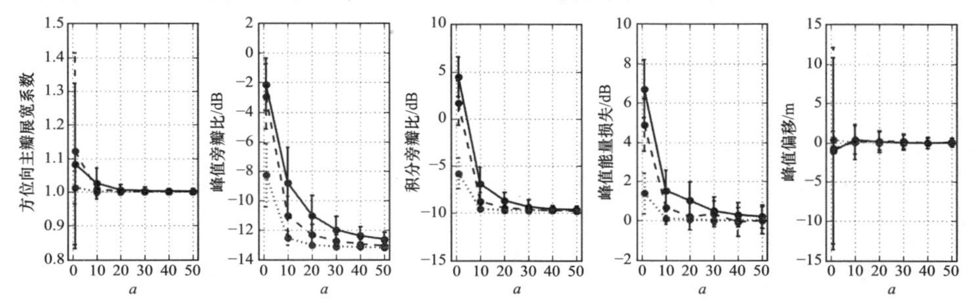

图5.12　星载SAR方位向成像指标随各向异性长轴尺度 a 变化

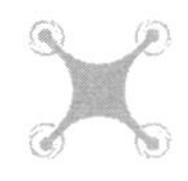

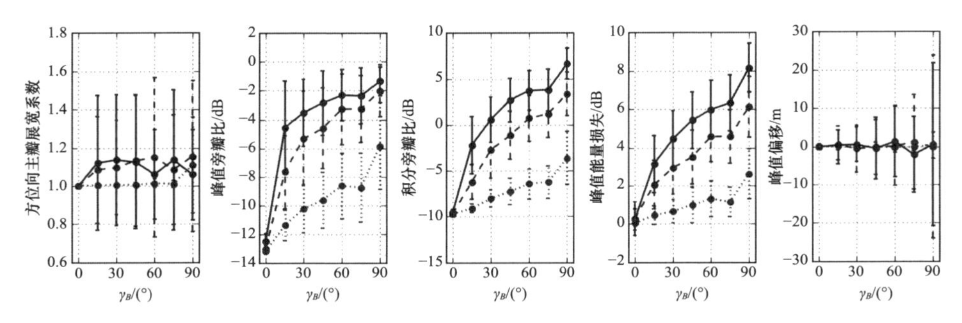

图 5.13　星载 SAR 方位向成像指标随磁航向角 γ_B 变化

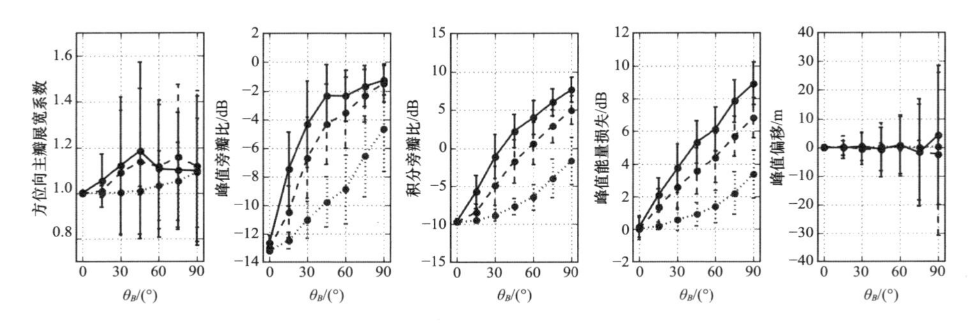

图 5.14　星载 SAR 方位向成像指标随磁倾角 θ_B 变化

(2)值得注意的是,当 $a \geqslant 30$ 且继续增大时,峰值能量损失的均值基本下降为 0,但其变化范围不再减小(保持不变甚至增大),且可能变为负,也就是说峰值能量有可能增强,也有可能减弱。造成这种现象的主要原因在于,随着孔径内相关性的持续增强,由方位向失配导致的峰值能量损失基本为零,此时的峰值幅度主要受到闪烁幅度误差的调制,呈现上下波动,这与幅度闪烁条纹的成因是一致的。

(3)各项指标关于 γ_B、θ_B 具有相似的变化趋势,这是由于 γ_B、θ_B 都会导致各向异性延伸角 ψ 的变化。随着 γ_B、θ_B 的增大,二维相位屏中空间尺度最大的方向逐渐偏离方位向,导致孔径内去相关越来越明显,方位向成像指标恶化越来越严重。当 $\gamma_B = 90°$ 或 $\theta_B = 90°$ 时,方位向成像指标恶化甚至比各向同性的情况更加严重。

5.2.2.2　“片状”不规则体

对于极区的“片状”不规则体,给定 $C_k L = 10^{33}$、$p = 3$、$L_o = 10\text{km}$。对于北极地区,磁倾角 θ_B 通常大于 80°,故取 $\theta_B = 90°$;另外,因为高纬地区磁偏角 φ_B 的变化异常剧烈,故这里不妨假设磁航向角 $\gamma_B = 45°$。由于“片状”不规则体满足 $a \approx b \gg 1$,所以当分析各向异性短轴尺度 b 对方位向成像指标的影响时,给定 $a = b$,

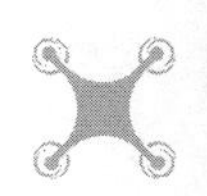

变化范围均为 1 ~50，且有 $\delta_B=0$。当分析第三旋转角 δ_B 对方位向成像指标的影响时，给定 $a=b=10$。图 5.15 和图 5.16 分别给出了方位向成像指标关于各向异性短轴尺度 b、第三旋转角 δ_B 的变化趋势，因此可以得出以下结论：

（1）与图 5.12 中 a 的情况相似，随着 b 的增大，孔径内相关性增强，方位向成像指标逐渐改善。尽管从理论上讲，“片状”不规则体也可能会导致幅度闪烁条纹的产生，但在极区的 PALSAR/PALSAR－2 幅度图像中很难观测到条纹现象，这可能是由于 b 的实际取值一般不会很大（大约为 10）。

（2）由于磁倾角 θ_B 为 90°，不规则体各向异性长轴完全垂直于相位屏平面（图 2.7），故 δ_B 也会导致相位屏旋转。因为 $\gamma_B=45°$，所以当 δ_B 为 45°时，方位向成像指标恶化最严重。

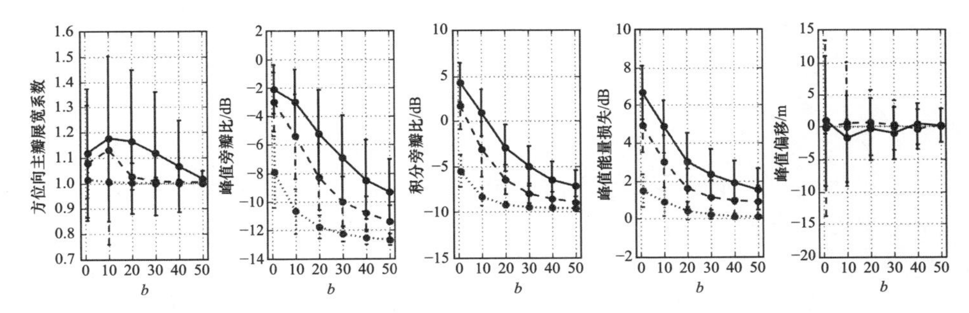

图 5.15　星载 SAR 方位向成像指标随各向异性短轴尺度 b 变化

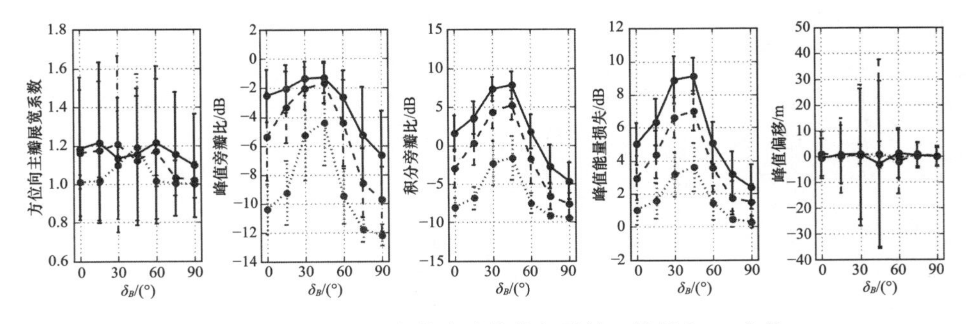

图 5.16　星载 SAR 方位向成像指标随第三旋转角 δ_B 变化

5.2.3　不规则体漂移效应影响下的指标分析

2.1.2.2 节将电离层不规则体时间分布特征归结于不规则体本身结构的时变以及漂移效应。对于前者，可以认为在较短的时间内较大尺度的不规则体结构具有较好的稳定性[5,6]；另外，由式（2.27）、式（2.28）可知，因为不规则体结构时变的建模相当复杂，且计算量巨大，故很难对其影响进行分析和评估，对此本书暂不作研究。针对后者,由式(2.80)可知,在一维相位频率域功率谱的建模过程中,通过引入有效速度 $v_{\text{eff}}=v_{\text{ipp}}-v_{\text{id}}$ 这一概念,已将不规则体的漂移效应考虑进来。所以,基于式(5.13)中的信号模型,同样可以利用蒙特卡罗仿真,分析不规则体的漂移速度对星载 SAR 方位向成像指标的影响。

值得注意的是,本节前述的仿真和分析均针对 LEO SAR 系统。在低轨情况下,由于 IPP 速度远大于不规则体的漂移速度,故不规则体的漂移效应可以忽略。在高轨情况下,IPP 速度与不规则体的漂移速度为同一量级,这意味着不规则体漂移效应对于 GEO SAR 系统来说不能忽略,因此本节将主要分析不规则体的漂移效应对 L 波段 GEO SAR 方位向成像指标的影响。

据文献[9]报道,赤道地区不规则体的漂移速度可达 100m/s,因此在后面的仿真中,设置不规则体漂移速度 v_{id} 的变化范围为 0 ~ 100m/s。另外,IPP 速度可进一步推导为[7]

$$v_{\text{ipp}}=\frac{L_{\text{syn}}^{\text{iono}}}{T_{\text{a}}}\approx\frac{\theta_{\text{syn}}R_0\cdot H_{\text{p}}}{H_{\text{s}}T_{\text{a}}}=\frac{0.886\lambda R_0 H_{\text{p}}}{2\rho_{\text{a}}H_{\text{s}}T_{\text{a}}}\tag{5.14}$$

式中:$L_{\text{syn}}^{\text{iono}}$ 为电离层相位屏高度上的合成孔径尺寸;T_{a} 为合成孔径时间,其精确计算可根据式(3.20)得出。因此根据式(5.14),可以计算不同星载 SAR 系统对应的 IPP 速度。如图 5.17 所示,针对 LEO SAR 和 GEO SAR 系统,分别计算得到了 IPP 速度关于纬度幅角的变化曲线,LEO SAR 轨道参数见表 2.2,GEO SAR 轨道参数见表 2.4。可见,LEO SAR 对应的 IPP 速度约 3800m/s,确实远大于不规则体漂移速度。而 GEO SAR 对应的 IPP 速度还与下视角有关,下视角越大,IPP 速度关于纬度幅角的变化范围越大,但始终与不规则体漂移速度为同一量级。不失一般性,这里取 $v_{\text{ipp}}=3800\text{m/s}$,作为 LEO SAR 典型的 IPP 速度,取 $v_{\text{ipp}}=30\text{m/s}$ 作为 GEO SAR 典型的 IPP 速度。

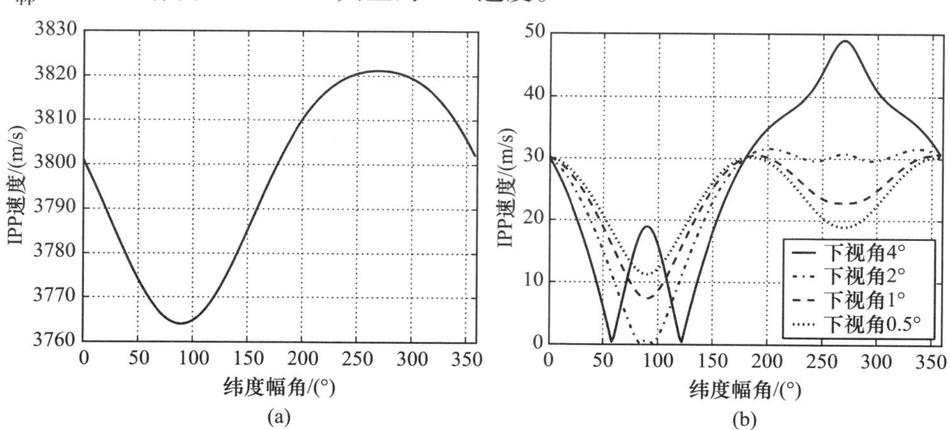

图 5.17 不同星载 SAR 系统 IPP 速度随纬度幅角的变化

(a) LEO SAR;(b) GRO SAR。

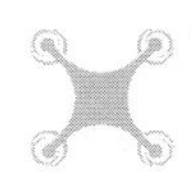

蒙特卡罗仿真结果如图 5.18 所示，这里涉及两个星载 SAR 系统，其中：虚线为表 5.2 给出的 L 波段 5m 方位向分辨率低轨系统；实线为同样方位分辨率的 L 波段 GEO SAR。由于 GEO SAR 方位向分辨率设计为 5m，故其多普勒带宽为 73.63Hz，合成孔径时间为 250.66s，脉冲重复频率设置为 80Hz，其他系统参数与表 2.4 中所列参数均一致。另外，取 $C_kL=10^{34}$ 用于突出闪烁效应的影响，其他电离层参数取默认值。根据图 5.18，可以得出以下结论[8]：

(1) LEO SAR 的方位向成像指标几乎不随 v_{id} 的增大而改变，这是由于有效速度 v_{eff} 的相对变化量很小。因此从概率统计的角度，可以判定 LEO SAR 的方位向成像性能与不规则体的漂移速度无关。

(2) 对于 GEO SAR 的情况，横轴 v_{id} 对应于有效速度 v_{eff} 的变化范围为 30 ~ −70m/s。当 $v_{ipp}=30$m/s 时，不规则体与 IPP 没有相对运动，即 $v_{eff}=0$，此时 GEO SAR 各项指标没有恶化。但随着 $|v_{eff}|$ 的增大，GEO SAR 的各项指标恶化得越来越严重。当 $v_{id}=0$ 或 60m/s 时，$|v_{eff}|=30$m/s，等效于不考虑不规则体漂移效应的情况，此时 GEO SAR 的各项指标与 LEO SAR 很接近。

(3) 若不考虑不规则体时间分布特性（包括结构时变和漂移效应），对于相同方位分辨率、相同中心频率的 LEO SAR 和 GEO SAR，闪烁效应对两者方位向成像性能的影响程度相当。

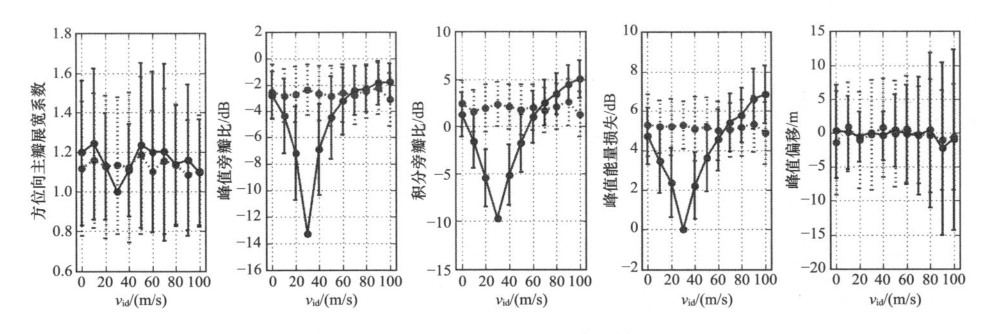

图 5.18　星载 SAR 方位向成像指标随不规则体漂移速度 v_{id} 的变化

5.3　基于 GAF 的星载 SAR 模糊分辨率数值分析

5.2 节基于蒙特卡罗仿真分析了电离层闪烁效应对星载 SAR 方位向成像指标的影响，涉及多个因素以及 5 个方位向指标，因此仿真与分析的过程相当复杂。同时，对于强闪烁情况，方位向分辨率的恶化并不严重，平均展宽系数不超过 30%，但此时主瓣能量已分散至各个旁瓣，以至于出现了众多能量很强的旁瓣，使得旁瓣总能量远超过主瓣的能量，即 ISLR 指标严重恶化。如图 2.16 (d)

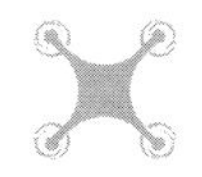

所示，在强闪烁效应的影响下，星载 P 波段 SAR 方位向分辨率为 6.03m，仅展宽 22%，而 PSLR 为 -0.21dB，ISLR 为 9.46dB，峰值能量损失 11.72dB，峰值偏移量 -38.40m。故对于强闪烁情况，利用方位向分辨率（本节统称为名义分辨率）描述 SAR 图像的聚焦性能和分辨能力不具有完备性，因此其分析结果对于系统设计、指标评估等方面的实际参考价值不大。

针对信号级分析的上述缺点，本节将基于 GAF 开展星载 SAR 模糊分辨率的数值分析。相比于 SAR 的名义分辨率，模糊分辨率具有统计平均的含义，故更适合描述随机的幅相闪烁误差对 SAR 聚焦性能的影响。

5.3.1 GAF 模型

GAF 的数值模型是由 Ishimaru[10] 首次提出，并用于分析电离层传播效应对低波段星载 SAR 图像分辨率的影响。聚焦后 SAR 图像在参考位置处的值可定义为地面反射系数 σ 与广义模糊函数 ξ 的卷积[10]，即

$$\chi(\boldsymbol{P}_0) = \int \sigma(\boldsymbol{P}) \cdot \xi(\boldsymbol{P}, \boldsymbol{P}_0) \mathrm{d}\sigma \tag{5.15}$$

式中：$\boldsymbol{P}_0$ 为参考目标 P_0 的位置矢量；$\boldsymbol{P}$ 为场景内任意目标 P 的位置矢量；$\mathrm{d}\sigma$ 为单位散射元。参考目标处的 GAF 可表示为

$$\xi(\boldsymbol{P}, \boldsymbol{P}_0) = \sum_n \frac{1}{2\pi} \int g_n(\omega, r_n) f_n^*(\omega, r_{0n}) \mathrm{d}\omega \tag{5.16}$$

式中：

$$f_n^*(\omega, r_{0n}) = u_{\mathrm{i}}(\omega) \exp\{-\mathrm{j}2\omega r_{0n}/c\} \tag{5.17}$$

$$g_n(\omega, r_n) = u_{\mathrm{i}}(\omega) G_0(\omega, r_n) \tag{5.18}$$

式中：$u_{\mathrm{i}}(\omega)$ 为发射信号的频域形式；$f_n^*(\omega, r_{0n})$ 为针对参考目标 P_0 的匹配滤波函数；$g_n(\omega, r_n)$ 为天线在第 n 个方位位置处接收的由任意目标 P 反射回来的信号；r_{0n}，r_n 分别为目标 P_0，P 的斜距。相关几何关系如图 5.19 所示。

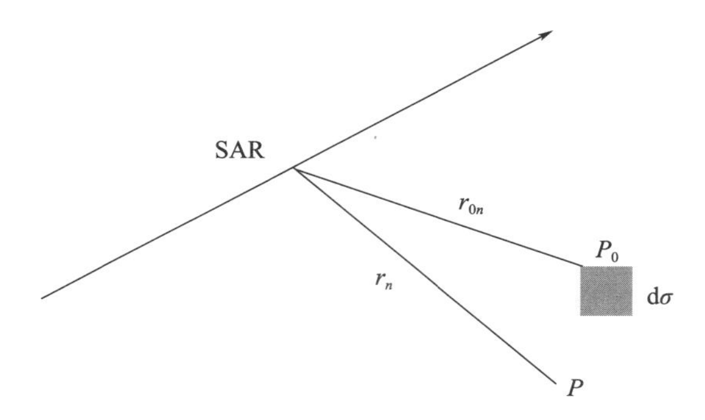

图 5.19　星载 SAR 广义模糊函数几何关系示意图[10]

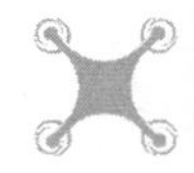

另外，式(5.18)中的 $G_0(\omega, r_n)$ 为双程格林函数，可表示为[10]

$$G_0(\omega, r_n) = \frac{\exp\{\mathrm{j}2\int v(\omega)\,\mathrm{d}s + \delta\phi_{\text{down}} + \delta\phi_{\text{up}}\}}{(4\pi r_n)^2} \tag{5.19}$$

式中：$v(\omega)$ 为依赖于频率的传播因子，包含了由路径导致的真实相位以及背景电离层引入的相位超前误差；$\delta\phi_{\text{down}}$ 和 $\delta\phi_{\text{up}}$ 分别为由电离层不规则体引入的下行和上行闪烁相位误差[9]。

值得注意的是，当无电离层传播效应的影响时，如果 P_0 与 P 重合，则式(5.17)中的 GAF 达到最大值，即接收信号与匹配函数相匹配，否则失配。为了进一步开展数值分析，需要引入 GAF 的二阶矩，即

$$\langle |\xi(\boldsymbol{P}, \boldsymbol{P}_0)|^2 \rangle = \frac{1}{(2\pi)^2} \sum_n \sum_m \iint g_n(\omega_1, r_n) f_n^*(\omega_1, r_{0n}) \cdot g_m^*(\omega_2, r_m) f_m(\omega_2, r_{0m})\,\mathrm{d}\omega_1 \mathrm{d}\omega_2 \tag{5.20}$$

在上述经典 GAF 模型基础之上，众多学者又相继开展了针对性的研究[7,11-18]，其中李廉林进一步推导了 GAF 的二阶矩[13]，即

$$\langle |\xi(\boldsymbol{P}, \boldsymbol{P}_0)|^2 \rangle = \frac{1}{(2\pi)^2 \cdot (4\pi r_0)^4} \sum_n \sum_m \iint \Gamma_{11}(\rho_n, \rho_m; \omega_1, \omega_2) \cdot \exp\left\{\mathrm{j}2\left[\int_{r_n} v(\omega_1)\,\mathrm{d}s - \int_{r_m} \nu(\omega_2)\,\mathrm{d}s\right]\right\}\mathrm{d}\omega_1 \mathrm{d}\omega_2 \tag{5.21}$$

$$\Gamma_{11}(\rho_n, \rho_m; \omega_1, \omega_2) = \langle \exp\{2\mathrm{j}[\delta\phi(\rho_n, \omega_1) - \delta\phi(\rho_m, \omega_2)]\} \rangle \tag{5.22}$$

式中：$\Gamma_{11}(\rho_n, \rho_m; \omega_1, \omega_2)$ 为双频双点互相关函数（TFTPCF）；ρ_n, ρ_m 为电离层穿刺点的位置，且认为下行和上行闪烁相位误差相等，即有 $\delta\phi = \delta\phi_{\text{down}} = \delta\phi_{\text{up}}$。TFTPCF 的引入为描述电离层不规则体的空间和频率相关性提供了理论模型，也有利于 SAR 模糊分辨率的计算和分析。

5.3.2　改进的 GAF 模型

尽管基于 GAF 的星载 SAR 模糊分辨率数值分析研究已取得了可观的成果，但仍然有几个方面问题没有引起足够重视。首先，在以往的研究成果中，衍射效应通常会被忽略，即忽略了闪烁幅度误差对成像性能的影响，这使得分析结果与考虑衍射效应后的结果有一定出入；其次，电离层不规则体的各向异性特征会深刻影响星载 SAR 方位向成像性能，但是在 TFTPCF 的建模中并没有充分考虑这一点；再次，以往的研究中模糊分辨率的定义并不适用于 SAR 系统，因此有待进一步修正。综合以上三个方面，本书将建立一个更加全面、精确的改进 GAF 模型，用于分析电离层幅相闪烁效应对星载 SAR 成像性能的影响。

5.3.2.1　GAF 的进一步推导

式(5.16)是一个抽象的表达式，可以基于特定的星载 SAR 观测几何对其进

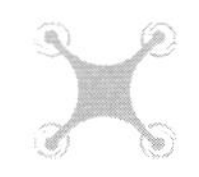

行进一步的推导,接下来的推导将分别针对 LEO SAR 直线几何以及 GEO SAR 曲线几何。

(1)LEO SAR。

图5.20给出了 LEO SAR 直线轨迹模型下的几何关系图,其中:v_r 为卫星等效速度(通常 $v_r \approx \sqrt{v_s v_g}$,且有 $v_g < v_r < v_s$);x 为参考目标 P_0 与任意目标 P 之间的方位间隔。为了便于进一步推导,有必要做出一些假设,以下假设的成立主要归结于它们对后期模糊分辨率计算的影响很小。

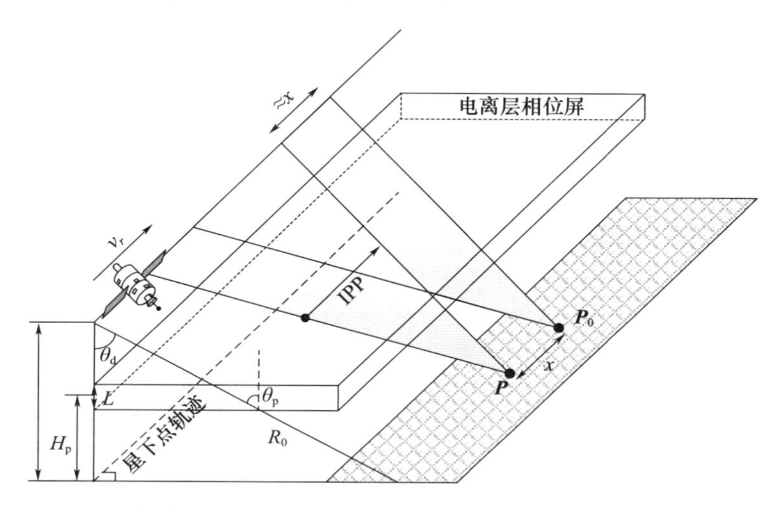

图5.20 LEO SAR 广义模糊函数几何关系示意图

首先,忽略方位向与距离向信号的耦合关系;其次,对于同距离门的不同目标,假设各自合成孔径时间内的斜距历程是相同的;最后,忽略接收信号的能量衰减。那么,式(5.17)中的匹配滤波函数可表示为

$$f_n(\omega, x_{sn}) \approx u_i(\omega)\exp\left[\mathrm{j}\frac{\omega}{c}2\left(R_0+\frac{{v_r}^2{\eta_n}^2}{2R_0}\right)\right] = u_i(\omega)\exp\left(\mathrm{j}\frac{\omega}{c}2R_0\right)\underbrace{\exp\left(\mathrm{j}\pi\frac{\omega}{\pi c R_0}{x_{sn}}^2\right)}_{S_a(x_{sn})} \tag{5.23}$$

式中:η_n 为方位离散时间;$S_a(x_{sn})$ 为参考目标的方位向信号,其方位向调频率可表示为 $K_a = \omega v_r^2/\pi c R_0$,卫星位置可表示为 $x_{sn} = v_r\eta_n$。

式(5.18)中的接收信号可进一步表示为

$$g_n(\omega, x_{sn}; x, r) \approx u_i(\omega)\exp\left[\mathrm{j}\frac{\omega}{c}2(R_0+r)\right]S_a(x_{sn}-x)\times$$
$$\exp\left(\mathrm{j}\frac{4\pi c r_e}{\omega}\times \mathrm{TEC_S}\right)\exp[\mathrm{j}2\delta\phi(\rho_n,\omega)] \tag{5.24}$$

式中:r 为参考目标 P_0 与任意目标 P 之间的斜距间隔;$S_a(x_{sn}-x)$ 为任意目标 P

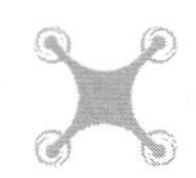

的方位向信号。在单独分析闪烁效应的影响时,通常略去式(5.24)中背景电离层引入的相位超前指数项。将式(5.23)、式(5.24)代入式(5.16),则GAF可进一步推导为

$$\xi(\boldsymbol{P},\boldsymbol{P}_0)=\xi(x,r)=\int|u_{\mathrm{i}}(\omega)|^2\exp\left(\mathrm{j}\frac{\omega}{c}2r\right)\cdot\sum_n\exp[2\mathrm{j}\delta\phi(\rho_n,\omega)]S_{\mathrm{a}}(x_{sn}-x)S_{\mathrm{a}}{}^*(x_{sn})\mathrm{d}\omega \tag{5.25}$$

而GAF的二阶矩可表示为

$$\langle|\xi(x,r)|^2\rangle=\iint|u(\omega_1)|^2\,|u(\omega_2)|^2\exp\left\{\mathrm{j}2r\frac{(\omega_1-\omega_2)}{c}\right\}\cdot\sum_m\sum_n\Gamma_{11}(\rho_n,\rho_m;\omega_1,\omega_2)S_{\mathrm{a}}^*(x_{sn})S_{\mathrm{a}}(x_{sm})S_{\mathrm{a}}(x_{sn}-x)\cdot S_{\mathrm{a}}^*(x_{sm}-x)\mathrm{d}\omega_1\mathrm{d}\omega_2 \tag{5.26}$$

式中:ω_1,ω_2为不同的频点;ρ_n,ρ_m为不同的穿刺点位置。

(2)GEO SAR。

相比于低轨情况,高轨情况下GAF推导的不同主要来自于星速和地速的巨大差异,这使得P_0与P中心时刻卫星位置间隔并不近似等于x,而是等于$x\cdot v_{\mathrm{s}}/v_{\mathrm{g}}$。因此,对于GEO SAR,式(5.24)、式(5.25)和式(5.26)可分别修正为

$$g_n(\omega,x_{sn};x,r)\approx u_{\mathrm{i}}(\omega)\exp\left[\mathrm{j}\frac{\omega}{c}2(R_0+r)\right]S_{\mathrm{a}}\left(x_{sn}-\frac{v_{\mathrm{s}}}{v_{\mathrm{g}}}x\right)\times\exp\left(\mathrm{j}\frac{4\pi cr_{\mathrm{e}}}{\omega}\times\mathrm{TEC_S}\right)\exp[\mathrm{j}2\delta\phi(\rho_n,\omega)] \tag{5.27}$$

$$\xi(x,r)=\int|u_{\mathrm{i}}(\omega)|^2\exp\left(\mathrm{j}\frac{\omega}{c}2r\right)\cdot\sum_n\exp[2\mathrm{j}\delta\phi(\rho_n,\omega)]S_{\mathrm{a}}\left(x_{sn}-\frac{v_{\mathrm{s}}}{v_{\mathrm{g}}}x\right)S_{\mathrm{a}}{}^*(x_{sn})\mathrm{d}\omega \tag{5.28}$$

$$\langle|\xi(x,r)|^2\rangle=\iint|u(\omega_1)|^2\,|u(\omega_2)|^2\exp\left\{\mathrm{j}2r\frac{(\omega_1-\omega_2)}{c}\right\}\times\sum_m\sum_n\Gamma_{11}(\rho_n,\rho_m;\omega_1,\omega_2)S_{\mathrm{a}}^*(x_{sn})S_{\mathrm{a}}(x_{sm})S_{\mathrm{a}}\left(x_{sn}-\frac{v_{\mathrm{s}}}{v_{\mathrm{g}}}x\right)S_{\mathrm{a}}^*\left(x_{sm}-\frac{v_{\mathrm{s}}}{v_{\mathrm{g}}}x\right)\mathrm{d}\omega_1\mathrm{d}\omega_2 \tag{5.29}$$

另外,对于高轨系统,卫星等效速度可以精确表示为$v_r=\sqrt{2R_0p_2}$,p_2为斜距历程关于方位时间的二阶系数。

5.3.2.2　TFTPCF的精确推导

根据相位屏理论,电波信号穿过相位屏将受到闪烁相位误差的调制;当电波继续在自由空间中传播时,它们之间将会发生衍射效应,从而引入闪烁幅度误

差。然而在推导 TFTPCF 时，现有众多文献通常采用高斯近似[13]，且认为衍射效应造成的孔径内去相关可以忽略。实际上，在（极）强闪烁情况下，闪烁幅度误差也会造成明显的旁瓣抬升，所以 TFTPCF 的建模以及模糊分辨率的精确计算必须将其考虑进去[19]。

针对幅相闪烁效应，前向传播方程可以应用于 TFTPCF 的求解，单程幅相闪烁误差可对应 TFTPCF 微分方程[20]，即

$$\frac{\partial \Gamma_{11}(z;\rho_n,\rho_m;\omega_1,\omega_2)}{\partial z} = -\mathrm{j}(k_1\Theta_{\rho_n} - k_2\Theta_{\rho_m})\Gamma_{11}(z;\rho_n,\rho_m;\omega_1,\omega_2) - \frac{1}{2}[R_{\delta n}(0)(k_1-k_2)^2 + D_{\delta n}(\Delta\rho)k_1k_2]\Gamma_{11}(z;\rho_n,\rho_m;\omega_1,\omega_2)n \tag{5.30}$$

$$D_{\delta n}(\Delta\rho) = 2R_{\delta n}(0) - 2R_{\delta n}(\Delta\rho) \tag{5.31}$$

式中：Θ_{ρ_n}，Θ_{ρ_m}分别为传播算子（详见文献[20]第 26 页的定义）；k_1，k_2 分别为角频率 ω_1，ω_2 对应的波数；$\Delta\rho=\rho_n-\rho_m$ 为穿刺点空间间隔；z 为垂直向下的距离；$D_{\delta n}(\Delta\rho)$为结构函数。

进一步考虑双程幅相闪烁误差，并且表示成相位自相关函数的形式，那么式（5.30）可修正为

$$\frac{\partial \Gamma_{11}(z;\rho_n,\rho_m;\omega_1,\omega_2)}{\partial z} = -\frac{4\mathrm{j}}{c}(\omega_1\Theta_{\rho_n} - \omega_2\Theta_{\rho_m})\Gamma_{11}(z;\rho_n,\rho_m;\omega_1,\omega_2) - [2R_{\delta\phi}(0;\omega_1) + 2R_{\delta\phi}(0;\omega_2) - 4R_{\delta\phi}(\Delta\rho;\omega_1,\omega_2)]\Gamma_{11}(z;\rho_n,\rho_m;\omega_1,\omega_2) \tag{5.32}$$

式（5.32）中前面一项代表幅度闪烁，后面一项代表相位闪烁。为了简化 TFTPCF 的求解，通常会借助一些假设条件，接下来考虑两种高斯近似的情况[19]：

（1）若忽略不规则体的色散特征（$k_1=k_2=k_0$）以及衍射效应，而电离层闪烁相位误差近似服从于高斯分布。对于高斯分布，有

$$\langle \exp(\mathrm{j}\delta\phi)\rangle = \exp\left(-\frac{1}{2}\langle\delta\phi^2\rangle\right) \tag{5.33}$$

那么，TFTPCF 可推导为

$$\begin{aligned}\Gamma_{11}(\Delta\rho;\omega) &= \exp\{-2\langle[\delta\phi(\rho_n;\omega) - \delta\phi(\rho_m;\omega)]^2\rangle\} \\ &= \exp[4R_{\delta\phi}(\Delta\rho;\omega) - 4R_{\delta\phi}(0;\omega)]\end{aligned} \tag{5.34}$$

这种情况下 TFTPCF 转化为文献[10]的形式，可称为双点互相关函数（Two - Point Coherent Function，TPCF）。

（2）若只忽略不规则体的衍射效应，那么高斯近似条件下的 TFTPCF 可推导为

$$\Gamma_{11}(\Delta\rho;\omega_1,\omega_2) = \exp\{-2\langle[\delta\phi(\rho_n,\omega_1) - \delta\phi(\rho_m,\omega_2)]^2\rangle\}$$

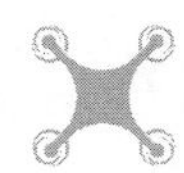

$$=\exp[-2R_{\delta\phi}(0;\omega_1)-2R_{\delta\phi}(0;\omega_2)+4R_{\delta\phi}(\Delta\rho;\omega_1,\omega_2)] \tag{5.35}$$

但是,若同时考虑色散特征以及衍射效应,那么 TFTPCF 的精确推导只能依赖于式(5.32),并且需要借助于裂步法。基于前向传播以及小角度散射近似,TFTPCF 可以精确推导为

$$\begin{aligned}\Gamma_{11}(z;\Delta\rho;\omega_1,\omega_2) = &\exp[-2R_{\delta\phi}(0;\omega_1)-2R_{\delta\phi}(0;\omega_2)+4R_{\delta\phi}(0;\omega_1,\omega_2)]\times\\ &\iint\exp\{4R_{\delta\phi}(0;\omega_1,\omega_2)-4R_{\delta\phi}(\Delta\rho;\omega_1,\omega_2)\}\cdot\\ &\frac{\exp\{-(\Delta\rho'-\Delta\rho)^2/\iota_0\}}{\pi\iota_0}\mathrm{d}\Delta\rho'\\ &\iota_0=2\mathrm{j}cz(1/\omega_1-1/\omega_2)\end{aligned} \tag{5.36}$$

值得注意的是,式(5.34)、式(5.35)为式(5.36)的简化形式,因此后面均采用式(5.36)以实现 SAR 模糊分辨率的精确计算。

5.3.2.3　各向异性的描述

为了进一步在改进的 GAF 模型中考虑电离层不规则体的不规则体,必须使用考虑了各向异性特征的相位自相关函数用于描述 TFTPCF,式(2.74)给出的 Rino 二维相位功率谱对应的自相关函数就充分考虑了这一点。基于式(2.74),式(5.36)中色散的自相关函数及对应的均方差可表示为[19]

$$R_{\delta\phi}(\Delta\rho;\omega_1,\omega_2)=\frac{2\pi c^2r_e^2GC_sL\sec\theta_p}{\omega_1\omega_2}\cdot\left|\frac{\Delta\rho^*}{2\kappa_o}\right|^{\nu-1/2}\frac{K_{\nu-1/2}(\kappa_o\Delta\rho^*)}{\Gamma(\nu+1/2)} \tag{5.37}$$

$$R_{\delta\phi}(0;\omega_1,\omega_2)=\frac{\pi c^2r_e^2GC_sL\sec\theta_p}{\omega_1\omega_2}\cdot\frac{\kappa_o^{-2\nu+1}\Gamma(\nu-1/2)}{\Gamma(\nu+1/2)} \tag{5.38}$$

$$\Delta\rho^*=\Delta\rho\sqrt{\frac{A_3}{A_1A_3-A_2^2/4}} \tag{5.39}$$

5.3.2.4　模糊分辨率的定义

在现有众多文献中[13-18],模糊分辨率都是根据$\langle|\xi(x,r)|^2\rangle/\langle|\xi(0,0)|^2\rangle=\mathrm{e}^{-2}$来计算,其计算准则是 GAF 二阶矩的下降到峰值的 −8.69dB,取某一维的主瓣宽度。但是,由于 SAR 系统通常采用 −3dB 准则来定义分辨率,因此该准则并不适合 SAR 系统。根据以下公式计算模糊分辨率[19],即

$$\langle|\xi(x,r)|^2\rangle/\langle|\xi(0,0)|^2\rangle=\frac{1}{2} \tag{5.40}$$

5.3.3　不规则体相关性分析

电离层不规则体对星载 SAR 成像的影响可以直接体现在 TFTPCF 的二维相关性上,即空间和频率相关性。根据式(5.36),当 $\Delta\rho=0$ 以及 $\Delta\omega=\omega_1-\omega_2=0$

时，TFTPCF 等于 1，并且会随着空间间隔 $\Delta\rho$ 和频率间隔 $\Delta\omega$ 的增大而衰减。可以规定，$\Gamma_{11}(\omega_c,\Delta\rho)=1/\sqrt{2}$ 两个解的空间间隔代表不规则体相关长度，其中 ω_c 为中心角频率；$\Gamma_{11}(\Delta\omega,0)=1/\sqrt{2}$ 两个解的频率间隔代表不规则体相关频率。当然这两个方程也可能会无解，这种情况就意味着不规则体具有良好的空间和频率相关性，将不会影响 SAR 成像性能。不规则体相关长度和相关频率两个指标可分别与星载 SAR 系统有效合成孔径尺寸（在相位屏上的投影）和带宽相比较，从而用于定性地描述闪烁效应是否会对星载 SAR 成像造成不可忽略的影响以及其影响的程度。具体来讲，当不规则体相关长度小于有效合成孔径尺寸时，星载 SAR 方位向成像性能将会受到影响，且相关长度越小，方位向去相关就越严重；当不规则体相关频率小于系统带宽时，星载 SAR 距离向成像性能将会受到影响，且相关频率越小，频率去相关就越严重。换言之，如果某个系统满足 $\Gamma_{11}(\omega_c,\Delta\rho=L_{\mathrm{syn}}^{\mathrm{iono}}/2)>1/\sqrt{2}$，$\Gamma_{11}(\Delta\omega=B_r/2,0)>1/\sqrt{2}$，那么不规则体闪烁效应对该系统方位向和距离向成像的影响均可以忽略。

下面将从不规则体的各向同性、各向异性以及漂移效应三个方面，分析不同闪烁参数对不规则体空间和频率相关性的影响，闪烁参数的默认值与取值范围参照表 5.3。在分析不规则体的各向同性和各向异性特征时，将针对 P 波段（中心频率为 500MHz）LEO SAR 系统计算 TFTPCF；而在考虑不规则体的漂移效应时，将针对 L 波段（中心频率为 1.25GHz）LEO SAR 以及 GEO SAR 系统计算 TFTPCF。

5.3.3.1 各向同性

对于各向同性情况，满足 $a=b=1$，$\gamma_B=\theta_B=\delta_B=0$。针对 P 波段（中心频率为 500MHz）LEO SAR 系统，在不同的闪烁强度 C_kL，谱指数 p，外尺度 L_o 参数条件下计算 TFTPCF，分别如图 5.21、图 5.22 和图 5.23 所示，可得出以下结论：

（1）C_kL、p、L_o 主要决定了式（2.77）中闪烁相位误差均方差的大小，即决定了幅相闪烁的剧烈程度。因此，随着 C_kL、p、L_o 的增大，不规则体的空间和频率相关性迅速降低。值得一提的是，不规则体的频率去相关源自于相位闪烁误差的色散特征。

（2）不规则体造成的空间（方位向）去相关远远比频率去相关更严重，这意味着不规则体造成的方位向成像性能恶化要比距离向严重得多，这也是为何现有的大多数研究只针对方位向成像性能进行分析的原因。

（3）在给定中心频率的情况下，设计分辨率越优，则有效合成孔径尺寸和系统带宽越大，那么不规则体的相关长度以及相关频率就越容易小于有效合成孔径尺寸和系统带宽，这意味着分辨率越优的系统越容易受到不规则体的影响。

（4）若考虑方位向和地距向设计分辨率均为 5m 的 P 波段 SAR 系统，其有效合成孔径尺寸约 20km，系统带宽为 56MHz。那么，当 $C_kL\geqslant10^{32}$ 时，不规则体

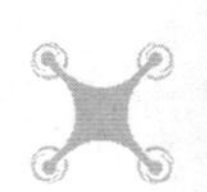

的相关长度将小于有效合成孔径尺寸，从而造成显著的方位向散焦；只有在极强闪烁（$C_{\mathrm{k}}L=10^{35}$）情况下，不规则体的相关频率才会小于系统带宽，此时造成的距离向成像恶化不可忽略。

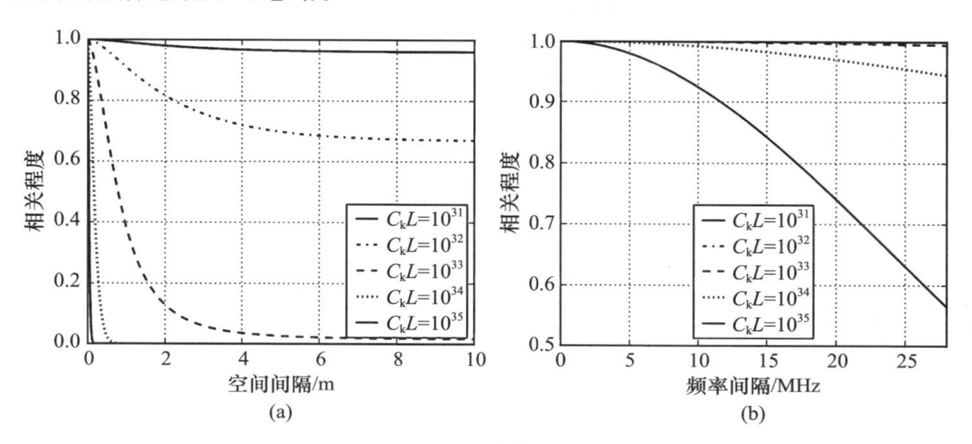

图5.21　不规则体相关性随闪烁强度 $C_{\mathrm{k}}L$ 的变化

（a）空间相关性；（b）频率相关性。

5.3.3.2　各向异性

对于各向异性情况，给定 $C_{\mathrm{k}}L=10^{33}$、$p=3$、$L_{\mathrm{o}}=10\mathrm{km}$。由于“片状”不规则体涉及参数比较多，因此这里将只分析“柱状”不规则体，故满足 $b=1$、$\delta_B=0$。当分析磁航向角 γ_B 以及磁倾角 θ_B 参数的影响时，给定 $a=50$。针对P波段（中心频率为500MHz）LEO SAR系统，在不同的各向异性长轴尺度 a、磁航向角 γ_B、磁倾角 θ_B 参数条件下计算TFTPCF，分别如图5.24、图5.25和图5.26所示，可得出以下结论：

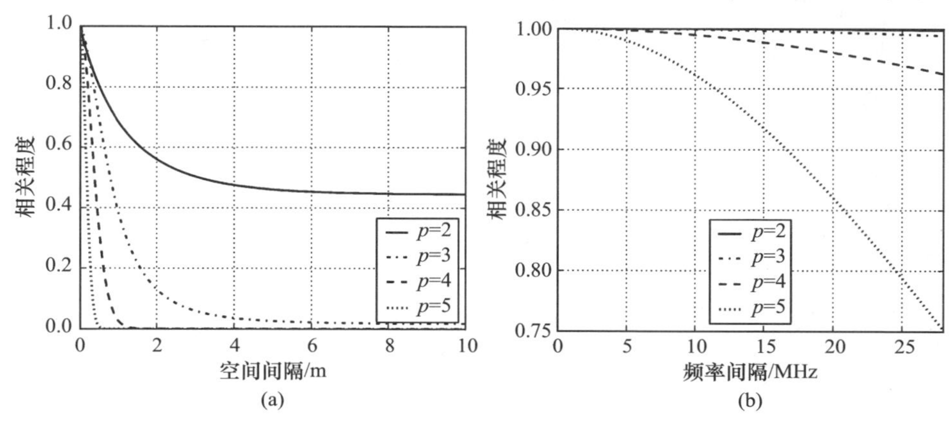

图5.22　不规则体相关性谱指数 p 的变化

（a）空间相关性；（b）频率相关性。

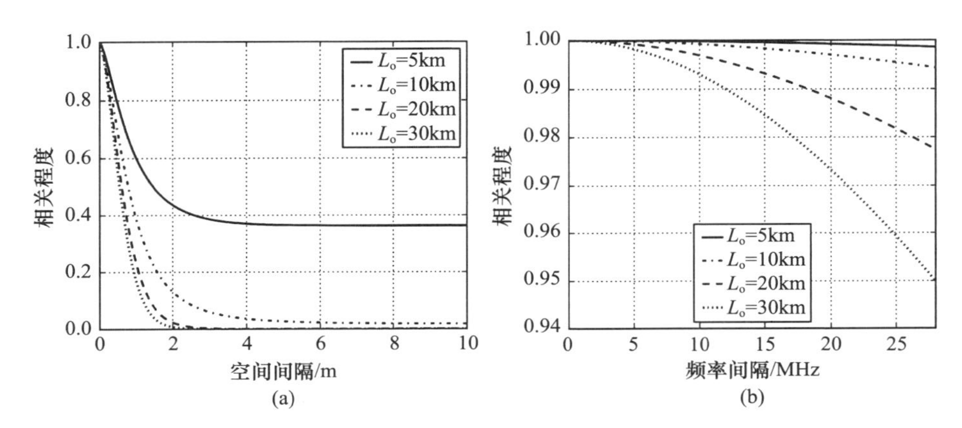

图 5.23 不规则体相关性随随外尺度 L_o 的变化

(a)空间相关性;(b)频率相关性。

(1)a 的增大将导致不规则体空间结构朝着长轴方向拉伸,由于 $\gamma_B=0$、$\theta_B=0$,故各向异性延伸角 $\psi=0$。对于方位向设计分辨率为5m的P波段系统,当$a\geqslant 30$ 时,不规则体造成的空间(方位向)去相关效应基本可以忽略,此时不规则体对方位向成像性能的影响可以忽略,并伴随有幅度闪烁条纹现象。

(2)随着 γ_B 或 θ_B 的增大,二维相位屏中空间尺度最大的方向逐渐偏离方位向,致使不规则体的空间(方位向)相关性减弱,从而导致方位向散焦越发严重以及幅度闪烁条纹的消失。

(3)不规则体的频率相关性与 a、γ_B 无关,与 θ_B 呈现弱相关关系(这是由于 θ_B 会导致不规则体向水平面进行投影,会轻微改变相位屏均方差),但不规则体的空间相关性与这三个参数息息相关。因此,这三个各向异性参数主要影响方位向成像性能,对距离向成像的影响可以忽略不计。

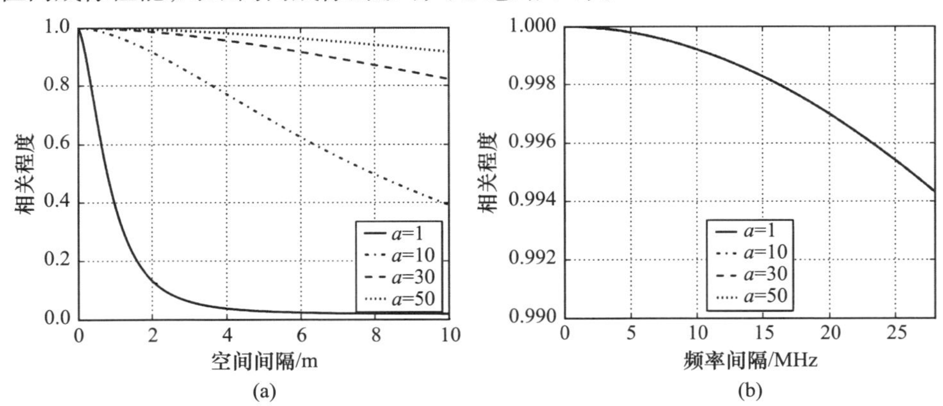

图 5.24 不规则体相关性随各向异性长轴尺度 a 的变化

(a)空间相关性;(b) 频率相关性。

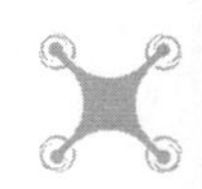

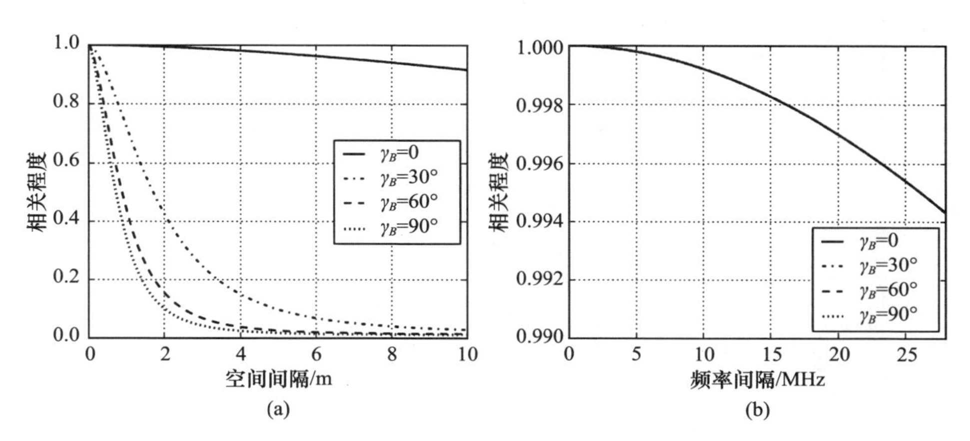

图 5.25 不规则体相关性随磁航向角 γ_B 的变化

(a)空间相关性;(b) 频率相关性。

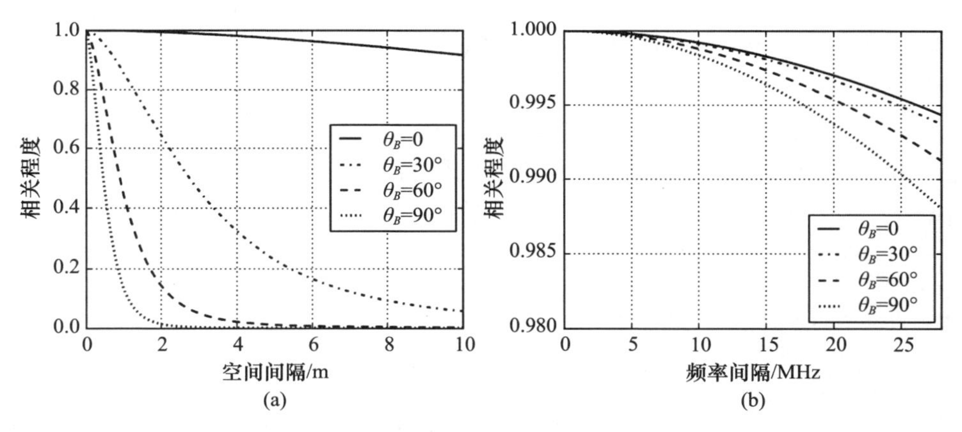

图 5.26 不规则体相关性随磁倾角 θ_B 的变化

(a)空间相关性;(b) 频率相关性。

5.3.3.3 漂移效应

在分析不规则体的漂移效应时,给定 $C_k L = 10^{34}$、$p = 3$、$L_o = 10\text{km}$、$a = b = 1$、$\gamma_B = \theta_B = \delta_B = 0$,且针对 L 波段(中心频率为 1.25GHz)LEO SAR 以及 GEO SAR 系统计算 TFTPCF,图 5.27 展示了不同漂移速度 v_{id}对应的空间相关性能曲线,v_{id}为 30m/s、40m/s、60m/s、90m/s,分别对应有效速度 v_{eff}为 0、-10m/s、-30m/s、-60m/s。根据图 5.27,可得出以下结论:

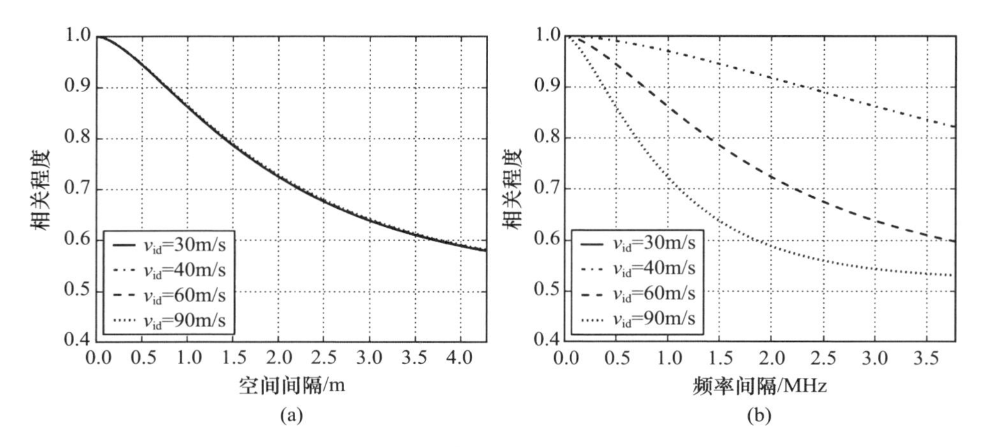

图 5.27　不规则体空间相关性随不规则体漂移速度 v_{id} 的变化

(a) LEO SAR; (b) GEO SAR。

(1) 对于图 5.27(a) 所示的 LEO SAR 情况，在不同的漂移速度情况下，不规则体的空间相关性几乎不变。这主要是由于 LEO SAR 本身的 v_{ipp} 远大于 v_{id}，导致有效速度 v_{eff} 的相对变化量很小，因此可以断定不规则体的漂移效应不会对 LEO SAR 的方位向成像造成影响。

(2) 对于图 5.27(b) 所示的 GEO SAR 情况，不规则体的空间相关性将随着 $|v_{eff}|$ 的增大而减弱。当 $v_{eff}=0$ 时，不规则体与 IPP 之间不存在相对运动，此时相关程度完全为 1。当 $|v_{eff}|=30\text{m/s}$ 时，空间相关性与 LEO SAR 一致。当 $|v_{eff}|>30\text{m/s}$ 时，空间相关性的恶化比 LEO SAR 更加严重。

5.3.4　模糊分辨率数值分析

基于式(5.40)，可以进一步计算得到星载 SAR 方位向和距离向的模糊分辨率。接下来，同样从不规则体的各向同性、各向异性以及漂移效应三个方面，分析不同闪烁参数对星载 SAR 模糊分辨率的影响。表 5.4 涉及的 4 个系统将用于各向同性、各向异性情况下模糊分辨率的计算，中心频率、方位向设计分辨率和系统带宽的组合分别为 [500MHz, 5m, 56MHz]、[500MHz, 10m, 28MHz]、[435MHz, 50m, 6MHz]、[1.25GHz, 5m, 56MHz]，其中第三个系统对应于 BIOMASS。在分析不规则体的漂移效应时，所涉及的 L 波段 LEO SAR 和 GEO SAR，系统参数与 5.2.3 节一致。

表 5.4　模糊分辨率计算所需系统参数

卫星高度 H_s/km	700
地面入射角 θ_e/(°)	30

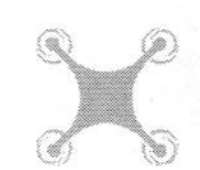

续表

方位向设计分辨率/m	5,10,50,5
系统带宽 B_r/MHz	56,28,6,56
中心频率 f_c/MHz	500,500,435,1250

5.3.4.1　各向同性

对于各向同性情况，满足 $a = b = 1$、$\gamma_B = \theta_B = \delta_B = 0$。图 5.28、图 5.29 和图 5.30分别给出了星载 SAR 二维模糊分辨率随闪烁强度 C_kL、谱指数 p、外尺度 L_o 的变化趋势，纵坐标为模糊分辨率展宽系数。根据图 5.28、图 5.29 和图 5.30，可得出以下结论：

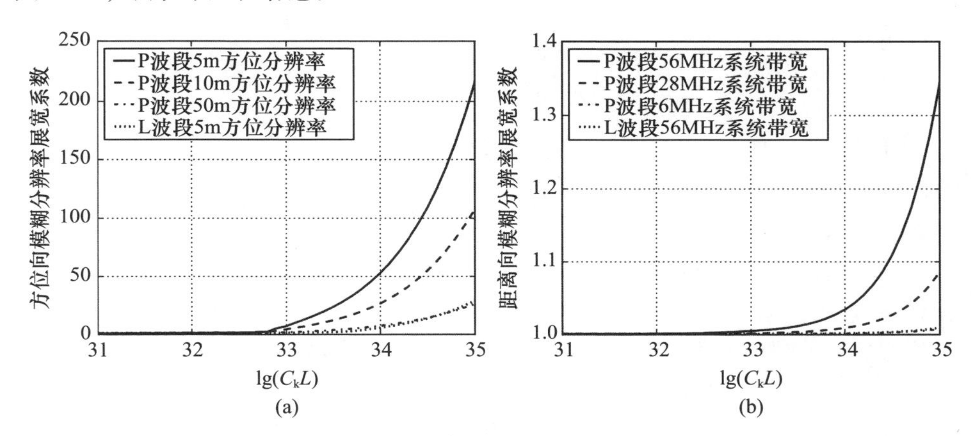

图 5.28　星载 SAR 模糊分辨率展宽系数随闪烁强度 C_kL 的变化
(a)方位向；(b)距离向。

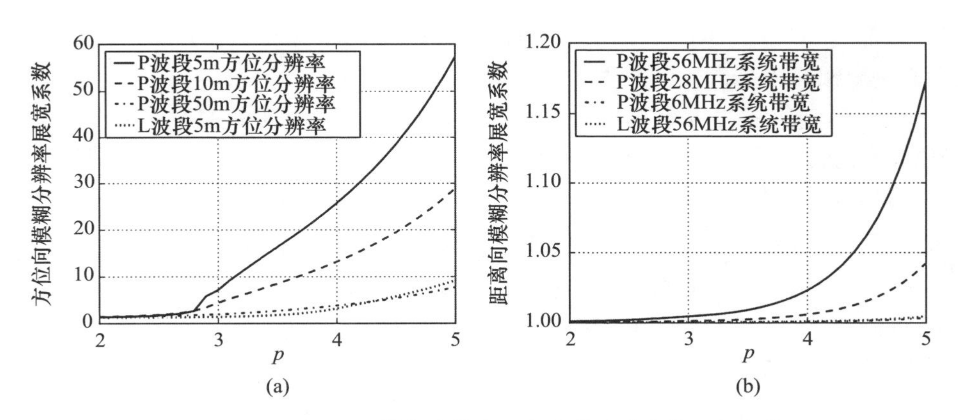

图 5.29　星载 SAR 模糊分辨率展宽系数随谱指数 p 的变化
(a)方位向；(b)距离向。

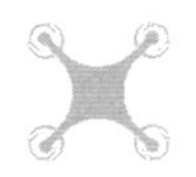

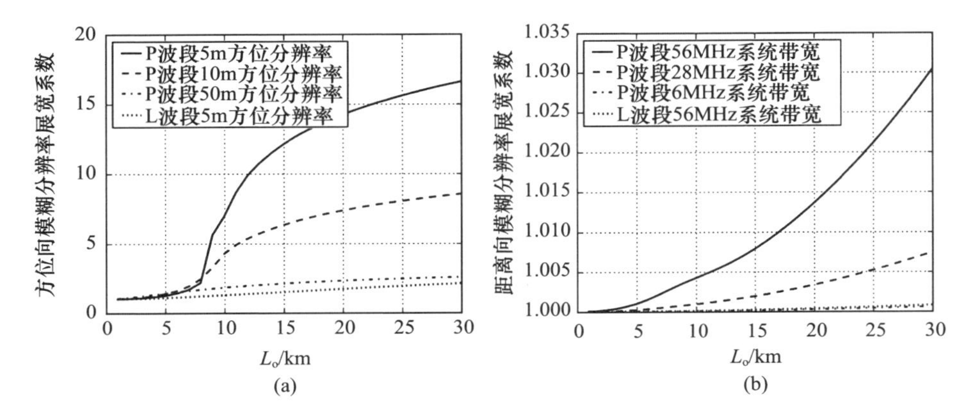

图 5.30 星载 SAR 模糊分辨率展宽系数随外尺度 L_o 的变化

(a)方位向;(b)距离向。

(1)随着 C_kL、p、L_o 的增大,由于不规则体的空间和频率相关性持续降低,星载 SAR 方位向和距离向模糊分辨率逐渐恶化。相比于 L_o,星载 SAR 模糊分辨率性能更依赖于 C_kL、p。

(2)即使在极强闪烁情况($C_kL=10^{35}$)下,对于系统带宽为 56MHz 的 P 波段系统,距离向模糊分辨率展宽系数也不会超过 40%。因此,在绝大多数情况下,可以忽略不规则体的色散效应对星载 SAR 距离向成像的影响。

(3)相比于距离向模糊分辨率,方位向模糊分辨率的恶化要严重得多。对于星载 P 波段 SAR 系统,其方位向模糊分辨率可恶化至上千米;对于星载 L 波段 SAR 系统,其方位向模糊分辨率也可恶化至上百米。

(4)当中心频率相同时,设计分辨率越优,则模糊分辨率展宽得越严重。另外,随着 C_kL、p、L_o 的增大,方位向模糊分辨率不再取决于原始的设计分辨率,而是取决于幅相闪烁的剧烈程度。

(5)BIOMASS 系统的模糊分辨率曲线与表 5.4 中所列 L 波段 5m 分辨率系统非常接近,这说明闪烁效应对这两个系统方位向聚焦性能的影响是相当的。

5.3.4.2 各向异性

这里分析各向异性情况中的"柱状"不规则体,给定 $C_kL=10^{33}$、$p=3$、$L_o=10\text{km}$、$b=1$、$\delta_B=0$。当分析磁航向角 γ_B 以及磁倾角 θ_B 参数的影响时,给定 $a=50$。根据 5.3.3 节分析得出的结论,各向异性参数 a、γ_B、θ_B 对距离向成像的影响可忽略不计,因此针对这三个参数只需要计算方位向模糊分辨率。图 5.31 给出了星载 SAR 方位向模糊分辨率展宽系数随 a、γ_B、θ_B 的变化趋势,可得出以下结论。

(1)当 a 变大时,星载 SAR 方位向模糊分辨率迅速改善,主要原因在于不规则体空间相关性的提高。当 $a\geqslant30$ 时,方位向模糊分辨率展宽系数不超过

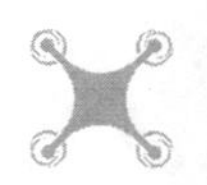

15%，此时意味着方位向成像性能基本不受闪烁效应影响，这与上一节分析得出的结论完全一致。

（2）随着 γ_B、θ_B 的增大，二维相位屏中各向异性延伸方向逐渐偏离方位向，方位向相关性的减弱导致方位向模糊分辨率的逐渐恶化。

5.3.4.3　漂移效应

在分析不规则体的漂移效应时，给定 $C_k L = 10^{34}$、$p = 3$、$L_o = 10\text{km}$、$a = b = 1$、$\gamma_B = \theta_B = \delta_B = 0$。针对相同方位向分辨率的 L 波段 LEO SAR 和 GEO SAR 系统，如图 5.32 所示为方位向模糊分辨率随不规则体漂移速度 v_{id} 的变化趋势，可得出以下结论。

（1）对于 LEO SAR，其方位向模糊分辨率几乎与 v_{id} 无关，这与由图 5.27(a) 所得出的结论一致。

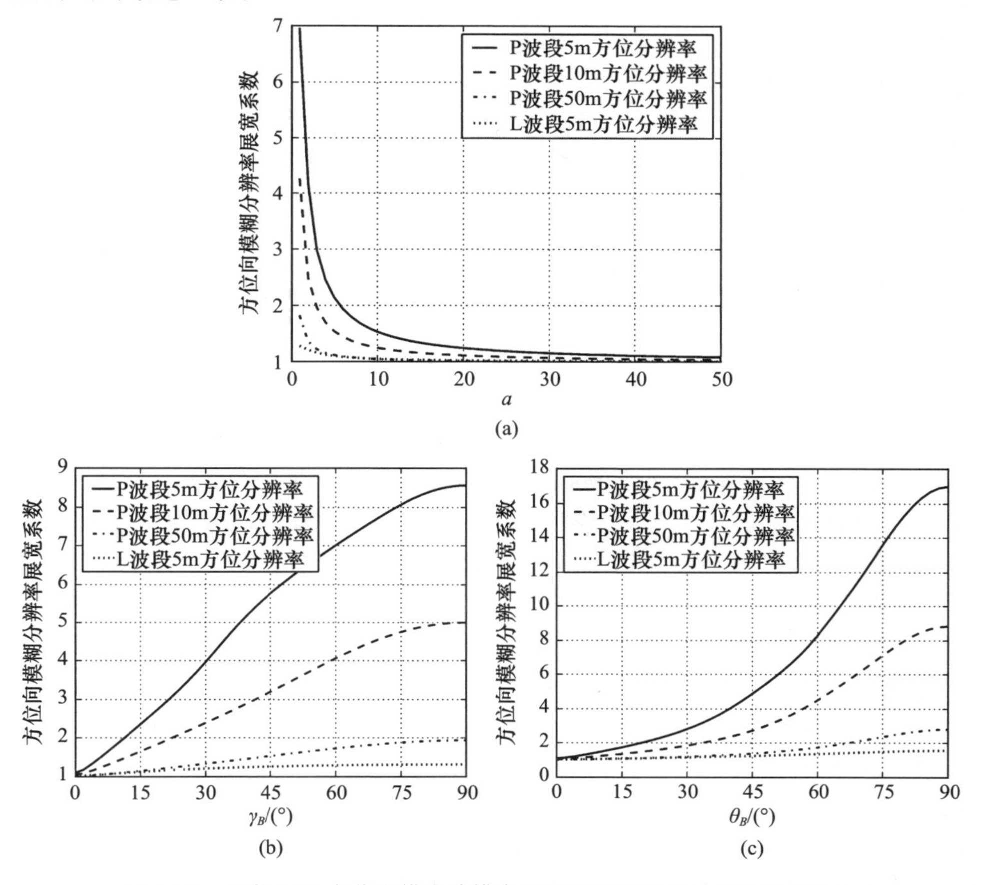

图 5.31　星载 SAR 方位向模糊分辨率展宽系数随各向异性参数的变化

(a) 各向异性长轴尺度 a；(b) 磁航向角 γ_B；(c) 磁倾角 θ_B。

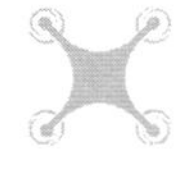

（2）对于 GEO SAR，其方位向模糊分辨率会随着$|v_{\mathrm{eff}}|$的增大而恶化，这与由图 5.27（b）所得出的结论一致。

（3）当不考虑不规则体的漂移效应时，闪烁效应对 L 波段 GEO SAR 系统以及相同方位分辨率的 L 波段 LEO SAR 系统方位向成像的影响程度相当，这与根据图 5.18 所得出的结论一致。

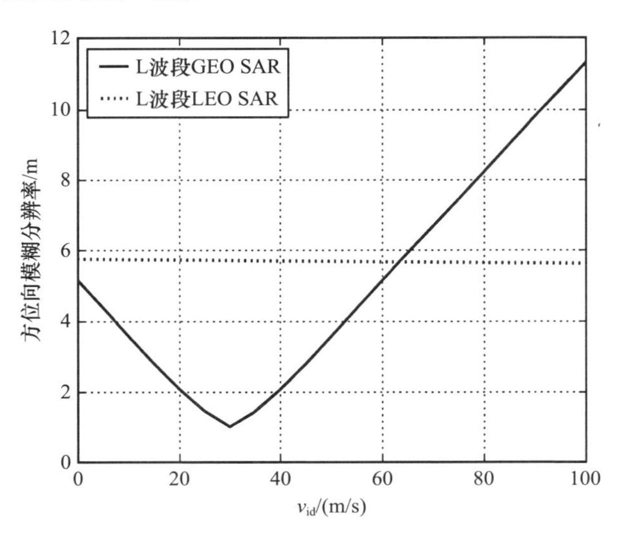

图 5.32　星载 SAR 方位向模糊分辨率随不规则体漂移速度 v_{id}的变化

5.3.5　蒙特卡罗仿真验证

为了验证模糊分辨率计算结果的准确性以及分析结论的可靠性，本节设计了蒙特卡罗仿真实验，实验所需系统参数对应表 5.4 中的第一个系统。在给定闪烁参数的情况下，该实验需要将点目标幅度图像的多次仿真结果进行平均，并统计其方位向和距离向模糊分辨率以及平均功率损失。图 5.33 展示了 500 次蒙特卡罗仿真的统计结果，与理论计算结果相比较，两者具有很高的吻合度。另外，图 5.33 中还给出了未考虑衍射效应的理论结果，即在计算 TFTPCF 时使用了式（5.35）而非改进 GAF 模型中使用的式（5.36）。一方面，改进 GAF 模型的计算结果具有更高的准确度，且衍射效应会导致额外的方位向模糊分辨率恶化和峰值能量损失，但基本不影响距离向模糊分辨率。另一方面，相比于衍射效应引入的闪烁幅度误差，闪烁相位误差是导致方位向分辨性能恶化的决定性因素。

图 5.34 展示了 500 次蒙特卡罗仿真得到的点目标方位向剖面（$C_kL=10^{33}$），其中黑色实线代表理想方位向剖面，黄色实线为 500 个剖面实例，蓝色虚

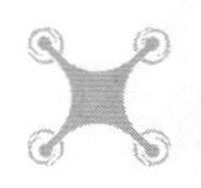

线为 500 个剖面的幅度平均,代表统计平均后的 GAF 方位向剖面,其 3dB 主瓣宽度为模糊分辨率的仿真统计值。图中方位向模糊分辨率的理论计算值为 33.48m,仿真统计值为 35.11m;峰值能量损失理论值为 9.47dB,仿真统计值为 9.97dB。此时方位向剖面呈现出极大的不稳定性,主要体现在分辨性能恶化、峰值功率以及位置的不稳定性,而 5.2 节统计得到的平均名义分辨率展宽不超过 10%,这显然不符合实际图像的方位向分辨能力,而模糊分辨率的定义综合了主瓣展宽、旁瓣抬升、峰值能量损失、位置偏移等多个因素以及这些因素的不稳定性,具有统计平均的含义,能够真实反映电离层闪烁效应影响下星载 SAR 图像的实际分辨能力。

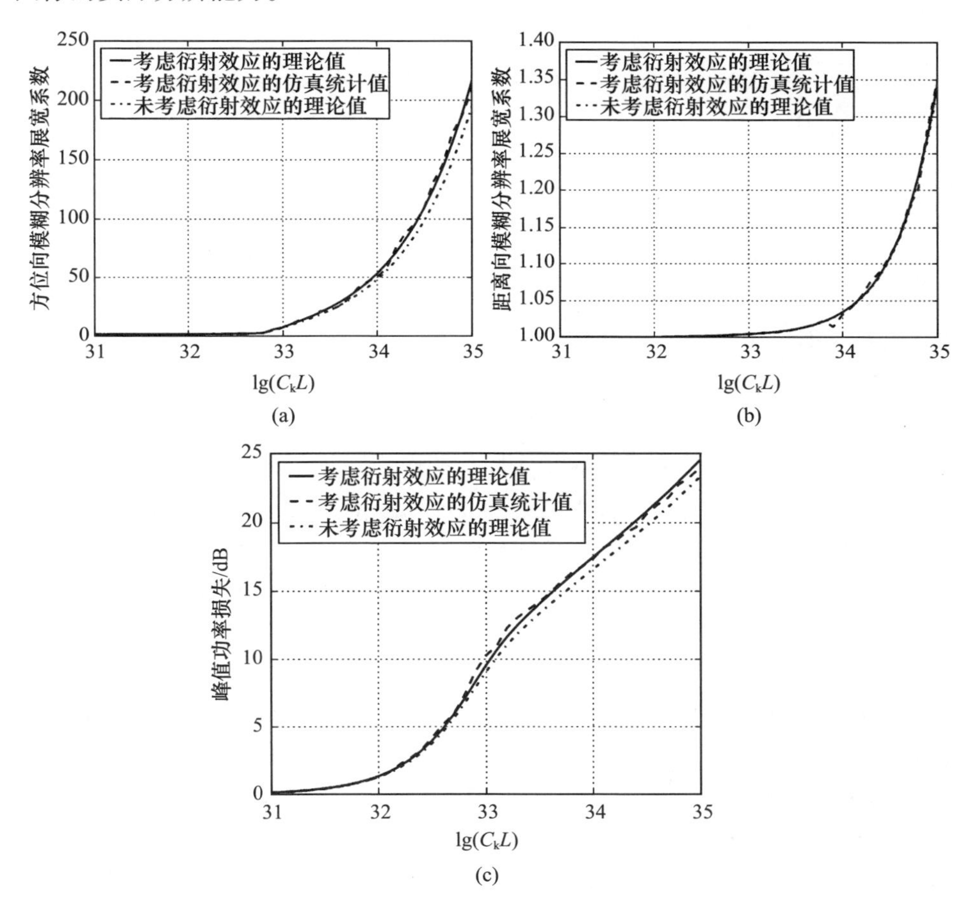

图 5.33　星载 SAR 模糊分辨率蒙特卡罗仿真验证

(a)方位向模糊分辨率展宽系数;(b)距离向模糊分辨率展宽系数;(c)平均功率损失。

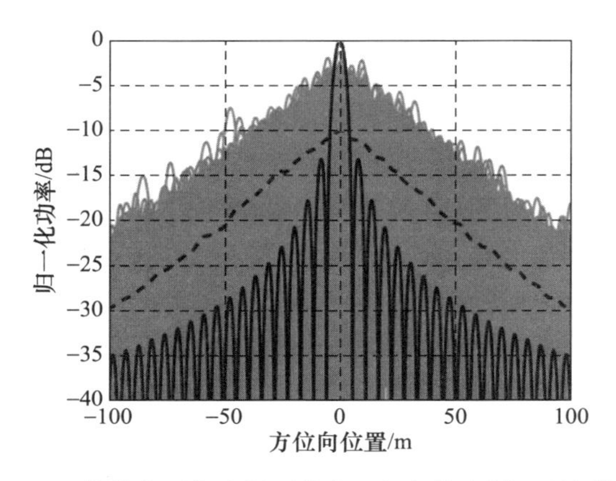

图 5.34　蒙特卡罗仿真得到的点目标方位向剖面(见彩图)

5.4　小　结

本章从幅度闪烁条纹的形成机理、星载 SAR 方位向成像指标以及模糊分辨率三个方面研究了电离层不规则体闪烁效应对星载 SAR 成像的影响,主要研究内容以及所得出的结论可概括如下。

(1)幅度闪烁条纹经常会出现在赤道附近、昼夜平分月份以及午夜时分获取的 PALSAR/PALSAR－2 图像中,利用一组 PALSAR 实测数据,描述了幅度闪烁条纹现象。将二维相位屏或幅相闪烁传输函数空间尺度最大的方向与方位向的夹角定义为各向异性延伸角,理论推导和仿真结果表明,对于赤道地区的“柱状”不规则体,各向异性延伸角主要与磁航向角、磁倾角、下视角和斜视角有关。进一步推导了条纹方向,利用 PALSAR 数据验证了理论推导的可靠性,同时推翻了现有文献关于“条纹方向即为水平地磁场方向”的结论。点目标、面目标场景的仿真表明,各向异性延伸角越小,SAR 图像中条纹越明显,图像相干性、方位向分辨性能保持得越好;随着各向异性延伸角的增大,条纹逐渐消失,图像相干性、方位向分辨性能逐渐恶化,干涉相位误差呈现明显的椒盐化特征。

(2)闪烁效应会导致星载 SAR 方位向主瓣展宽、旁瓣抬升、峰值能量损失以及峰值随机偏移。基于星载 SAR 闪烁效应回波模型,开展了蒙特卡罗仿真实验。针对星载 P 波段(方位向分辨率 5/10m)和 L 波段(方位向分辨率 5m)SAR 系统,统计了方位向主瓣展宽系数、PSLR、ISLR、峰值能量损失以及峰值偏移量等 5 项指标随闪烁参数的变化趋势,并且从电离层不规则体的各向同性、各向异性以及漂移效应三个角度特征展开了蒙特卡罗仿真和理论分析,这三个方面的分析结论可归纳如下。

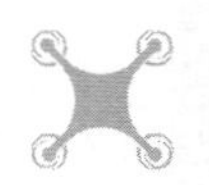

①在各向同性情况下，方位向指标总体上随闪烁强度、谱指数、外尺度的增大而恶化，但方位分辨率和PSLR可能会存在轻微改善的趋势，且即使在极强闪烁情况下主瓣的平均展宽不超过30%。因此，相比于方位向展宽系数和PSLR，ISLR、峰值能量损失以及峰值偏移更适合反映闪烁效应对方位向聚焦性能的影响程度。另外，中心频率越低、方位向设计分辨率越优，方位向指标就越容易因闪烁效应而恶化。

②对于各向异性情况下的“柱状”不规则体，各向异性长轴尺度的增大将导致孔径内相关性的增强、方位向指标迅速改善，同时会引起峰值能量的上下波动，这与幅度闪烁条纹的成因是一致的。随着磁航向角、磁倾角的增大，各向异性延伸角的绝对值也随之增大，导致孔径内的去相关以及方位向指标的恶化。对于各向异性情况下的“片状”不规则体，方位向成像将受到更多因素的影响。

③针对不规则体的漂移效应，分析了LEO SAR和GEO SAR对应的IPP速度。由于LEO SAR的IPP速度远大于不规则体的漂移速度，因此可以忽略不规则体的漂移效应对LEO SAR方位向成像指标的影响。但是对于GEO SAR情况，其IPP速度与不规则体的漂移速度在一个量级，因此漂移效应会对GEO SAR方位向成像产生显著影响，且其方位向成像指标会随着有效速度的增大而恶化。

(3)针对名义分辨率的缺陷，进一步引入模糊分辨率来描述闪烁效应影响下星载SAR图像的真实分辨能力。在改进的GAF模型中，精确推导了TFTPCF，全面考虑了不规则体的衍射效应以及各向异性特征，修正了模糊分辨率的计算公式。针对星载P波段和L波段系统，同样从各向同性、各向异性以及漂移效应三个角度分析了不规则体的空间和频率相关性，以及星载SAR方位向和距离向模糊分辨率。最后的蒙特卡罗仿真一方面验证了改进GAF具有更高的准确度，另一方面也突出了模糊分辨率的优势，即相比于名义分辨率更有效地反映了闪烁效应影响下星载SAR图像的实际分辨能力。针对各向同性、各向异性以及漂移效应三个角度，数值分析所得出的结论可归纳如下。

①在各向同性情况下，闪烁强度、谱指数、外尺度的增大会导致不规则体空频相关性的减弱，进而引起方位向和距离向模糊分辨率的恶化。相比于不规则体的空间去相关，其频率去相关导致的距离向分辨力损失在绝大多数情况下可忽略不计。系统设计分辨率越优，意味着不规则体的相关长度和相关频率就越容易小于有效合成孔径尺寸和系统带宽，那么其二维模糊分辨率就恶化得越严重。当闪烁强度、谱指数、外尺度继续增大时，方位向模糊分辨率不再取决于原始的设计分辨率。另外，在极强闪烁情况下，P波段系统方位向模糊分辨率可恶化至上千米，L波段系统方位向模糊分辨率也可恶化至上百米。

②对于各向异性情况下的“柱状”不规则体，各向异性参数对不规则体频率

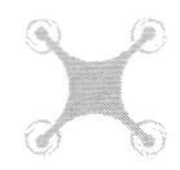

相关性以及距离向分辨力的影响可忽略不计，它们主要影响空间相关性和方位向分辨力。各向异性长轴尺度的增大意味着空间相关性的增强，进而使方位向模糊分辨率得以改善。而磁航向角和磁倾角的增大将导致各向异性延伸角绝对值随之增大，意味着空间相关性减弱、方位向分辨力损失。

③对于 LEO SAR 系统，不规则体的漂移效应对其空间相关性以及方位向模糊分辨率的影响可忽略不计。但对于 GEO SAR 系统，不规则体的漂移效应造成的有效速度差异将会显著改变不规则体的空间相关性，进而影响方位向模糊分辨率；有效速度绝对值越大，方位向分辨力损失越严重。

综上所述，以上三个方面的分析方法各有优劣，分析结论能够相互辅证，具有一致性和完备性。上述结论充分体现了电离层不规则体闪烁效应对星载 SAR 影响的随机性和复杂性，也为后面校正方法的研究奠定了基础、指明了方向。

参考文献

[1] Carrano C S, Groves K M, Caton R G. Simulating the impacts of ionospheric scintillation on L band SAR image formation[J]. Radio Science, 2012, 47(RS0L20): 1 – 14.

[2] Meyer F J, Chotoo K, Chotoo S D, et al. The influence of equatorial scintillation on L – band SAR image quality and phase[J]. IEEE Transactions on Geoscience and Remote Sensing, 2016, 54(2): 869 – 880.

[3] Belcher D P, Cannon P S. Amplitude scintillation effects on SAR[J]. IET Radar, Sonar and Navigation, 2014, 8(6): 658 – 666.

[4] Ji Y, Zhang Y, Zhang Q, et al. Comments on "The influence of equatorial scintillation on L – Band SAR image quality and phase"[J]. IEEE Transactions on Geoscience and Remote Sensing, 2019, 57(9): 7300 – 7301.

[5] Shkarofsky I P. Turbulence functions useful for probes (space – time correlation) and for scattering (wave – number – frequency spectrum) analysis[J]. Canadian Journal of Physics, 1968, 46: 2683 – 2702.

[6] Yeh K C, Liu C H. Radio wave scintillations in the ionosphere[J]. Proceedings of the IEEE, 1982, 70(4): 324 – 360.

[7] Ji Y, Zhang Q, Zhang Y, et al. L – band geosynchronous SAR imaging degra dations imposed by ionospheric irregularities[J]. China Science Information Sciences, 2017, 60(6): 060308.

[8] Ji Y, Zhang Y, Dong Z, et al. Impacts of ionospheric irregularities on L – band geosynchronous synthetic aperture radar[J]. IEEE Transactions on Geoscience and Remote Sensing, 2020, 58(6): 3941 – 3954.

[9] Rogers N C, Cannon P S, Groves K M. Measurements and simulation of ionospheric scattering on VHF and UHF radar signals: Channel scattering function [J]. Radio Science, 2009, 44 (RS0A07): 1 – 10.

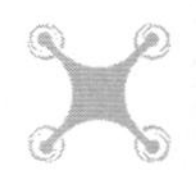

[10] Ishimaru A, Kuga Y, Liu J, et al. Ionospheric effects on synthetic aperture radar at 100MHz to 2GHz[J]. Radio Science, 1999, 34 (1): 257 – 268.

[11] Liu J, Ishimaru A, Pi X, et al. Ionospheric effects on SAR imaging: A numerical study[J]. IEEE Transactions on Geoscience and Remote Sensing, 2003, 41(5): 939 – 947.

[12] Goriachkin O V. Azimuth resolution of spaceborne P, VHF – band SAR[J]. IEEE Geoscience and Remote Sensing Letters, 2004, 1(4): 251 – 254.

[13] Li L, Li F. SAR imaging degradation by ionospheric irregularities based on TFTPCF analysis [J]. IEEE Transactions on Geoscience and Remote Sensing, 2007, 45(5): 1123 – 1130.

[14] Xu Z, Wu J, Wu Z. Potential effects of the ionosphere on space – based SAR imaging[J]. IEEE Transactions on Antennas and Propagation, 2008, 56(7): 1968 – 1975.

[15] 郑虎,李廉林,李芳. 电离层对星载合成孔径雷达方位向分辨率影响的分析[J]. 电子与信息学报, 2008, 30(9): 2085 – 2088.

[16] 李力,杨淋,张永胜,等. 电离层不规则体对 P 波段星载 SAR 成像的影响[J]. 国防科技大学学报, 2013, 35(5): 158 – 162.

[17] Wang C, Zhang M, Xu Z, et al. Effects of anisotropic ionospheric irregularities on space – borne SAR imaging[J]. IEEE Transactions on Antennas and Propagation, 2014, 62(9): 4664 – 4673.

[18] Wang C, Zhang M, Xu Z, et al. Cubic phase distortion and irregular degradation on SAR imaging due to the ionosphere[J]. IEEE Transactions on Geoscience and Remote Sensing. 2015, 53(6): 3442 – 3451.

[19] Ji Y, Zhang Q, Zhang Y, et al. Spaceborne P – band SAR imaging degradation by anisotropic ionospheric irregularities: A comprehensive numerical study[J]. IEEE Transactions on Geoscience and Remote Sensing, 2020, 58(8): 5516 – 5526.

[20] Rino C L. The theory of scintillation with applications in remote sensing[M]. Hoboken, New Jersey: John Wiley and Sons, 2011.

第6章　星载SAR电离层闪烁效应校正

电离层不规则体闪烁效应可导致严重的方位去相关,从而引起星载SAR方位向聚焦性能的恶化,因此必须对其进行校正处理。另外,已证明衍射效应导致的闪烁幅度误差对方位向聚焦性能的影响不大,后续仿真将进一步验证,因此本章的重点在于孔径内闪烁相位误差SPE的估计与补偿。关于星载SAR图像中闪烁效应的校正,现有研究成果可以分为FR估计[1,2]和自聚焦方法[3-12]两大类。前者的应用范围很有限,只能应用于全极化图像以及高纬度地区,且其性能强烈依赖于多种因素,具有较大的不确定性。后者又可分为PGA[3-10]、SAR图像最小熵自聚焦[11,12]以及SAR图像最大对比度自聚焦三种方法,其中:PGA是应用最为广泛的一种自聚焦方法,其实现过程尽管依赖于强点的提取,但是当场景内存在强点时,其性能具有很强的鲁棒性和很高的准确性;后两种自聚焦方法本质上均为无约束最优化问题,其收敛效率较低,且收敛过程容易受到局部最优解的干扰[12]。值得一提的是,现有研究利用自聚焦方法处理SPE的原理和方法与运动相位误差、大气相位误差补偿基本一致,并没有深入考虑SPE的空变性和各向异性特征,且大都只停留在仿真验证阶段,尚未在实测数据中对其有效性进行验证。

6.1节介绍了PGA估计与补偿SPE的实现原理,利用点目标仿真验证了PGA的有效性,并进行了性能分析。6.2节针对各向同性SPE的空变性,提出了一种扩展的闪烁相位梯度自聚焦(Extended Scintillation Phase Gradient Autofocus,ESPGA)方法,介绍了其实现流程,针对点阵场景以及面目标场景开展了仿真验证。6.3节针对SPE的各向异性特征,提出了一种各向异性的闪烁相位梯度自聚焦(Anisotropic Scintillation Phase Gradient Autofocus,ASPGA)的方法原理,利用PALSAR-2条带模式仿真数据以及PALSAR-2聚束模式实测数据验证了该方法的有效性,并给出了详细的性能分析。

6.1　基于PGA的电离层闪烁效应校正方法

6.1.1　经典PGA

PGA是当前成像处理中应用最为广泛的自聚焦算法之一,它最早是用来补偿机载SAR聚束图像数据中的运动相位误差[13],经过不断改进和发展已广泛

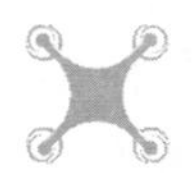

应用于不同场景、不同模式下的运动相位误差中。在相位误差空不变假设以及场景中存在孤立强散射体的前提下,经典 PGA 可以利用不同距离门信号的相干叠加来抑制杂波能量,进而提高估计精度。经典 PGA 估计与补偿孔径内运动相位误差的流程可描述如下:

(1)选择具有高信杂比的距离门样本,可以根据文献[14]提出的优质 PGA(Quality PGA,QPGA)对样本选择过程进行优化处理。

(2)将每个距离门对应方位向信号中的幅度最大值移位至方位中心,用于消除目标散射源方位向信号中的线性相位。

(3)为了进一步抑制杂波的影响,对所选的每个方位信号进行加窗滤波。通常采用矩形窗,将其中心置于最大值位置处,矩形窗越窄则意味着越多的杂波受到了抑制,但是同时会导致原始信号旁瓣信息的丢失。

经过以上3个步骤,距离压缩域的去斜信号可表示为

$$s(\eta) = |s(\eta)| \cdot \exp\{j[\phi_m(\eta) + \Delta\phi_0]\} + \delta_c(\eta) \tag{6.1}$$

式中:$|s(\eta)|$为方位信号的幅度;$\phi_m(\eta)$为运动相位误差;$\Delta\phi_0$ 为不同的相位偏差;$\delta_c(\eta)$为杂波影响。

(4)在距离压缩多普勒域,利用线性无偏最小方差估计算子估计运动相位误差梯度 $\dot{\phi}_m(n)$,可表示为[13]

$$\dot{\phi}_m(n) = \frac{\sum_m \mathrm{Im}\{\dot{S}_m(n) \cdot \mathrm{conj}[S_m(n)]\}}{\sum_m |S_m(n)|^2} \tag{6.2}$$

式中:$S_m(n)$为多普勒域信号;$\dot{S}_m(n)$为其梯度;n,m 分别为方位向和距离向离散坐标;conj 为取复数共轭。

根据式(6.2),可得相位误差估计,即

$$\hat{\phi}_m(n) = \sum_{i=1}^{n} \dot{\phi}_m(i) \tag{6.3}$$

(5)利用估计得到的相位误差对方位向信号进行补偿,补偿前应该将相位误差估计中的线性成分去除,以避免引入图像偏移。重复第(2)步至第(5)步,直至相位误差估计的标准差小于某个阈值,即认为估计达到收敛,迭代结束。

对于单个点目标来说,由于满足 SPE 空不变的条件,上述流程也可应用于估计与补偿闪烁相位误差。受到双程幅相闪烁传输函数的影响,式(6.1)可修改为

$$\begin{aligned} s(\eta) &= |s(\eta)\alpha^2(\eta)| \cdot \exp\{j[2\delta\phi_0(\eta) + \Delta\phi_0]\} + \delta_c(\eta) \\ &= |s'(\eta)| \cdot \exp\{j[\Delta\phi(\eta) + \Delta\phi_0]\} + \delta_c(\eta) \end{aligned} \tag{6.4}$$

式中:$\Delta\phi = 2\delta\phi_0$ 为幅相闪烁传输函数中的双程 SPE;$|s'(\eta)|$为受双程幅度误差

调制后的信号幅度。

式(6.4)表明,尽管闪烁幅度误差会影响信号幅度,但是闪烁效应影响下的信号模型仍然适用于PGA流程的执行。因此,针对点目标场景利用PGA估计与补偿SPE是可行的。

6.1.2 点目标仿真验证

为了验证PGA校正闪烁效应的有效性,这里首先开展星载P波段SAR点目标仿真,除了闪烁强度取$C_kL=10^{33}$且不考虑背景电离层以外,仿真参数(包括系统参数以及电离层闪烁)同表2.3。点目标仿真如图6.1所示,其中(a)、(b)分别为仿真得到的双程SPE以及闪烁幅度误差,(c)、(d)分别为受幅相闪烁影响的点目标回波以及聚焦后的方位向剖面,(e)、(f)分别为仅有幅度误差或相位误差影响时的方位向剖面,且方位向剖面图中列出了主瓣展宽系数、PSLR、ISLR以及峰值能量损失4项指标。另外,由于PGA无法处理闪烁效应引起的峰值偏移(相位误差中的线性成分),故在方位向剖面图的显示中,将影响前后的峰值位置都置于0处以便于观察聚焦效果,且后续也不再涉及峰值偏移这一指标。

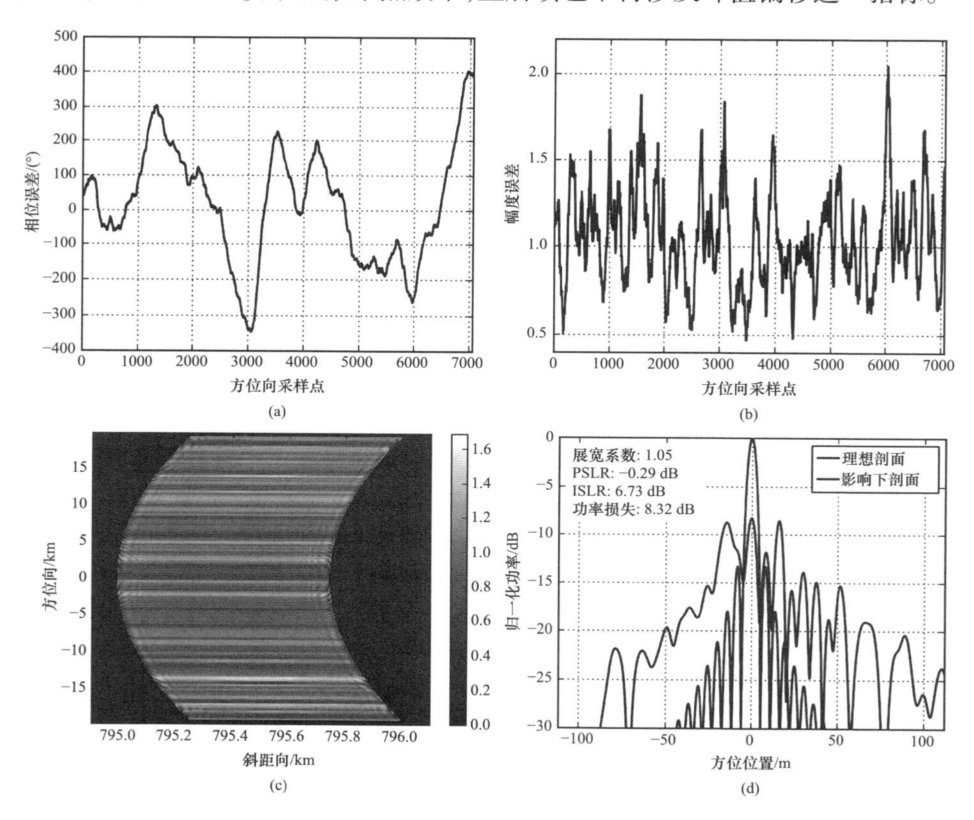

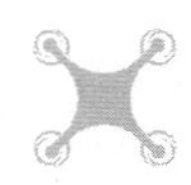

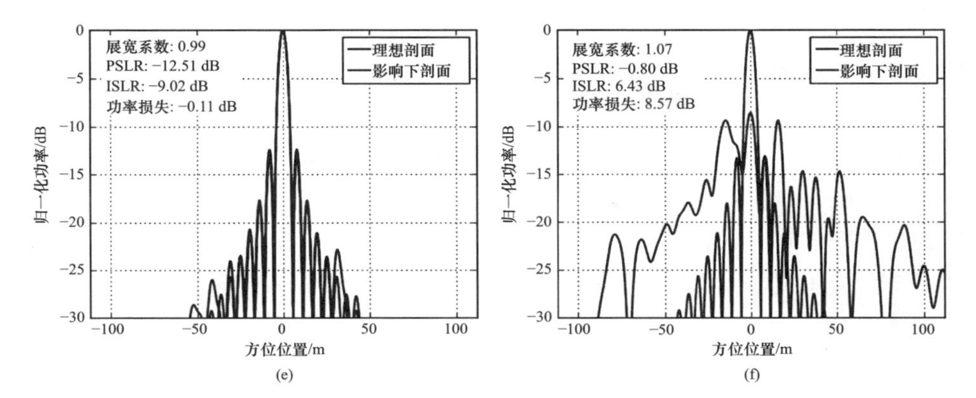

图 6.1　星载 P 波段 SAR 闪烁效应点目标仿真

(a)双程相位误差;(b)双程幅度误差;(c)点目标回波;(d)方位向剖面;

(e)仅幅度误差影响下;(f)仅相位误差影响下。

由图 6.1(d)可见,幅相闪烁将导致方位向聚焦性能严重恶化,主要体现在旁瓣性能的恶化以及峰值能量的下降。根据图 6.1(c)和(e),闪烁幅度误差虽然引起了明显的信号幅度调制,但它对方位向聚焦性能的影响可忽略不计,这是由于方位向相干积累或匹配滤波的过程主要依赖信号相位的相关性,这与第 5 章分析结论一致。再将图 6.1(f)与图 6.1(d)相比较,进一步证明了 SPE 才是导致方位向聚焦性能恶化的决定性因素。如图 6.2 所示,即使在极强闪烁($C_{\mathrm{k}}L = 10^{35}$)情况下,闪烁幅度误差也只是导致了更多的随机旁瓣,其 ISLR 的显著增大意味着图像对比度质量的下降以及更多弱散射目标将被淹没,但其主瓣分辨性能依然保持得较好,或者说仍然能够轻易地区分主瓣和旁瓣;而 SPE 已导致方位向成像的极度恶化。这说明 SPE 补偿是星载 SAR 图像中闪烁效应校正的首要任务,因此针对闪烁效应的校正,仅补偿 SPE 而不补偿闪烁幅度误差,对于绝大多数情况是合理有效的。

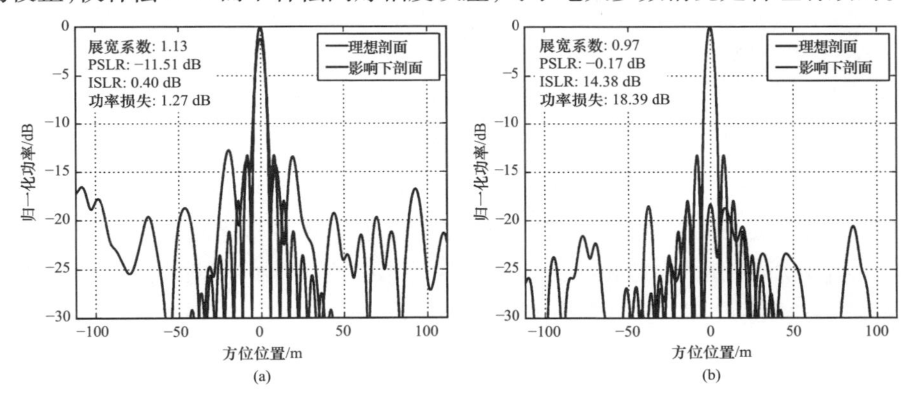

图 6.2　极强闪烁情况下的星载 P 波段 SAR 点目标仿真结果

(a)仅幅度误差影响下;(b)仅相位误差影响下。

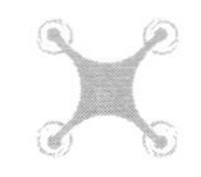

将 PGA 应用于中等闪烁情况下的点目标图像,SPE 估计与补偿的结果如图 6.3所示,在显示相位误差估计结果时,已将原始和估计 SPE 中的常数以及线性成分去除。图 6.3(a)中 PGA 估计得到的相位误差与仿真注入的 SPE 呈现出很高的一致性,图 6.3(b)中 SPE 补偿后方位向聚焦性能得到了极大的提升,主要呈现为峰值能量的增强以及旁瓣能量的抑制,从而验证了 PGA 校正点目标图像闪烁效应的有效性。值得一提的是,校正后的 PSLR、ISLR 尤其是 ISLR 与理想值还有一定差距,这主要是由于 PGA 的迭代处理对 SPE 高频成分并不敏感,而残余的高次相位误差会导致方位向旁瓣性能的轻微恶化。

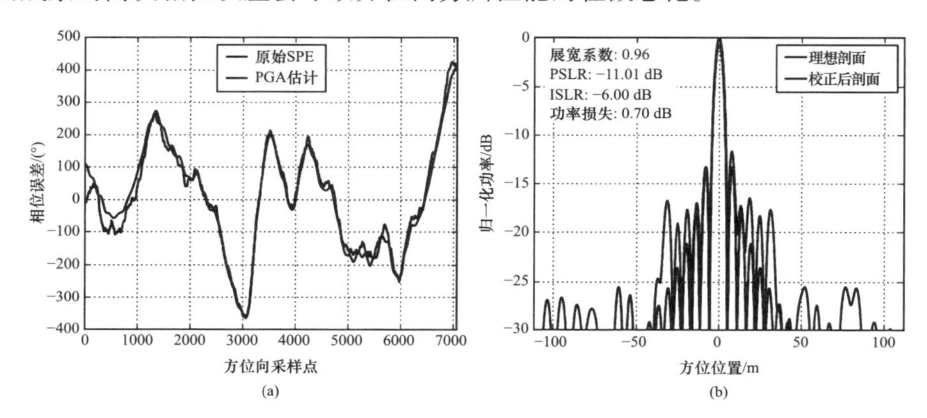

图 6.3　点目标图像闪烁效应校正 PGA 实例

(a)相位误差估计;(b)校正结果。

6.1.3　PGA 性能分析

为了进一步了解 PGA 关于闪烁效应校正的性能,接下来将利用蒙特卡罗仿真统计校正前后方位向分辨率、PSLR、ISLR 以及峰值能量损失随闪烁强度 C_kL 的变化,并分别针对星载 P 波段和 L 波段 SAR 系统,方位向设计分辨率均为 5m,分别如图 6.4 和图 6.5 所示,其中黑色折线为校正前的指标,灰色折线为校正后的指标。可见对于 P 波段系统来说,当 $C_kL\leqslant10^{33.5}$时,PGA 校正后的各项指标均有明显改善,这说明此时 PGA 是有效且稳健的;但是当 $C_kL\geqslant10^{34}$时,PGA 校正后方位向成像性能的不稳定性加剧,方位分辨率的恶化相比于校正前甚至更加严重了,而造成 PGA 不再稳健的原因主要在于 PGA 依赖于强点的提取以及高信杂比的假设,但在(极)强闪烁情况下,P 波段 SAR 合成孔径内的 SPE 波动极其剧烈、方位向已完全散焦、主瓣能量扩散至各个旁瓣,使得 PGA 提取的强点不再满足要求,进而导致 SPE 估计残余误差增大。而对于同分辨率的 L 波段系统来说,即使在极强闪烁情况下,PGA 校正前后的方位向成像性能改善仍然

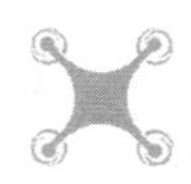

很明显。

综上所述,对于L波段系统,PGA在不同闪烁强度情况下均具有稳健的性能;但对于P波段系统,PGA仅可应用于$C_kL \leqslant 10^{33.5}$的情况。

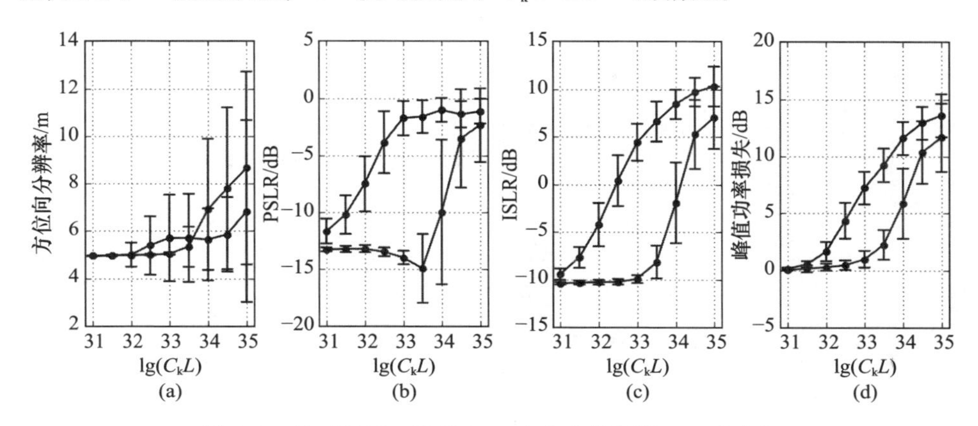

图6.4 校正前后P波段SAR方位向指标随C_kL的变化

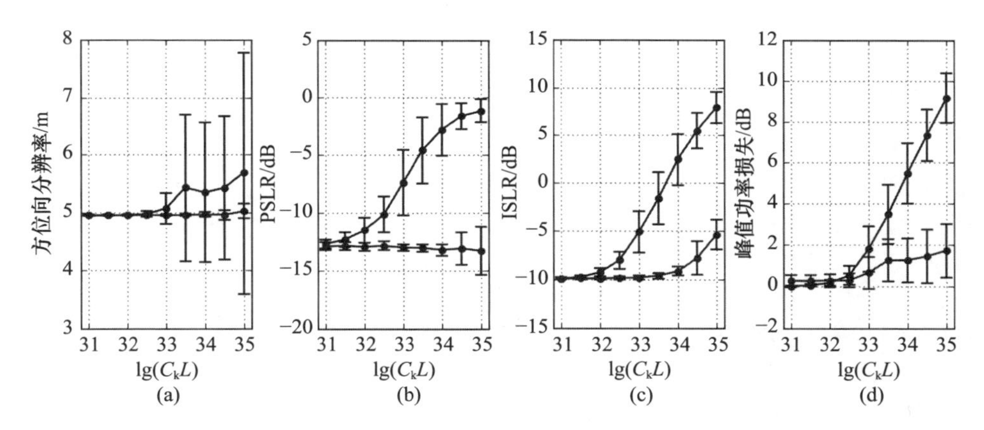

图6.5 校正前后L波段SAR方位向指标随C_kL的变化

6.2 基于ESPGA的电离层闪烁效应校正

由于6.1节仿真分析仅针对点目标场景,故SPE不存在空变性,因此PGA在大多数情况下能够有效地抑制闪烁效应造成的方位向成像性能的恶化。但实际上,因为场景内不同点目标所经历的IPP历程不同,所以不同目标对应的SPE也是不同的,即SPE具有空变性。本节将在各向同性的假设下,对SPE的空变性进行仿真分析,并针对性地提出一种基于分块估计、拼接以及插值的SPE全局估计与补偿方法,即ESPGA。

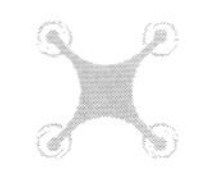

6.2.1 各向同性且空变的 SPE

6.2.1.1 几何示意

图 6.6 给出了条带 SAR 关于不同目标的观测几何。

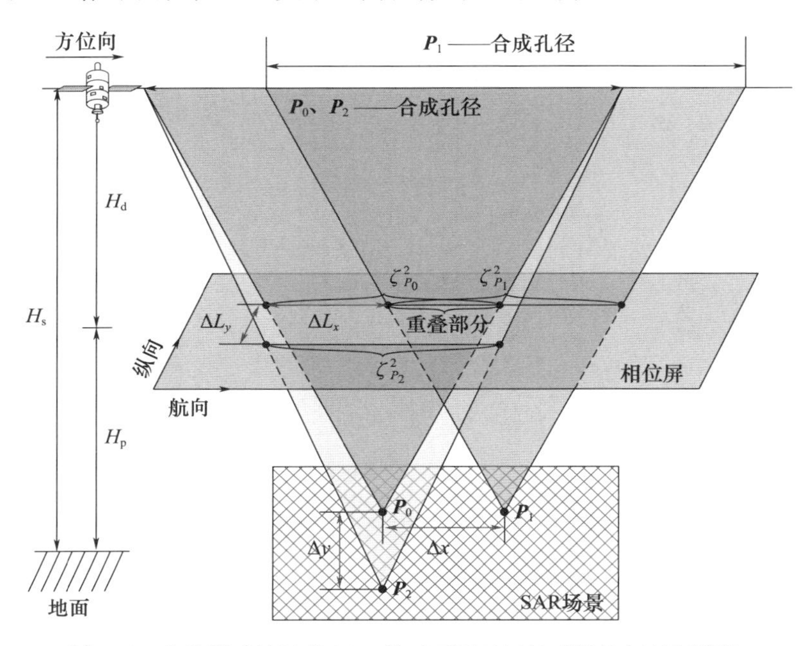

图 6.6 条带模式的星载 SAR 关于不同目标的观测几何(见彩图)

图 6.6 中,P_1 与参考目标 P_0 位于同一个距离门内且相距 Δx;P_2 与 P_0 位于同一条距离线内且相距 Δy;对于低轨情况下的直线几何,通常可以认近似为 P_2 与 P_0 具有相同的合成孔径。对于位于同一条距离线且相距不远的两个目标来说,如 P_0 和 P_1,其 IPP 历程以及所经历的幅相闪烁传输函数存在部分重叠和错开,而错开的距离 ΔL_x 约等于 Δx。另一方面,对于位于同一个距离门内且相距不远的两个目标来说,如 P_0 和 P_2,其 IPP 历程沿着相位屏纵向整体间隔 ΔL_y,且 $\Delta L_y = H_d \Delta y / H_s$。由于本节考虑各向同性的不规则体,即幅相闪烁传输函数沿着每个方向具有相同的尺度,因此可以认为 P_0 和 P_2 所经历的 SPE 具有一定的空间相关性,且相距越近,则相关性越强。

6.2.1.2 仿真验证

为了描述 SPE 的空变性,设置一个点目标阵列场景进行闪烁效应仿真,其方位向和地距向尺寸为 10km×10km,且 11×11 个点目标均匀分布于场景中,相邻点目标之间间隔 1km。除了闪烁强度取 $C_kL = 10^{33}$ 且不考虑背景电离层以外,仿真参数(包括系统参数以及电离层闪烁)同表 2.3。如图 6.7 所示,点目标的方位向剖

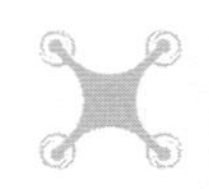

面指标如表 6.1 和表 6.2 所列，可见方位向成像结果针对不同的点目标具有明显的差异，而导致该现象的主要原因在于合成孔径内的闪烁幅相误差具有空变性。

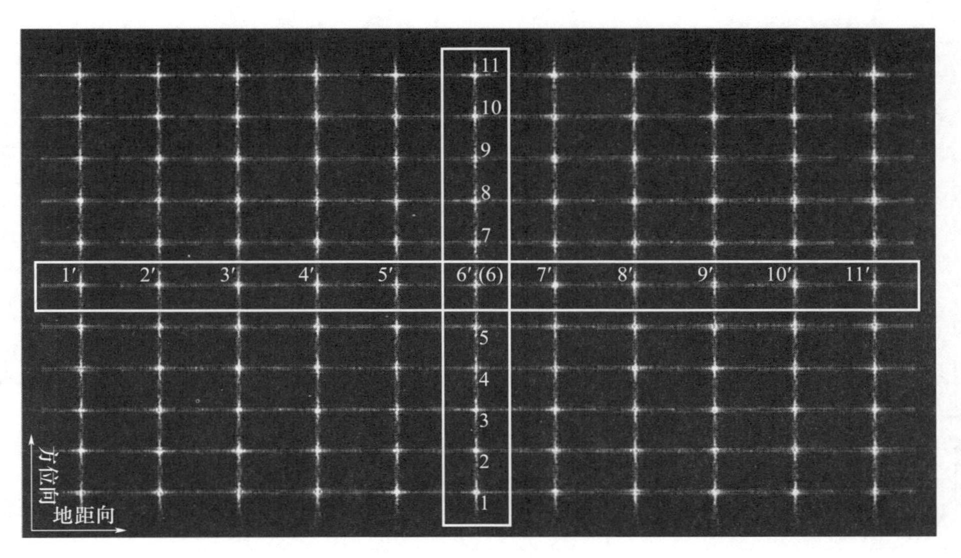

图 6.7　针对点阵场景的各向同性闪烁效应仿真

图 6.8(a)展示了未解缠双程 SPE 的二维空间分布，其尺寸刚好涵盖场景内所有点目标的穿刺点，图 6.8(b)和(c)分别展示了地距中心 11 个点目标(沿着方位向分布)、方位中心 11 个点目标(沿着距离向分布)所经历的双程 SPE。由此可见，由于穿刺点历程不同，不同点目标所经历的 SPE 具有一定差异。具体来讲，对于沿着方位向分布的点目标来说，它们的 SPE 存在错开重叠的现象；而对于沿着距离向分布的点目标来说，由于各向同性的假设，故它们的 SPE 是空间缓变的，且相互之间存在一定相关性。根据理论计算，沿着方位向相邻点目标对应的 IPP 会整体错开 $\Delta L_x \approx 1\mathrm{km}$，而沿着距离向相邻点目标对应的 IPP 会整体相隔 $\Delta L_y \approx 0.5\mathrm{km}$。

表 6.1　电离层闪烁效应影响下沿着方位向分布的不同点目标方位向剖面指标

序号	分辨率/m	展宽系数	PSLR/dB	ISLR/dB	峰值功率损失/dB
1	5.01	1.01	−0.86	4.85	5.83
2	5.28	1.07	−0.26	3.91	6.40
3	5.64	1.14	−2.64	3.35	5.70
4	5.09	1.03	−3.06	2.73	5.81
5	5.44	1.10	−1.93	3.27	5.21
6	6.47	1.31	−0.09	3.86	6.10
7	4.94	1.00	−0.12	6.08	6.90
8	10.28	2.07	−0.40	3.46	7.13
9	6.54	1.32	−0.81	4.08	7.31

续表

序号	分辨率/m	展宽系数	PSLR/dB	ISLR/dB	峰值功率损失/dB
10	5.56	1.12	-1.97	3.72	5.47
11	4.97	1.00	-2.54	2.85	7.00

表 6.2 电离层闪烁效应影响下沿着方位向分布的不同点目标距离向剖面指标

序号	分辨率/m	展宽系数	PSLR/dB	ISLR/dB	峰值功率损失/dB
1′	4.37	0.88	-0.42	5.62	5.95
2′	3.91	0.78	-0.62	7.15	6.73
3′	4.55	0.92	-0.02	8.07	8.04
4′	4.78	0.96	-2.89	4.77	5.82
5′	5.63	1.13	-3.52	1.99	5.10
6′	6.47	1.31	-0.09	3.86	6.10
7′	4.42	0.89	-4.57	4.14	6.84
8′	5.34	1.08	-1.01	5.85	7.19
9′	4.47	0.90	-2.05	6.64	6.85
10′	4.43	0.89	-1.75	7.35	7.52
11′	4.40	0.89	-0.56	6.10	6.37

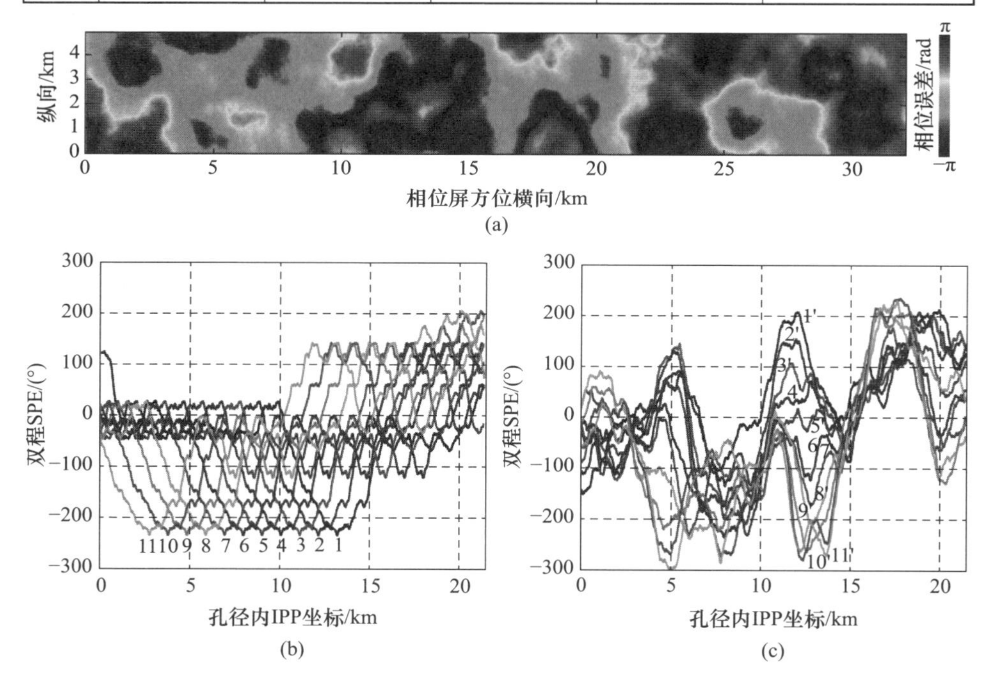

图 6.8 电离层闪烁相位误差的空变性示意(见彩图)

(a)仿真得到的双程 SPE(未解缠);(b)沿着方位向 11 个点目标的 SPE;

(c)沿着距离向 11 个点目标的 SPE。

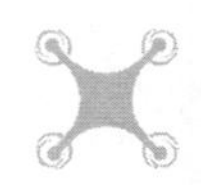

如图 6.8(b)所示,其中点目标 1 和 2 孔径内 SPE 错开的实际距离为 1.055km,与理论值非常接近,而图 6.8(c)中相邻点目标的 SPE 具有相似的波动趋势,即意味着较强的相关性。

综上所述,在各向同性的情况下,SPE 沿着场景方位向呈现错开重叠的现象,而沿着场景距离向是缓变的、相关的。而 PGA 需要使用不同点目标进行相干叠加,这使得 PGA 关于相位误差空不变的假设不再满足,从而导致 SPE 估计的失效。但是另一方面,这也意味着不同点目标 SPE 之间存在丰富的冗余信息,为实现全局估计与校正提供了可能性,本节提出的 ESPGA 就是充分利用了这一特点。

6.2.2　ESPGA 实现流程

针对空变的 SPE,这里提出一种 ESPGA 方法,其实现流程可分为图 6.9 所示的 3 个主要处理模块:局部估计、全局估计和全局补偿。接下来将具体介绍这 3 个处理模块的实现原理和算法。

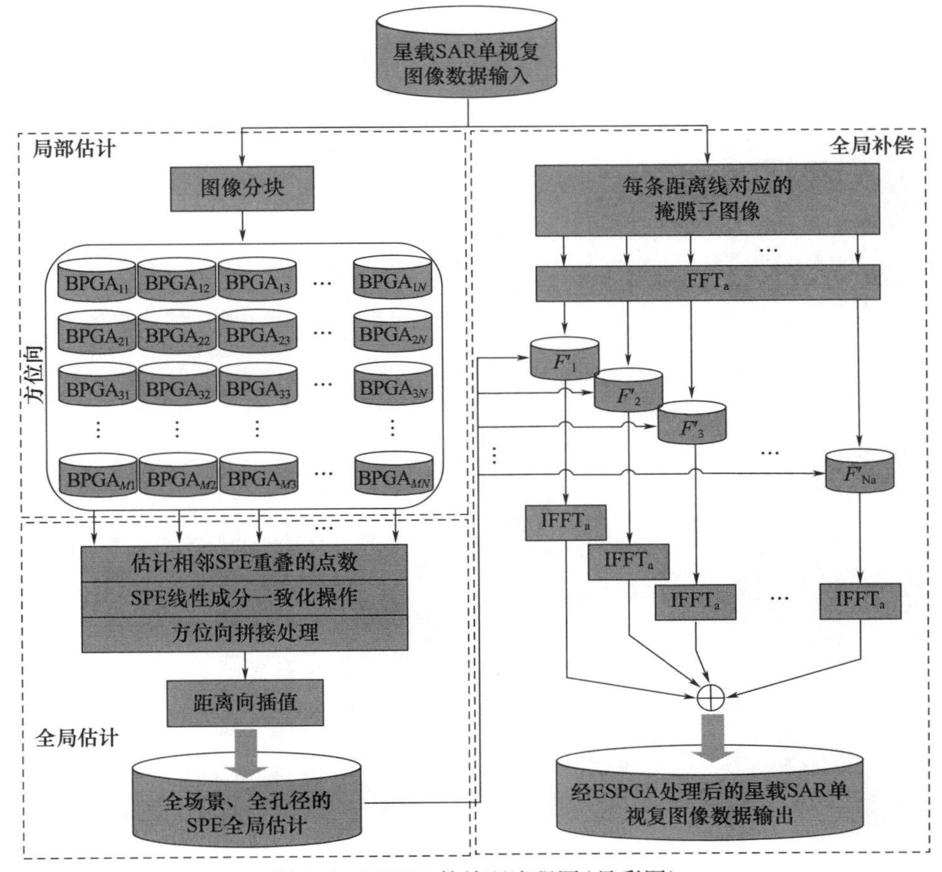

图 6.9　ESPGA 的处理流程图(见彩图)

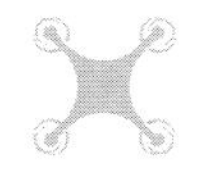

6.2.2.1 局部估计

针对大尺寸场景中空变的 SPE,可采用分块策略,并将 PGA 应用于每个小块场景。这使得小块场景中不同点目标的 SPE 具有较强的空间相关性;另外,分块取强点也有利于得到更多高质量的样本点。但实际上,即使在较小尺寸的场景内,SPE 仍然存在轻微的空变性,尤其是沿着场景方位向轻微错开的 SPE 将明显降低孔径内相位误差的一致性,从而影响 PGA 的稳健性,因此需要对经典 PGA 做一定修改以适应于 SPE 局部估计。

这里提出一种块 PGA(Block PGA,BPGA)方法,表 6.3 给出了 BPGA 算法实现步骤,图 6.10 所示为 BPGA 的原理示意图。对于每个小块场景,需要取对应的掩膜图像以维持多普勒采样点数,使之与方位向点数 N_a 相同,从而避免后续再对 SPE 估计进行升采样。另外,在选择强点时,为了缓解相互错开的 SPE(对应于不同方位坐标的点目标)对 PGA 的影响,可以根据强点的方位向坐标对其进行聚类,使最终选择的强点具有相近的方位向坐标,即意味着这些强点对应的 SPE(主要沿着场景距离向)具有较强的空间相关性。将 BPGA 应用于每个小块场景,最终可得到 $M \times N$ 个 SPE 局部估计结果。将这些结果记为 $\Delta\hat{\phi}_{mn}$,其中 $m=1,\cdots,M;n=1,\cdots,N$,以便于后续处理步骤的说明。

表 6.3 BPGA 算法实现步骤

1.	将 SAR 图像分成 $M \times N$ 个小块,M、N 分别表示方位向、距离向子块数目。
2.	对每个小块场景执行 for 循环:
3.	取小块场景对应的掩膜图像,该图像尺寸与原始图像一致,均为 $N_a \times N_r$。
4.	求每个距离门信号的幅度最大值 A,记录最大值点的方位向坐标 $\boldsymbol{J}$,并选择幅度最大值较强的距离门样本。
5.	根据方位向坐标 $\boldsymbol{J}$,对这些最大值点进行聚类:如果几个最大值点沿着方位向相隔很近,即具有相近的方位向坐标($\lvert J_1 - J_2 \rvert < J_T$,$J_T$ 为自定义阈值),则可认为它们是一类的。并统计每一类中最大值点的数量。
6.	取数量最大的一类对应的距离门信号,执行经典 PGA 流程中的第 2 至第 5 步,从而得到对应于块的 SPE 局部估计结果。
7.	结束 for 循环。

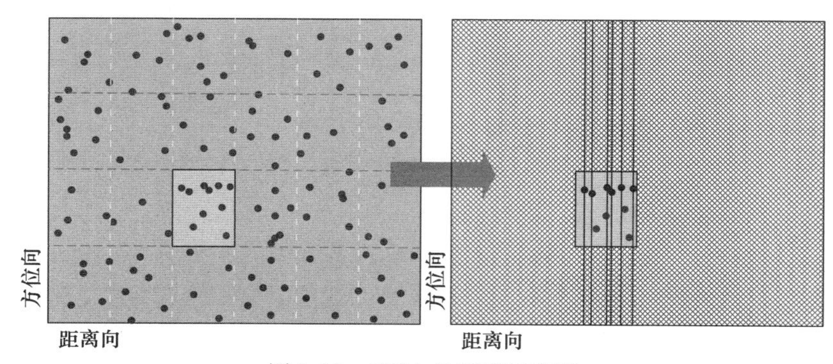

图 6.10 BPGA 的原理示意图

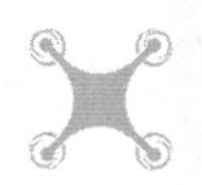

6.2.2.2　全局估计

尽管利用 $\Delta\hat{\phi}_{mn}$ 可以对子块掩膜图像进行 SPE 补偿，然后将补偿后的结果累加，最后得到闪烁效应校正后的 SAR 单视复图像，但这样做会导致 SAR 图像的幅度和相位在子块连接处存在不连续的问题。针对这一问题，我们将充分利用 SPE 之间重叠、相关等冗余信息，实现 SPE 的全局估计，得到其二维空间分布。全局估计的算法实现步骤分别如表 6.4 所列，原理示意图如图 6.11 所示。

表 6.4　全局估计的算法实现步骤

1.	For $n=1:N$
2.	初始化，令 $\phi_1=\Delta\hat{\phi}_{1n}$，$\phi_2=\Delta\hat{\phi}_{2n}$。
3.	For $m=2:M$
4.	根据式(6.5)，通过目标相关函数的最大化过程，估计 ϕ_1、ϕ_2 重叠的点数。
5.	去除 ϕ_1、ϕ_2 重叠部分线性成分的差异。
6.	按照式(6.6)，对 ϕ_1、ϕ_2 进行方位向拼接，得到 ϕ_{sp}^n。
7.	仅当 $m<M$ 时，赋值令 $\phi_1=\phi_{sp}$，$\phi_2=\Delta\hat{\phi}_{(m+1)n}$。
8.	结束 for 循环。
9.	去除 ϕ_{sp}^n 中的线性成分。
10.	结束 for 循环。
11.	对 ϕ_{sp}^n 沿着距离向进行插值，从而得到 SPE 的二维分布。

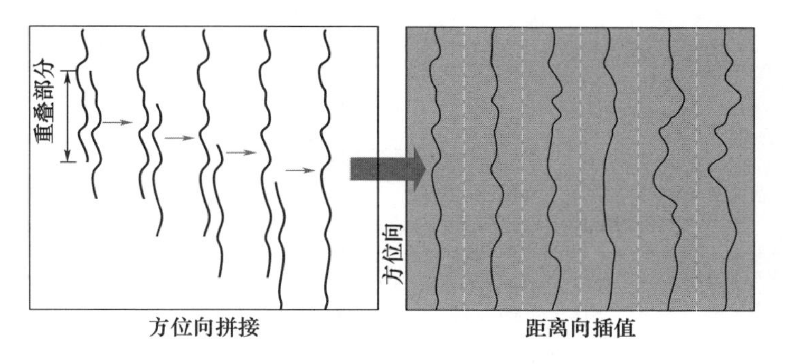

图 6.11　ESPGA 全局估计的原理示意图

对于沿着方位向相邻的两个子块场景，对应 SPE 存在相互错开、重叠，因此需要估计两个 SPE 错开或重叠的点数，以便于确定重叠的部分以及进行方位向拼接。这里定义了一个目标相关函数 $F(n_q)$，当假设的重叠点数 n_q 等于真实重叠点数 n_{q0} 时，目标相关函数将达到最大值，因此可估计错开点数为

$$n_{q0}=\arg\max F(n_q)=\arg\max\left\{\frac{\sum_{i=1}^{n_q}\phi_1(\mathrm{end}-n_q+i)\cdot\phi_2(i)}{\mathrm{norm}\{\phi_1(\mathrm{end}-n_q+1:\mathrm{end})\}\cdot\mathrm{norm}\{\phi_2(1:n_q)\}}\right\} \tag{6.5}$$

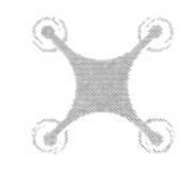

式中：end 为对应一维向量的离散点数；norm 为求取一维向量的 2 范数。

根据估计得到的重叠点数，可以认为 $\phi_1(\text{end}-n_q+1:\text{end})$ 与 $\phi_2(1:n_q)$ 近似重叠，且具有强相关性。尽管在实现局部估计的过程中，已将 SPE 的线性成分去除，但重叠部分仍然会存在轻微的线性成分差异，可造成拼接误差，因此需要去除 ϕ_1 与 ϕ_2 重叠部分线性成分的差异。随后的方位向拼接可表示为

$$\phi_{\text{sp}}^n=\phi_1(1:\text{end}-n_{q0})\oplus[\beta_1\cdot\phi_1(\text{end}-n_{q0}+1:\text{end})+\beta_2\cdot\phi_2(1:n_{q0})]\oplus\phi_2(n_{q0}+1:\text{end}) \tag{6.6}$$

式中：$\oplus$为两个数组首尾相接的运算；β_1、β_2 取值如图 6.12 所示，通过设置两个缓冲区可以保证方位向拼接的连续性。

值得一提的是，通过加权平均有利于提高重叠部分的估计精度。这样循环结束以后，就可以得到 N 条拼接后的 SPE 估计结果，记为 $\phi_{\text{sp}}^n, n=1,\cdots,N$。由于彼此之间存在强相关性，因此可以通过沿距离向的插值运算进一步得到 SPE 的二维分布，这里将选择三次样条插值。

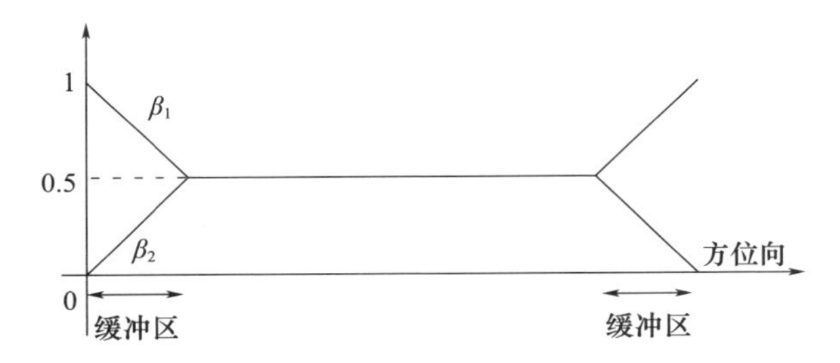

图 6.12　两个缓冲区的设置以保证拼接连续性

表 6.5　ESPGA 全局补偿的算法实现步骤

1.	生成一个全零矩阵 I，其尺寸与原始图像一致。
2.	For $i=1:N_{\text{a}}$
3.	取每一条距离线对应的掩膜图像 I_i。
4.	方位向 FFT。
5.	索引该距离线对应的 SPE 坐标范围。
6.	根据式(6.5)，在距离多普勒域进行 SPE 补偿。
7.	方位向 IFFT，得到 I'_i。
8.	累加：$I=\sum_{i=1}^{N_{\text{a}}} I'_i$
9.	结束 for 循环。

6.2.2.3　全局补偿

最后一个模块则是利用 SPE 的全局估计结果进行全局补偿，其算法实现步

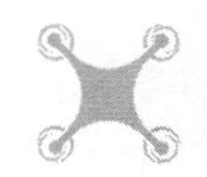

骤如表 6.5 所列。由于 SPE 的空变性,需要逐像素地索引对应的 SPE,并用于其掩膜图像的补偿,这样做虽然效率比较低,但是能够保证处理精度。对于同一条距离线中不同目标,它们的 IPP 方位向坐标是相同的,因此可以逐距离线地取相应的掩膜图像进行 SPE 补偿,以提高处理效率。

6.2.3　ESPGA 仿真验证

6.2.3.1　点阵场景

利用图 6.7 所示的点阵场景验证 ESPGA 的有效性,将其分成 11 × 11 个子块场景。由于是针对点阵场景,每个子块场景中仅含有一个点目标,因此可直接利用经典 PGA 进行局部估计。图 6.13 展示了方位向拼接后的 11 个 SPE 结果,并给出了去除零阶以及线性成分后的原始相位误差用于对比,一方面验证了拼接结果的有效性,另一方面也证实了这 11 个 SPE 估计之间存在较强的相关性。

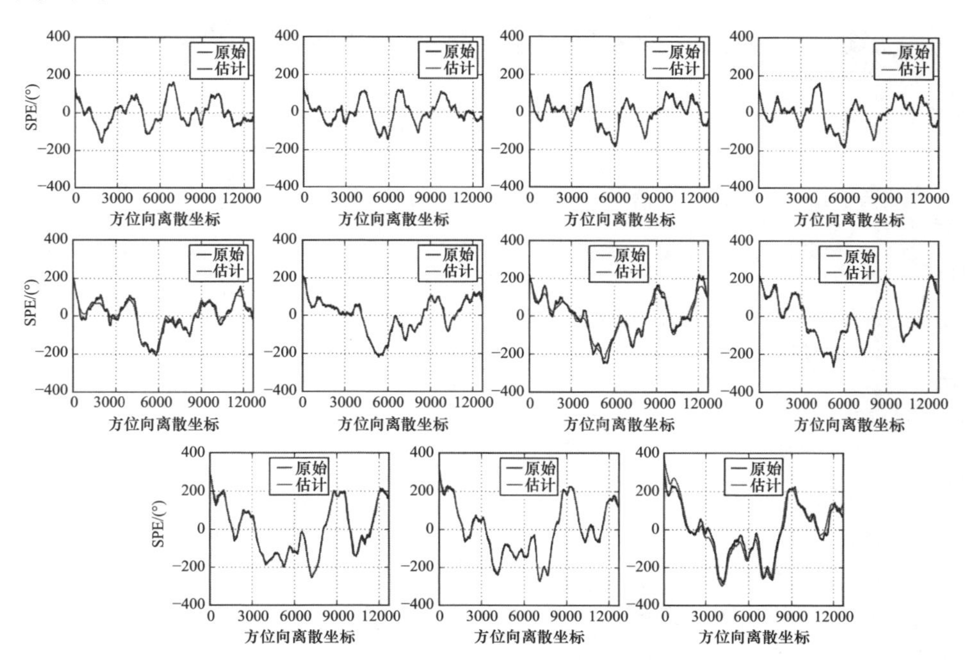

图 6.13　方位向拼接后的 SPE 结果与原始相位误差的对比(见彩图)

图 6.14 进一步展示了距离向插值后的 SPE 全局估计结果。为了方便对比,图 6.15 展示了解缠后的原始 SPE,且在显示时已将横向相位误差中的零阶以及线性成分去除。可见 SPE 估计结果类似于原始分布的平滑,且两者具有很一致的空间结构,从而验证了 ESPGA 全局估计流程的有效性。为验证全局补偿的有

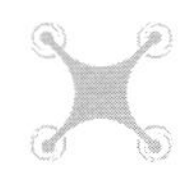

效性,表6.6、表6.7分别对应表6.1、表6.2给出了闪烁效应校正后不同点目标的方位向剖面指标,可见方位向成像性能普遍有了极大的改善,证明了ESPGA能够有效地抑制闪烁效应对不同点目标方位向聚焦性能的影响。

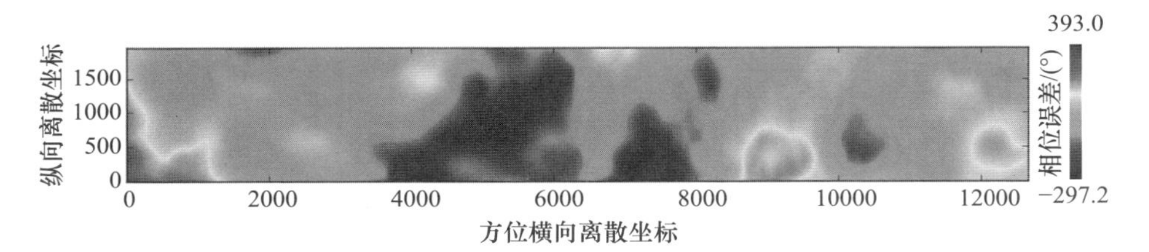

图6.14 距离向插值后得到的SPE全局估计结果(见彩图)

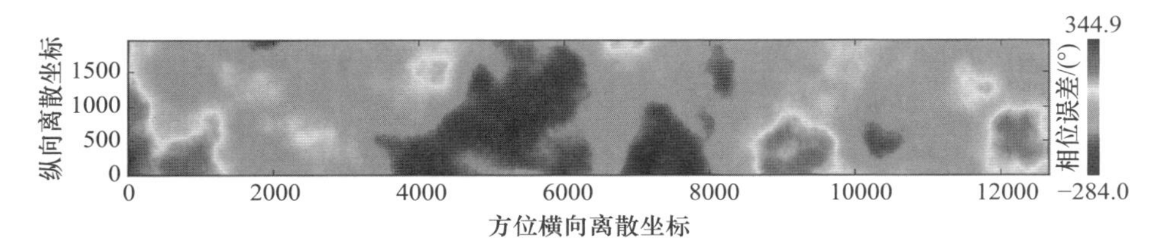

图6.15 解缠后原始SPE的二维空间分布(见彩图)

表6.6 ESPGA全局补偿后沿着方位向分布的不同点目标方位向剖面指标

序号	分辨率/m	展宽系数	PSLR/dB	ISLR/dB	峰值功率损失/dB
1	5.14	1.04	−13.59	−9.65	2.28
2	5.06	1.02	−13.24	−9.40	0.51
3	5.09	1.02	−13.48	−9.59	0.92
4	5.09	1.02	−13.55	−9.33	0.45
5	5.05	1.02	−13.54	−9.96	1.00
6	5.08	1.02	−13.87	−9.26	0.67
7	5.06	1.02	−13.72	−9.89	0.40
8	5.10	1.03	−13.52	−9.44	2.05
9	5.07	1.02	−13.48	−9.46	0.50
10	5.03	1.01	−13.39	−9.56	0.34
11	5.08	1.02	−13.31	−10.01	1.73

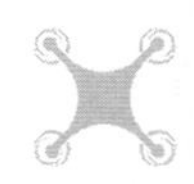

表 6.7　ESPGA 全局补偿后沿着距离向分布的不同点目标方位向剖面指标

序号	分辨率/m	展宽系数	PSLR/dB	ISLR/dB	峰值功率损失/dB
1′	5.03	1.01	-13.76	-10.07	0.29
2′	4.99	1.00	-13.35	-9.67	0.51
3′	5.07	1.02	-13.90	-9.78	0.77
4′	4.93	0.99	-14.82	-9.58	0.75
5′	5.25	1.06	-14.27	-6.76	1.16
6′	5.08	1.02	-13.87	-9.26	0.67
7′	5.06	1.02	-14.18	-9.93	0.36
8′	5.15	1.04	-13.87	-10.44	0.96
9′	5.17	1.04	-15.24	-10.73	1.12
10′	5.20	1.05	-14.85	-8.85	2.16
11′	5.08	1.02	-13.55	-9.93	1.63

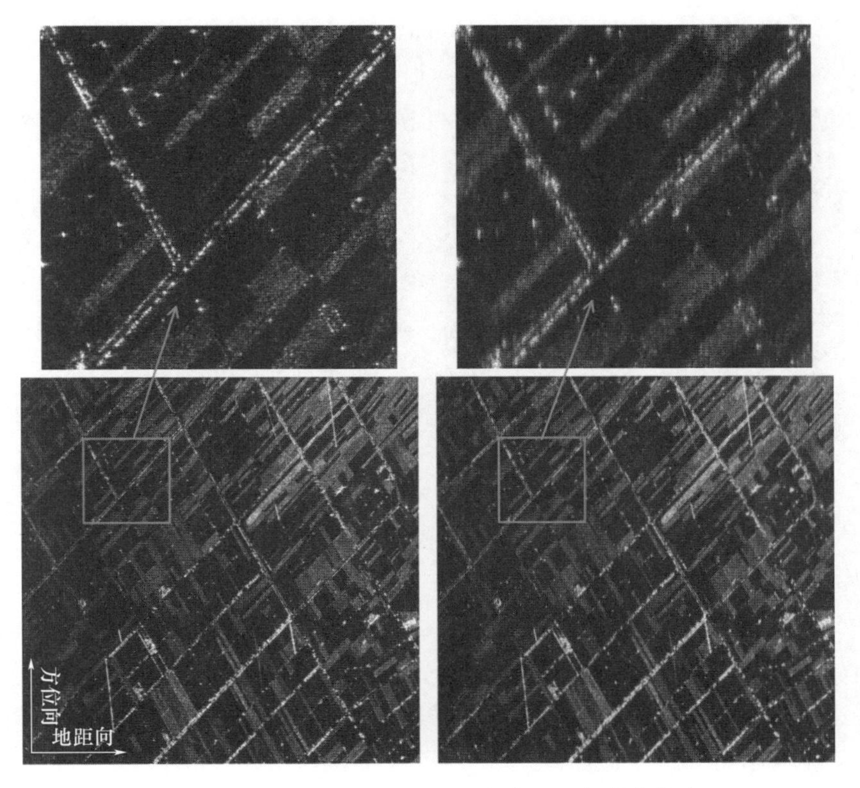

图 6.16　应用于 ESPGA 的面目标场景闪烁效应仿真

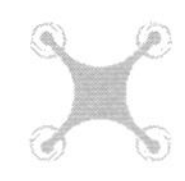

6.2.3.2 面目标场景

进一步利用一幅机载 P 波段 SAR 图像的 RCS 进行面目标场景闪烁效应仿真,除了闪烁强度取 $C_{\mathrm{k}}L = 10^{33}$ 且不考虑背景电离层以外,仿真参数(包括系统参数以及电离层闪烁)同表 2.3,场景方位向和地距向尺寸为 20 km×20 km,采样点数为 4000×4000。如图 6.16 所示,方框所指为局部区域的放大显示,相比于图 6.16(a)中无闪烁效应影响的图像,图 6.16(b)中呈现出肉眼可见的方位向散焦。

将 ESPGA 应用于该仿真数据,首先将其分成 10×20 个小块场景,每个子块方位向和地距向尺寸为 2km×1km。图 6.17 展示了不同选点策略选取得到的强点分布,相比于传统方式,按照 BPGA 方式选取得到的强点分布于每个子块场景,且块内强点具有相近的方位向坐标,能够较好地适应于空变 SPE 的局部估计。随后针对 BPGA 局部估计结果进行方位向拼接处理,图 6.18(a)估计得到了其中两个 SPE 错开的点数,可见当错开点数为 470 时,目标相关函数(重叠部分的相关程度)达到了最大值 0.754;图 6.18(b)给出了拼接结果,通过设置一个缓冲区以及重叠部分加权平均,一方面保证了拼接后 SPE 的连续性,另一方面可以最大限度地利用冗余信息以提高估计精度。

图 6.17 不同选点策略选取得到的强点分布(见彩图)

图 6.19(a)展示了 SPE 全局估计结果,图 6.19(b)展示了解缠后的原始 SPE(已去除零阶以及线性成分),图 6.19(c)为两者之差。可见,全局估计结果与原始 SPE 具有相似的空间结构,而估计偏差主要出现在边缘部分,这是因为某些边缘的子块场景中强点与场景边界还有一定距离,导致相位屏方位横向中有一小段无法获得 SPE 估计值。图 6.20 统计了原始 SPE 和残余 SPE 的概率密度分布,前者标准差为 102.9°,后者标准差为 42.9°,进一步验证了 ESPGA 全局估计的有效性。当然,相比于点阵场景(每个点目标类似于角反射器,具有极高

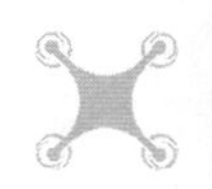

的 SCR)，面目标场景中强点的质量要稍逊一筹，在执行 PGA 并对其进行加窗时可能会混入一些杂波信号，从而导致较大的 SPE 估计残差。

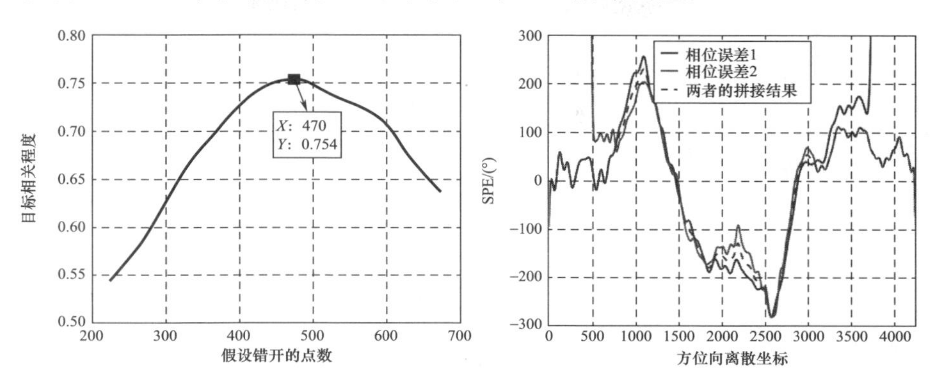

图 6.18　ESPGA 方位向拼接实例

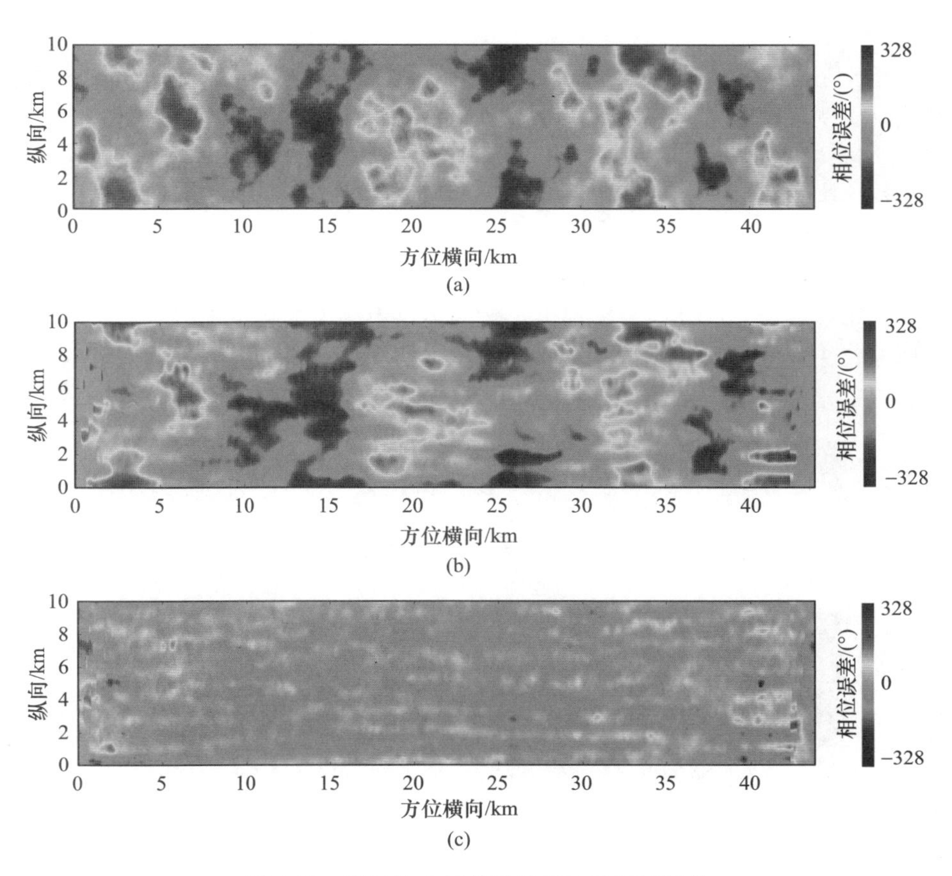

图 6.19　ESPGA 全局估计结果显示(见彩图)

(a)全局估计结果；(b)解缠后的原始 SPE；(c)估计残差。

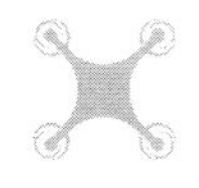

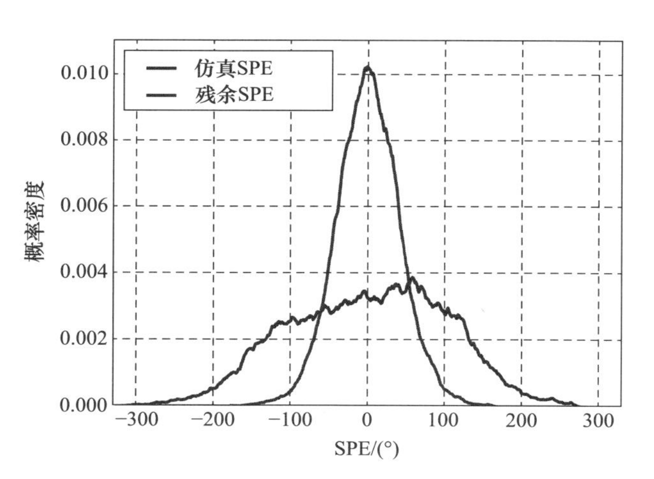

图 6.20　原始 SPE 和残余 SPE 的概率密度曲线

相比于图 6.16(b)中方位向严重散焦,图 6.21 中全局补偿后的方位向聚焦性能有了明显的改善,但残余的 SPE 仍然会导致明显的旁瓣性能恶化,因此其图像质量并没有恢复到图 6.16(a)中无闪烁效应影响的图像质量。为了进一步定量描述闪烁效应校正的效果,按照式(4.31)分别计算校正前和校正后图像与无影响图像之间的相关系数。由于 PGA 无法处理 SPE 线性成分导致的方位向随机偏移,因此在计算之前已预先去除了图像中的方位向偏移误差,否则将无法判断相干性恶化到底是由配准误差导致的还是由图像散焦引起的。相关系数幅度如图 6.22 所示,相比之下,闪烁效应校正后图像的相干性有了大幅度的提升,从而进一步验证了 ESPGA 全局估计和全局补偿的有效性。

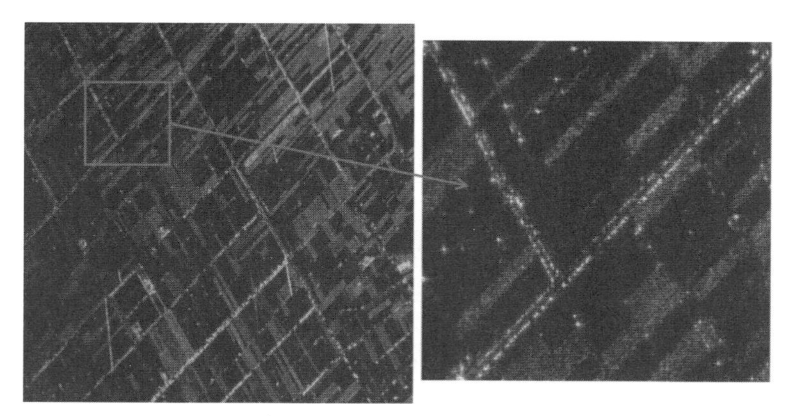

图 6.21　ESPGA 全局补偿后的面目标结果显示

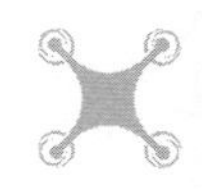

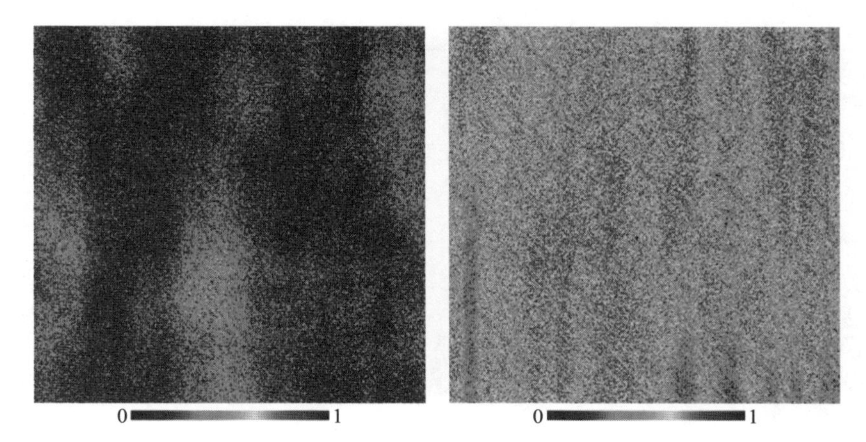

图6.22 全局补偿前后图像与无影响图像之间的相关系数幅度(见彩图)

6.3 基于ASPGA的电离层闪烁效应校正方法

6.2节提出的ESPGA虽然处理了SPE的空变问题,但该方法需要基于SPE各向同性的假设。而实际上由于地磁场的存在,电离层不规则体呈现各向异性特征,故其引起的SPE也是各向异性的,即沿着水平某个方向具有最大的空间尺度。这样一来,SPE沿着场景距离向不再是缓变的,且彼此之间不再是强相关的,这一方面将会导致ESPGA中局部估计失效,另一方面也会引起较大的距离向插值误差。针对各向异性且空变的SPE,本节将介绍一种ASPGA方法,该方法可应用于条带以及聚束模式,且对强点较少的小尺寸场景图像具有很好的适应性,本节将结合仿真数据和实测数据共同验证ASPGA方法的有效性。

6.3.1 各向异性且空变的SPE

为了描述各向异性SPE的空变性,针对上述点阵场景进一步开展各向异性闪烁效应的仿真,仿真所需的参数如表6.8所列。在$a:b=50:1$、$\gamma_B=26.565°$条件下,各向异性延伸角$\psi=-26.565°$,而各向异性延伸方向关于地面的投影角度$\psi_0=-45°$,该角度在5.1节称为条纹方向,但此时SAR图像中不会出现幅度条纹而表现为图像散焦,后面将其称为各向异性延伸投影角。得到的点阵场景仿真结果,如图6.23所示。分别沿着方位向、距离向以及各向异性延伸投影方向取11个点目标的SPE进行显示,如图6.24所示。可见,沿着场景方位向,SPE之间仍然是错开重叠的。但沿着场景距离向SPE不再缓变,而是类似于沿着场景方位向那样呈现错开的特征,不过其相交部分并不完全相同,而是呈现较强的相关性。沿着各向异性延伸投影方向,SPE之间表现出很强的相关性。

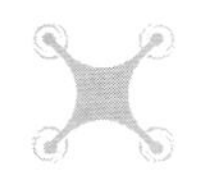

表 6.8 针对点阵场景的各向异性闪烁效应仿真所需参数

中心频率	500MHz	卫星高度	700km
地面入射角	30°	系统斜视角	90°
系统带宽	56MHz	多普勒带宽	1223.46Hz
脉冲重复频率	1300Hz	合成孔径时间	5.65s
相位屏高度	350km	闪烁强度	1×10^{32}
垂向电子总量	30TECU	闪烁强度	1×10^{34}
谱指数	3	外尺度	10km
磁航向	26.565°	磁倾角	0
各向异性轴尺度比	50 : 1	第三旋转角	0

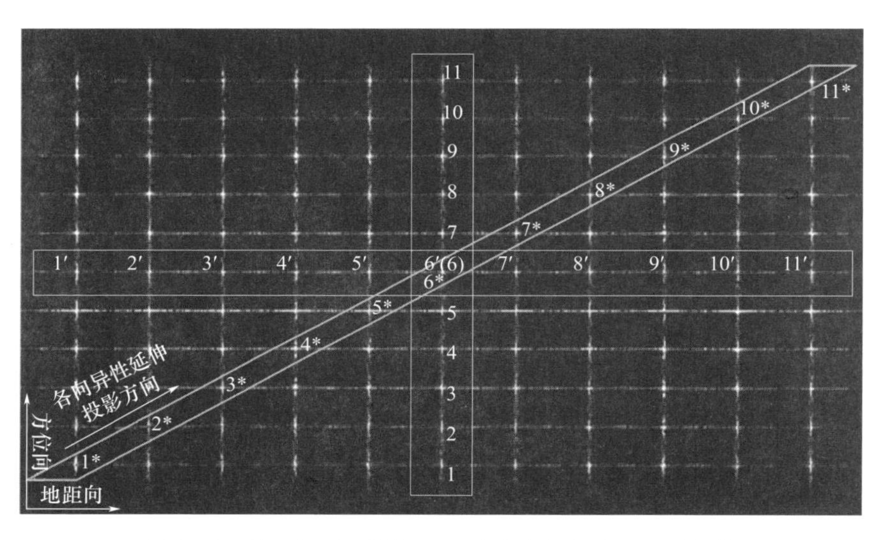

图 6.23 校正前后 P 波段 SAR 方位向指标随 C_kL 的变化

针对点阵场景,ESPGA 局部估计只涉及单个点目标,所以 SPE 的各向异性特征不会影响局部估计的性能。可以将 ESPGA 应用于各向异性 SPE 的全局估计,得到的 SPE 全局估计结果如图 6.25 所示,图 6.25(a)中全局估计结果与图 6.25(b)中原始 SPE 呈现出较一致的分布,但沿着纵向出现了锯齿状的结构,这主要是因为沿着场景距离向的 SPE 之间不再具有强相关性,那么对方位向拼接后的 SPE 进行距离向插值就会造成较大的误差。如果针对面目标场景开展 ESPGA 局部估计,由于小块场景中选取得到的强点 SPE 之间不再具有强相关性,故 PGA 无法进行有效的相干叠加,局部估计的有效性和稳健性将大大降低,

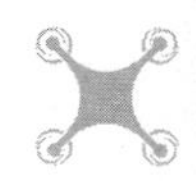

因此很难得到可靠的局部估计结果用于 ESPGA 后续的全局估计和全局补偿模块。总之,SPE 的各向异性特征将极大地影响 ESPGA 的可行性以及有效性,但是 ESPGA 充分利用冗余信息(尤其是沿着场景方位向 SPE 之间相互重叠的特征)以及全局补偿的优点值得借鉴。

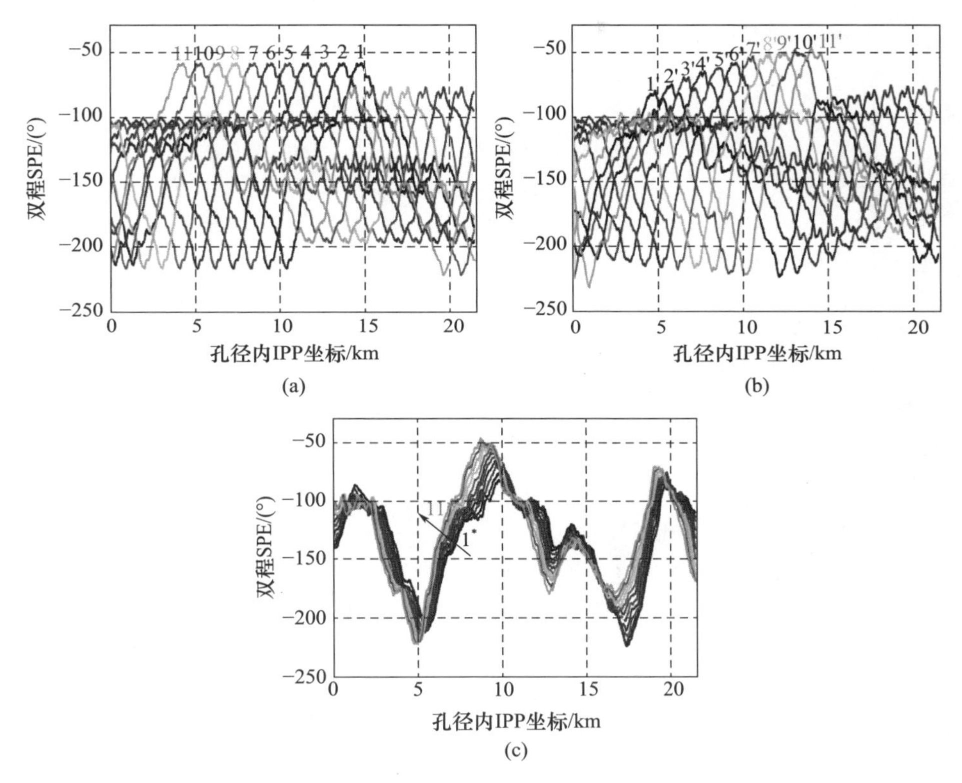

图 6.24 各向异性 SPE 空变性示意(见彩图)

(a)沿着方位向 11 个点目标的 SPE;(b)沿着距离向 11 个点目标的 SPE;(c)沿着各向异性延伸投影方向 11 个点目标的 SPE。

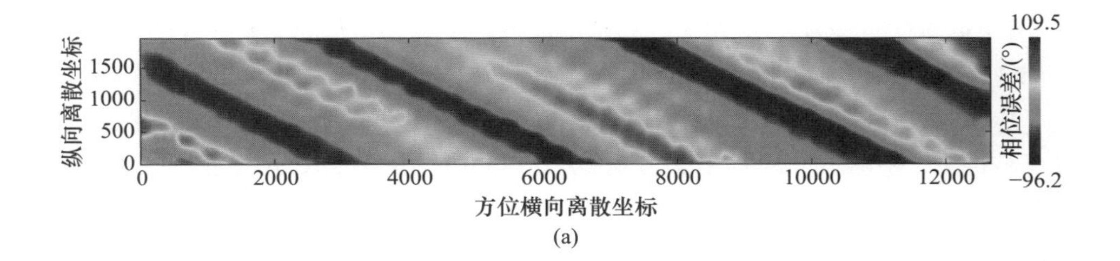

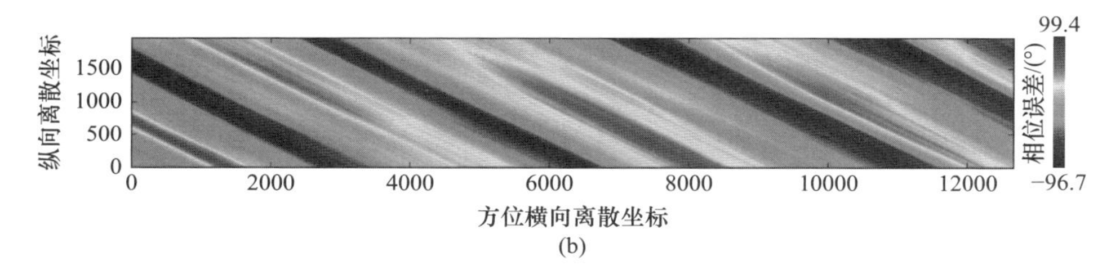

(b)

图 6.25　针对各向异性 SPE 的 ESPGA 全局估计结果(见彩图)

(a)全局估计结果;(b)解缠后的原始 SPE。

6.3.2　ASPGA 方法原理

针对各向异性且空变的 SPE,这里将介绍 ASPGA 用于闪烁效应的校正。该方法利用单个强点目标的 SPE 估计结果进行延伸估计以及逐像素补偿,适用于仅含有少量强点的小尺寸场景,并能够应用于条带模式和聚束模式的星载 SAR 图像数据。下面将从 SPE 延伸估计以及逐像素补偿两个方面介绍 ASPGA 的原理。

6.3.2.1　SPE 延伸估计

由于 SPE 的各向异性特征,PGA 将无法利用多个强点目标 SPE 之间的相干叠加来提高估计性能,这种情况下 PGA 只能应用于单个孤立强点。为了提高 SCR 以获得可靠的估计结果,最好能够选取一个高质量的强点进行 SPE 估计,例如角反射器。但事实上这种高质量的强点在实际场景中是稀缺的,不妨假设某小尺寸场景仅含有一个高质量强点。

图 6.26 所示为条带或聚束模式下的星载 SAR 观测几何。其中,高质量强点 P_0 为参考目标,场景系坐标为(x_0,gr_0),x_0 为方位向坐标,gr_0 为地距向坐标;$P_1(x_1,gr_1)$为同距离门内相距不远的其他像素点,$x_{01}=x_1-x_0$ 表示 P_1 与 P_0 的方位向间隔,且有 $gr_0=gr_1$;$P_2(x_2,gr_2)$与 P_0 连线恰好沿各向异性延伸投影方向,故 $gr_{02}=x_{02}\tan\psi_0$,其中 x_{02}、gr_{02}分别表示 P_2 与 P_0 的方位向、距离向间隔;$P_3(x_3,gr_3)$与 P_2 在同一个距离门内,方位向间隔为 x_{23},且有 $gr_2=gr_3$。

假设针对 P_0 可得到可靠的 SPE 估计结果,记为 $\Delta\hat{\phi}(n;P_0)$,n 表示离散坐标。如图 6.26 所示,P_0 与 P_1 的 IPP 历程是相互错开的,并且存在重叠部分(见图 6.26 中标出的 L_{ov}),即 P_0 的 SPE 是 P_1 的一部分。根据不同工作模式的观测几何,P_0 与 P_1 的 SPE 错开长度 L_{st}可以表示为

$$L_{st,01}=\begin{cases}x_{01},\text{条带模式}\\x_{01}(H_s-H_p)/H_s,\text{聚束模式}\end{cases}\tag{6.7}$$

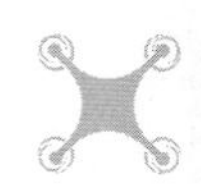

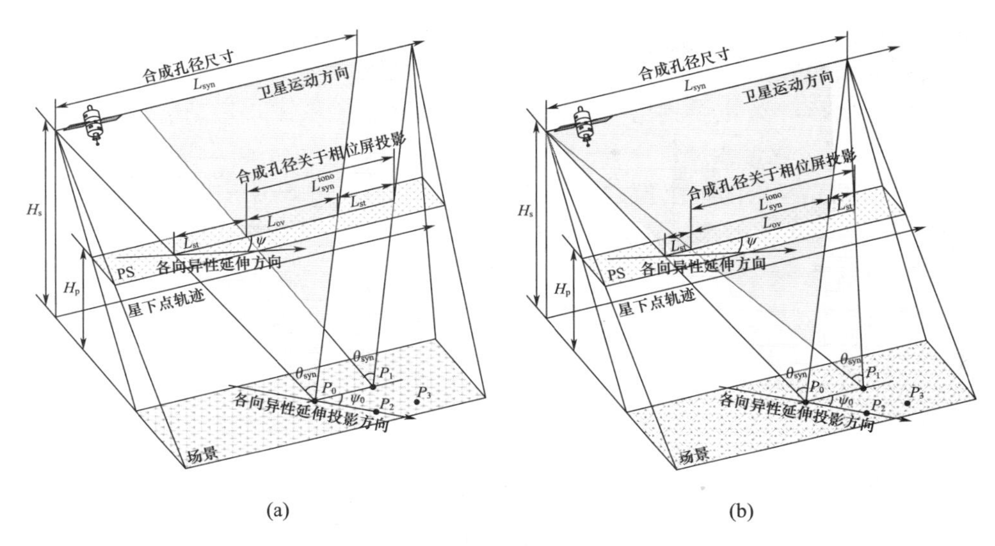

图6.26　星载SAR不同工作模式下的观测几何

(a)条带模式;(b)聚束模式。

对应的错开点数 $\Delta n_{st,01}=L_{st,01}/d\rho$,其中 $d\rho$ 为孔径内的IPP采样间隔,可以表示为 $d\rho=L_{syn}^{iono}/N_a$。那么,P_1 部分孔径对应的SPE即可估计为

$$\begin{cases}\Delta\hat{\phi}(1:N_a-\Delta n_{st,01};P_1)=\Delta\hat{\phi}(\Delta n_{st,01}+1:N_a;P_0),x_{01}>0\\\Delta\hat{\phi}(\Delta n_{st,01}+1:N_a;P_1)=\Delta\hat{\phi}(1:N_a-\Delta n_{st,01};P_0),x_{01}\leqslant 0\end{cases}\tag{6.8}$$

若利用 $\Delta\hat{\phi}(1:N_a-\Delta n_{st,01};P_1)$ 或者 $\Delta\hat{\phi}(\Delta n_{st,01}+1:N_a;P_1)$ 对 P_1 进行SPE补偿,那么就会有 $\Delta n_{st,01}/N_a$ 的部分孔径未作处理。显然,P_1 距离 P_0 越近,SPE估计与补偿性能越佳。

因为 P_2 与 P_0 的连线恰好是各向异性延伸投影方向,所以它们的SPE之间具有强相关性,这意味着 P_2 的SPE近似等于 P_0 的SPE,即

$$\Delta\hat{\phi}(n;P_2)\approx\Delta\hat{\phi}(n;P_0)\tag{6.9}$$

同样,P_2 距离 P_0 越近,由于相关性越强,则SPE估计与补偿的性能越佳。

类似于 P_1 与 P_0 之间的关系,P_3 与 P_2 的SPE同样是错开重叠的。因此可以根据 $\Delta\hat{\phi}(n;P_2)$ 进一步估计 P_3 部分孔径对应的SPE,即

$$\begin{cases}\Delta\hat{\phi}(1:N_a-\Delta n_{st,23};P_3)=\Delta\hat{\phi}(\Delta n_{st,23}+1:N_a;P_2)\approx\Delta\hat{\phi}(\Delta n_{st,23}+1:N_a;P_0),x_{23}>0\\\Delta\hat{\phi}(\Delta n_{st,23}+1:N_a;P_3)=\Delta\hat{\phi}(1:N_a-\Delta n_{st,23};P_2)\approx\Delta\hat{\phi}(1:N_a-\Delta n_{st,23};P_0),x_{23}\leqslant 0\end{cases}\tag{6.10}$$

根据上述推导,可遍历局部场景中每一个像素得到相应孔径的SPE估计,

即参考目标的 SPE 估计结果可延伸至每一个像素,这些像素可分为三类,包括错开重叠类(类似于 P_1)、强相关类(类似于 P_2)以及两者的耦合(类似于 P_3)。其他像素点 SPE 的估计性能不仅取决于该像素点与参考目标的距离,也与各向异性延伸投影角 δ_0 以及相位屏高度 H_p 的先验信息有关。

6.3.2.2 逐像素补偿

由于局部场景内每个像素点经历的 SPE 不同,与 ESPGA 中的全局补偿类似,因此 ASPGA 采取逐像素的补偿方式。表 6.9 给出了其算法实现步骤,这里涉及一个双重 for 循环结构。在每次循环中,需要取每个像素点对应的掩膜方位线图像,按照上述延伸估计原理,估计得到该像素对应孔径的 SPE 并进行补偿,最后进行累加。采取这样的补偿方式,尽管处理效率较低,但能够适应于 SPE 的空变以及各向异性特征,可以保证处理精度。

表 6.9 ASPGA 逐像素补偿的算法实现步骤

1.	生成一个全零矩阵 I_{cor},其尺寸与原始图像一致。
2.	For $j=1:N_r$
3.	For $i=1:N_a$
4.	生成一个全零数组 I_{line},其长度为 N_a。
5.	取单个像素对应掩膜方位线图像,即 $I_{line}(i)=I_0(i,j)$,其中 I_0 为原始图像。
6.	求 I_{line} 的 FFT,得到 $\tilde{I}_{line}=\mathrm{FFT}\{I_{line}\}$。
7.	按照 SPE 延伸估计原理,估计得到该像素对应的 SPE 估计结果 $\Delta\hat{\phi}(n;i,j)$。
8.	逐像素补偿并累加,即 $I_{cor}(:,j)+=IFFT\{\tilde{I}_{line}\cdot\exp(-j2\Delta\hat{\phi}(n;i,j))\}$。
9.	结束 for 循环。
10.	结束 for 循环。

6.3.3 ASPGA 仿真实现

6.3.3.1 仿真数据说明

为了验证 ASPGA 的有效性,在条带模式下开展星载 L 波段 SAR 闪烁效应的仿真。选取日本东京 PALSAR－2 图像(ID: ALOS2014410740)的一部分作为单视复图像的输入,仿真系统参数和电离层参数如表 6.10 所列,其方位向和地距向设计分辨率均近似为3m,场景方位向和地距向尺寸为 2.23km × 2.24km,仿真结果如图 6.27(b)所示,相比于图 6.27(a)中无闪烁效应影响的图像,图 6.27(b)中呈现了严重的方位向图像模糊,故必须对其进行校正处理。为了定量衡量闪烁效应对星载 SAR 图像的影响程度,这里进一步计算图 6.27(a)、(b)之间的相关系数,在计算时已去除方位向偏移误差的影响,相关系数幅度如图 6.28 所示,其平均相关系数仅 0.24,意味着闪烁效应导致了严重的图像去相干。

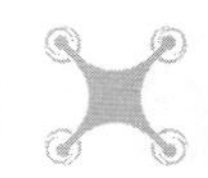

表 6.10 L 波段条带模式星载 SAR 闪烁效应仿真所需参数

载频对应波长	2.36m	卫星高度	700km
多普勒带宽	2395.84Hz	系统带宽	80MHz
地面入射角	39.68°	系统斜视角	90°
方位向采样率	2.23m	地距向采样率	2.24m
方位向点数	1000	距离向点数	1000
相位屏高度	350km	闪烁强度	5×10^{34}
垂向电子总量	30 TECU	闪烁强度	1×10^{34}
谱指数	3	外尺度	10km
磁航向	−15°	磁倾角	0
各向异性轴尺度比	50∶1	第三旋转角	0

ASPGA 仿真注入的相位屏如图 6.29 所示，设置 $a:b=50:1$、$\gamma_B=26.565°$，各向异性延伸角 $\psi=15°$，而图 6.29 中箭头所指方向与方位向的夹角为 15°。根据场景尺寸以及观测几何，相位屏方位横向尺寸近似等于 $L_{\text{syn}}^{\text{iono}}$ 加上场景方位向尺寸，而相位屏纵向尺寸则近似等于场景地距向尺寸的一半。而合成孔径尺寸 L_{syn} 为 31.09km，故合成孔径关于相位屏投影的尺寸 $L_{\text{syn}}^{\text{iono}}$ 为 15.55km，因此相位屏方位横向尺寸约为 17.78km。这样一来，图 6.29 对应的相位屏尺寸刚好能够涵盖该场景内所有像素的合成孔径。

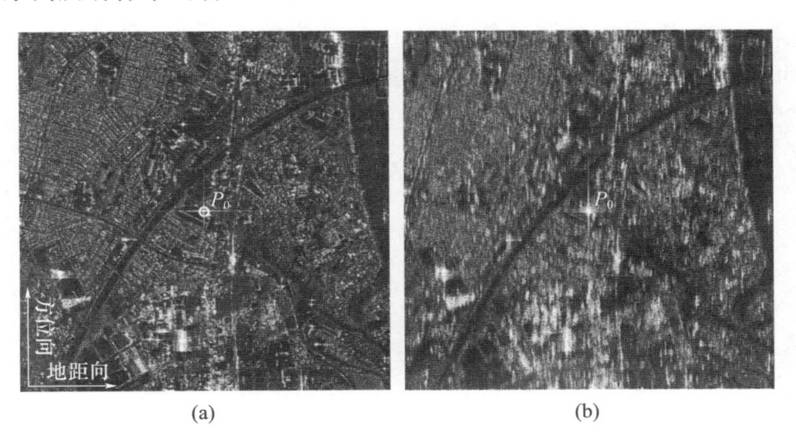

(a) (b)

图 6.27 星载 L 波段 SAR 条带模式闪烁效应仿真结果

(a)无闪烁效应影响；(b)受闪烁效应影响。

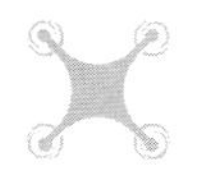

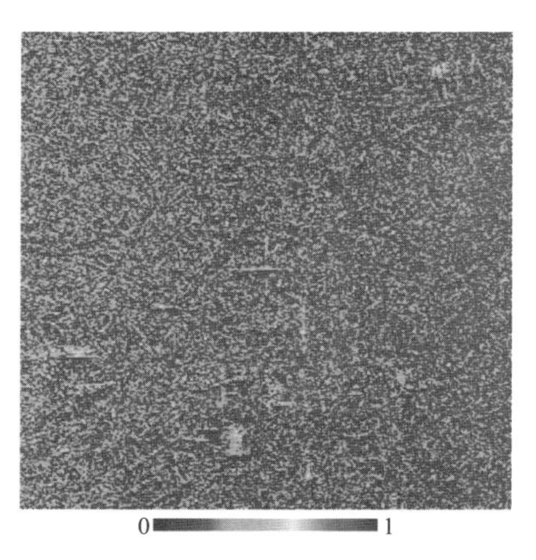

图 6.28　闪烁效应影响下图像与无影响图像之间的相关系数幅度(见彩图)

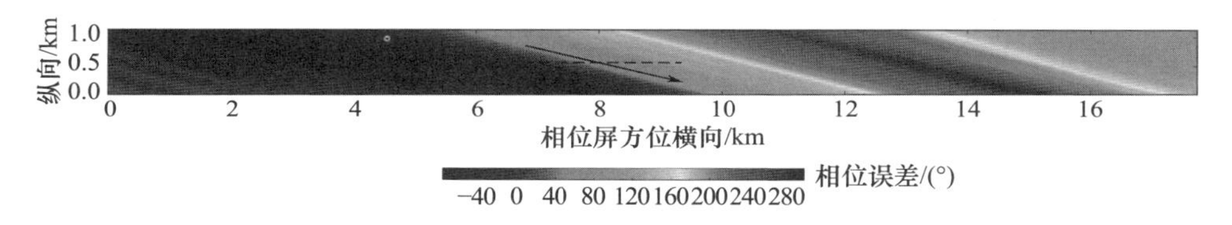

图 6.29　ASPGA 仿真注入的相位屏(单程 SPE)(见彩图)

6.3.3.2　ASPGA 处理结果

图 6.27 中,P_0 是一个高质量的强点,可作为参考目标应用于 ASPGA 以获得一个可靠的 SPE 估计,其估计结果如图 6.30 所示。可见估计得到的 SPE 与

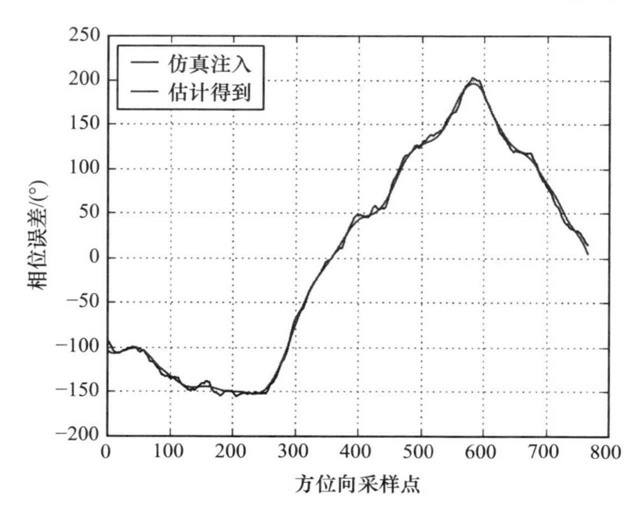

图 6.30　参考目标 P_0 的 SPE 估计结果

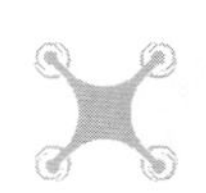

实际仿真注入的相位误差具有极高的一致性,从而证明了针对参考目标 P_0 获得的 SPE 估计结果是极为可靠的。接下来,分别开展了经典 PGA 以及 ASPGA 校正实验,闪烁效应校正的结果分别如图 6.31 所示。

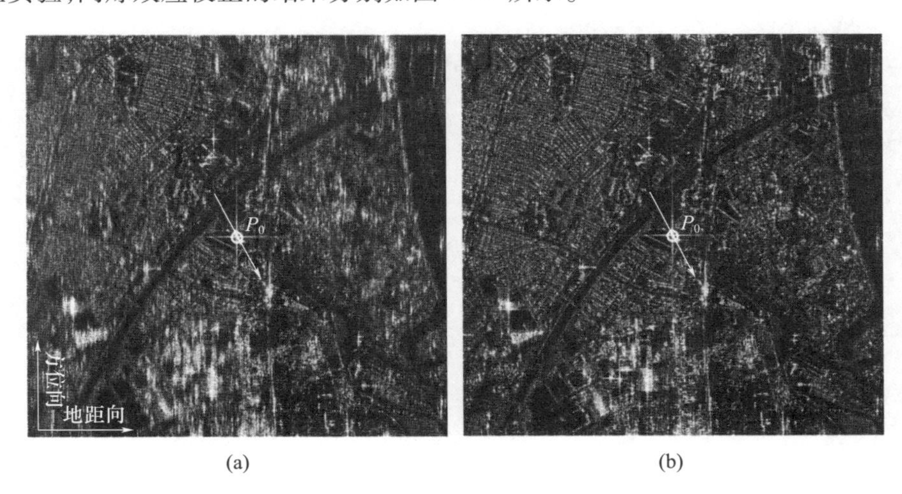

图 6.31　条带数据 ASPGA 电离层闪烁效应校正结果
(a)经典 PGA 校正后;(b)ASPGA 校正后。

在 ASPGA 应用过程中,各向异性延伸投影角度 ψ_0 是一个重要的先验信息,可根据式(5.12)计算得到 $\psi_0=28.19°$,图 6.31 中箭头方向就是各向异性延伸投影方向。由于经典 PGA 方法并没有考虑 SPE 的空变性以及各向异性特征,因此图图 6.31(a)中仅沿着箭头方向的狭长区域得到了较好的聚焦,这主要是由于这部分区域像素对应的 SPE 与 P_0 的 SPE 具有较强的相关性;而其他区域甚至散焦更加严重了,这是由于其他区域像素对应的 SPE 与 P_0 的 SPE 存在一定距离的错开,使得 SPE 之间的相关性变小。相比于图 6.31(a),ASPGA 处理之后的图 6.31(b)中整个图像得到了很好的聚焦。

为了定量衡量闪烁效应的校正效果,分别计算了图 6.31 与无闪烁效应影响图像之间的相关系数,在计算时同样去除了方位向偏移误差,相关系数幅度如图 6.32所示,平均相关系数分别为 0.35、0.69,图 6.32(a)中仅狭长区域的相干性有所提升,而图 6.32(b)中整个区域的相干性都得到了明显的改善,从而进一步验证了 ASPGA 估计与补偿各向异性且空变 SPE 的有效性。

6.3.3.3　ASPGA 性能分析

由于 ASPGA 方法的应用强烈依赖于相位屏高度 H_p 以及各向异性延伸投影角 ψ_0 的先验信息,这里需要进一步研究当 H_p、ψ_0 存在误差时 ASPGA 的性能变化,图 6.33 分别给出了不同的误差条件下 ASPGA 处理后图像的平均相关系数

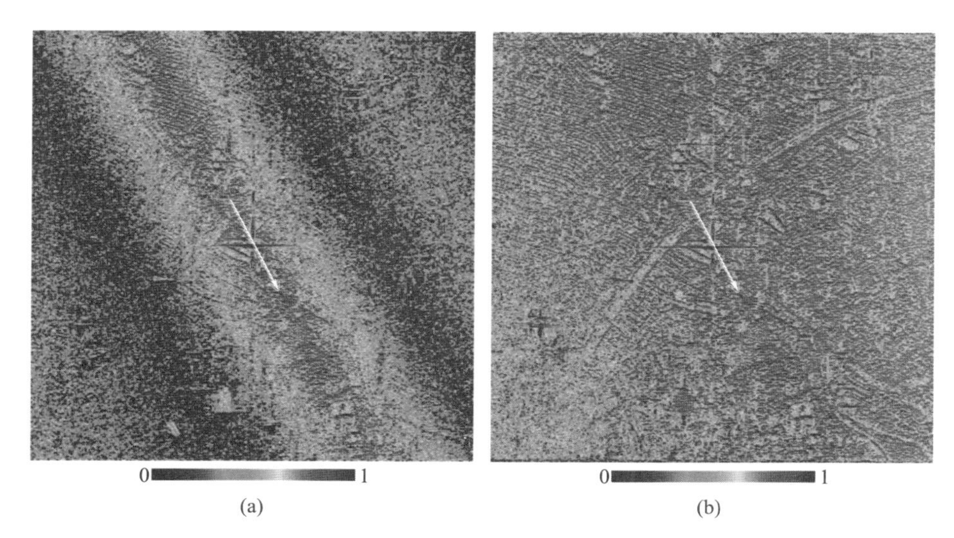

(a) (b)

图 6.32 闪烁效应校正后图像与无影响图像之间的相关系数幅度（见彩图）
(a)经典 PGA 校正后；(b) ASPGA 校正后。

变化情况。在图 6.33(a)中，H_p 的变化范围设置为 250 ~ 450km，且 $\psi_0 = 28.19°$；在图 6.33(b)中，ψ_0 的变化范围设置为 8.19° ~ 48.19°，且 $H_p = 350$km。可见，相关系数幅度在 H_p、ψ_0 的误差为 0 时达到了最大值。当不存在先验信息误差时，ASPGA 方法性能达到最优；随着先验信息误差的增大，ASPGA 方法性能逐渐下降。图 6.33 中的结果不仅验证了 ASPGA 的有效性，而且体现了先验信息对于 ASPGA 方法的重要性、必要性。而在后续的实测数据中，H_p、ψ_0 并不是预先设定的，因此在实施 ASPGA 之前必须对这两个参数进行估计。

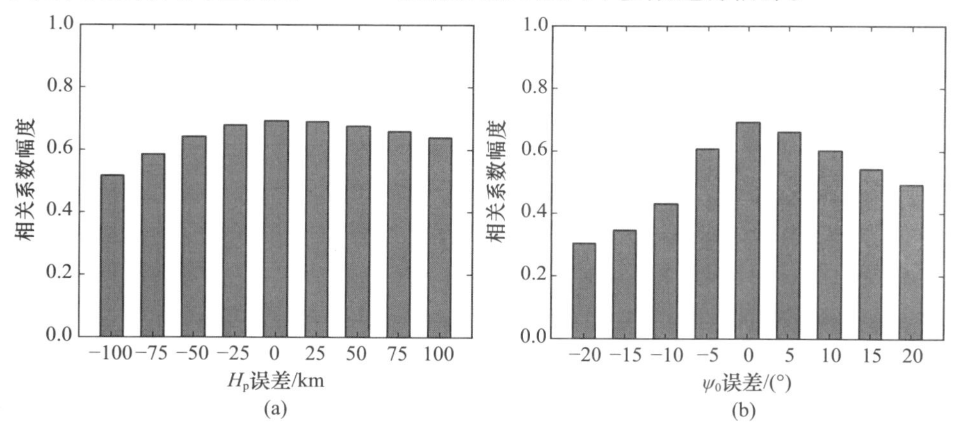

图 6.33 ASPGA 处理后图像的平均相关系数随先验信息误差的变化
(a)相位屏高度；(b)各向异性延伸投影角。

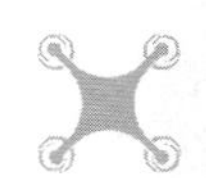

6.3.4 ASPGA 实测数据验证

6.3.4.1 数据说明

由于现有低波段星载 SAR 系统(如 L 波段的 PALSAR/PALSAR-2)均采用近极地太阳同步轨道,因此在电离层闪烁现象高发的赤道地区大多以幅度闪烁条纹的形式呈现在 SAR 图像中,却很少能观察到闪烁效应造成的方位向图像散焦现象。而相比于幅度条纹,闪烁效应导致的图像散焦将会对星载 SAR 图像解译、目标识别以及后续干涉应用等方面造成更恶劣的影响。另外,因为没有意识到各向异性且空变 SPE 的复杂性,所以到目前为止,尚没有文献通过实测数据处理验证自聚焦算法校正闪烁效应的有效性。有学者基于 PSF 模型利用 76 景阿森松岛的 PALSAR-2 图像估计了闪烁强度和谱指数[15,16],结果表明 76 景中的多数图像出现了严重的方位向图像散焦,本书将选择其中的一景用于 ASPGA 的进一步验证。

本书选择的 PALSAR-2 聚束图像数据获取于 2014 年 12 月 16 日的阿森松岛,其场景 ID 为 ALOS2030447022,其系统参数如表 6.11 所列。原始场景的方位向和地距向尺寸为 25km×25km,但是因为岛屿区域仅占实际场景的一部分,所以这里截取部分图像进行显示以及后续处理,获取的 PALSAR-2 聚束图像如图 6.34 所示。

表 6.11 PALSAR2 聚束图像数据的系统参数

中心频率	1.2575GHz	卫星高度	635696.5776m
多普勒带宽	79.7000MHz	系统采样率	104.7916MHz
脉冲重复频率	7475.7000Hz	方位设计分辨率	≈1.0m
场景中心入射角	41.7358°	场景中心斜视角	90°
场景中心经度	-7.9398°	地距向采样率	-14.3592°
方位向点数	26995	距离向点数	11637
方位向采样率	0.9295m	近端地距采样率	2.1174m
中心地距采样率	2.1481m	远端地距采样率	2.1808m
中心斜距	823576.4814m	地理航向角	-12.2070°
场景方位向尺寸	24995.0754m	场景地距向尺寸	24997.6296m

截取图像的方位向和距离向点数为 12000×6500,且其方位向和地距向尺寸为 11.1km×14.0km。图 6.34 中明显的方位向散焦现象可归结于电离层闪烁效应[15,16],故需要对其进行校正处理。另外,图 6.34 中标出的 Q_0、Q_1、Q_2 是三个高质量强点(类似于角反射器),均可用于得到可靠的 SPE 估计结果,且 Q_0 将用于最终的 ASPGA 处理,Q_0、Q_1、Q_2 以及辅助像素点 Q_3、Q_4 将用于参数估计,Q_5、Q_6 两个较强的散射点将用于性能分析,6 个局部场景"①"~"⑥"将用于处理结果的展示。

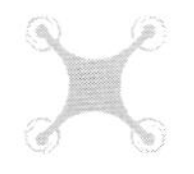

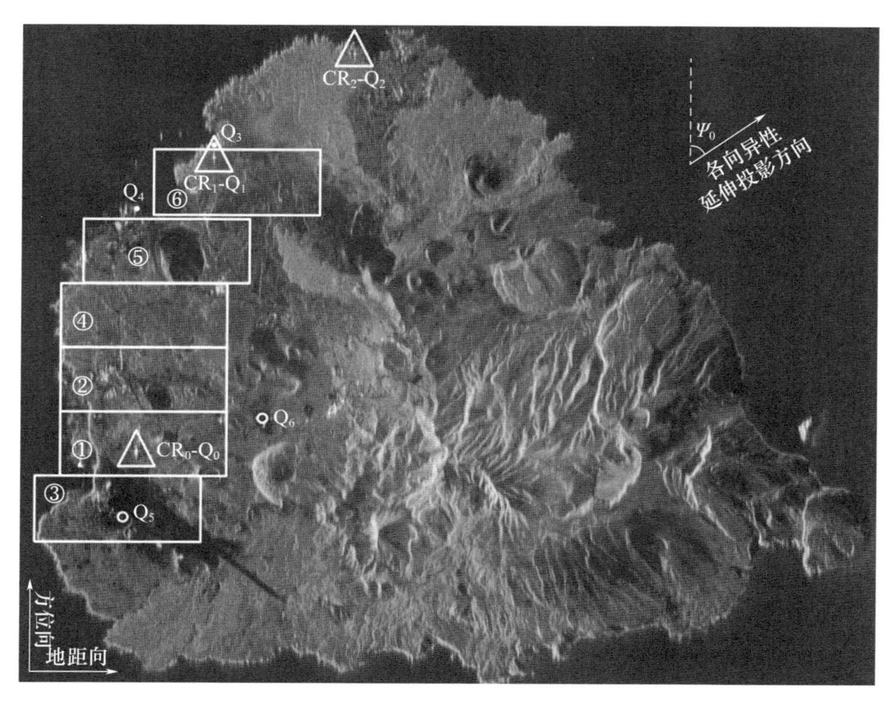

图 6.34　2014 年 12 月 16 日阿森松岛获取的 PALSAR2 聚束图像

6.3.4.2　SPE 估计

将 PGA 应用于这三个高质量强点，由于这三个强点的能量要远远强于周围的其他地物以及杂波背景，因此很容易可以选取得到每个强点对应的几条距离门，从而进行 SPE 估计。SPE 估计结果如图 6.35(a)所示，Q_0、Q_1、Q_2 经历的双程 SPE 估计结果分别记为 $\Delta\hat{\phi}(n;Q_0)$、$\Delta\hat{\phi}(n;Q_1)$、$\Delta\hat{\phi}(n;Q_2)$，其标准差分别为 161.26°、158.96°、143.01°，这意味着该场景上空的电离层中存在着极强烈起伏的不规则体结构。图 6.35(a)中可以观察到 Q_1、Q_2 的部分 SPE 具有很强的相关性，这意味着各向异性延伸投影方向近似沿着 Q_1、Q_2 的连线，该结论将在参数估计部分进一步证明，而其他一些不相关的部分(孔径边缘)主要是由于不同程度的杂波影响导致了 SPE 估计结果的不稳定性。另外，Q_1、Q_2 与 Q_0 的 SPE 呈现了近似错开重叠的特征。

利用 SPE 估计结果分别针对相应的方位线数据进行 SPE 补偿，补偿前后的 Q_0、Q_1、Q_2 方位向剖面分别如图 6.35(b) ~ (d)所示，表 6.12 列出了补偿前后的方位向指标。可见，SPE 补偿后，Q_0、Q_1、Q_2 方位向聚焦性能有了非常明显的提升，主瓣分辨率均恢复至 1m 左右，与方位向设计分辨率很接近，旁瓣能量得以

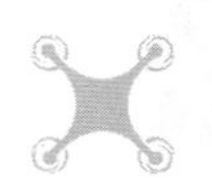

抑制，峰值能量增强普遍超过了8dB。这一方面说明对应方位线数据中的闪烁效应得到了有效的抑制，另一方面也印证了这三个SPE估计结果具有一定可靠性。

6.3.4.3　参数估计

由于ASPGA需要相位屏高度 H_p 以及各向异性延伸投影角度 ψ_0 的先验信息，故在应用ASPGA之前需要对这两个参数进行估计，这里介绍一种基于SAR数据本身以及SPE错开重叠、相关等空变特征的参数估计方法。为了提高估计精度，截取具有较强相关性的一部分SPE估计结果用于参数估计，即 $\Delta\hat{\phi}(4401:7700;Q_0)$、$\Delta\hat{\phi}(4401:7700;Q_1)$、$\Delta\hat{\phi}(4401:7700;Q_2)$。图6.36(a)、(b)分别将 Q_0 与 Q_1、Q_1 与 Q_2 部分SPE估计结果显示在一起，显示时已去除该部分SPE结果中零阶以及线性成分，从图6.36中能够更加清楚地观察到SPE之间的近似错开重叠以及相关的特征。

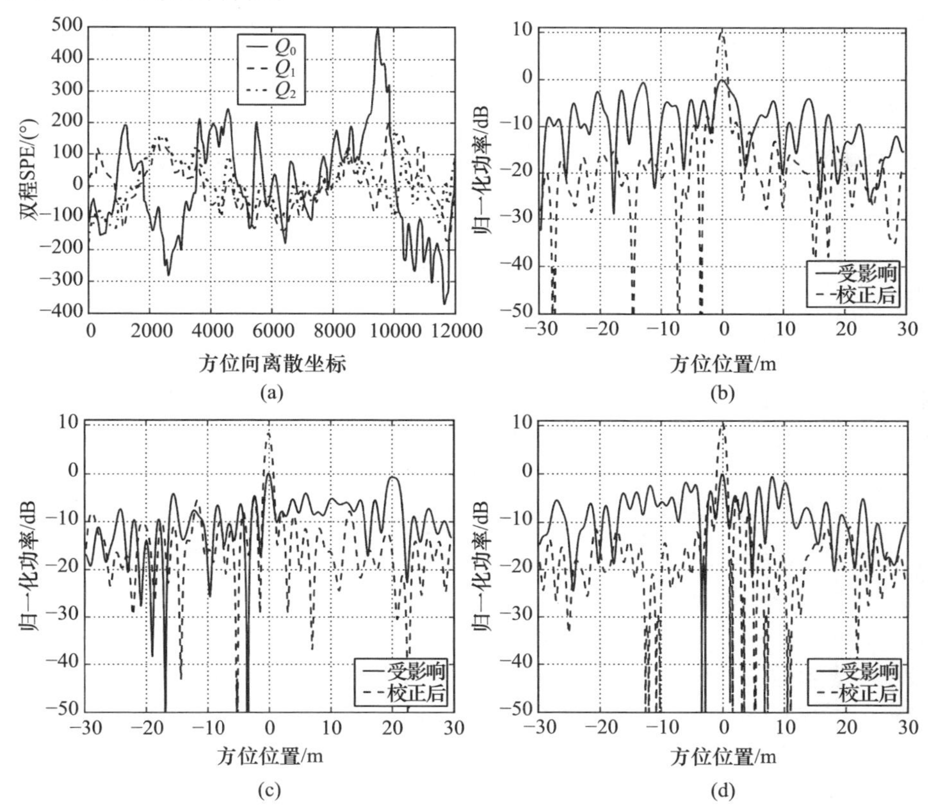

图6.35　针对三个强点的SPE估计与补偿结果

(a)SPE估计结果；(b)Q_0 方位向剖面；(c)Q_1 方位向剖面；(d)Q_2 方位向剖面。

表 6.12 电离层闪烁效应校正前后 Q_0、Q_1、Q_2 对应方位向剖面的指标评估

参数	Q_0		Q_1		Q_2	
	校正前	校正后	校正前	校正后	校正前	校正后
主瓣分辨率/m	2.691	1.134	1.053	0.978	0.987	0.984
PSLR/dB	-4.334	-17.791	-4.666	-13.496	-3.567	-16.131
ISLR/dB	4.660	-10.618	8.599	-4.374	10.051	-8.763
峰值功率/dB	144.210	154.304	142.206	150.477	139.515	150.138

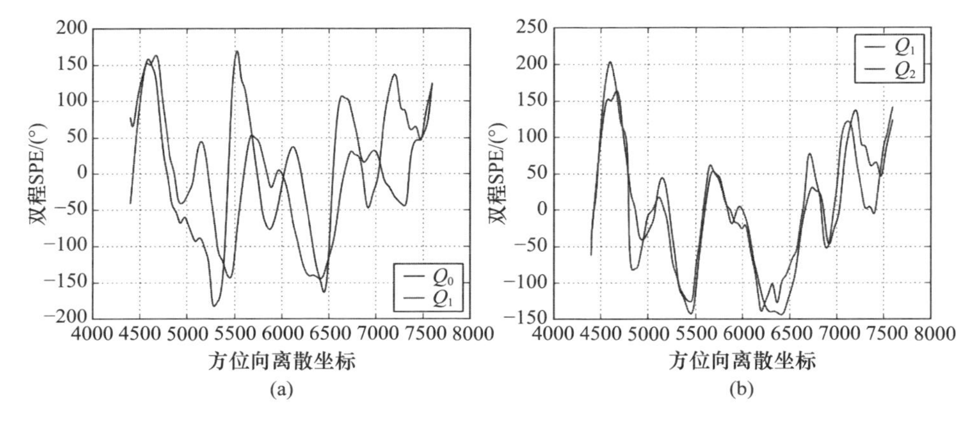

图 6.36 截取 SPE 结果中具有较强相关性的一部分

(a) Q_0 与 Q_1 的部分 SPE 估计;(b) Q_1 与 Q_2 的部分 SPE 估计。

根据式(6.5),可以通过目标相关函数 $F(n_q)$ 估计两个 SPE 重叠的点数 n_{q0} 或者错开的点数 $\Delta n_{st}=N'_a-n_{q0}$,其中 N'_a 表示用于参数估计的 SPE 有效采样点数。图 6.37 给出了 Q_0 与 Q_1、Q_1 与 Q_2 目标相关函数随错开点数的变化趋势,当 $\Delta n_{st,01}=960$ 以及 $\Delta n_{st,12}=-32$ 时目标相关函数分别达到了最大值 0.905、0.940,即 Q_0 与 Q_1 的 SPE 相互错开了 960 个采样点,而 Q_1 与 Q_2 的 SPE 相互错开了 -32 个采样点。最后,如图 6.38 所示,取近似重叠的部分进行显示,可见重叠部分 SPE 具有很强的相关性。

图 6.34 所示,Q_3 和 Q_4 为两个辅助像素点,Q_3 与 Q_1 在同一距离门内,且与 Q_2 的连线为各向异性延伸投影方向,Q_4 与 Q_0 在同一距离门内,且与 Q_1 的连线为各向异性延伸投影方向。根据图 6.26(b)所示的聚束模式下的观测几何,则有

$$\frac{\Delta n_{st,04}}{N_a}=\frac{x_{04}(H_s-H_p)}{L_{syn}H_p} \tag{6.11}$$

$$\frac{\Delta n_{st,13}}{N_a}=\frac{x_{13}(H_s-H_p)}{L_{syn}H_p} \tag{6.12}$$

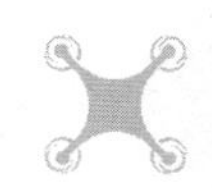

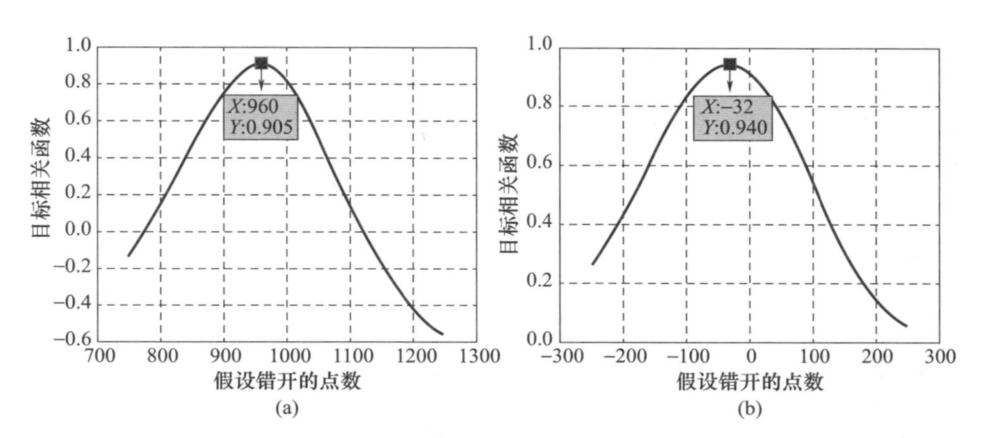

图 6.37　目标相关函数随错开点数的变化趋势

(a) Q_0 与 Q_1 错开点数；(b) Q_1 与 Q_2 错开点数。

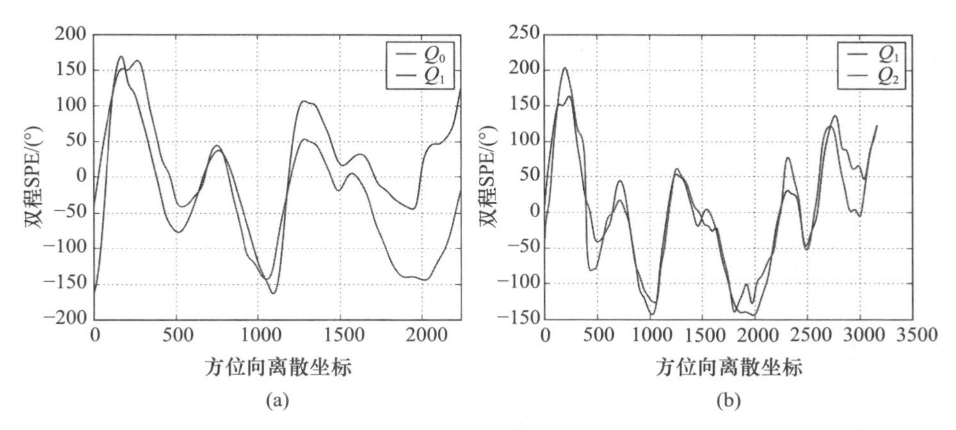

图 6.38　近似重叠、强相关部分的 SPE 估计结果显示

(a) Q_0 与 Q_1 双程 SPE 估计结果；(b) Q_1 与 Q_2 双程 SPE 估计结果。

式中：x_{04}、x_{13}分别为 Q_0 与 Q_4、Q_1 与 Q_3 的方位向间隔；$\Delta n_{\mathrm{st},04}$、$\Delta n_{\mathrm{st},13}$分别为 Q_0 与 Q_4、Q_1 与 Q_3 的 SPE 之间错开点数。

由于 Q_4 与 Q_1、Q_3 与 Q_2 的 SPE 之间具有强相关性，故有 $\Delta n_{\mathrm{st},04} \approx \Delta n_{\mathrm{st},01} = 960$、$\Delta n_{\mathrm{st},12} \approx \Delta n_{\mathrm{st},12} = -32$。另外，由于 Q_3、Q_4 的方位向位置是未知的，可根据像素之间的几何关系，进一步建立三个方程式，即

$$\begin{cases} x_{04} = x_{01} - x_{41} \\ x_{41} = r_{01}/\psi_0 \\ \tan\psi_0 = r_{12}/(x_{12} - x_{13}) \end{cases} \tag{6.13}$$

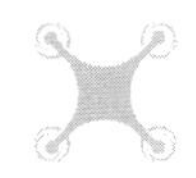

根据表 6.11 中所列出的系统参数以及 Q_0、Q_1、Q_2 的已知位置，可进一步得到 $H_s = 635696.58$ m、$L_{syn} = 87.040.39$ m、$\Delta x_{01} = 4947.16$ m、$\Delta r_{01} = 1222.57$ m、$\Delta x_{12} = 1999.97$ m、$\Delta r_{12} = 2278.90$ m。结合式(6.11)、式(6.12)和式(6.13)，最终可以得到 $\hat{H}_p = 229.92$km、$\hat{\psi}_0 = 50.70°$，图 6.34 标出了各向异性延伸投影方向。另外，估计得到的相位屏高度与经验值 350km 有较大出入，本节后面的处理和分析将会陆续验证参数估计结果的有效性。

可以利用 IGRF 模型，进一步验证 ψ_0 估计结果的有效性。基于数据获取的时间以及表 6.11 中场景中心位置，可以得到对应的磁倾角 $\theta_B = -63.63°$、磁偏角 $\phi_B = -15.25°$。根据式(5.11)，然后结合 $\theta_p = 39.98°$、$\phi_p = 90°$、$\gamma_0 = -12.21°$，可得到 $\hat{\psi}' = 35.64°$。再根据式(5.12)，可估计得到 $\hat{\psi}'_0 = 48.32°$，与上面估计得到的 $\hat{\psi}_0$ 非常接近，从而证明了参数估计结果的有效性。

6.3.4.4 ASPGA 处理结果

基于参数估计结果，不妨利用 Q_0 的 SPE 估计对 PALSAR2 图像进行 ASPGA 处理，6 个局部场景对应的处理结果如图 6.39 右边一列所示，而图 6.39 左边一列所示的原始图像、中间一列所示的经典 PGA 处理之后的结果(不考虑 SPE 的空变性，直接利用 Q_0 的 SPE 估计结果对整幅图像进行补偿)，均用于对比展示。相比于原始图像，经过经典 PGA 处理之后，图像中大部分区域反而出现了更严重的散焦，而聚焦性能有所改善的情况仅局限在沿着各向异性延伸投影方向，且经过 Q_0 的狭长范围内(如“①”中的一些区域)，这主要是因为经典 PGA 没有考虑 SPE 的空变以及各向异性特征。而在 ASPGA 处理之后的图像中，聚焦性能有所改善的情况不再局限于狭长区域内，“①”～“⑥”中大部分区域相比于原始图像呈现得更加清晰了。具体来看，经过 ASPGA 处理之后，“x”中强点 Q_0 重新聚焦为一个近似“十字状”的点目标(方位向剖面校正前后的指标已经在表 6.12 中列出)，“①”“③”中一些被淹没的道路又重新显现，“②”“③”中人造建筑物、飞机等较强的散射体目标得以辨别，“①”“④”中的道路以及“⑤”“⑥”中类似于礁石的地物变得更加清晰可见，“②”“⑤”中的地形轮廓特征呈现更多的细节，等等。对比结果表明，相比于经典 PGA，ASPGA 能够适应于实测数据中各向异性且空变的 SPE，且充分利用了单个点目标 SPE 估计结果的冗余信息，最大程度地实现闪烁效应的抑制以及 SAR 图像的重新聚焦。另外，ASPGA 的有效性从侧面也印证了参数估计结果的有效性。

当然，经过 ASPGA 处理之后，图 6.39 中“①”“②”“③”的聚焦性能要优于“④”“⑤”“⑥”，这是由于 ASPGA 更适用于小尺寸场景，而后三个局部场景距离参考目标 Q_0 更远，从而导致有更多的孔径未作 SPE 估计与补偿。图 6.39 中仍然存在较为明显的方位向图像模糊或者旁瓣拖尾效应，这主要是由残余的 SPE

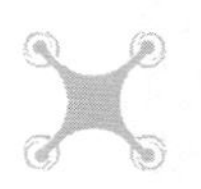

导致的，而残余的 SPE 一方面是由 ASPGA 固有局限性引起的，另一方面则是由参考目标 SPE 估计误差引起的（实测数据中的杂波影响程度要远超过仿真数据）。另外，由于强点以及较强的散射体的能量要远高于周围地物或杂波背景，尽管其旁瓣能量已受到明显抑制，但仍然要强于周围地物，因此动态范围的增大会导致旁瓣拖尾效应更加明显。如图 6.40 所示，当动态范围设置为 30 dB 时，参考目标 Q_0 的旁瓣以及其他地物几乎不可见，而当动态范围增大到 50 dB 时，旁瓣拖尾效应与周围地物开始显现。为了使其他地物看起来更加清晰，图 6.39 使用超过 80 dB 的动态范围，从而导致较为明显的方位向图像模糊或旁瓣拖尾效应。

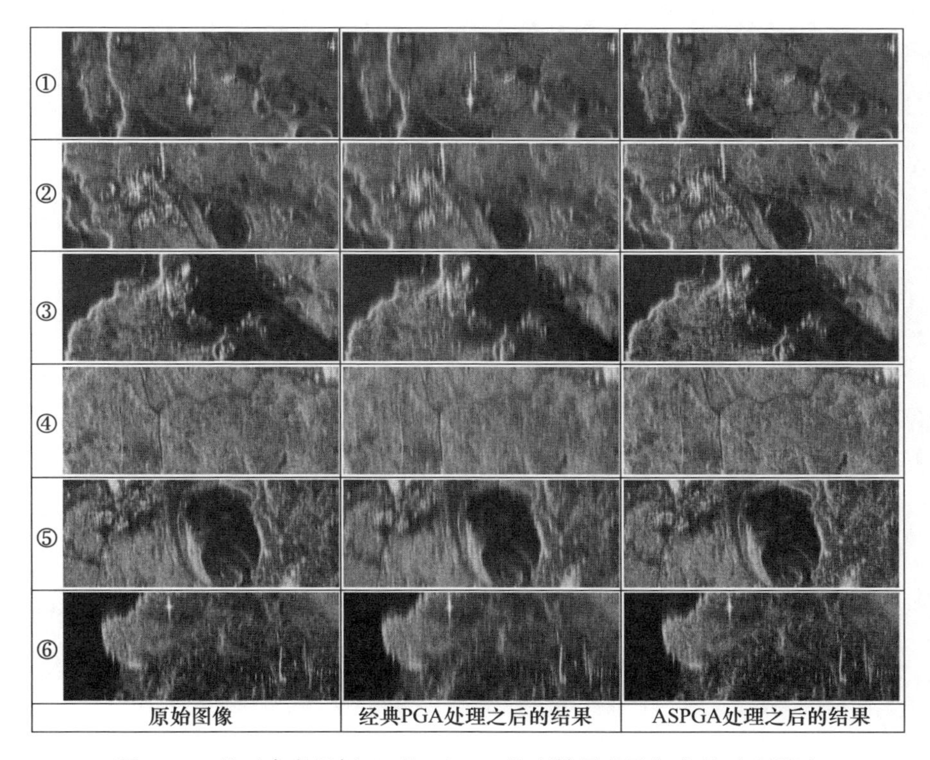

图 6.39　基于参考目标 Q_0 的 ASPGA 处理结果以及相应的对比展示

6.3.4.5　ASPGA 性能分析

由于 ASPGA 依赖于 H_p、ψ_0 的先验信息，故有必要针对这两个因素进行性能分析。不同于 6.3.4.4 节中利用相关系数作为分析工具，本节将利用两个散射点 Q_5、Q_6 对应的方位线数据，探究 ASPGA 处理性能分别与 H_p、ψ_0 的关系。

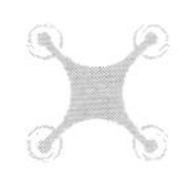

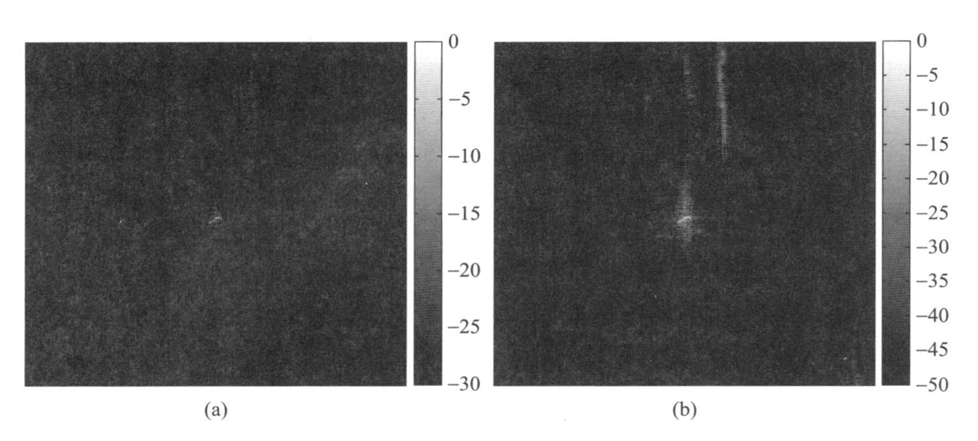

图 6.40　包含参考目标 Q_0 的局部图像显示（ASPGA 处理后）

（a）动态范围为 30dB；（b）动态范围为 50dB。

考虑到许多文献（包括本书中的仿真）一般取相位屏高度的经验值 350km，这里将分别使用 $H_p = 229.92\text{km}$、$H_p = 350\text{km}$（$\psi_0 = 50.70°$）对 Q_5 方位线数据进行 ASPGA 处理，并分别使用 $\psi_0 = 50.70°$、$\psi_0 = 40°$（$H_p = 229.92\text{km}$）对 Q_6 方位线数据进行 ASPGA 处理，处理前后 Q_5、Q_6 对应的方位向剖面结果如图 6.41 所示，其指标评估见表 6.13。可见，当使用 H_p 经验值或者 $\psi_0 = 40°$ 进行 ASPGA 处理时，Q_5、Q_6 对应方位向剖面的聚焦性能并没有得到明显改善，Q_5 的峰值能量反而有轻微损失；而使用参数估计结果进行 ASPGA 处理时，Q_5、Q_6 面的峰值能量明显增强，且主瓣凸显、旁瓣能量得到了明显抑制。

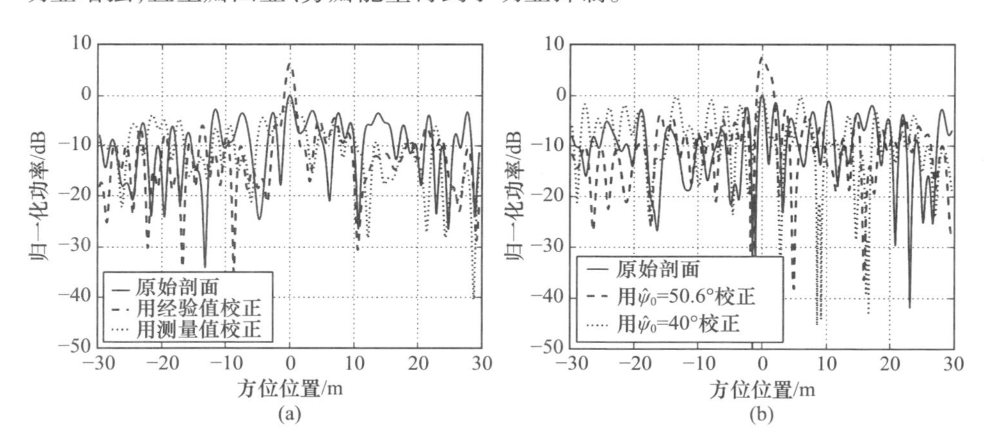

图 6.41　ASPGA 处理前后 Q_5、Q_6 对应方位向剖面结果

（a）Q_5 方位向剖面；（b）Q_6 方位向剖面。

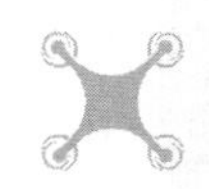

表6.13 ASPGA处理前后 Q_5、Q_6 对应方位向剖面的指标评估

参数	Q_5			Q_6		
	校正前	229.92km	350km	校正前	229.92km	350km
主瓣分辨率/m	1.22	1.20	3.74	0.85	1.74	1.25
PSLR/dB	-3.13	-12.14	-2.96	-1.50	-10.30	-2.06
ISLR/dB	7.89	-0.98	-2.44	10.13	-1.66	9.18
峰值功率/dB	115.99	122.23	114.68	114.32	121.77	115.57

利用不同的 H_p、ψ_0 分别对 Q_5、Q_6 方位线数据进行ASPGA处理，统计对应方位向剖面指标的变化，如图6.42、图6.43和图6.44所示。由于电离层闪烁效应校正前后的方位向分辨率变化并不是非常明显，因此这里只统计了PSLR、ISLR和峰值能量。可见对于 Q_5 的方位向剖面，PSLR、ISLR分别在 $H_p=227\text{km}$、239km处达到最小值，峰值能量在 $H_p=235\text{km}$ 处达到最大值；对于 Q_6 的方位向剖面，PSLR、ISLR分别在 $\psi_0=49°$、50°处达到最小值，峰值能量在 $\psi_0=49°$ 处达到最大值。这些极值点的位置与参数估计结果都很接近，从而进一步验证了参数估计结果以及ASPGA处理结果的有效性。

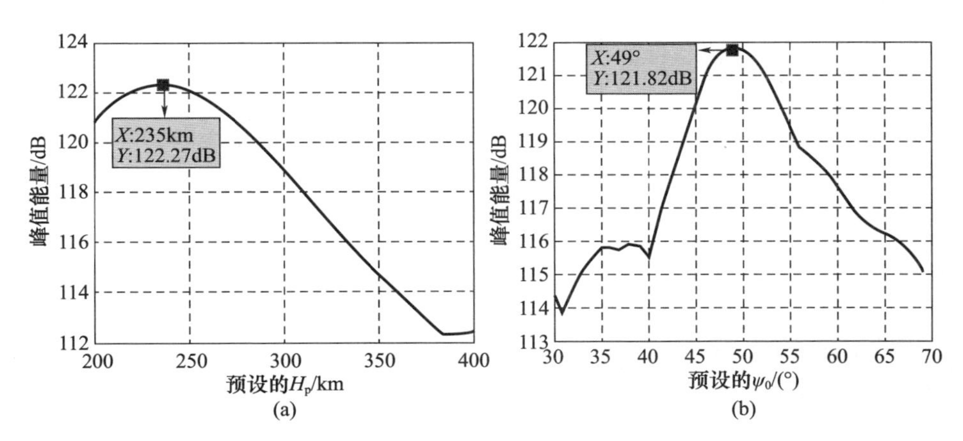

图6.42 ASPGA处理后 Q_5、Q_6 方位向PSLR关于 H_p、ψ_0 变化趋势

(a)随 H_p 变化的PSLR；(b)随 ψ_0 变化的PSLR。

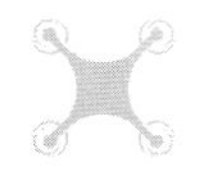

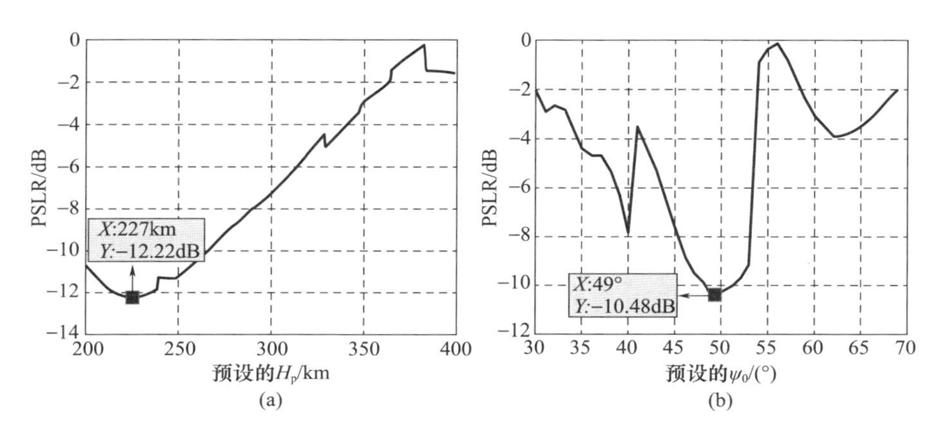

图 6.43　ASPGA 处理后 Q_5、Q_6 方位向 ISLR 关于 H_p、ψ_0 变化趋势

（a）随 H_p 变化的 ISLR；（b）随 ψ_0 变化的 ISLR。

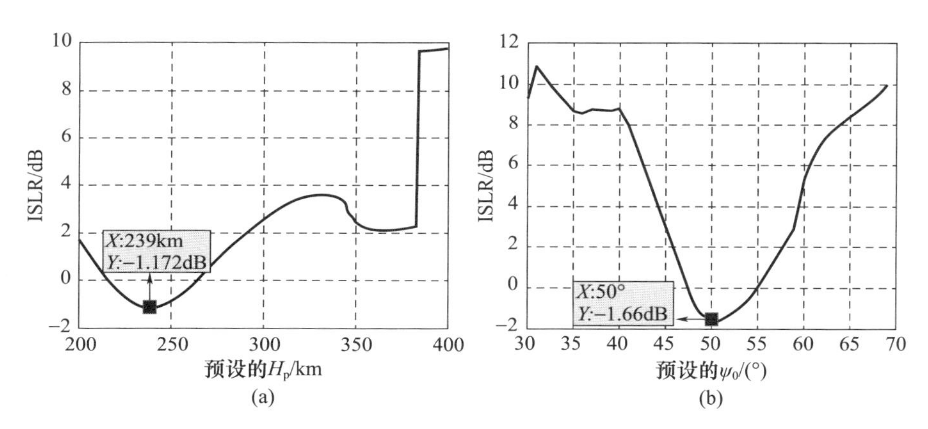

图 6.44　ASPGA 处理后 Q_5、Q_6 方位向峰值能量关于 H_p、ψ_0 变化趋势

（a）随 H_p 变化的峰值能量；（b）随 ψ_0 变化的峰值能量。

6.4　小　结

针对闪烁效应导致的星载 SAR 方位向图像散焦，本章首先通过点目标仿真证明了 SPE 才是导致图像散焦的决定性因素，而闪烁幅度误差仅会引起轻微的旁瓣抬升，故在绝大多数情况下可忽略幅度误差对方位向聚焦性能的影响，因此利用 PGA 仅估计与补偿 SPE 来校正星载 SAR 图像中的闪烁效应是合理的。基于理论推导以及点目标仿真，验证了利用 PGA 估计与补偿 SPE 的有效性。基于蒙特卡罗仿真的性能分析结果表明，对于 P 波段 5 m 分辨率系统，PGA 仅在闪烁强度不超过 $10^{33.5}$ 的情况下才具有稳健的性能；而对于 L 波段 5 m 分辨率系统，

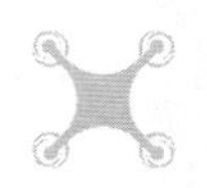

PGA 可应用于不同闪烁强度情况下的 SPE 估计与补偿。

在二维场景中,不同点目标经历的 SPE 具有空变性,因此无法直接对整个场景直接应用 PGA。在各向同性的假设下,SPE 沿着场景方位向呈现错开重叠的特征,而沿着场景距离向则呈现缓变、相关的特征。针对各向同性且空变的 SPE,提出了一种 ESPGA 方法,详细介绍了局部估计、全局估计以及全局补偿三个具体模块的实现原理和算法流程。在局部估计模块中,提出了 BPGA 方法以适应于每个小块场景中 SPE 的空变性,该方法选取方位向间隔很近的强点进行 PGA 相干叠加,从而获得可靠的估计结果。在全局估计模块中,充分利用了每个小块场景 SPE 估计结果之间的冗余信息,通过方位向拼接以及距离向插值实现了 SPE 的全局估计,从而获得对应于整个场景的 SPE 二维分布。在全局补偿模块中,充分考虑 SPE 的空变性,并给出了一种逐距离线的 SPE 补偿方式。通过点阵目标、面目标场景仿真验证了 ESPGA 的有效性。

在实际场景中,SPE 呈现各向异性且空变的特征。而与各向同性的 SPE 相比,各向异性的 SPE 沿着场景方位向仍然呈现错开重叠的特征;但沿着场景距离向不再是缓变的、相关的,而是呈现近似错开重叠的特征;沿着各向异性延伸投影方向,SPE 之间表现出很强的相关性。SPE 沿着场景距离向不再缓变的特征,不仅会导致 ESPGA 局部估计失效,而且会导致距离向插值误差增大。针对各向异性且空变的 SPE,本章提出了一种 ASPGA 方法,该方法利用单个强点目标的 SPE 估计结果进行延伸估计以及逐像素补偿,能够应用于条带和聚束两种工作模式,并且适应于强点较少的局部场景。延伸估计充分利用了 SPE 沿着方位向错开重叠、沿着各向异性延伸投影方向强相关的特征,估计局部场景中其他像素部分孔径经历的 SPE;逐像素补偿充分考虑了 SPE 的空变性。基于仿真条带数据的处理,验证了 ASPGA 的有效性,分析表明 ASPGA 的性能强烈依赖于相位屏高度、各向异性延伸投影方向的先验信息。针对一景受闪烁效应影响而严重散焦的 PALSAR2 实测聚束图像,利用场景中的高质量强点获得了三个可靠的 SPE 估计结果,实现了基于数据本身的参数估计以及 ASPGA 处理,最后开展了详细的性能分析,处理以及分析结果验证了参数估计以及 ASPGA 处理结果的有效性。

参考文献

[1] Kim J S, Papathanassiou K, Scheiber R, et al. Correcting distortion of polarimetric SAR data induced by ionospheric scintillation[J]. IEEE Transactions on Geoscience and Remote Sensing, 2015, 53(12): 6319-6335.

[2] Gracheva C, Kim J S, Iraola P P, et al. Combined estimation of ionospheric effects in SAR images exploiting Faraday rotation and autofocus[J]. IEEE Geoscience and Remote Sensing Let-

ters,2022,19:8018705.

[3] Jakowatz C V,Eichel P E,Ghiglia D C. Autofocus of SAR imagery degraded by ionospheric – induced phase errors[C]. Proceedings of SPIE 1101, Millimeter Wave and Synthetic Aperture Radar,1989:46 – 52.

[4] Eichel P H,Ghiglia D C,Jakowatz C V,et al. Speckle processing method for synthetic – aperture – radar phase correction[J]. Optics Letters,1989,14(1):1 – 3.

[5] Quegan S,Green J,Schneider R Z,et al. Quantifying and correctingionospheric effects on P – Band SAR images[C]. IGARSS,2008:541 – 544.

[6] Li Z,Quegan S,Chen J,et al. Performance analysis of phase gradient autofocus for compensating ionospheric phase scintillation in BIOMASS P – Band SAR data[J]. IEEE Geoscience and Remote Sensing Letters,2015,12(6):1367 – 1371.

[7] Ji Y,Dong Z,Zhang Y,et al. Extended scintillation phase gradient autofocus in future spaceborne P – band SAR mission[J]. China Science Information Sciences,2021,64:212303.

[8] Ji Y,Yu C,Zhang Q,et al. An ionospheric phase screen projection method of phase gradient autofocus in spaceborne SAR[J]. IEEE Geoscience and Remote Sensing Letters,2022,19:4504205.

[9] Ji Y,Dong Z,Zhang Y,et al. An autofocus approach with applications to ionospheric scintillation compensation for spaceborne SAR images[J]. IEEE Transactions on Aerospace and Electronic Systems,2022,58(2):989 – 1004.

[10] Ji Y,Dong Z,Zhang Y,et al. Measuring ionospheric scintillation parameters from SAR images using phase gradient autofocus: A case study[J]. IEEE Transactions on Geoscience and Remote Sensing,2022,60:5200212.

[11] Wang R,Hu C,Li Y,et al. Joint amplitude – phase compensation for ionospheric scintillation in GEO SAR imaging[J]. IEEE Transactions on Geoscience and Remote Sensing,2017,55(6):3454 – 3465.

[12] Yu L,Zhang Y S,Zhang Q L,et al. Minimum – entropy autofocus based on Re – PSO for ionospheric scintillation mitigation in P – band SAR imaging[J]. IEEE Access,2019,7:84580 – 84590.

[13] Wahl D E,Eichel P H,Chiglia D C,et al. Phase gradient autofocus——A robust tool for high resolution SAR phase correction[J]. IEEE Transactions on Aerospace and Electronic Systems,1994,30(3):827 – 835.

[14] Chan H L,Yeo T S. Noniterative quality phase – gradient autofocus(QPGA) algorithm for spotlight SAR imagery[J]. IEEE Transactions on Geoscience and Remote Sensing,1998,36(5):1531 – 1540.

[15] Belcher D P,Mannix C R,Cannon P S. Measurement of the ionospheric scintillation parameter CkL from SAR images of clutter[J]. IEEE Transactions on Geoscience and Remote Sensing,2017,55(10):5937 – 5943.

[16] Mannix C R,Belcher D P,Cannon P S. Measurement of ionospheric scintillation parameters from SAR images using corner reflectors[J]. IEEE Transactions on Geoscience and Remote Sensing,2017,55(12):6695 – 6702.

附录A　球面波解与基尔霍夫衍射准则的证明

假设球面波波源位于坐标($\rho_{xs},\rho_{ys},\rho_{zs}$)处，则球面波电场矢量可表示为

$$E(\rho_x,\rho_y,\rho_z)=\frac{E_0}{\rho}\exp(-\mathrm{j}k_0\rho) \tag{A.1}$$

$$\rho=\sqrt{(\rho_x-\rho_{xs})^2+(\rho_y-\rho_{ys})^2+(\rho_z-\rho_{zs})^2} \tag{A.2}$$

可对ρ作泰勒展开，有

$$\rho=|\rho_z-\rho_{zs}|+\frac{(\rho_x-\rho_{xs})^2+(\rho_y-\rho_{ys})^2}{2|\rho_z-\rho_{zs}|}-\frac{[(\rho_x-\rho_{xs})^2+(\rho_y-\rho_{ys})^2]^2}{8(\rho_z-\rho_{zs})^2}+\cdots \tag{A.3}$$

对于前向传播的球面波，满足旁轴近似条件，则有

$$\frac{E_0}{\rho}\approx\frac{E_0}{\rho_z-\rho_{zs}} \tag{A.4}$$

基于菲涅尔近似，式(A.1)可进一步简化为

$$E(\rho_x,\rho_y,\rho_z)=\frac{E_0}{\rho_z-\rho_{zs}}\exp\left\{-\mathrm{j}k_0(\rho_z-\rho_{zs})-\frac{\mathrm{j}k_0[(\rho_x-\rho_{xs})^2+(\rho_y-\rho_{ys})^2]}{2(\rho_z-\rho_{zs})}\right\} \tag{A.5}$$

将式(A.5)代入式(2.44)中，并忽略$1/(\rho_z-\rho_{zs})$的二阶衰减项，可进一步推导得到球面波对应的亥姆霍兹方程，即

$$\frac{\partial^2E_0}{\partial\rho_x^2}+\frac{\partial^2E_0}{\partial\rho_y^2}-\frac{2\mathrm{j}k_0}{\rho_z-\rho_{zs}}\left[(\rho_x-\rho_{xs})\frac{\partial E_0}{\partial\rho_x}+(\rho_y-\rho_{ys})\frac{\partial E_0}{\partial\rho_y}\right]-2\mathrm{j}k_0\frac{\partial E_0}{\partial\rho_z}=0 \tag{A.6}$$

令

$$\beta=\frac{\rho_x-\rho_{xs}}{z_0},\gamma=\frac{\rho_y-\rho_{ys}}{z_0},z_0=\rho_z-\rho_{zs} \tag{A.7}$$

基于远场传播假设[1]，可进一步忽略$1/z_0$的一阶项，因此式(A.6)可简化为

$$\frac{1}{z_0^2}\left(\frac{\partial^2E_0}{\partial\beta^2}+\frac{\partial^2E_0}{\partial\gamma^2}\right)-2\mathrm{j}k_0\frac{\partial E_0}{\partial z_0}=0 \tag{A.8}$$

利用式(2.48)中的微分性质，对式(A.8)等号两边作二维傅里叶变换，可得

$$\frac{\partial\hat{E}_0}{\partial z_0}=\frac{\mathrm{j}(\kappa_\beta^2+\kappa_\gamma^2)}{2k_0}\frac{\hat{E}_0}{z_0^2} \tag{A.9}$$

故可以得到通解为

$$\hat{E}_0(\kappa_\beta,\kappa_\gamma,z'_2)=\hat{E}_0(\kappa_\beta,\kappa_\gamma,z'_1)\cdot\exp\left[\frac{\mathrm{j}(\kappa_\beta^2+\kappa_\gamma^2)}{2k_0}\left(\frac{1}{z'_1}-\frac{1}{z'_2}\right)\right] \tag{A.10}$$

其中，$z'_1=\rho_{z1}-z_s$，$z'_2=\rho_{z2}-z_s$。为了方便后续推导，令 $1/\rho_z^\dagger=1/z'_1-1/z'_2$。针对星地传播几何，$z'_1$ 表示相位屏与卫星垂向距离 H_d，z'_2 表示卫星高度 H_s。根据式(A.7)，可推导得到 $\kappa_\beta=z'_1\kappa_x$，$\kappa_\gamma=z'_1\kappa_y$，那么式(A.10)等效为引入球面波修正因子后的式(2.50)。

为了进一步计算到达地面的波场，对式(A.10)中的波数域波场作二维逆傅里叶变换，可表示为

$$\begin{aligned}E_0(\beta,\gamma,z'_2)&=\frac{1}{(2\pi)^2}\iint\hat{E}_0(\kappa_\beta,\kappa_\gamma,z'_2)\exp(\mathrm{j}\beta\kappa_\beta+\mathrm{j}\gamma\kappa_\gamma)\,\mathrm{d}\kappa_\beta\mathrm{d}\kappa_\gamma\\&=\frac{1}{(2\pi)^2}\iint\iint E_0(\beta',\gamma',z'_1)\exp(-\mathrm{j}\beta'\kappa_\beta-\mathrm{j}\gamma'\kappa_\gamma)\,\mathrm{d}\beta'\mathrm{d}\gamma'\times\\&\quad\exp\left[\frac{\mathrm{j}(\kappa_\beta^2+\kappa_\gamma^2)}{2k_0}\cdot\frac{1}{\rho_z^\dagger}\right]\exp(\mathrm{j}\beta\kappa_\beta+\mathrm{j}\gamma\kappa_\gamma)\,\mathrm{d}\kappa_\beta\mathrm{d}\kappa_\gamma\\&=\frac{1}{(2\pi)^2}\iint E_0(\beta',\gamma',z'_1)\iint\exp\left[\frac{\mathrm{j}(\kappa_\beta^2+\kappa_\gamma^2)}{2k_0}\cdot\frac{1}{\rho_z^\dagger}\right]\times\\&\quad\exp[\mathrm{j}\kappa_\beta(\beta-\beta')+\mathrm{j}\kappa_\gamma(\gamma-\gamma')]\,\mathrm{d}\kappa_\beta\mathrm{d}\kappa_\gamma\mathrm{d}\beta'\mathrm{d}\gamma'\end{aligned} \tag{A.11}$$

那么，接下来的问题就是求解

$$\begin{aligned}\aleph&=\frac{1}{(2\pi)^2}\iint\exp\left[\frac{\mathrm{j}(\kappa_\beta^2+\kappa_\gamma^2)}{2k_0}\cdot\frac{1}{\rho_z^\dagger}\right]\exp[\mathrm{j}\kappa_\beta(\beta-\beta')+\mathrm{j}\kappa_\gamma(\gamma-\gamma')]\,\mathrm{d}\kappa_\beta\mathrm{d}\kappa_\gamma\\&=\frac{1}{2\pi}\int\exp\left(\frac{\mathrm{j}\kappa_\beta^2}{2k_0\rho_z^\dagger}\right)\exp[\mathrm{j}\kappa_\beta(\beta-\beta')]\,\mathrm{d}\kappa_\beta\times\frac{1}{2\pi}\int\exp\left(\frac{\mathrm{j}\kappa_\gamma^2}{2k_0\rho_z^\dagger}\right)\exp[\mathrm{j}\kappa_\gamma(\gamma-\gamma')]\,\mathrm{d}\kappa_\gamma\end{aligned} \tag{A.12}$$

参考《实用数学手册(第2版)》16.10.1节，存在傅里叶变换对[2]，即

$$\frac{\sqrt{\epsilon}}{\sqrt{\pi}}\exp(-\epsilon\varrho^2),\ \mathrm{Re}(\epsilon)>0\rightleftharpoons\exp\left(-\frac{\varkappa^2}{4\epsilon}\right) \tag{A.13}$$

式中：Re 为取复数的实部；ϱ、$\varkappa$分别为一维空间间隔以及波数。不妨令

$$\frac{\mathrm{j}\kappa_\beta^2}{2k_0\rho_z^\dagger}=-\frac{\kappa_\beta^2}{4\epsilon_\beta},\ \frac{\mathrm{j}\kappa_\gamma^2}{2k_0\rho_z^\dagger}=-\frac{\kappa_\gamma^2}{4\epsilon_\gamma} \tag{A.14}$$

则可以解得式(A.12)中的积分，即

$$\aleph=\frac{\mathrm{j}k_0\rho_z^\dagger}{2\pi}\exp\left\{\frac{k_0\rho_z^\dagger}{2\mathrm{j}}[(\beta-\beta')^2+(\gamma-\gamma')^2]\right\} \tag{A.15}$$

将式(A.15)代入式(A.11)，可得

$$E_0(\beta,\gamma,z'_2)=\frac{\mathrm{j}k_0\rho_z^\dagger}{2\pi}\iint E_0(\beta',\gamma',z'_1)\exp\left\{\frac{k_0\rho_z^\dagger}{2\mathrm{j}}[(\beta-\beta')^2+(\gamma-\gamma')^2]\right\}\mathrm{d}\beta'\mathrm{d}\gamma' \tag{A.16}$$

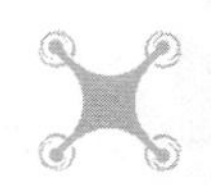

根据式(A. 7),式(A. 16)等效为式(2. 52)中的基尔霍夫衍射波场。

参考《实用数学手册(第 2 版)》17. 3 节,存在积分式[2],即

$$\int_{-\infty}^{\infty} \mathrm{e}^{-\varrho^2} \mathrm{d}\,\varrho = \sqrt{\pi} \tag{A. 17}$$

故当 $E_0(\beta',\gamma',z'_1)=1$ 时,可以进一步计算式(A. 16)中的积分,有

$$E_0(\beta,\gamma,z'_2) = \frac{\mathrm{j}k_0\rho_z^\dagger}{2\pi}\int_{-\infty}^{\infty}\exp\left[\frac{k_0\rho_z^\dagger}{2\mathrm{j}}(\beta-\beta')^2\right]\mathrm{d}\beta'\cdot\int_{-\infty}^{\infty}\exp\left[\frac{k_0\rho_z^\dagger}{2\mathrm{j}}(\gamma-\gamma')^2\right]\mathrm{d}\gamma' = 1 \tag{A. 18}$$

因此当不存在电离层不规则体时,即电磁波在 $z_0=z'_1$ 处没有受到相位屏的调制,则到达地面的球面波波场为均匀场,也就意味着电离层相位屏的存在是导致电磁波发生衍射效应的直接原因。

参考文献

[1] Knepp D L. Multiple phase screen calculation of two – way spherical wave propagation in the ionosphere[J]. Radio Science,2016,51:259 – 270.

[2] 叶其孝,沈永欢. 实用数学手册[M]. 2 版. 北京:科学出版社,2006.

附录 B　线极化基底与圆极化基底的 PCM

式(4.21)的每个元素的互相关可表示为 $C_{ij}=\langle M_m M_n^* \rangle$,其中$\langle \cdot \rangle$表示数学期望,且有 $m,n=1,2,3,4$,$[M_1 \quad M_2 \quad M_3 \quad M_4]=[M_{hh} \quad M_{hv} \quad M_{vh} \quad M_{vv}]$。因此,线极化基底对应 PCM 的每个元素可表示为

$$C_{11}=O_{11}\cos^4\Omega+O_{44}\sin^4\Omega-2\mathrm{Re}(O_{14})\sin^2\Omega\cos^2\Omega \tag{B.1a}$$

$$\begin{aligned}\mathrm{Re}(C_{12})=&\mathrm{Re}(O_{12})\cos^2\Omega-\mathrm{Re}(O_{24})\sin^2\Omega+O_{11}\sin\Omega\cos^3\Omega-\\&O_{44}\sin^3\Omega\cos\Omega+\frac{1}{4}\mathrm{Re}(O_{14})\sin4\Omega\end{aligned} \tag{B.1b}$$

$$\mathrm{Im}(C_{12})=\mathrm{Im}(O_{12})\cos^2\Omega+\mathrm{Im}(O_{24})\sin^2\Omega+\frac{1}{2}\mathrm{Im}(O_{14})\sin2\Omega \tag{B.1c}$$

$$\begin{aligned}\mathrm{Re}(C_{13})=&\mathrm{Re}(O_{12})\cos^2\Omega-\mathrm{Re}(O_{24})\sin^2\Omega-O_{11}\sin\Omega\cos^3\Omega+\\&O_{44}\sin^3\Omega\cos\Omega-\frac{1}{4}\mathrm{Re}(O_{14})\sin4\Omega\end{aligned} \tag{B.1d}$$

$$\mathrm{Im}(C_{13})=\mathrm{Im}(O_{12})\cos^2\Omega+\mathrm{Im}(O_{24})\sin^2\Omega-\frac{1}{2}\mathrm{Im}(O_{14})\sin2\Omega \tag{B.1e}$$

$$C_{14}=-(O_{11}+O_{44})\sin^2\Omega\cos^2\Omega+\mathrm{Re}(O_{14})(\sin^4\Omega+\cos^4\Omega)+\mathrm{jIm}(O_{14})\cos2\Omega \tag{B.1f}$$

$$C_{22}=O_{22}+[O_{11}+O_{44}+2\mathrm{Re}(O_{14})]\sin^2\Omega\cos^2\Omega+\mathrm{Re}(O_{12}+O_{24})\sin2\Omega \tag{B.1g}$$

$$C_{23}=O_{22}-[O_{11}+O_{44}+2\mathrm{Re}(O_{14})]\sin^2\Omega\cos^2\Omega+\mathrm{jIm}(O_{12}-O_{24})\sin2\Omega \tag{B.1h}$$

$$\begin{aligned}\mathrm{Re}(C_{24})=&-\mathrm{Re}(O_{12})\sin^2\Omega+\mathrm{Re}(O_{24})\cos^2\Omega-O_{11}\sin^3\Omega\cos\Omega+\\&O_{44}\sin\Omega\cos^3\Omega+\frac{1}{4}\mathrm{Re}(O_{14})\sin4\Omega\end{aligned} \tag{B.1i}$$

$$\mathrm{Im}(C_{24})=\mathrm{Im}(O_{12})\sin^2\Omega+\mathrm{Im}(O_{24})\cos^2\Omega+\frac{1}{2}\mathrm{Im}(O_{14})\sin2\Omega \tag{B.1j}$$

$$\begin{aligned}\mathrm{Re}(C_{34})=&-\mathrm{Re}(O_{12})\sin^2\Omega+\mathrm{Re}(O_{24})\cos^2\Omega+O_{11}\sin^3\Omega\cos\Omega-\\&O_{44}\sin\Omega\cos^3\Omega-\frac{1}{4}\mathrm{Re}(O_{14})\sin4\Omega\end{aligned} \tag{B.1k}$$

$$\mathrm{Im}(C_{34})=\mathrm{Im}(O_{12})\sin^2\Omega+\mathrm{Im}(O_{24})\cos^2\Omega-\frac{1}{2}\mathrm{Im}(O_{14})\sin2\Omega \tag{B.1l}$$

$$C_{33}=O_{22}+[O_{11}+O_{44}+2\mathrm{Re}(O_{14})]\sin^2\Omega\cos^2\Omega-\mathrm{Re}(O_{12}+O_{24})\sin2\Omega \tag{B.1m}$$

$$C_{44}=O_{11}\sin^4\Omega+O_{44}\cos^4\Omega-2\mathrm{Re}(O_{14})\sin^2\Omega\cos^2\Omega \tag{B.1n}$$

$$C_{21}=C_{12}^*,C_{31}=C_{13}^*,C_{32}=C_{23}^*,C_{41}=C_{14}^*,C_{42}=C_{24}^*,C_{43}=C_{34}^* \tag{B.1o}$$

其中 $O_{ij}=\langle S_m S_n^*\rangle$，且有 $[S_1\quad S_2\quad S_3\quad S_4]=[S_{\mathrm{hh}}\quad S_{\mathrm{hv}}\quad S_{\mathrm{vh}}\quad S_{\mathrm{vv}}]$，$\mathrm{Re}(\cdot)$、$\mathrm{Im}(\cdot)$ 分别为取复数的实部和虚部。

从信息总量的角度看，线极化测量矩阵包含的信息等效于相应的圆极化基底包含的信息，后者可以表示为

$$\begin{bmatrix} Z_{\mathrm{hh}} & Z_{\mathrm{vh}} \\ Z_{\mathrm{hv}} & Z_{\mathrm{vv}} \end{bmatrix}=\begin{bmatrix} 1 & \mathrm{j} \\ \mathrm{j} & 1 \end{bmatrix}\begin{bmatrix} M_{\mathrm{hh}} & M_{\mathrm{vh}} \\ M_{\mathrm{hv}} & M_{\mathrm{vv}} \end{bmatrix}\begin{bmatrix} 1 & \mathrm{j} \\ \mathrm{j} & 1 \end{bmatrix} \tag{B.2}$$

将其展开可得

$$\begin{cases} Z_{\mathrm{hh}}=(S_{\mathrm{hh}}-S_{\mathrm{vv}})+2\mathrm{j}S_{\mathrm{hv}} \\ Z_{\mathrm{hv}}=\mathrm{j}(S_{\mathrm{hh}}+S_{\mathrm{vv}})\exp(\mathrm{j}2\Omega) \\ Z_{\mathrm{vh}}=\mathrm{j}(S_{\mathrm{hh}}+S_{\mathrm{vv}})\exp(-\mathrm{j}2\Omega) \\ Z_{\mathrm{vv}}=(S_{\mathrm{vv}}-S_{\mathrm{hh}})+2\mathrm{j}S_{\mathrm{hv}} \end{cases} \tag{B.3}$$

则取各元素的互相关 $Y_{ij}=\langle Z_m Z_n^*\rangle$，且有 $[Z_1\quad Z_2\quad Z_3\quad Z_4]=[Z_{\mathrm{hh}}\quad Z_{\mathrm{hv}}\quad Z_{\mathrm{vh}}\quad Z_{\mathrm{vv}}]$。

因此，圆极化基底对应 PCM 的每个元素可表示为

$$Y_{11}=O_{11}+O_{44}-2\mathrm{Re}(O_{14})+4O_{22}+4\mathrm{Im}(O_{12}+O_{24}) \tag{B.4a}$$

$$\mathrm{Re}(Y_{12})=2\mathrm{Re}(O_{12}+O_{24})\cos2\Omega+2\mathrm{Im}(O_{24}-O_{12})\sin2\Omega-(O_{11}-O_{44})\sin2\Omega+2\mathrm{Im}(O_{14})\cos2\Omega \tag{B.4b}$$

$$\mathrm{Im}(Y_{12})=-2\mathrm{Re}(O_{12}+O_{24})\sin2\Omega+2\mathrm{Im}(O_{24}-O_{12})\cos2\Omega-(O_{11}-O_{44})\cos2\Omega-2\mathrm{Im}(O_{14})\sin2\Omega \tag{B.4c}$$

$$\mathrm{Re}(Y_{13})=2\mathrm{Re}(O_{12}+O_{24})\cos2\Omega-2\mathrm{Im}(O_{24}-O_{12})\sin2\Omega+(O_{11}-O_{44})\sin2\Omega+2\mathrm{Im}(O_{14})\cos2\Omega \tag{B.4d}$$

$$\mathrm{Im}(Y_{13})=2\mathrm{Re}(O_{12}+O_{24})\sin2\Omega+2\mathrm{Im}(O_{24}-O_{12})\cos2\Omega-(O_{11}-O_{44})\cos2\Omega+2\mathrm{Im}(O_{14})\sin2\Omega \tag{B.4e}$$

$$Y_{14}=-O_{11}-O_{44}+2\mathrm{Re}(O_{14})+4O_{22}+4\mathrm{j}\mathrm{Re}(-O_{12}+O_{24}) \tag{B.4f}$$

$$Y_{22}=O_{11}+O_{44}+2\mathrm{Re}(O_{14}) \tag{B.4g}$$

$$Y_{23}=[O_{11}+O_{44}+2\mathrm{Re}(O_{14})]\exp(\mathrm{j}4\Omega) \tag{B.4h}$$

$$\mathrm{Re}(Y_{24})=2\mathrm{Re}(O_{12}+O_{24})\cos2\Omega-2\mathrm{Im}(O_{12}-O_{24})\sin2\Omega+(O_{11}-O_{44})\sin2\Omega+2\mathrm{Im}(O_{14})\cos2\Omega \tag{B.4i}$$

$$\mathrm{Im}(Y_{24})=2\mathrm{Re}(O_{12}+O_{24})\sin2\Omega+2\mathrm{Im}(O_{12}-O_{24})\cos2\Omega-(O_{11}-O_{44})\cos2\Omega+2\mathrm{Im}(O_{14})\sin2\Omega \tag{B.4j}$$

$$\mathrm{Re}(Y_{34}) = 2\mathrm{Re}(O_{12} + O_{24})\cos 2\Omega + 2\mathrm{Im}(O_{12} - O_{24})\sin 2\Omega - (O_{11} - O_{44})\sin 2\Omega + 2\mathrm{Im}(O_{14})\cos 2\Omega \tag{B.4k}$$

$$\mathrm{Im}(Y_{34}) = -2\mathrm{Re}(O_{12} + O_{24})\sin 2\Omega + 2\mathrm{Im}(O_{12} - O_{24})\cos 2\Omega - (O_{11} - O_{44})\cos 2\Omega - 2\mathrm{Im}(O_{14})\sin 2\Omega \tag{B.4l}$$

$$Y_{44} = O_{11} + O_{44} - 2\mathrm{Re}(O_{14}) + 4O_{22} - 4\mathrm{Im}(O_{12} + O_{24}) \tag{B.4m}$$

$$Y_{21} = Y_{12}^*, Y_{31} = Y_{13}^*, Y_{32} = Y_{23}^*, Y_{33} = Y_{22}, Y_{41} = Y_{14}^*, Y_{42} = Y_{24}^*, Y_{43} = Y_{34}^* \tag{B.4n}$$

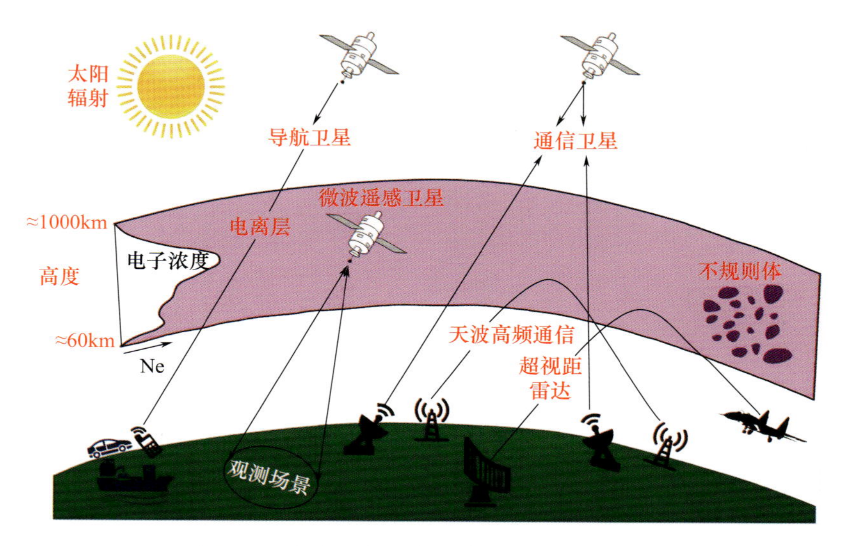

图 1.1　电离层与无线电波设备的相互作用

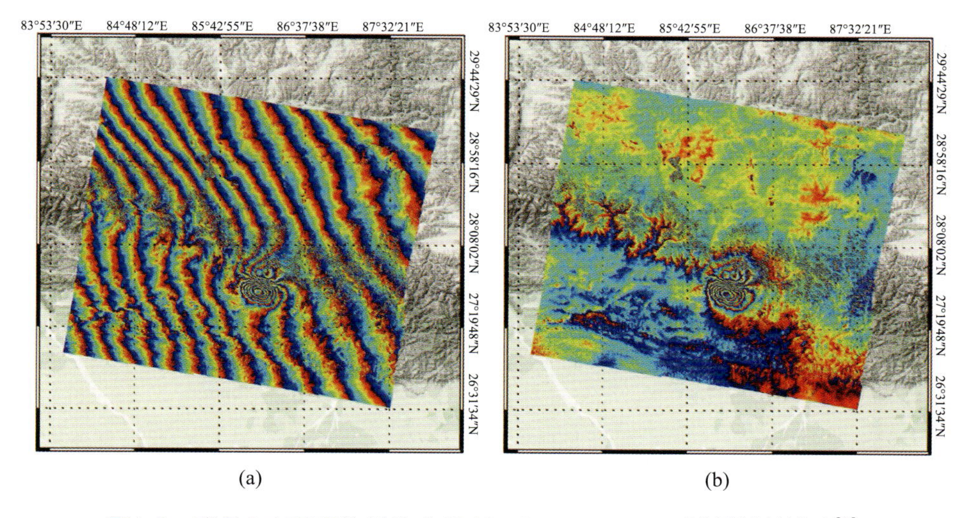

图 1.2　背景电离层相位超前对 ALOS-2 PALSAR-2 干涉测量的影响[5]

(a)原始干涉相位;(b)电离层补偿后。

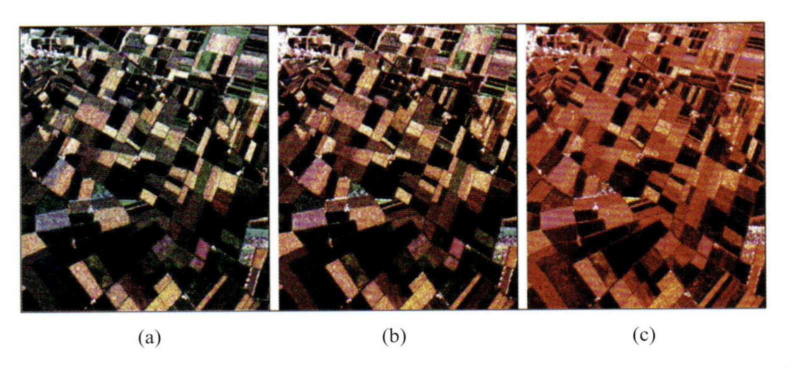

图 1.4 背景电离层 FR 效应对 PolSAR 极化测量(Pauli 分解伪彩色图)的影响[6]

(a)FRA 为 0°;(b)FRA 为 10°;(c)FRA 为 20°。

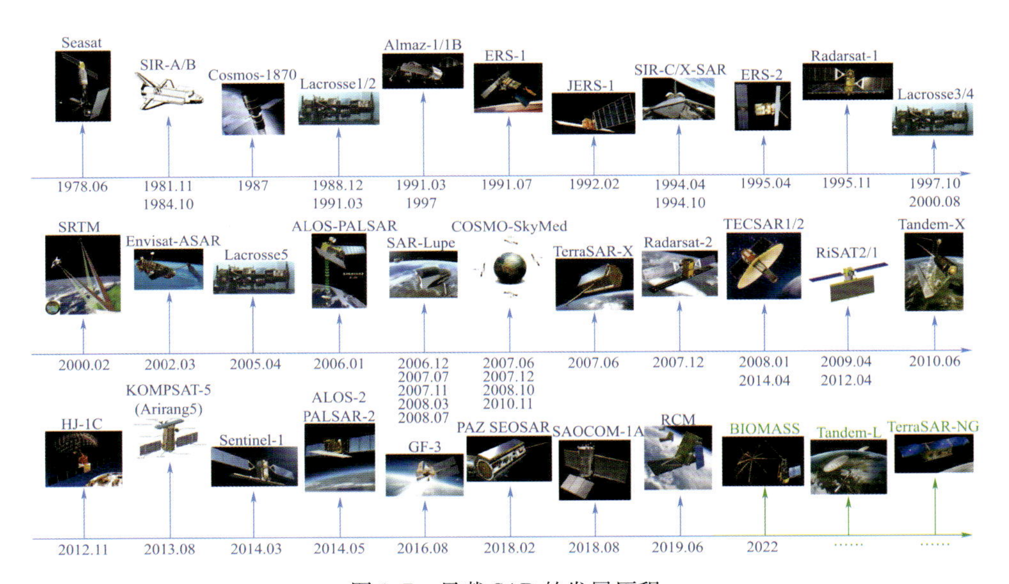

图 1.7 星载 SAR 的发展历程

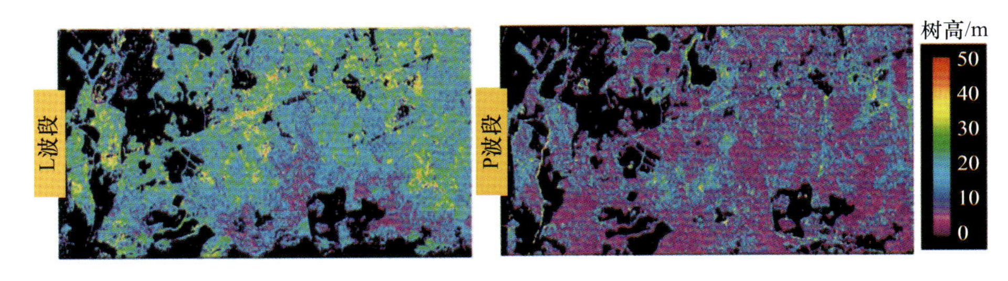

图 1.9 L 波段与 P 波段机载 SAR 树高测量精度对比[18]

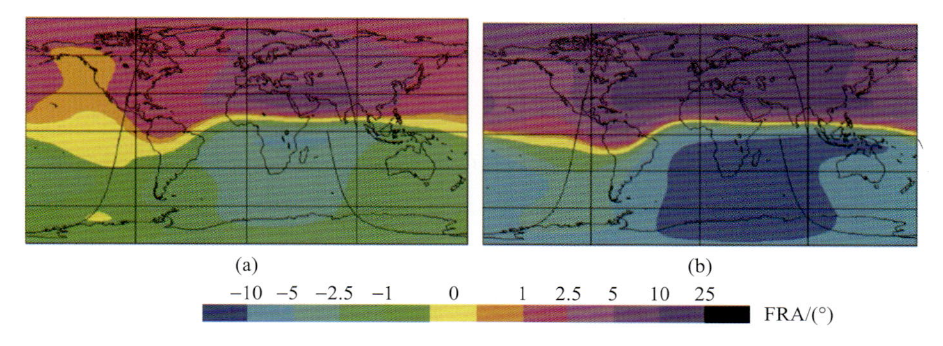

图 1.14　太阳活动极小值、极大值年份的 FRA 全球分布图[6]

(a)极小值;(b)极大值。

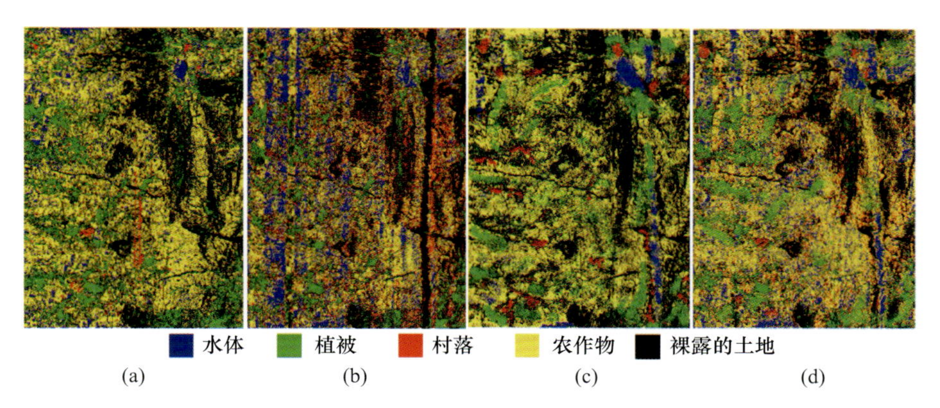

图 1.20　幅度闪烁条纹校正前后极化 SAR 图像地物分类结果[162]

(a)参考数据分类结果;(b)含条纹数据的分类结果;(c)传统傅里叶方法校正后;(d)结合小波方法校正。

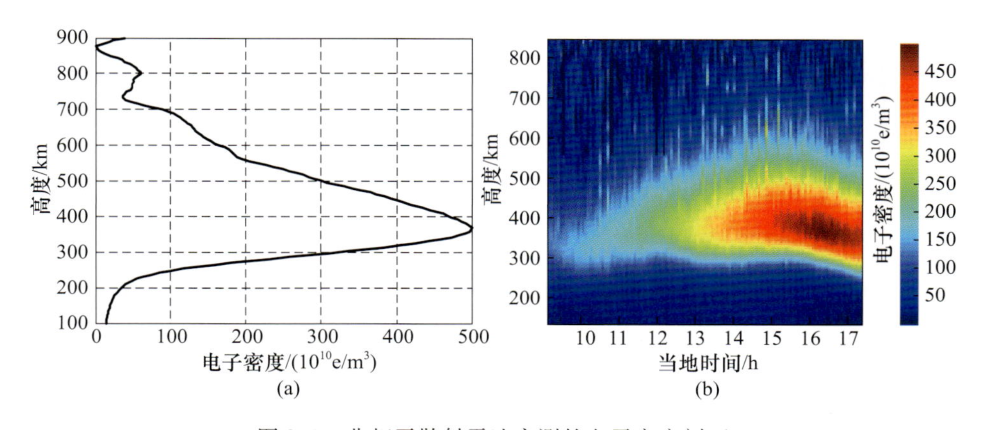

图 2.1　非相干散射雷达实测的电子密度剖面

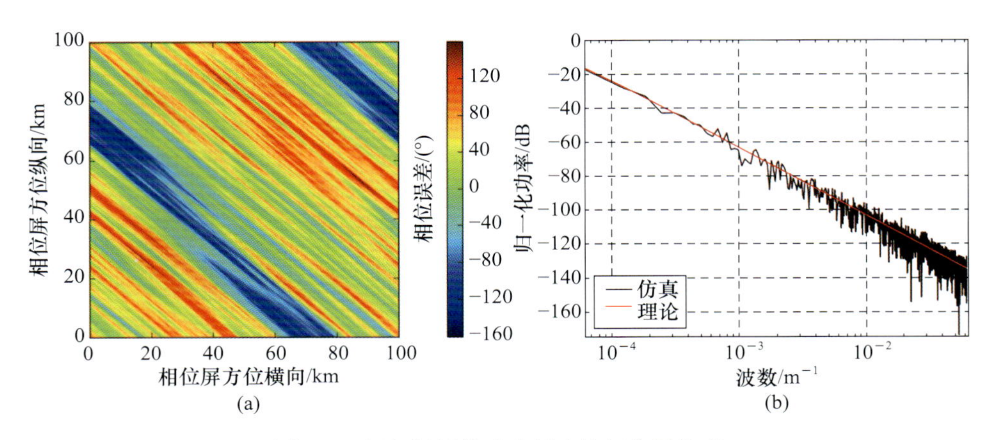

图 2.8 幅相闪烁仿真实例中的相位屏仿真

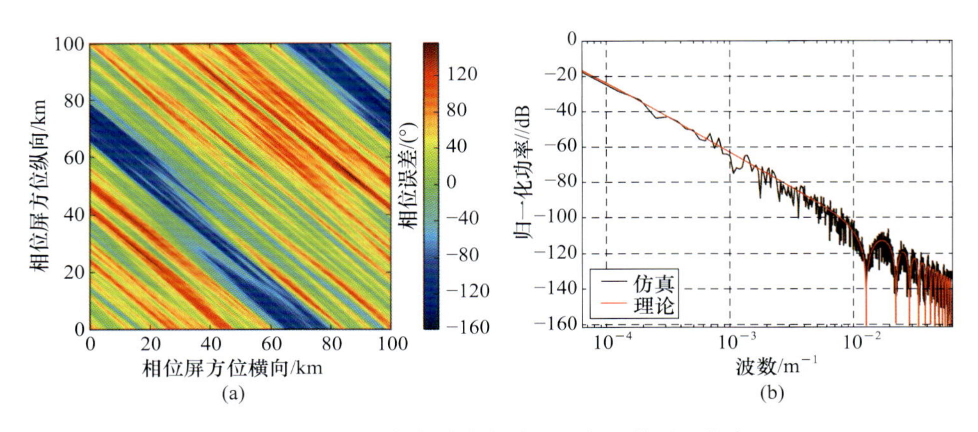

图 2.9 幅相闪烁仿真实例中的闪烁相位误差仿真

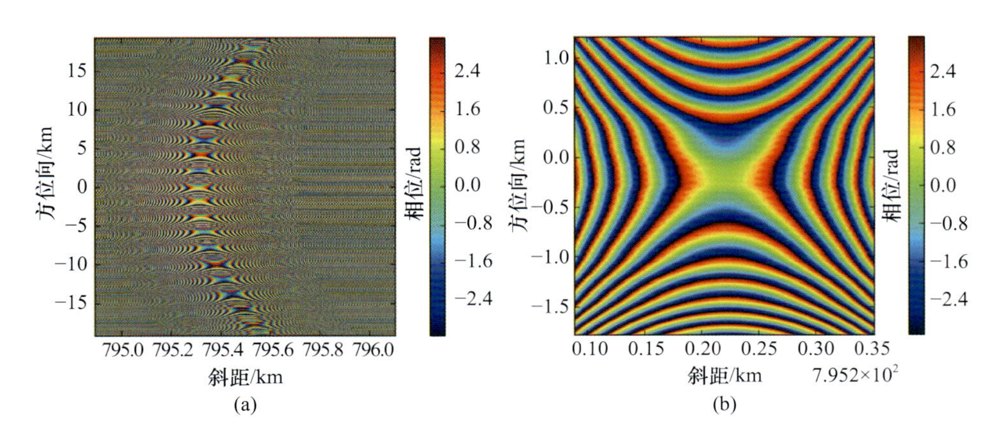

图 2.15 受电离层影响的点目标回波相位

(a)信号域相位;(b) 信号域相位(局部放大)。

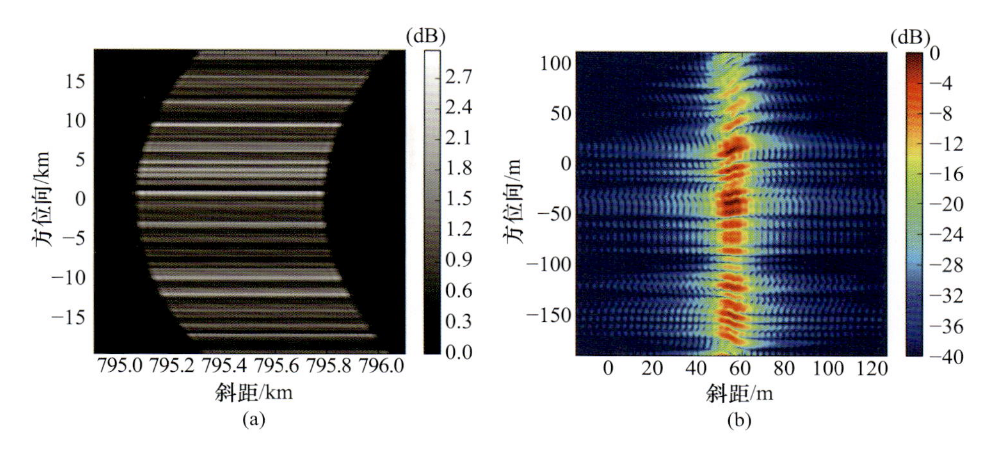

图 2.16 受电离层影响的点目标回波幅度与成像结果

(a)信号域幅度;(b)成像二维显示。

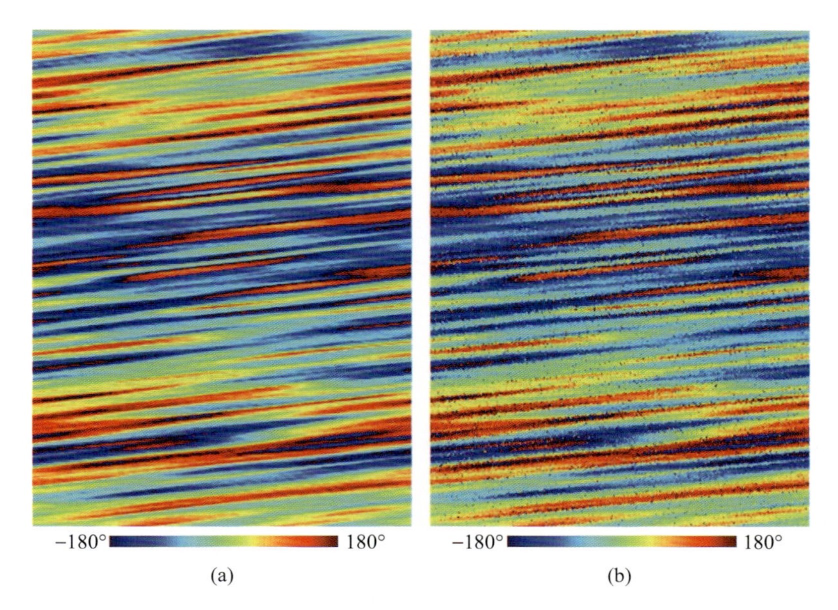

图 2.19 大尺寸面目标场景图像电离层闪烁相位误差的验证

(a)仿真注入的闪烁相位误差;(b)两幅图像的干涉相位误差。

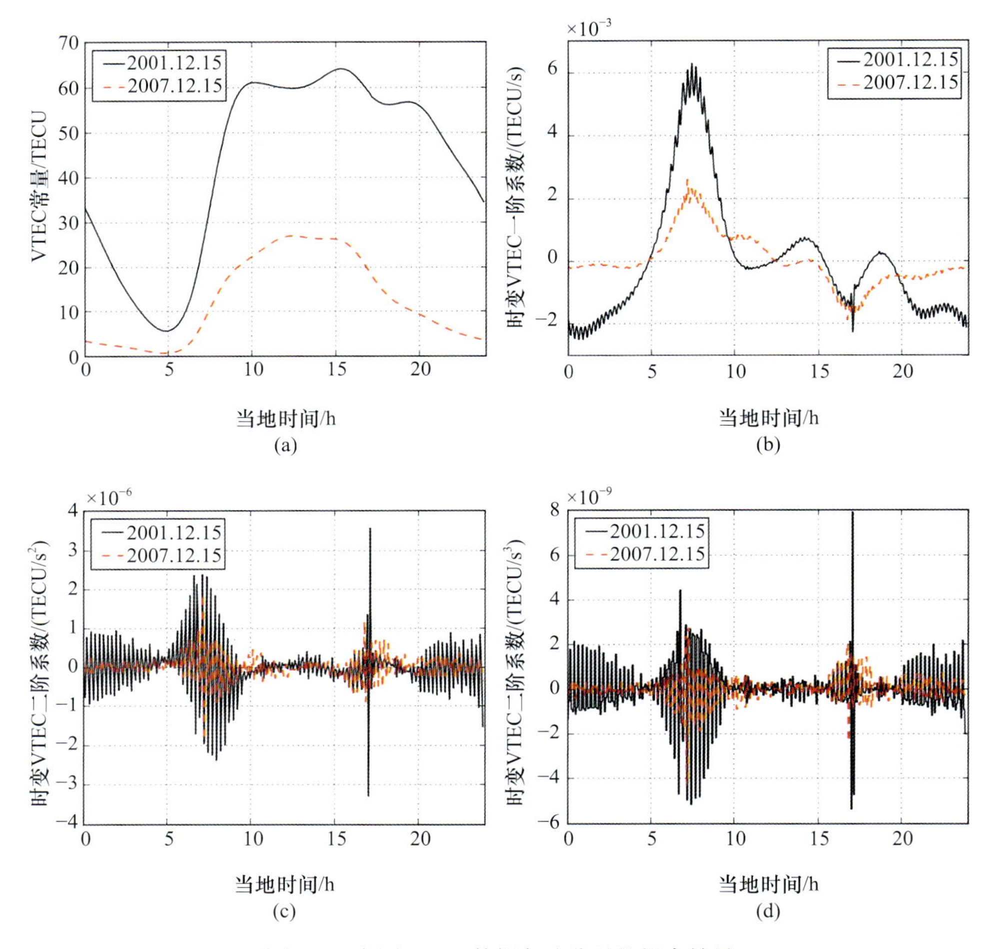

图 3.6　实测 VTEC 数据各阶分量的拟合结果

(a) VTEC 常量；(b) VTEC 一阶系数；(c) VTEC 二阶系数；(d) VTEC 三阶系数。

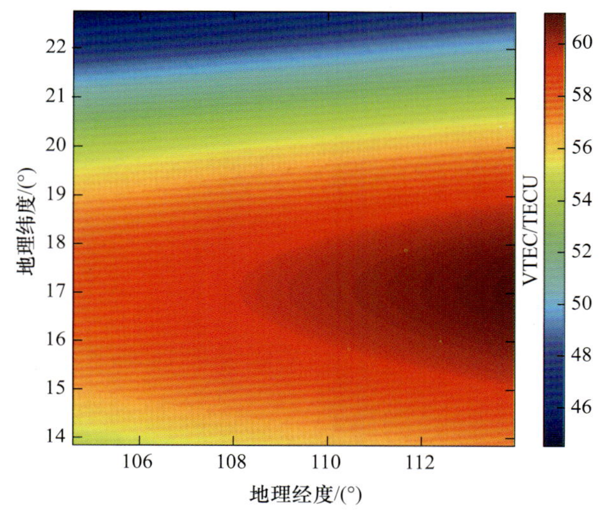

图 3.7　IRI 给出的局部区域 VTEC 二维分布

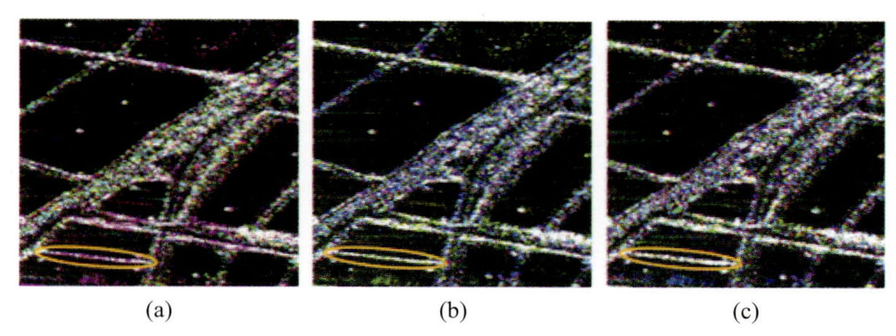

图 3.16　仿真 P 波段 PolSAR 伪彩色图像(Pauli 分解)

(a) $\Omega_c=0$;(b) $\Omega_c=250°$,非色散;(c) $\Omega_c=250°$,色散。

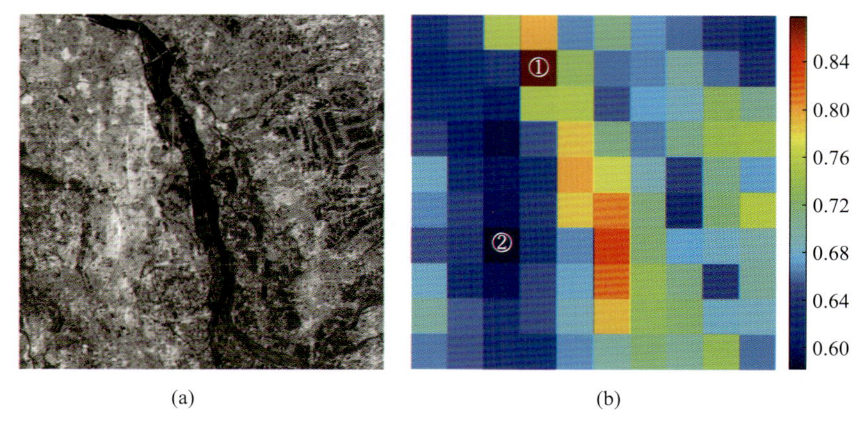

图 4.9　大尺寸面目标背景电离层色散效应的仿真

(a)SAR 图像幅度显示;(b)子块图像对比度。

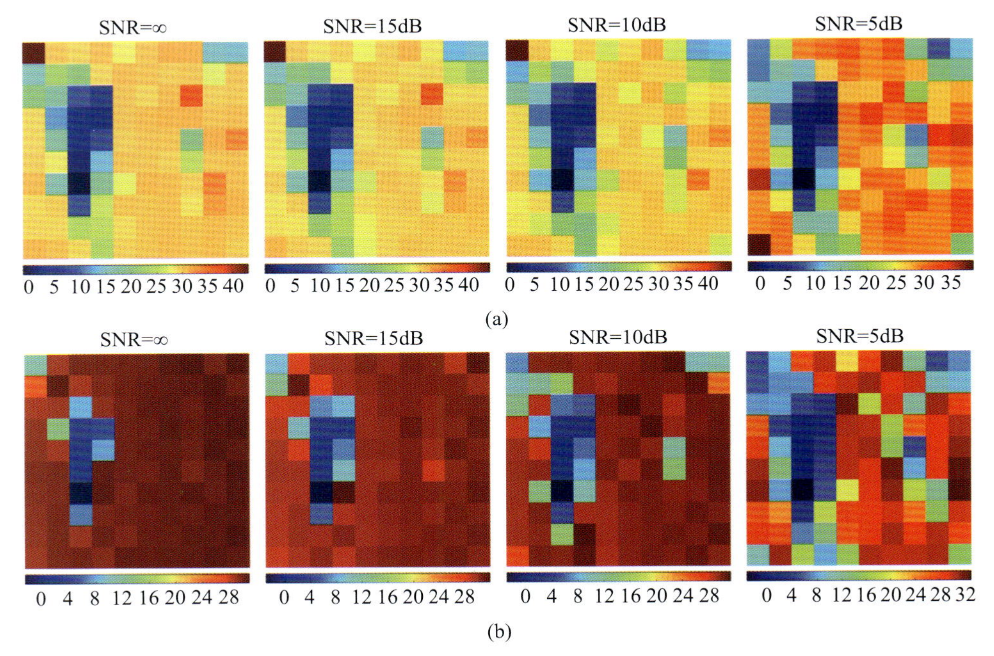

图 4.11 频谱分割法和 CMA 分块估计结果随 SNR 的变化情况

(a)频谱分割法分块估计结果(颜色条单位:TECU);(b) CMA 分块估计结果(颜色条单位:TECU)。

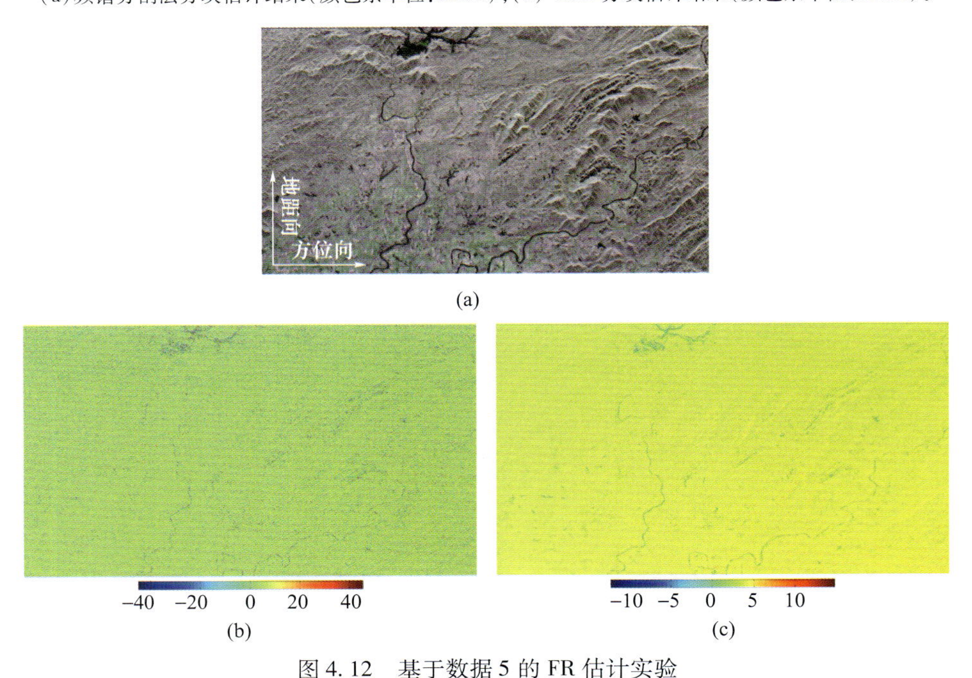

图 4.12 基于数据 5 的 FR 估计实验

(a)Pauli 分解伪彩色显示;(b)不加窗时 FR 估计结果(单位为(°));(c) 10×10 加窗后 FR 估计结果(单位为(°))。

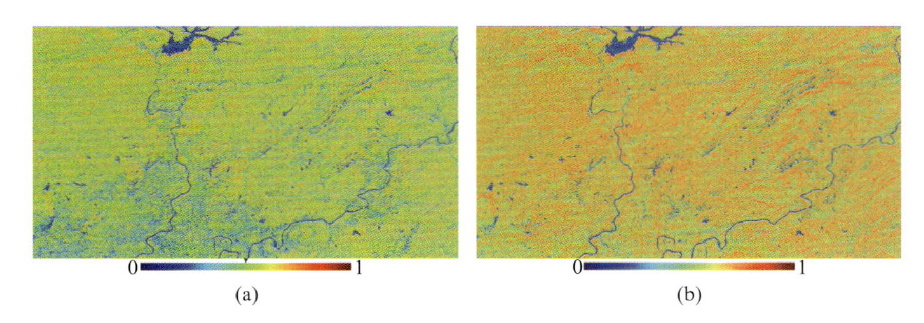

图 4.14　FR 校正前后 HH/VH 相关系数幅度

(a)校正前;(b)校正后。

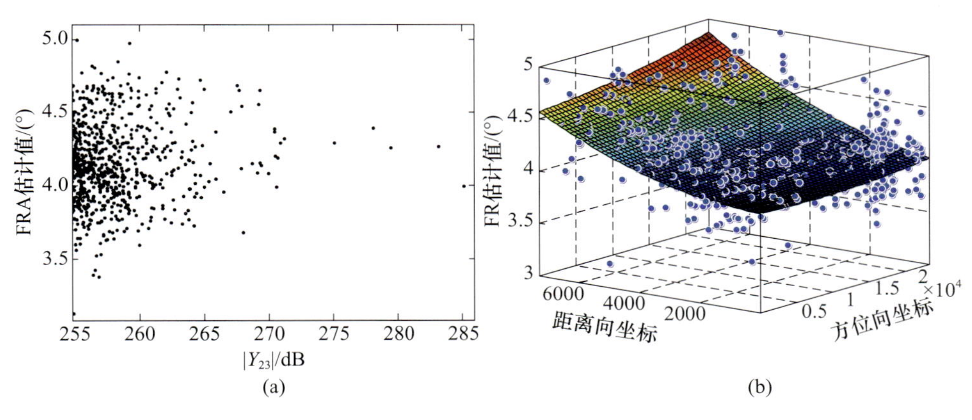

图 4.20　FR 精细估计过程

(a)散点图择优;(b)二维拟合。

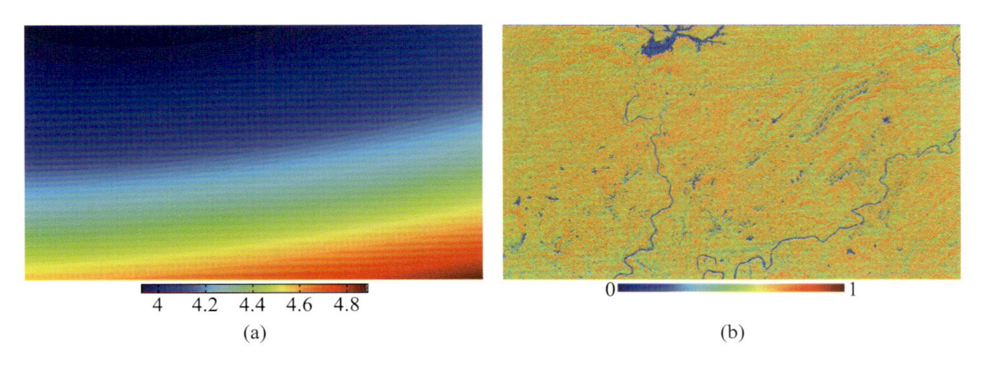

图 4.21　FR 精细估计与校正结果

(a)FR 精细估计结果(单位为°);(b)FR 精细校正后 HV/VH 相关系数幅度。

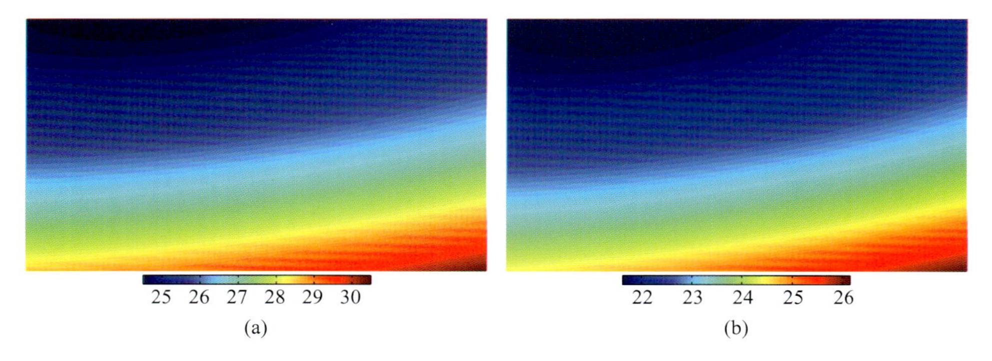

(a) (b)

图 4.22 背景电离层 STEC/VTEC 反演结果(单位为 TECU)

(a)STEC 二维分布;(b)VTEC 二维分布。

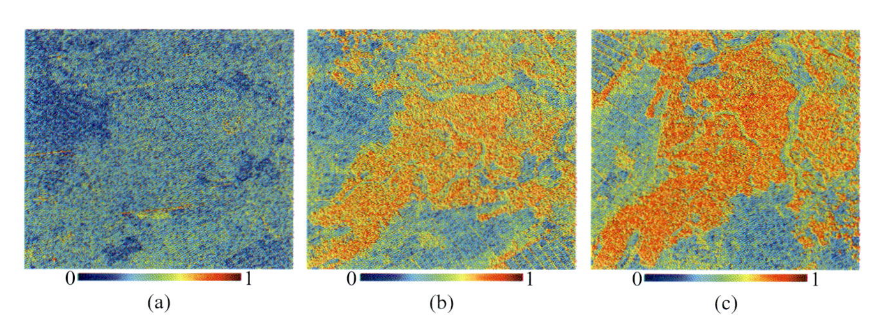

(a) (b) (c)

图 4.27 FR 校正前后 HV/VH 相关系数幅度($\Omega_c = 30°$)

(a)FR 校正前;(b)时域 FR 校正后;(c)频域 FR 校正后。

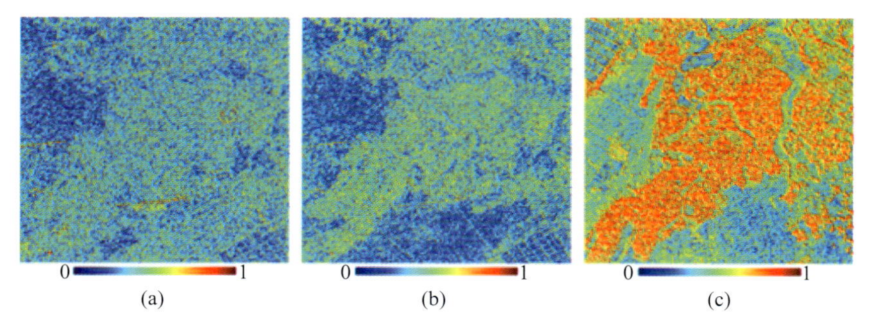

(a) (b) (c)

图 4.28 FR 校正前后 HV/VH 相关系数幅度($\Omega_c = 120°$)

(a)FR 校正前;(b) 时域 FR 校正后;(c)频域 FR 校正后。

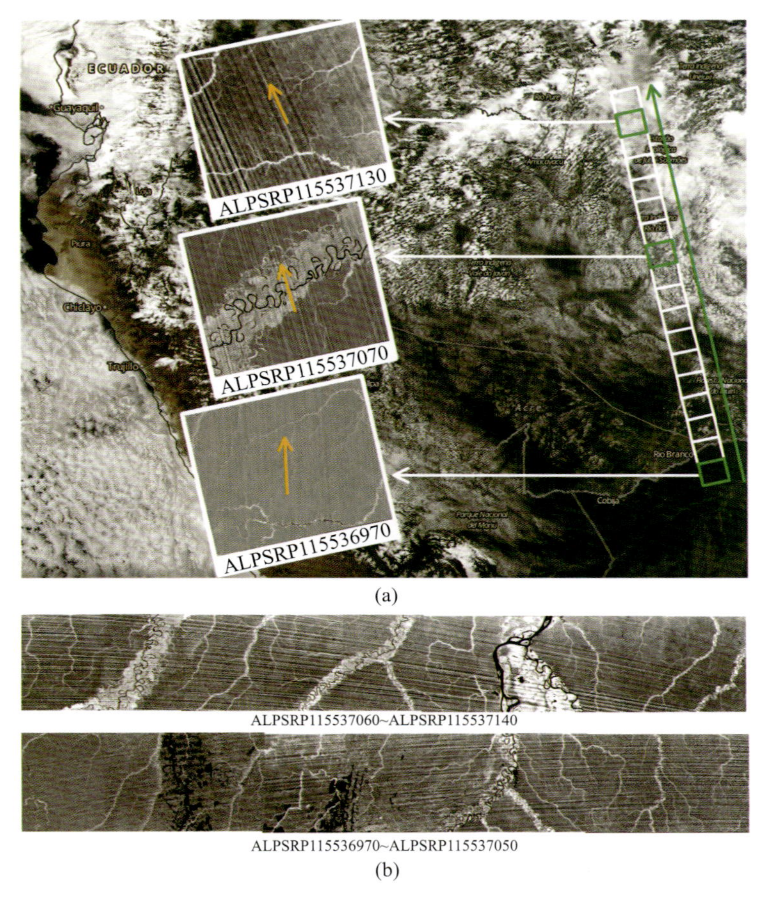

图 5.1　PALSAR 图像中幅度闪烁条纹现象示意
(a) ALOS PALSAR 照射区域；(b) ALOS PALSAR 幅度闪烁条纹。

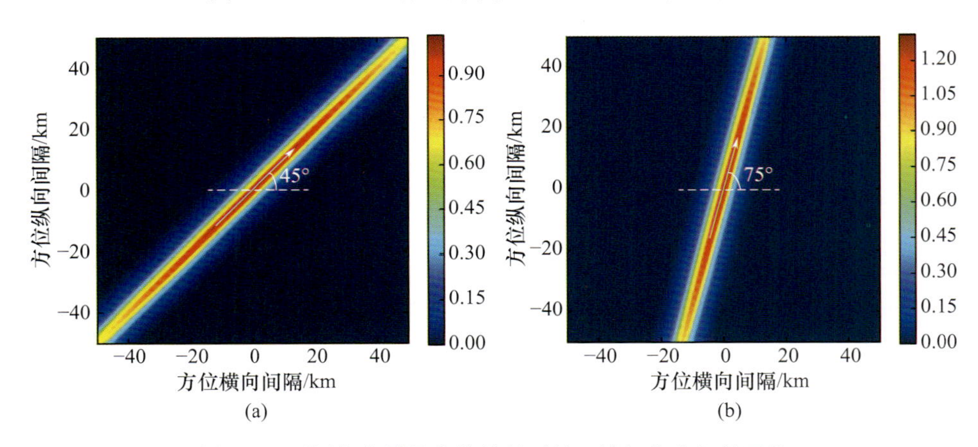

图 5.4　不同各向异性参数情况下的二维相位自相关函数

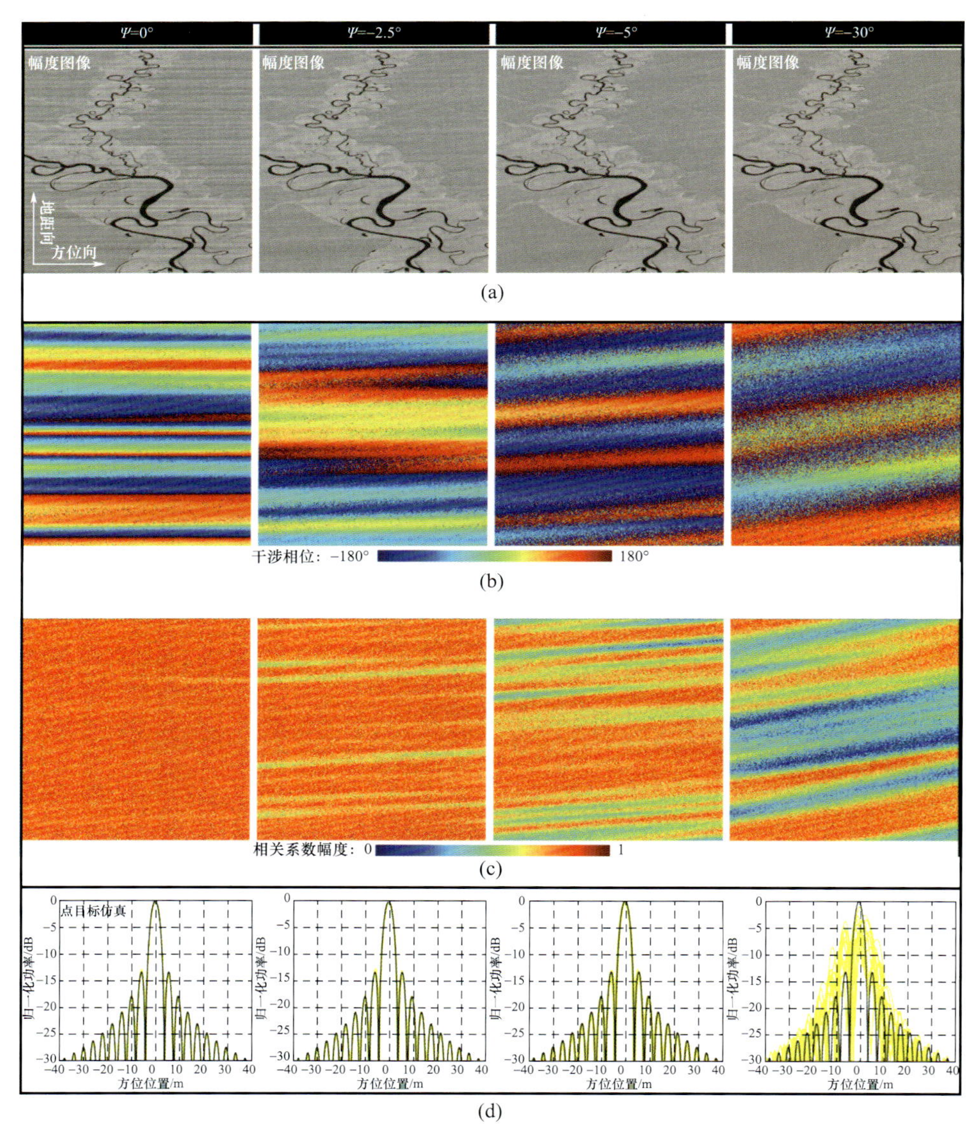

图 5.7　不同各向异性延伸角情况下仿真得到的 PALSAR 图像

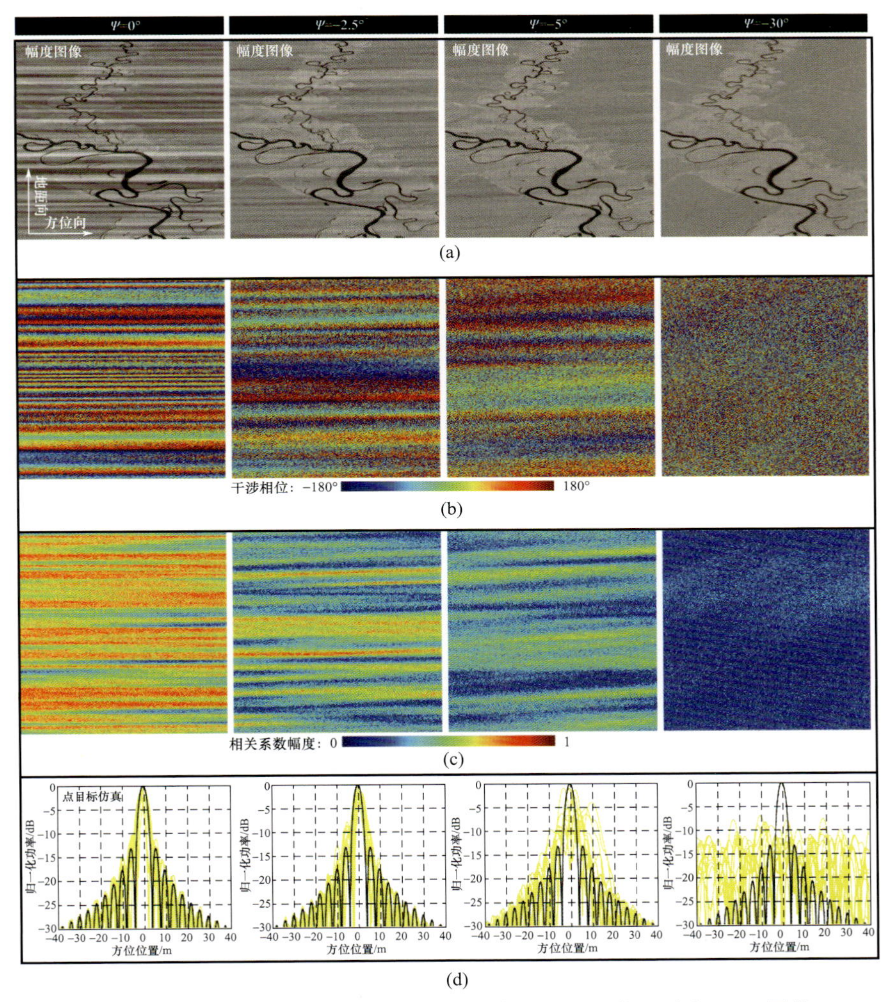

图 5.8　不同各向异性延伸角情况下仿真得到的星载 P 波段 SAR 图像

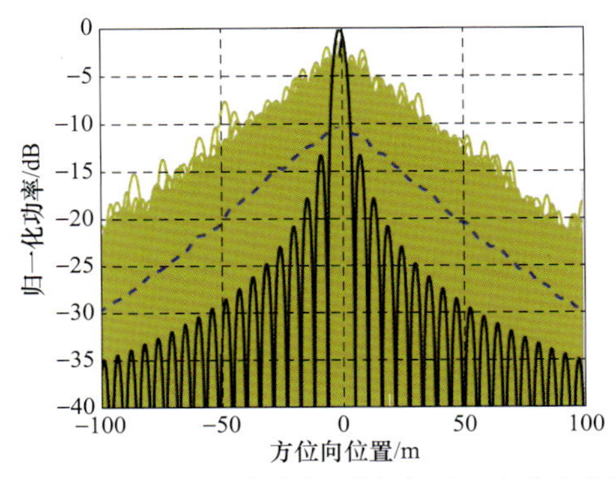

图 5.34　蒙特卡罗仿真得到的点目标方位向剖面

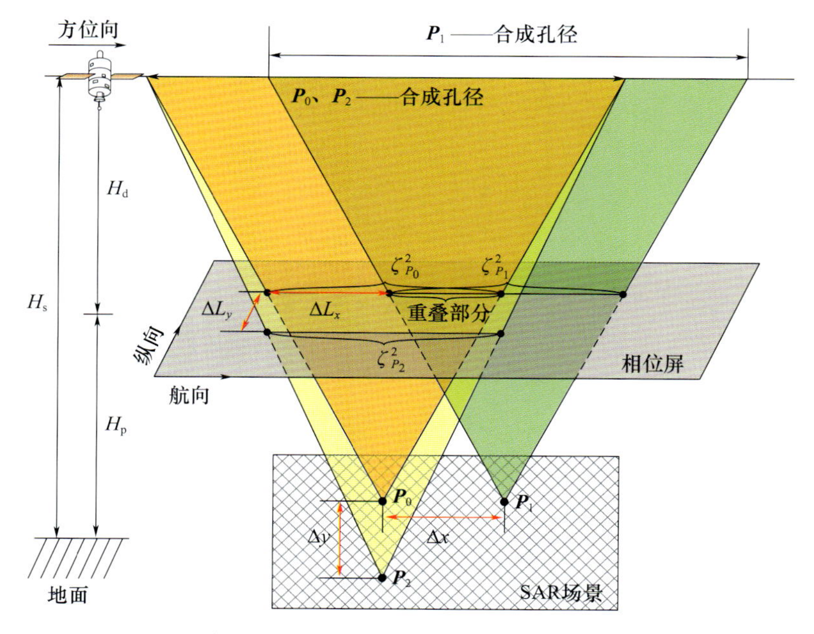

图 6.6　条带模式的星载 SAR 关于不同目标的观测几何

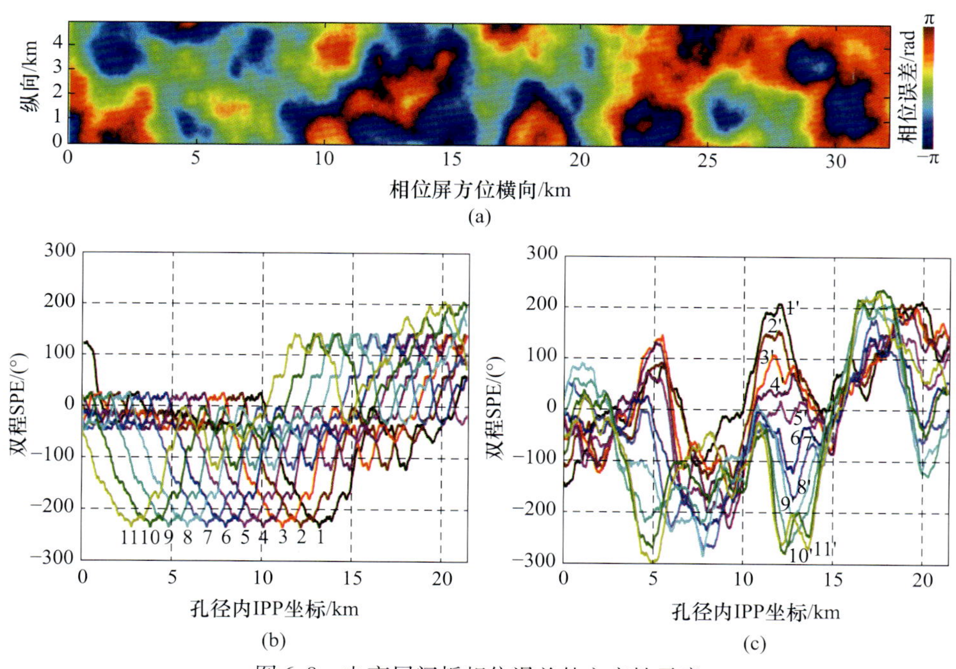

图 6.8　电离层闪烁相位误差的空变性示意

(a)仿真得到的双程 SPE(未解缠);(b)沿着方位向 11 个点目标的 SPE;

(c)沿着距离向 11 个点目标的 SPE。

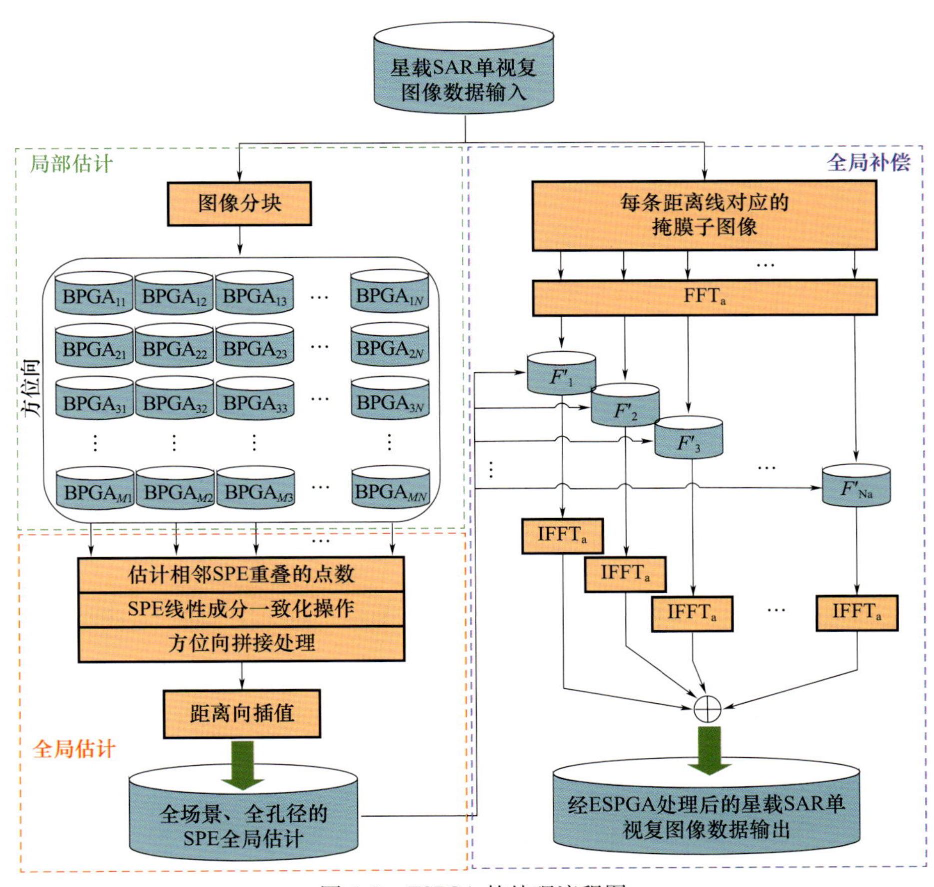

图 6.9　ESPGA 的处理流程图

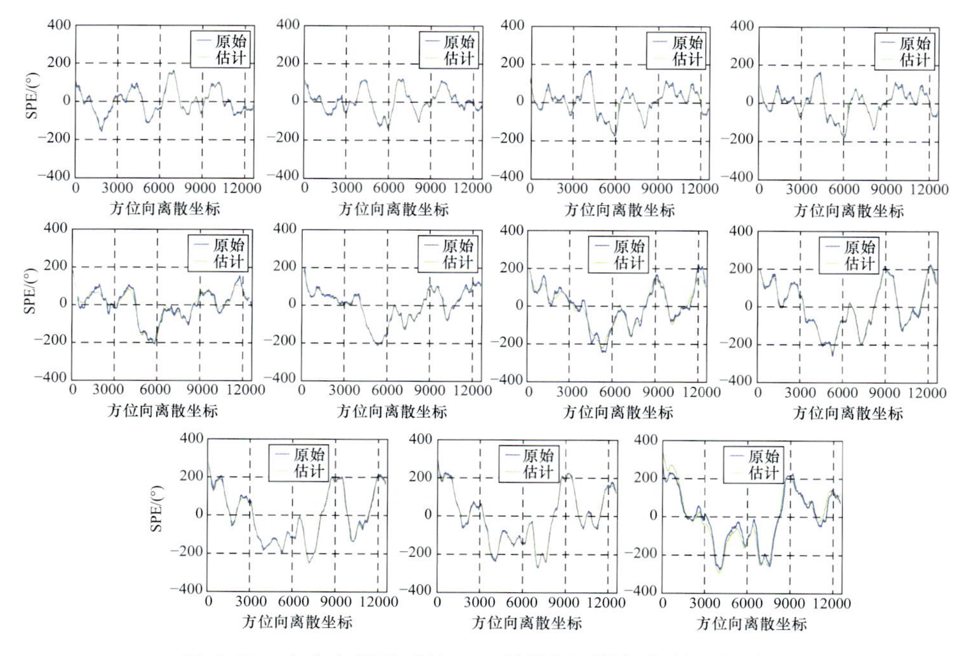

图 6.13　方位向拼接后的 SPE 结果与原始相位误差的对比

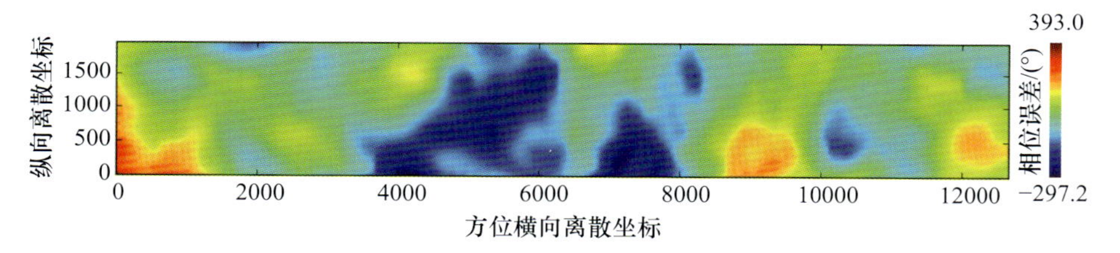

图 6.14　距离向插值后得到的 SPE 全局估计结果

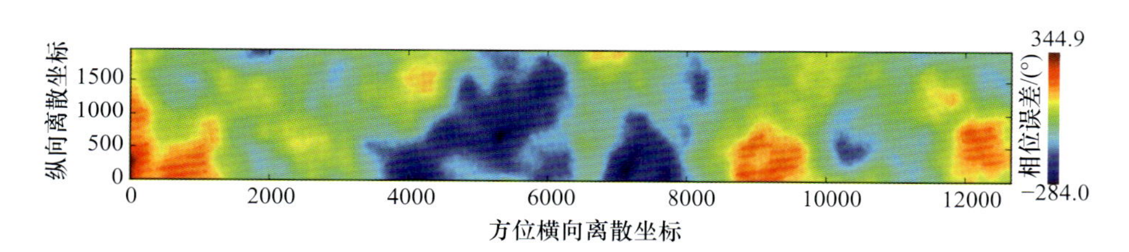

图 6.15　解缠后原始 SPE 的二维空间分布

图 6.17　不同选点策略选取得到的强点分布

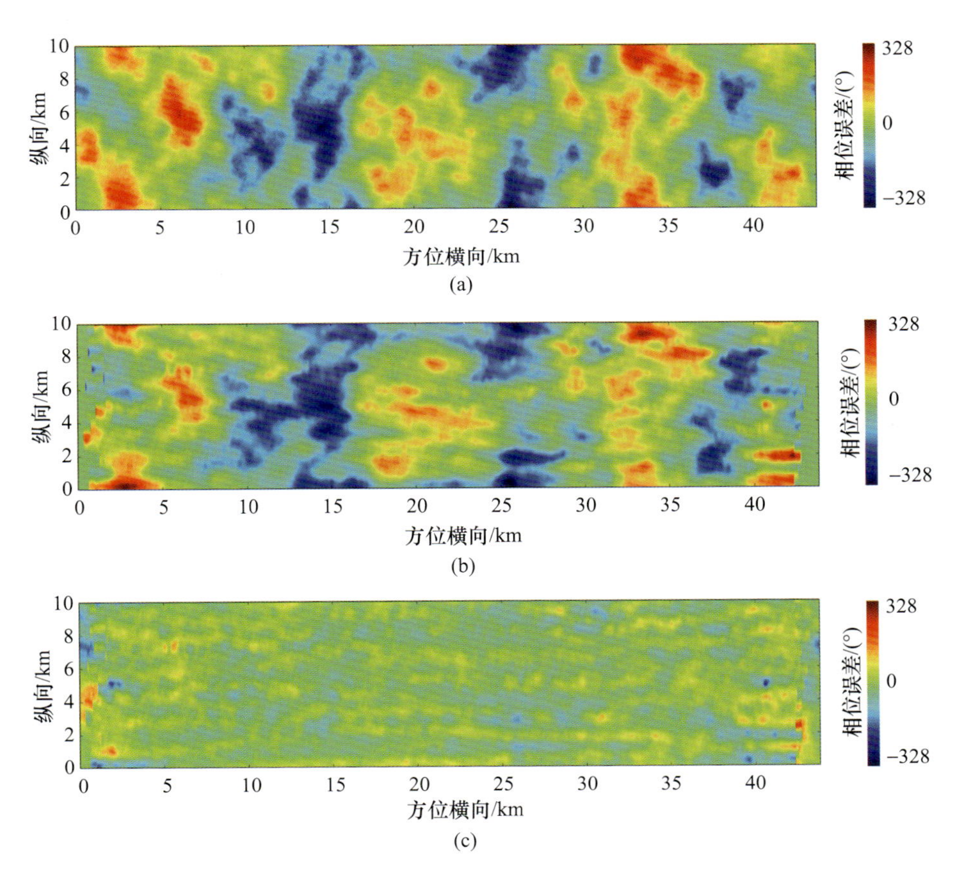

图 6.19　ESPGA 全局估计结果显示

(a)全局估计结果;(b)解缠后的原始 SPE;(c)估计残差。

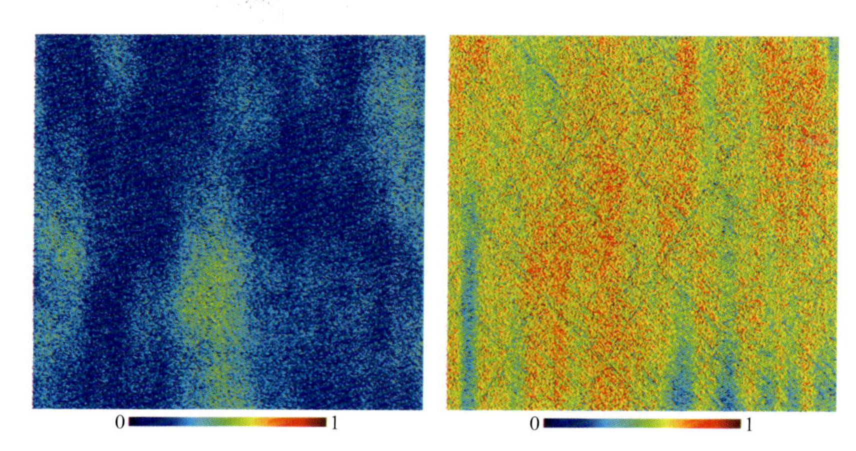

图 6.22　全局补偿前后图像与无影响图像之间的相关系数幅度

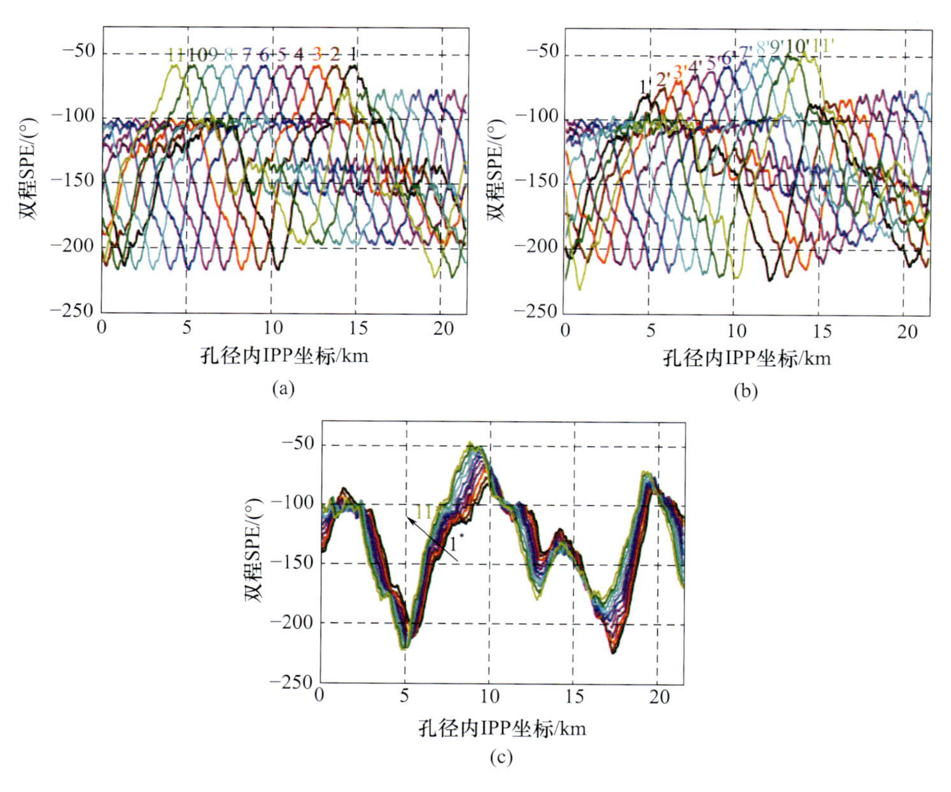

图 6.24　各向异性 SPE 空变性示意

(a)沿着方位向 11 个点目标的 SPE;(b)沿着距离向 11 个点目标的 SPE;
(c)沿着各向异性延伸投影方向 11 个点目标的 SPE。

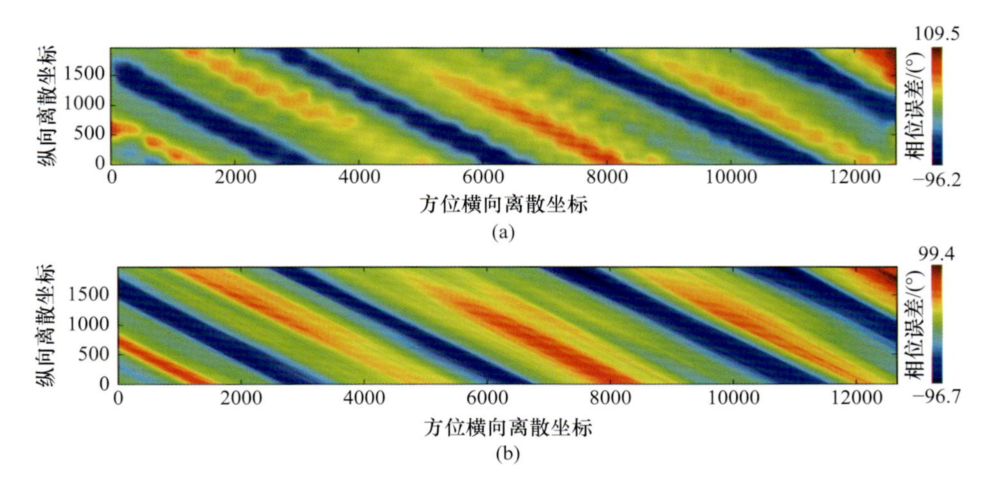

图 6.25　针对各向异性 SPE 的 ESPGA 全局估计结果

(a)全局估计结果;(b)解缠后的原始 SPE。

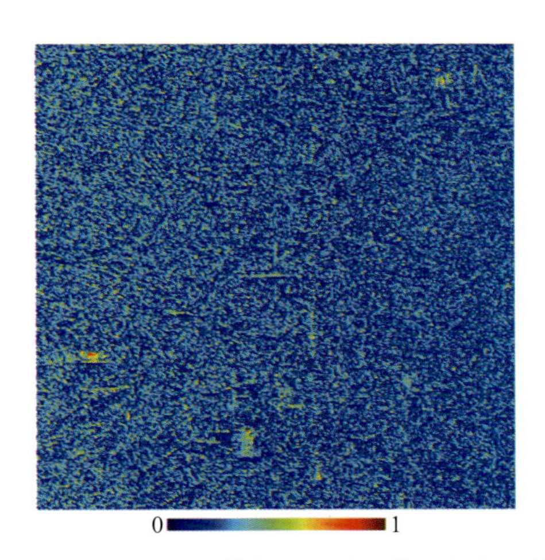

图 6.28　闪烁效应影响下图像与无影响图像之间的相关系数幅度

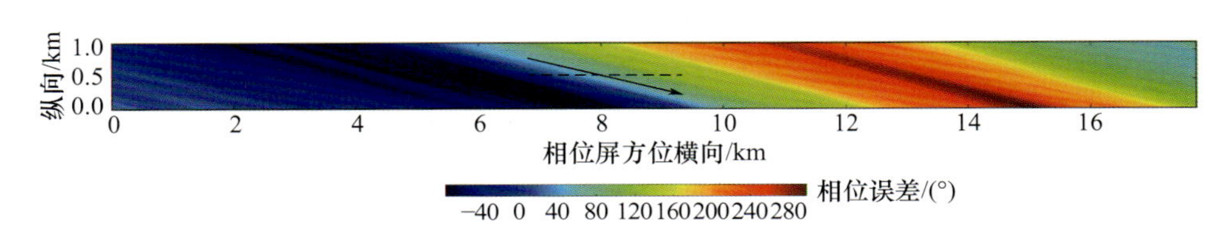

图 6.29　ASPGA 仿真注入的相位屏(单程 SPE)

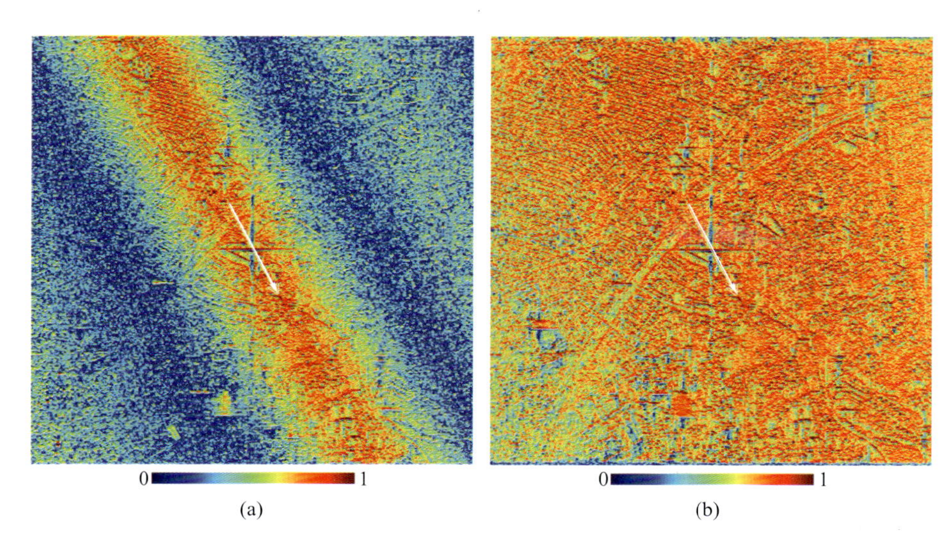

图 6.32　闪烁效应校正后图像与无影响图像之间的相关系数幅度

(a)经典 PGA 校正后;(b)ASPGA 校正后。